ロス・キニー
論理回路

Charles H. Roth, Jr.
Larry L. Kinney　著
CONTRIBUTING AUTHOR
Eugene B. John

佐　藤　　証
三　輪　忍　訳
吉　永　努

東京化学同人

Fundamentals of Logic Design

Enhanced Seventh Edition

Charles H. Roth, Jr.
University of Texas

Larry L. Kinney
University of Minnesota

Contributing Author
Eugene B. John
University of Texas

Karen Kinney と二人の娘 Laurie，Kristina に捧ぐ

— Larry Kinney

まえがき

本書の目的

　本書はディジタルシステムの論理設計における最初のコースに向けて執筆されたものである．最初のコースでは学生は基礎概念を徹底的に理解・学習した方がよいという前提のもとに執筆されている．そのような基礎概念の例として，論理回路の信号とその接続関係を記述するブール代数，論理関数を簡単化する手順，単純な構成要素をつなぎ合わせて複雑な論理関数を実行する方法，タイミング図や状態図を用いた順序回路の解析，ディジタルシステムにおけるイベント系列制御回路の使用などがあげられる．

　本書では理論と応用のバランスを取ることを心掛けた．そのため，本書ではスイッチング理論の数学的側面を強調し過ぎないようにする一方，論理設計の基礎概念の理解に必要な理論を示している．本書での学習を終えた学生は，ディジタル処理向けのアルゴリズム開発，ディジタルシステムのサブシステムへの分割，現在利用可能なハードウェアを用いたディジタルシステムの実装など，より直感的な概念に重きを置いた発展的なディジタルシステム設計コースを学習するための準備ができているはずである．あるいは，本書で紹介した理論的概念をさらに発展させたスイッチング理論の発展的なコースへ進む準備が整っているに違いない．

本書の内容

　本書での学習を終えた学生は，スイッチング理論を論理設計問題の解法に応用する力がついているはずである．そこでまず，スイッチング回路の基礎理論とその応用法について学ぶ．記数法の簡単な紹介に続き，ブール代数の特殊なケースであるスイッチング代数を学習する．スイッチング代数は，スイッチング回路の重要なクラスの解析と論理合成に必要な基本的な数学上のツールである．練習問題を通じ，出入力端子の信号の関係を満たす回路を論理素子で設計する方法を身につける．そして，順序回路における記憶素子であるフリップフロップの論理的性質を学び，これを論理素子の回路と組合わせることで，カウンタ，加算器，シーケンス検出器などの回路が設計できるようになる．

　ディジタルシステムの実装に利用される技術は本書の第1版が出版されてから大きく変化したが，論理設計の基本原理は変わらない．真理値表と状態表は依然として論理回路の動作を記述するために利用されているし，ブール代数は依然として論理設計のための基本的な数学上のツールである．個別のゲートやフリップフロップの代わりにプログラマブルロジックデバイス（PLD）を用いる場合でさえ，より小さなPLDに適用するために論理式の削減が依然として求められている．状態割り当ての悪い論理式は大きなPLDが必要となるかもしれず，より良い状態割り当てが依然として望まれる．

本書の長所

　スイッチング理論や論理設計の分野には多くの書籍があるが，本書は標準的な講義に利用できるように設計されている．本書は15の章に分かれている．これらの章は論理的な

順序で進むため，ある章の教材を習熟することが後続の章の学習に必要となる．各章は二つの部分からなる．通常の教科書と同様，本文と練習問題である．各章は独習を行うクラスでも広く利用され，また，学生たちのフィードバックを基に改訂されてきた．

　本書の章は大きく二つのグループに分けられる．最初の9章はブール代数と組合わせ論理回路の設計を扱う．第10〜15章はおもにクロック式順序論理回路の設計と解析に関わる．算術演算回路もこれらに含まれる．

　本書はコンピュータサイエンスの学生と工学の学生のどちらにも適したものである．論理素子の回路的な側面に関する話は付録Aにまとめられているため，コンピュータサイエンスの学生や電子回路に関するバックグラウンドのない学生は単にこの付録を読み飛ばせばよい．なお，第6章のクワイン・マクラスキー法は省略しても流れが失われないように構成されている．

以前の版からの変更点

　本書は第5版から大幅に発展した．論理回路のシミュレーションの役割を強調した．ハザード，ラッチ，ワン・ホット状態割り当てに関する議論を広げ，多数の練習問題を追加した．第7版のために次の変更も行っている．記数法に関する議論は再構成することで，1の補数表現は省略が簡単になった．ブール代数の章では，スイッチングネットワークと真理値表を用いてスイッチング代数の法則を最初に導く．これらはブール代数の定義に使用され，さらにスイッチング代数式の簡単化に役立つブール代数の発展的な理論が導かれる．加算器に関する議論は桁上げ先見加算器を含むために拡張されている．正論理と負論理の信号の議論と同様，マルチプレクサのもう一つの実装が含まれる．別の種類のゲート化されたラッチについて述べる．また，非同期式順序回路も簡単に紹介する．不完全定義状態表とそれらがいかにして生じるかについてさらに議論し，不完全定義状態表の削減について少しふれる．本書全体を通じて追加した演習問題は典型的なものではなく，より挑戦的な問題に重きをおいている．

謝　辞

　教科書を効果的に執筆するのは容易ではない．目標を達成するためには何回にも及ぶテストと改訂を必要とする．このプロセスに参加していただいた多くの教授，試験監督者，学生に感謝を申し上げる．特に，独習コースの講義を助けていただき，また，第5版を改善するにあたり多くの有用な提言を行っていただいたDavid Brown博士に感謝する．ティーチングアシスタントのMark Storyは，第5版の多くの新しい練習問題と解法を作成し，本書の表現の一貫性と明朗性を改善するうえで多くの提言を行ってくれた．

　さらに，本書の査読をしてくださった方々に感謝を申し上げる．

Clark Guest（カリフォルニア大学サンディエゴ校）

Jayantha Herath（セントクラウド州立大学）

Nagarajan Kandasamy（ドレクセル大学）

Avinash Karanth Kodi（オハイオ大学）
Jacob Savir（ニューアーク工科大学）
Melissa C. Smith（クレムゾン大学）
Larry M. Stephens（サウスカロライナ大学）

また，本書の出版にご協力いただいた Cengage 社の Global Engineering チーム（下記）
に感謝する.

Timothy Anderson（Product Director）
MariCarmen Constable（Learning Designer）
Alexander Sham（Associate Content Manager）
Andrew Reddish（Product Assistant）
Rose Kernan（RPK Editorial Services, Inc.）

Charles H. Roth, Jr.
Larry L. Kinney
Eugene B. John

著者紹介

Charles H. Roth, Jr.

米国テキサス大学オースチン校電気コンピュータ工学科名誉教授．1961年からテキサス大学勤務．ミネソタ大学にて電気工学学士，マサチューセッツ工科大学にて電気工学修士，スタンフォード大学にて電気工学博士の学位を取得．教育・研究分野は論理設計，ディジタルシステム設計，スイッチング理論，マイクロプロセッサシステム，CAD．本書の原著 "Fundamentals of Logic Design" の基礎となった論理設計の独習コースを開発．"Digital Systems Design Using VHDL" をはじめ3冊の教科書の執筆と数々のソフトウェアパッケージの作製に携わる．50以上の技術論文とレポートの著者や共著者に名を連ねる．これまでに6名の博士課程の学生と80名の修士課程の学生の指導を行う．1974 General Dynamics Award for Outstanding Engineering Teaching など数々の教育賞を受賞．

Larry L. Kinney

米国ミネソタ大学ツインシティー校電気コンピュータ工学科名誉教授．アイオワ大学にて1964年，1965年，1968年にそれぞれ電気工学学士，修士，博士の学位を取得し，1968年よりミネソタ大学勤務．論理設計，マイクロプロセッサ/マイクロコンピュータシステム，コンピュータ設計，スイッチング理論，通信システム，エラー訂正コードなど広範囲のコースの教育に携わる．おもな研究分野はディジタルシステムのテスト，自己診断装置，コンピュータ設計，マイクロプロセッサベースのシステム，誤り訂正符号．

Eugene B. John

米国テキサス大学サンアントニオ校電気コンピュータ工学科教授．ペンシルベニア州立大学にて電気工学博士の学位を取得．教育・研究分野は論理設計，ディジタルシステム設計，VLSI設計，省電力VLSI設計，コンピュータアーキテクチャ，省エネルギーコンピューティング，機械学習とAIのためのハードウェア，ハードウェアセキュリティ．三つの米国特許を保持し，約150の技術論文とレポートを刊行．University of Texas System Regents' Outstanding Teaching Award（2014）など数々の教育賞を受賞．

訳者まえがき

　近年の電子情報システムの多くはディジタル回路によって構成されており，ディジタル回路の設計と解析には論理回路の知識が欠かせない．そのため，論理回路の授業は情報系・電子工学系の専門課程のほとんどで必修科目に指定されている．訳者の勤務する大学だけでも年におよそ 300 名が論理回路を受講しており，全国的には相当数の学生が論理回路の領域に毎年新しく足を踏み入れていることになる．

　論理回路はこれまでに多数の方が日本語で教科書を執筆されてきた．良質な教科書が豊富に存在し，なかには 30 回ほど重版を繰返している著名な教科書もある．これは，論理回路の基本的な理論と技術は 1900 年代前半にほぼ確立されており，今も昔もほとんど変わらないためである．母国語による論理回路の学習が可能な現在の環境は先人達の努力によって築き上げられたものであり，私は恵まれた時代に生まれたといえる．

　一方，恵まれた時代ならではの落とし穴とでもいうべきか，海外の良質な教材に触れる機会が年々減少しているようにも感じている．個人的な見解であるが，論理回路は日本語の教科書が多く存在するが故に，多くの学生にとっては日本語の教科書だけで学習が事足りる領域となっているように思われる．英語の教科書を自分で探して読む学生は少数派だろう．近年はグローバルに活躍する人材の育成が求められることが多いが，私自身，“このような現状でよいのだろうか？”という思いを抱えながら大学で日々教鞭を執っていた．“Fundamentals of Logic Design”の翻訳依頼をいただいたのはそのような折である．

　“Fundamentals of Logic Design”は 1975 年に初版が刊行されて以来，海外の多くの大学で採用される実績をもつ教科書である．その第 7 版の増補版“Fundamentals of Logic Design（Enhanced 7th Edition）”は，論理回路の基礎から VHDL による回路設計まで幅広くカバーしており，平易な説明で初学者にも理解しやすい内容となっている．章ごとの学習の手引きや練習問題が非常に充実しており，独習者向けへのさまざまな配慮もなされている．その一方で，約 800 ページあり，価格も 100 ドルを超えるため，学生が購入するにはやや敷居の高い教科書でもある．

　その邦訳版である本書は日本の教育現場の事情を考慮してさまざまな翻案を施した．まず，論理回路の基礎に重点を置き，VHDL，FPGA，PLD による設計などは割愛した．また，各章の導入部となる学習の手引きも省略し，練習問題については訳者らが厳選したもののみを掲載した．これらはすべて，日本の大学で行われている論理回路の標準的な講義（半期 15 コマ）で本書が使用されることを想定して，原出版社の了解を得て訳者らが行ったものである．

　そのほかにも，組み方を工夫してページ数を減らすなどで，比較的購入しやすい価格の教科書になったのではないかと思う．ワールドワイドな教科書の邦訳版として多くの学生に末永く使用していただけたら幸いである．

　翻訳は，1〜5 章を吉永が，6〜11 章を佐藤が，12〜15 章および付録を三輪がおもに担当した．担当箇所にかかわらず，原書の誤植修正案・用語統一・文章表現などについて

は，訳者らで議論して全体のブラッシュアップを図った．その結果，非常に良い翻訳書になったのではないかと思う．

　本書の出版にあたっては，株式会社東京化学同人の丸山潤氏に大変お世話になった．丸山氏が全体のスケジュールを適切に管理し，訳者間で意見が割れた際は適宜調整を行ってくださったことで，翻訳作業をスムーズに進めることができた．また，訳者らによる翻案の意図を正確に汲み取っていただき，原出版社に対して粘り強く交渉していただいた．心より御礼申し上げる．

　思えば翻訳中は私生活で大きな変化があった．米国で暮らしていた妻と長男が昨年3月に帰国し，11月には長女が誕生した．コロナ禍でも元気に過ごす子供達を見ていると心が救われる思いであり，今日も子供達の笑顔を見せてくれている妻に心から感謝する．

2021年3月

訳者を代表して　　三　輪　　忍

目　　　次

は じ め に
記数法とその相互変換

1・1　ディジタルシステムとスイッチング回路

　ディジタルシステムは，計算とデータ処理，制御システム，通信，測定などに幅広く活用されている．ディジタルシステムはアナログシステムに比べて高精度かつ高信頼であるため，以前はアナログシステムで実行されていた多くのタスクが今日ではディジタル化されて実行されている．

　ディジタルシステムでは，物理量や信号を離散値のみで表現できると仮定する．一方，アナログシステムでは，物理量や信号はある特定の範囲を連続的に変化してもよい．たとえば，ディジタルシステムにおける出力電圧は0Vまたは5Vの2値のみをとるものとするが，アナログシステムの出力電圧は $-10 \sim +10$ V の範囲で任意の値になれる．

　ディジタルシステムは離散値を扱うので，多くの場合ある入力値に対して誤差を含まない正確な値を出力するように設計される．たとえば，ディジタル乗算器を用いて二つの5桁の数値を乗算する場合，10桁の積は全桁で正しい値となる．一方，アナログ乗算器では乗算器の構成素子の精度によって1%～数%の誤差がありうる．さらに，10桁ではなく20桁の正しい積が必要であれば，ディジタル乗算器の入出力を拡張するための設計変更が可能である．ただし，アナログ乗算器の同様な改良は，構成素子精度の限界により不可能な場合がある．

　ディジタルシステム設計は，大まかにシステム設計，論理設計，回路設計の三つに分けられる．システム設計は，全体のシステムをいくつかのサブシステムに分解し，各サブシステムの特質を明記することにより行う．たとえば，ディジタルコンピュータのシステム設計では，記憶装置，算術演算装置，入出力装置の種類と数を決め，それらのサブシステム間の接続方式や制御方式を明記する．論理設計は，個々の機能を実現するための基本的な論理ビルディングブロックをどのように組合わせるかを決定することにより行う．論理設計の例として，2進数の加算器を構成するために論理ゲートやフリップフロップをどのように接続するか決定することがあげられる．回路設計では，論理ゲートやフリップフロップ，その他の論理ビルディングブロックを構成する抵抗，ダイオード，トランジスタなどの素子レベルの接続を指定する．現代の多くの回路設計では，シリコンチップ上の構成素子の配置配線をサポートする適切なコンピュータ支援設計ツールが用いられる．本書は，おもに論理設計と論理設計過程で必要となる理論を学習することを目的としている．

　ディジタルシステムを構成するサブシステムは，図1・1に示すような**スイッチング回路**（switching circuit）の形態をとることが多い．スイッチング回路は，1本以上の入力信号と1本以上の出力信号をもち，これらの入出力信号は離散値をとる．本書では，**組合わせ回路**（combinational circuit）と**順序回路**（sequential circuit）の2種類のスイッチング回路を学習する．組合わせ回路の出力値は，スイッチング回路への現在の入力値にのみ依存し，過去の入力値には左右されない．一方，順序回路の出力値は，現在の入力値と過去の入力値の双方に依存する．言い換えると，順序回路の出力値を決定するためには，入力値の系列を明らかにする必要がある．順序回路は過去の入力系列によって決まる値を覚えていることになり，記憶素子をもつといえる．これに対して，組合わせ回路は記憶素子をもたない．一般に，順序回路は組合わせ回路に記憶素子を付加した構成となる．組合わせ回路の方が順序回路より設計が簡単であるため，はじめに組合わせ回路について学ぶ．

図1・1　スイッチング回路

　組合わせ回路の基本的な構成要素は，**論理ゲート**（logic gate）である．論理設計者は，入力信号に対して望む出力値を得るために論理ゲート群をどのように接続するかを決定する必要がある．入出力信号間の関係は，**ブール代数**（Boolean algebra）を用いて数学的に記述することができる．第2章と第3章ではブール代数の基本則と定理を示すと共に，それらをどのように使用して論理ゲートで構成する回路の動作を記述するかについて述べる．

ある問題設定が与えられたとき，組合わせ回路設計の第一ステップは，回路出力を入力の関数として記述する表または代数的な**論理式**（logic equation）を得ることである（第4章）．出力関数を実現する安価な回路を設計するために，回路出力を示す論理式は一般に**簡単化**（simplification）する必要がある．この簡単化のための代数的手法については第3章に述べ，他の簡単化手法〔**カルノー図**（Karnaugh map）や**クワイン・マクラスキー法**（Quine-McClusky procedure）〕は第5章と第6章に述べる．簡単化された論理式から種々の論理ゲートを用いて回路を実現する手法については第7章で述べ，組合わせ回路の代表例であるマルチプレクサやデコーダについては第9章に示す．

順序回路設計で用いる基本的な記憶素子をフリップフロップ（flip-flop）とよぶ（第10章）．フリップフロップを論理ゲートと種々に接続することでカウンタやレジスタなどを構成することができる（第11章）．**タイミング図**（timing diagram），**状態表**（state table），**状態図**（state graph）などを用いた順序回路の解析については第12章で述べる．順序回路設計の第一ステップは，入出力信号の遷移を表す状態表や状態図を構築することである（第13章）．状態表や状態図から論理ゲートやフリップフロップを用いた回路を得る方法については第14章で述べる．また，順序回路の応用について第15章に記述する．本書で設計する順序回路は**同期式順序回路**（synchronous sequential circuit）とよばれる．同期式順序回路では，回路内の全記憶素子に共通のタイミング信号であるクロックを供給し，記憶素子の同期を図る．

一般に，ディジタルシステムではスイッチング素子として**二値素子**（two-state device）を用いる．二値素子では，二つの離散値のいずれかのみを出力する．例として，リレー，ダイオード，トランジスタがあげられる．リレーは，内蔵するコイルに電流が流れる状態（オン）と流れない状態（オフ）の2状態をもつ．ダイオードは，順方向に電流が流れる状態（オン）と流れない状態（オフ）の2状態をもつ．トランジスタは，出力電圧の高い遮断状態（オフ）と出力電圧の低い飽和状態（オン）の2状態をもつ．もちろん，トランジスタはそれら2状態間の活性領域において電流増幅回路として動作するが，ディジタル応用においては二値素子として動作することにより大きな信頼性が得られる．このように，多くのスイッチング素子の出力が2値であるため，ディジタルシステムの入出力も2値で表すことが一般的である．そこで，スイッチング回路設計を学ぶ前に2進数と記数法について述べる．

1・2　記数法とその相互変換

10進数（基数10，decimal number）を記述するとき，われわれは**位取り記数法**（positional notation）を用いている．すなわち，各桁の数値に適切な10の累乗を掛ける規則である．たとえば，

$$953.78_{10} = 9 \times 10^2 + 5 \times 10^1 + 3 \times 10^0 + 7 \times 10^{-1} + 8 \times 10^{-2}$$

同様に，**2進数**（基数2，binary number）でも各桁の数値に適切な2の累乗を掛けることとする．

$$1011.11_2 = 1 \times 2^3 + 0 \times 2^2 + 1 \times 2^1 + 1 \times 2^0 + 1 \times 2^{-1} + 1 \times 2^{-2}$$
$$= 8 + 0 + 2 + 1 + \frac{1}{2} + \frac{1}{4} = 11\frac{3}{4}$$
$$= 11.75_{10}$$

ここで，10進数においても2進数においても，小数点が累乗する値の正負を分けることに注意する．

任意の正の整数 R（$R > 1$）を基数とする記数法を考える．R を基数とする場合，R 個の数字（$0, 1, \cdots, R-1$）を使用する．例えば $R = 8$ のときは，$0, 1, 2, 3, 4, 5, 6, 7$ を使用する．位取り記数法で記述された数値は R の累乗系列に展開できる．たとえば，

$$N = (a_4 a_3 a_2 a_1 a_0 . a_{-1} a_{-2} a_{-3})_R$$
$$= a_4 \times R^4 + a_3 \times R^3 + a_2 \times R^2 + a_1 \times R^1 + a_0 \times R^0$$
$$+ a_{-1} \times R^{-1} + a_{-2} \times R^{-2} + a_{-3} \times R^{-3}$$

ここで，a_i は R^i の係数であり，$0 \leq a_i \leq R-1$ である．仮に右辺の累乗系列による展開式の計算を基数10で計算すれば，結果は10進数の N となる．たとえば，

$$147.3_8 = 1 \times 8^2 + 4 \times 8^1 + 7 \times 8^0 + 3 \times 8^{-1}$$
$$= 64 \times 32 \times 7 \times \frac{3}{8}$$
$$= 103.375_{10}$$

累乗系列による展開式は任意の基数を用いて記述できる．たとえば，147_{10} を基数3で展開すれば，

$$147_{10} = 1 \times (101)^2 + (11) \times (101)^1 + (21) \times (101)^0$$

ただし，右辺に現れる数値はすべて基数3で表現した数値である（$10_{10} = 101_3$，$7_{10} = 21_3$）．

手計算を行う場合，基数3の計算は不便である．同様に，147_{10} を基数2で展開すれば，

$$147_{10} = 1 \times (1010)^2 + (100) \times (1010)^1 + (111) \times (1010)^0$$

これも手計算では不便だが，コンピュータは2進で算術演算するため容易に計算可能である．手計算の場合は，基数10を用いた累乗系列による展開式を使用するとよい．

基数10以上では，数値表現に10個以上の記号が必要となる．この場合，9より大きい数値の表現には文字が使用される．たとえば，16進数（基数16）では，$A = 10_{10}$，$B = 11_{10}$，$C = 12_{10}$，$D = 13_{10}$，$E = 14_{10}$，$F = 15_{10}$ を使用する．したがって，

$$A2F_{16} = 10 \times 16^2 + 2 \times 16^1 + 15 \times 16^0$$
$$= 2560 + 32 + 15$$
$$= 2607_{10}$$

次に，除算を用いて 10 進数の整数を基数 R の数値に変換する手法を示す．10 進数の整数 N は基数 R 表現では以下のように表せる．

$$N = (a_n a_{n-1} \cdots a_2 a_1 a_0)_R$$
$$= a_n R^n + a_{n-1} R^{n-1} + \cdots + a_2 R^2 + a_1 R^1 + a_0$$

両辺を R で割ると，余りは a_0 となる．

$$\frac{N}{R} = a_n R^{n-1} + a_{n-1} R^{n-2} + \cdots + a_2 R^1 + a_1 = Q_1, \quad \text{余り } a_0$$

商 Q_1 を R で割ると，余りは a_1 となる．

$$\frac{Q_1}{R} = a_n R^{n-2} + a_{n-1} R^{n-3} + \cdots + a_3 R^1 + a_2 = Q_2, \quad \text{余り } a_1$$

Q_2 を R で割ると，余りは a_2 となる．

$$\frac{Q_2}{R} = a_n R^{n-3} + a_{n-1} R^{n-4} + \cdots + a_3 = Q_3, \quad \text{余り } a_2$$

この計算を余り a_n が得られるまで繰返す．上記の各除算で得られる余りの値が基数 R 表現の各桁の数値であり，最下位桁の数値から順に計算されることが確認できる．

例題 1・1　　53 を 2 進数に変換せよ．
[解 答]

$2 \underline{)53}$

$2 \underline{)26}$　　余り $= 1 = a_0$

$2 \underline{)13}$　　余り $= 0 = a_1$

$2 \underline{)6}$　　余り $= 1 = a_2$　　　$53_{10} = 110101_2$

$2 \underline{)3}$　　余り $= 0 = a_3$

$2 \underline{)1}$　　余り $= 1 = a_4$

$\quad 0$　　余り $= 1 = a_5$

---

10 進数の**小数**（fraction）を基数 R 表現の数値に変換するには R を連続的に掛ける手法を利用する．10 進数の小数 F は次式によって表される．

$$F = (.a_{-1} a_{-2} a_{-3} \cdots a_{-m})_R$$
$$= a_{-1} R^{-1} + a_{-2} R^{-2} + a_{-3} R^{-3} + \cdots + a_{-m} R^{-m}$$

両辺に R を掛けると，

$$FR = a_{-1} + a_{-2} R^{-1} + a_{-3} R^{-2} + \cdots + a_{-m} R^{-m+1} = a_{-1} + F_1$$

上式で得られる F_1 が結果の小数部であり，a_{-1} が整数部となる．F_1 に R を掛けると，

$$F_1 R = a_{-2} + a_{-3} R^{-1} + \cdots + a_{-m} R^{-m+2} = a_{-2} + F_2$$

さらに F_2 に R を掛けると，

$$F_2 R = a_{-3} + a_{-4} R^{-1} + \cdots + a_{-m} R^{-m+3} = a_{-3} + F_3$$

この計算を F_m がゼロになるまで繰返す．以上の計算で得られる整数部 $a_{-1}, a_{-2}, a_{-3}, \cdots, a_{-m}$ が求める基数 R 表現の各桁の値となり，最上位桁から順に得られることがわかる．

例題 1・2　　0.625 を 2 進数に変換せよ．
[解 答]

$F = \quad .625$	$F_1 = \quad .250$	$F_2 = \quad .500$
$\times \quad 2$	$\times \quad 2$	$\times \quad 2$
$\overline{1.250}$	$\overline{0.500}$	$\overline{1.000}$
$(a_{-1} = 1)$	$(a_{-2} = 0)$	$(a_{-3} = 1)$

$$.625_{10} = .101_2$$

求める基数 R 表現の数値が循環小数となる場合，上記の計算は小数部の値がゼロにならない．得られた F_m が，$F_1, F_2, \cdots, F_{m-1}$ のいずれかと等しくなる場合がそれにあたる．

例題 1・3　　0.7 を 2 進数に変換せよ．
[解 答]

$\quad .7$

$\quad \underline{2}$

$(1).4$

$\quad \underline{2}$

$(0).8$

$\quad \underline{2}$

$(1).6$

$\quad \underline{2}$

$(1).2$

$\quad \underline{2}$

$(0).4$ ←0.4 はすでに現れたので，ここからは循環小

$\quad \underline{2}$　　数が繰返される．

$(0).8$　　$0.7_{10} = 0.1\underline{0110}\ \underline{0110}\ \underline{0110} \cdots_2$

---

10 進数以外の二つの基数表現の変換も同様な手順で実行可能であるが，10 進以外の数値計算が複雑となるため，一般に 10 進数への変換を介在させた方が容易となることが多い．

例題 1・4　　231.3_4 を基数 7 表現に変換せよ．
[解 答]

$$231.3_4 = 2 \times 16 + 3 \times 4 + 1 + \frac{3}{4} = 45.75_{10}$$

$7 \underline{)45}$	$\quad .75$
$7 \underline{)\ 6} \quad$ 余り 3	$\quad \underline{7}$
$\quad 0 \quad$ 余り 6	$(5).25$
	$\quad \underline{7}$
	$(1).75$
	$\quad \underline{7}$
	$(5).25$
	$\quad \underline{7}$
	$(1).75$

$$45.75_{10} = 63.5151 \ldots_7$$

ただし，2進数から16進数への変換，またその逆は容易である．16進数の1桁の数値は，2進数の4桁（ビット）の数値と相互変換できる．2進数を16進数に変換する場合，2進数を4桁ごとに区切り，各4桁の数値を16進数の1桁の数値に変換すればよい．

$$1001101.010111_2 = \underline{0100}\ \underline{1101}\ .\ \underline{0101}\ \underline{1100}$$
$$\ \ 4\ \ \ \ \ D\ \ \ \ \ 5\ \ \ \ \ C \qquad (1\cdot1)$$
$$= 4D.5C_{16}$$

式（1・1）の例に示す通り，2進数の4桁区切りに不足する部分は，整数部の上位ビットと小数部の下位ビットにゼロを補えばよい．

1・3　2進数の計算

ディジタルシステムにおいては，一般に算術演算は2進数で計算される．その理由は，10進数よりも2進数で計算する論理回路の方が簡単に設計できるからである．2進数の計算も10進数の計算とほぼ同様な方式で実行されるが，加算や乗算に用いる演算表は2進数の方が10進数よりもずっと簡単なものとなる．

以下に，2進数加算の演算値表を示す．1の桁上がりは，一つ上位の桁に1を加えることを意味する．

$$0+0 = 0$$
$$0+1 = 1$$
$$1+0 = 1$$
$$1+1 = 0 \quad 上位桁への1の\textbf{桁上がり}（キャリー，carry）$$

例題1・5　13_{10} と 11_{10} を2進数で加算せよ．

[解　答]
$$\phantom{13_{10} =}\ \ 1111 \ \ \longleftarrow キャリー$$
$$13_{10} = \ \ 1101$$
$$11_{10} = \ \ \underline{1011}$$
$$\overline{11000} = 24_{10}$$

以下に，2進数減算の演算値表を示す．1の桁借りは，一つ上位の桁から1を引くことを意味する．

$$0-0 = 0$$
$$0-1 = 1 \quad 上位桁から1の\textbf{桁借り}（borrow）$$
$$1-0 = 1$$
$$1-1 = 0$$

例1・6（減算）

(a)
$$1 \ \longleftarrow 下位から3桁目$$
$$11101 \quad から桁借り$$
$$\underline{-10011}$$
$$1010$$

(b)
$$1111 \ \longleftarrow 桁借り$$
$$10000$$
$$\underline{- \ \ \ 11}$$
$$1101$$

(c)
$$111 \ \longleftarrow 桁借り$$
$$111001$$
$$\underline{- \ \ 1011}$$
$$101110$$

例(b)で，上位から下位にどのように桁借りが伝搬するか注意すること．この例では，下位2桁目から桁借りするために，一つ上位の3桁目から桁借りしなければならない．2進数による減算の代替手法として，§1・4に示す2の補数を用いた計算がある．

われわれは10進数の計算に慣れているので，2進数減算における桁借りの過程が複雑に感じることがある．そこで2進数減算を詳しく分析する前に，10進数減算における桁借りについて復習しよう．

10進の整数に対して，仮に最下位桁から上位に向かって0から順に桁番号を振るとする．ここで n 桁目から1を桁借りすることは，n 桁目から1を引いて $n-1$ 桁目に10を加えることを意味する．$1\times10^n = 10\times10^{n-1}$ なので元の10進数値は変化せず，減算処理を進めることができる．以下の減算例を考察してみよう．

$$桁2\diagdown \ \diagup 桁1$$
$$205$$
$$\underline{- \ \ 18}$$
$$187$$

この例における桁借りは，次式に示すように初めに桁1から1を桁借りし，次に桁2から1を桁借りする．

$$205 - 18$$
$$= [2\times10^2 + 0\times10^1 + 5\times10^0]$$
$$- [1\times10^1 + 8\times10^0]$$
$$ 桁1から桁借り$$
$$= [2\times10^2 + (0-1)\times10^1 + (10+5)\times10^0]$$
$$- [1\times10^1 + 8\times10^0]$$
$$ 桁2から桁借り$$
$$= [(2-1)\times10^2 + (10+0-1)\times10^1 + 15\times10^0]$$
$$- [1\times10^1 + 8\times10^0]$$
$$= [1\times10^2 + 8\times10^1 + 7\times10^0]$$
$$= 187$$

2進数の減算における桁借りも，10の累乗の代わりに2の累乗を用いてまったく同様に計算される．すなわち，2進数の減算で n 桁目から1を桁借りすることは，n 桁目から1を引いて $n-1$ 桁目に2（2進数表現では 10_2）を加えることを意味する．$1\times2^n = 2\times2^{n-1}$ なので，元の2進数値は変わらない．

前述の例題(c)を用いて2進数の減算過程を説明する．最下位桁から減算を開始し，$1-1=0$ となる．2桁目の減算は3桁目からの桁借りが必要であるので，まず3桁目の上に桁借りを示す1を記入する．この桁借りは，3桁目の

減算時に実行する（これは，コンピュータ内で桁借り信号が伝播する様子に似ている）．2桁目の被減数の値は桁借りによって10となるので，減算は10−1=1となる．3桁目から1を桁借りするためには，4桁目から1を桁借りする必要がある（4桁目の上に桁借りを示す1を記入する）．3桁目の被減数の値は4桁目からの桁借りによってまず10となり，ここから2桁目への桁貸し分を引くと1となるので，3桁目の減算は1−0=1となる．次に4桁目の減算を行う．4桁目の被減数の値1から3桁目への桁貸し分の1を引くと0が残る．4桁目の減算を実行するためには5桁目からの桁借りが必要となり，4桁目の減算は10−1=1となる．

以下に，2進数乗算の演算表を示す．

$$0 \times 0 = 0$$
$$0 \times 1 = 0$$
$$1 \times 0 = 0$$
$$1 \times 1 = 1$$

下記に，13_{10} と 11_{10} を2進数で乗算する例を示す．

```
        1101
        1011
        ────
        1101
       1101
      0000
     1101
     ──────────
     10001111 = 143₁₀
```

$$10001111 = 143_{10}$$

ここで，各部分積は，被乗数（1101_2）を適切な桁数分ずらしたもの，または，0000となっている．

上記で求めた2進数の部分積を各桁について積算するとき，一つの桁の和が 11_2 を超えることがある．この場合，上位へのキャリーは1よりも大きくなる．たとえば，ある桁において1の値を五つ積算すると 101_2 となり，その桁の値が1で上位へのキャリーは 10_2 となる．2進数の乗算においては，1を超えるキャリーの発生を防ぐため，下記に示すように二つの部分積の加算を繰返すことで行う．

1111	被乗数（multiplicand）
1101	乗数（multiplier）
1111	部分積1
0000	部分積2
(01111)	部分積1と2の和
1111	部分積3
(1001011)	部分積3の積算値
1111	部分積4
11000011	最終結果（部分積4の積算値）

次に，145_{10} を 11_{10} で2進数表現により除算する例を示す．

```
            1101
      ───────────
 1011 )10010001
        1011
        ────
        1110
        1011
        ────
        1101      商 1101，余り 10.
        1011
        ────
          10
```

2進数の除算も10進数の場合と同様の手順で計算されるが，商の各桁に表れる値が0と1にどちらかに限られるため，より簡易に計算できる．上記の例では，まず除数（1011）と被除数の上位4ビット（1001）の大小比較を行う．この場合除数の方が大きいので被除数側を上位5ビットにして大小比較をもう一度行う．今回は被除数側の値10010の方が大きいので，この値から除数（1011）を引いて111を得る．また10010の最下位ビットの上に商の1ビット目として1と記入する．次に被除数から次の桁のビット値0を下ろして被除数側の値を1110とし，除数を1ビット右シフトする．ここで1110が1011よりも大きいのでこれを引いて11を得，商の2ビット目として1を記入する．被除数から次の桁のビット値0を下ろして被除数側の値が110となるが，1ビット右シフトした除数よりも小さいので商の第3ビットに0を記入する．最後に被除数から次の桁のビット値1を下ろして被除数側の値を1101とし，1ビット右シフトした除数1011を引いて剰余が10となり，商の最下位ビット値に1を記入する．

1・4 負の数の表現

本書ではこれまで符号なしの正の数を扱ってきた．正の数と負の数の両方を表現するよく知られた方法として，**符号付き絶対値数**（sign and magnitude number），**2の補数**（2's complement number），**1の補数**（1's complement number）がある．これらの各表現では，いずれも左端のビットが0のとき正の数，1のとき負の数を表す．以降に示すように，n ビットを用いた数値の表現範囲は，符号絶対値と1の補数では $-(2^{(n-1)}-1)$ から $+(2^{(n-1)}-1)$ までとなり，どちらも0を表すビットパターンが正の0と負の0に相当する二つ存在する．一方，2の補数の表現範囲は $-2^{(n-1)}$ から $+(2^{(n-1)}-1)$ までとなり，0を表すビットパターンが正の0のみとなる．二つの数値の加算や減算結果が数値表現範囲を超えた場合は**オーバフロー**（overflow）として扱う．

a. 符号付き絶対値数 n ビットを用いた符号絶対値表現では，1ビットの符号と $n-1$ ビットの絶対値により数値を表す．符号ビットは，0で正の数，1で負の数を表す．$n-1$ ビットの絶対値は，0から $2^{(n-1)}-1$ を表す．したがって，符号と絶対値を組み合わせて $-(2^{(n-1)}-1)$ か

ら$+(2^{(n-1)}-1)$ までの数値を表現し，絶対値が 0 で符号ビットが異なるパターンを含む．表 1・1 に 4 ビット長（$n=4$）の例を示す．たとえば，0011 は$+3$，1011 は-3 を表す．また，1000 は負の 0 を表す．

符号絶対値表現の 2 進数を直接算術計算する論理回路の設計は難しい．一つの方法は，2 の補数または 1 の補数に変換して算術計算し，結果を符号付き絶対値に変換することが考えられる．

b. 2 の 補 数　2 の補数表現では，正の数 N は符号絶対値と同様に符号ビット 0 と N の絶対値で表す．また，負の数 $-N$ に対する 2 の補数 N^* は，語長が n ビットのとき正の整数 N の 2 の補数を用いて式(1・2)で定義される．

$$N^* = 2^n - N \qquad (1・2)$$

ここで，式(1・2)中の数値 N，2^n，N^* はすべて符号なし正の数として計算する．2^n を 2 進数で表すには $n+1$ ビットが必要となる．

表 1・1 は $n=4$ の例を示す．表 1・1 中の-1から-7までの負の数に対する 2 の補数は，正の数 1 から 7 の 2 の補数を $2^4=16$ から引くことにより得られる．たとえば，5 の 2 の補数は$16-5=11$であり，2 進数では$(1000)-(0101)=(1011)$のように計算できる．このように 4 ビットのパターンのうち-7，$\cdots$，-1，0，1，$\cdots$，7 に対する 2 の補数表現が決まり，1000 のみが未使用で残る．1000 の符号ビットは 1 なので，この値は負の数となる．負の数の絶対値はその値自身の 2 の補数をとればよい．式 (1・2) を変形して次式を得る．

$$N = 2^n - N^* \qquad (1・3)$$

式(1・3)を 1000 に適用して，$(10000)-(1000)=(1000)$となり，10 進では$16-8=8$となる．したがって，1000 は-8を表す．一般に，n ビットの 2 の補数表現において最上位ビットが 1 でそれ以外のビットが 0 の値は$-2^{(n-1)}$を表す．

2 進数に対して式(1・2)を適用する場合，$n+1$ ビットの減算が必要になる．これを避けるため，式(1・2)を次のように変形する．

$$N^* = (2^n - 1 - N) + 1$$

2 進数では，2^n-1 は n 個の 1 のパターンで表される．全ビット 1 の数値から任意の数値を引いても桁借りは発生せず，減算が 1 の桁の差を 0 に，減数が 0 の桁の差を 1 にするだけでよい（すなわち，減数をビット毎に反転）．以下に，$n=7$，かつ $N=0101100$ の例を示す．

$$
\begin{array}{rl}
2^n - 1 = & 1111111 \\
- & 0101100 \\
\hline
& 1010011 \\
+ & 0000001 \\
\hline
N^* = & 1010100
\end{array}
$$

N^* は，N をビット毎に反転して 1 を加えることで求めることができる．または，N の 2 進数において右端から最初の 1 のビットまでは変更せず，その上位のビットを反転することでも求めることができる．上記の例では，2 行目 N の右端 100 を変更せずにその上位の 0101 をビット毎に反転すればよい．

c. 2 の補数の加算　2 の補数を用いた n ビット 2 進数の加算は簡単である．単にすべての数値を正の数として加算し，符号ビットの位置で発生するキャリーは無視すればよい．これでオーバフローが発生しない限り正しい結果を得ることができる．語長が n ビットのとき，（符号を含む）正しい和の表現に n ビット以上が必要であればオーバフローが発生したという．以下に $n=4$ に対するいくつかの例を示す．

❶ 二つの正の数の加算，和$<2^{n-1}$

$$
\begin{array}{rll}
+3 & 0011 & \\
+4 & 0100 & \\
\hline
+7 & 0111 & [正しい答え]
\end{array}
$$

表 1・1　符号付き 2 進整数（ビット整数）（4 ビット長：$n=4$）

$-N$	正の整数 (全表現共通)	$-N$	負の整数		
			符号付き絶対値	2 の補数	1 の補数
$+0$	0000	-0	1000	——	1111
$+1$	0001	-1	1001	1111	1110
$+2$	0010	-2	1010	1110	1101
$+3$	0011	-3	1011	1101	1100
$+4$	0100	-4	1100	1100	1011
$+5$	0101	-5	1101	1011	1010
$+6$	0110	-6	1110	1010	1001
$+7$	0111	-7	1111	1001	1000
		-8	——	1000	——

❷ 二つの正の数の加算，和≧2^{n-1}

```
  +5    0101
  +6    0110
 1011 ←［オーバフローによる誤った答え，
          ＋11 は符号を含めると 5 ビット
          必要］
```

❸ 正の数と負の数の加算（負の数の絶対値が大きい）

```
  +5    0101
  −6    1010
  −1    1111    ［正しい答え］
```

❹ 正の数と負の数の加算（正の数の絶対値が大きい）

```
  −5      1011
  +6      0110
  +1   (1)0001 ←［正しい答え，符号ビットの位置
             で発生するキャリーを無視する
             （オーバフローではない）］
```

❺ 二つの負の数の加算，|和|≦2^{n-1}

```
  −3      1101
  −4      1100
  −7   (1)1001 ←［正しい答え，符号ビットの位置
             で発生するキャリーを無視する
             （オーバフローではない）］
```

❻ 二つの負の数の加算，|和|≧2^{n-1}

```
  −5      1011
  −6      1010
       (1)0101 ←［オーバフローによる誤った答え，
             −11 は符号を含めると 5 ビット
             必要］
```

上記 ❷ と ❻ の例では，オーバフローの発生を容易に検知できる．❷ の例では二つの正の数の加算結果の符号ビットが 1 となり負の数を示し，❻ の例では二つの負の数の加算結果の符号ビットが 0 となり正の数を示している（4 ビットの場合）．

❹ と ❺ の例の場合，符号ビットから生じるキャリーを無視して常に正しい答えが得られることの証明を以下に示す．

❹ $-A+B$（ただし $B>A$）

$A^*+B=(2^n-A)+B=2^n+(B-A)>2^n$

最上位ビットのキャリーを無視することは，2^n を引くことに等しい．したがって，結果は $(B-A)$ となり正しい答えとなる．

❺ $-A-B$（ただし $A+B≦2^{n-1}$）

$A^*+B^*=(2^n-A)+(2^n-B)=2^n+2^n-(A+B)$

最上位ビットのキャリーを無視することで，結果は $2^n-(A+B)=(A+B)^*$ となる．これは $-(A+B)$ の正しい表現である．

d. 1 の補数　　1 の補数表現では，負の数 $-N$ を表す

$\bar{N}$ は正の数 N の 1 の補数を用いた次式で定義される．

$$\bar{N} = (2^n-1)-N \qquad (1・4)$$

すでに説明したように (2^n-1) は全ビットが 1 からなり，1 からあるビットを引く操作はそのビットを反転させる操作に等しい．したがって，N の 1 の補数は N をビットごとに反転した値となる．表 1・1 に，4 ビットの場合の 1 の補数を示す．0000 の 1 の補数は 1111 であり，負のゼロを表す．したがって，符号絶対値と同様に 0 を表す 1 の補数は 2 パターンあることになる．

e. 1 の補数の加算　　1 の補数の加算は，最上位桁から生ずるキャリーの扱いを除いて 2 の補数の加算と同様に実行する．

最上位桁から生ずるキャリーは，2 の補数加算では無視するが，1 の補数加算では最下位桁に加える．これを**循環キャリー**（end-around carry）とよぶ．二つの正の数の加算は，2 の補数加算で示した ❶ と ❷ の例と同様である．❸ 以降の負の数を含む加算は以下のように行う（$n=4$）．

❸ 正の数と負の数の加算（負の数の絶対値が大きい）

```
  +5    0101
  −6    1001
  −1    1110    ［正しい答え］
```

❹ 正の数と負の数の加算（正の数の絶対値が大きい）

```
  −5      1010
  +6      0110
      (1) 0000
        └──→1    ［循環キャリー］
          0001    ［正しい答え，オーバフローなし］
```

❺ 二つの負の数の加算，|和|<2^{n-1}

```
  −3      1100
  −4      1011
      (1) 0111
        └──→1    ［循環キャリー］
          1000    ［正しい答え，オーバフローなし］
```

❻ 二つの負の数の加算，|和|≧2^{n-1}

```
  −5      1010
  −6      1001
      (1) 0011
        └──→1    ［循環キャリー］
          0100    ［オーバフローによる誤った答え］
```

上記の ❻ では，二つの負の数の加算結果の符号ビットが 0 となり正の数を示しているため，オーバフローの検知は容易である．

❹ と ❺ の例の場合，循環キャリーを用いた加算により正しい答えが得られることの証明を以下に示す．

❹ $-A+B$（ただし $B>A$）

$\bar{A}+B=(2^n-1-A)+B=2^n+(B-A)-1$

循環キャリーの操作は2^nを引いて1を加えることに等しい．したがって，結果は$(B-A)$となり正しい答えとなる．

❺　$-A-B$（ただし$A+B<2^{n-1}$）

$$\overline{A}+\overline{B}=(2^n-1-A)+(2^n-1-B)$$
$$=2^n+[2^n-1-(A+B)]-1$$

循環キャリーの操作を行うと，結果は$2^n-1-(A+B)=(\overline{A+B})$となる．これは$-(A+B)$の正しい表現である．

以下に，$n=8$における1の補数と2の補数の加算例を示す．

❼　-11と-20を1の補数で加算．

$+11 = 00001011$　　　　$+20 = 00010100$

上記の数をビットごとに反転する．

$-11 = 11110100$　　　　$-20 = 11101011$

$$\begin{array}{r} 11110100 \quad (-11) \\ 11101011 \quad +(-20) \\ \hline (1)11011111 \\ \longrightarrow 1 \quad [\text{循環キャリー}] \\ \hline 11100000 = -31 \end{array}$$

❽　-8と$+19$を2の補数で加算．

$+8 = 00000001$

-8は，最下位ビット側から初めの1より左のビットを反転する

$-8 = 11111000$　　　　$+19 = 00010011$

$$\begin{array}{r} 11111000 \quad (-8) \\ 00010011 \quad +19 \\ \hline (1)00001011 = +11 \\ \qquad [\text{最上位のキャリーを無視}] \end{array}$$

上記の二つの例では，どちらも加算結果の最も左端のビット位置にキャリーが生じるが，答えは（符号を含め）正しく8ビットで表現できるためオーバフローは発生しない．二つのnビットで表現した符号付き2進数（1の補数または2の補数）を加算してnビットの和を求めるときにオーバフローを検知するための一般的な規則は以下の通りである．

オーバフローが発生するのは，二つの正の数を加算して答えが負になるとき，または二つの負の数を加算して答えが正の数になるときである．

2の補数による加算でオーバフローを検知する別の手法は以下の通りである．

オーバフローが発生するのは，符号の桁へのキャリー入力と符号の桁で生じるキャリー出力の値が異なる場合に限られる．

1・5　2　進　符　号

コンピュータの内部動作は2進数で実行される場合が多いが，入出力装置は一般に10進数を扱う．多くの論理回路は二値信号しか使えないため，10進数は2進数に符号化される．最も単純な2進符号では，10進数の各数字が2進数に置き換えられる．たとえば，937.25は下記のように表される．

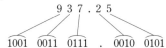

この符号化方式を，**2進化10進符号**（binary-coded-decimal, **BCD**）または，より明確には**8-4-2-1 BCD**とよぶ．BCD符号の値は，数値全体を2進数に変換した値と大きく異なる．10進数で使用する数字は10個しかないので，BCD符号で1010から1111は無効となる．

表1・2に，10進数字に対する5種類の2進符号を示す．有効な符号化の要件は各10進数字を別々の2進符号で表現することだけなので，ほかにも種々の可能性が存在する．10進の数値をこれらで符号化するには，各桁の10進数字を対応する符号に置き換えればよい．したがって937を3増し符号で表すと1100 0110 1010となる．4ビット重み付け符号の重みをw_3, w_2, w_1, w_0とすると符号$a_3a_2a_1a_0$は10進数Nを表す．ただし，

$$N = w_3a_3 + w_2a_2 + w_1a_1 + w_0a_0$$

たとえば，6-3-1-1符号の重みは$w_3=6$，$w_2=3$，$w_1=1$，

表1・2　10進数字に対する5種類の2進符号

10進数字	8-4-2-1符号（BCD）	6-3-1-1符号	3増し符号	5者択2符号（2-out-of-5）	グレイ符号
0	0000	0000	0011	00011	0000
1	0001	0001	0100	00101	0001
2	0010	0011	0101	00110	0011
3	0011	0100	0110	01001	0010
4	0100	0101	0111	01010	0110
5	0101	0111	1000	01100	1110
6	0110	1000	1001	10001	1010
7	0111	1001	1010	10010	1011
8	1000	1011	1011	10100	1001
9	1001	1100	1100	11000	1000

$w_0=1$ となる．したがって，2 進符号 1011 は 10 進数の 8 を表す．

$$N = 6 \cdot 1 + 3 \cdot 0 + 1 \cdot 1 + 1 \cdot 1 = 8$$

3 増し符号は，8-4-2-1 符号の各符号に 3（0011）を加えることで求めることができる．5 者択 2 符号は，有効な各符号の 5 ビットのうちの 2 ビットが 1 となる特徴をもつ．論理回路の故障によって符号内の 1 ビットが誤ると 1 の値のビット数が 2 ではなくなるので，この符号は誤り検知に有益である．表 1・2 に示すグレイ符号のパターンは一例である．グレイ符号は，連続する 10 進数字の符号がただ 1 ビットだけ異なるという性質をもつ．たとえば，6 と 7 の符号は最下位ビットだけ異なり，9 と 0 の符号は最上位ビットだけ異なる．グレイ符号は，アナログ量（たとえば軸の位置）をディジタル値に変換する場合にしばしば用いられる．このような場合，アナログ量の小さな違いは符号内の 1 ビットの違いで表現され，2 ビット以上の違いよりも信頼できる操作に寄与する．グレイ符号と 5 者択 2

符号は重み付け符号ではない．一般に，重み付け符号以外を用いた場合，簡単な式で符号から 10 進数値を計算することはできない．

コンピュータ・アプリケーションの多くは，数値，文字，区切り記号，その他の記号を含むデータを処理する必要がある．このようなアルファベットや数字混じりのデータをコンピュータに入出力したり，コンピュータ内に格納したりするため，各記号は 2 進符号で表現される．よく知られた符号として **ASCII コード**（American Standard Code for Information Interchange）がある．ASCII コードは 7 ビット符号であり，2^7(128) パターンの異なる符号を用いて文字，数字，その他の記号を表す．表 1・3 に ASCII コード表を示す．ただし，"改ページ"や"転送終了"のような特殊な制御記号は省略する．"Start"という語は ASCII コードで下記のように符号化される．

1010011　1110100　1100001　1110010　1110100
　S　　　　t　　　　a　　　　r　　　　t

表 1・3　ASCII コード

文字	A6	A5	A4	A3	A2	A1	A0	文字	A6	A5	A4	A3	A2	A1	A0	文字	A6	A5	A4	A3	A2	A1	A0
space	0	1	0	0	0	0	0	@	1	0	0	0	0	0	0	`	1	1	0	0	0	0	0
!	0	1	0	0	0	0	1	A	1	0	0	0	0	0	1	a	1	1	0	0	0	0	1
"	0	1	0	0	0	1	0	B	1	0	0	0	0	1	0	b	1	1	0	0	0	1	0
#	0	1	0	0	0	1	1	C	1	0	0	0	0	1	1	c	1	1	0	0	0	1	1
$	0	1	0	0	1	0	0	D	1	0	0	0	1	0	0	d	1	1	0	0	1	0	0
%	0	1	0	0	1	0	1	E	1	0	0	0	1	0	1	e	1	1	0	0	1	0	1
&	0	1	0	0	1	1	0	F	1	0	0	0	1	1	0	f	1	1	0	0	1	1	0
'	0	1	0	0	1	1	1	G	1	0	0	0	1	1	1	g	1	1	0	0	1	1	1
(	0	1	0	1	0	0	0	H	1	0	0	1	0	0	0	h	1	1	0	1	0	0	0
)	0	1	0	1	0	0	1	I	1	0	0	1	0	0	1	i	1	1	0	1	0	0	1
*	0	1	0	1	0	1	0	J	1	0	0	1	0	1	0	j	1	1	0	1	0	1	0
+	0	1	0	1	0	1	1	K	1	0	0	1	0	1	1	k	1	1	0	1	0	1	1
,	0	1	0	1	1	0	0	L	1	0	0	1	1	0	0	l	1	1	0	1	1	0	0
-	0	1	0	1	1	0	1	M	1	0	0	1	1	0	1	m	1	1	0	1	1	0	1
.	0	1	0	1	1	1	0	N	1	0	0	1	1	1	0	n	1	1	0	1	1	1	0
/	0	1	0	1	1	1	1	O	1	0	0	1	1	1	1	o	1	1	0	1	1	1	1
0	0	1	1	0	0	0	0	P	1	0	1	0	0	0	0	p	1	1	1	0	0	0	0
1	0	1	1	0	0	0	1	Q	1	0	1	0	0	0	1	q	1	1	1	0	0	0	1
2	0	1	1	0	0	1	0	R	1	0	1	0	0	1	0	r	1	1	1	0	0	1	0
3	0	1	1	0	0	1	1	S	1	0	1	0	0	1	1	s	1	1	1	0	0	1	1
4	0	1	1	0	1	0	0	T	1	0	1	0	1	0	0	t	1	1	1	0	1	0	0
5	0	1	1	0	1	0	1	U	1	0	1	0	1	0	1	u	1	1	1	0	1	0	1
6	0	1	1	0	1	1	0	V	1	0	1	0	1	1	0	v	1	1	1	0	1	1	0
7	0	1	1	0	1	1	1	W	1	0	1	0	1	1	1	w	1	1	1	0	1	1	1
8	0	1	1	1	0	0	0	X	1	0	1	1	0	0	0	x	1	1	1	1	0	0	0
9	0	1	1	1	0	0	1	Y	1	0	1	1	0	0	1	y	1	1	1	1	0	0	1
:	0	1	1	1	0	1	0	Z	1	0	1	1	0	1	0	z	1	1	1	1	0	1	0
;	0	1	1	1	0	1	1	[	1	0	1	1	0	1	1	{	1	1	1	1	0	1	1
<	0	1	1	1	1	0	0	¥	1	0	1	1	1	0	0	|	1	1	1	1	1	0	0
=	0	1	1	1	1	0	1	]	1	0	1	1	1	0	1	}	1	1	1	1	1	0	1
>	0	1	1	1	1	1	0	^	1	0	1	1	1	1	0	~	1	1	1	1	1	1	0
?	0	1	1	1	1	1	1	—	1	0	1	1	1	1	1	delete	1	1	1	1	1	1	1

■ 練 習 問 題

1・1 以下の 10 進数を 16 進数に変換せよ．ただし，小数部は 2 桁に丸める．次に 2 進数（小数部は 8 桁）に変換せよ．

(a) 757.25_{10}　　　　(b) 123.17_{10}

(c) 356.89_{10}　　　　(d) 1063.5_{10}

1・2 以下の 2 進数を 8 進数と 16 進数に変換せよ．その後，8 進数値と 16 進数値を 10 進数値に変換し，それらが同じ数値となるか確認せよ．

(a) 111010110001.011_2　　　　(b) 10110011101.11_2

1・3 $3BA.25_{14}$ を 6 進数に変換せよ．ただし，小数部は 4 桁とする．（一度 10 進数に変換する）．

1・4 (a) 1457.11_{10} を 16 進数に変換せよ．ただし，小数部は 2 桁とする．

(b) (a) で求めた 16 進数を 2 進数と 8 進数に変換せよ．

(c) 上記の 16 進数を 4 進数に変換せよ．

(d) $DCE.A_{16}$ を 10 進数に変換せよ．

1・5 以下の 2 進数について加算，減算，乗算を行え．

(a) 1111 と 1010　　　　(b) 110110 と 11101

(c) 100100 と 10110

1・6 以下の 2 進数の減算を行え．ただし，必要に応じて桁借りを行うこと．

(a) $11110100 - 1000111$　　　　(b) $1110110 - 111101$

(c) $10110010 - 111101$

1・7 以下の加算を 2 進数で計算せよ．ただし，負の数は 2 の補数で表すこと．また，符号を含め 1 語の長さを 6 ビットとし，オーバフローが生じるか否か答えよ．

(a) $21 + 11$　　　　(b) $(-14) + (-32)$

(c) $(-25) + 18$　　　　(d) $(-12) + 13$

(e) $(-11) + (-21)$

次に，負の数を 1 の補数で表して (a)，(c)，(d)，(e) を 2 進数で計算せよ．

1・8 1 語 8 ビット（符号を含む）のコンピュータがある．負の数について 2 の補数表現を使う場合，表現できる整数の範囲を 10 進数で答えよ．また，1 の補数表現ではどうなるか．

1・9 7-3-2-1 重み符号表を作成し，3659 に対する符号を答えよ．

1・10 以下の 10 進数を 16 進数（小数部は 2 桁）に変換せよ．次に，16 進数から 2 進数に変換せよ．

(a) 1305.375_{10}　　　　(b) 111.33_{10}

(c) 301.12_{10}　　　　(d) 1644.875_{10}

2 ブ ー ル 代 数

2・1　は じ め に

　ディジタルシステムの論理設計の学習に必要な基本的な数学がブール代数（Boolean algebra）である．ブール代数は George Boole（ジョージ ブール）によって 1847 年に開発され，数学の論理問題の解法として使用されている．ブール代数は，集合論（set theory）や数理論理学（mathematical logic）を含む多くの応用分野をもつが，本書ではおもにスイッチング回路への応用について学習する．われわれの使用するすべてのスイッチング素子は基本的に 2 状態素子である（具体例として，開閉の 2 状態をもつスイッチや出力電圧に高低の 2 状態をもつトランジスタ）．結果として，すべての変数が二つの値の一つのみをとりうるというブール代数の特殊な場合〔これをスイッチング代数（switching algebra）ともいう〕を取扱う．Claude Shannon（クラウデ シャノン）は，1939 年に初めてスイッチング回路設計にブール代数を応用した．はじめに，スイッチング代数の特徴について学習し，それを用いて一般のブール代数を定義する．

　本書では，スイッチング回路の入出力を表すのに X や Y のようなブール変数（Boolean variable）を使用する．ブール変数は，二つの異なる値の一方のみをとるものとする．これら二つの異なる値を表す記号に "0" と "1" を使用する．したがって，X がブール（スイッチング）変数であるとき，$X=0$ または $X=1$ となる．

　ブール代数で使用する記号 "0" と "1" は数値ではなく，論理回路の二つの異なる状態を表すスイッチング変数の二つの値である．論理ゲート回路においては，0 は（通常）低電圧を表し，1 は高電圧の状態を表す．一般に，任意の二値システムにおける 2 状態を表すのに 0 と 1 が用いられる．

2・2　基 本 的 な 演 算

　ブール（スイッチング）代数の基本演算として，論理積（AND），論理和（OR），否定（または反転）がある．これらの演算は，スイッチング回路においてはそれぞれ異なる構成となる．スイッチ回路にスイッチング代数を適用するため，各スイッチ端子にラベルを付けることにする．次

の図に示すように，端子 X が開いた状態のとき X を 0 とし，端子 X が閉じた状態のとき X を 1 とする．

$$X=0 \rightarrow \text{スイッチ開}$$
$$X=1 \rightarrow \text{スイッチ閉}$$

普段は開いているスイッチ端子（NO）と閉じている端子（NC）があるとする．ここでスイッチの状態が変化すると，NO は閉じ，NC は開くため，NO と NC は常に逆の状態となる．仮に NO 端子に変数 X を割り当てると，NC 端子の状態は X の否定で表され，これを X' と記すことにする．なお，記号（′）は否定を表すものとする．

$$A \longrightarrow \text{NO 端子}$$
$$B \longrightarrow \text{NC 端子}$$

0 の否定は 1 であり，1 の否定は 0 である．したがって，以下のように記述する．

$$0'=1 \qquad 1'=0$$

X をスイッチング変数とすると，

$$X=0 \text{のとき} X'=1$$
$$X=1 \text{のとき} X'=0$$

　否定の別の呼称として反転があり，電子回路では X を反転する素子をインバータ（inverter，否定演算素子ともいう）とよぶ．

$$X \longrightarrow X'$$

上図で，出力側の白丸が反転を表す．否定演算素子の入力が低電圧のときは出力が高電圧となり，入力が高電圧のときは出力が低電圧となる．

　一般的なスイッチ回路では，二つの端子間に接続のない（開回路）ときに値 0 を割り当て，接続した（閉回路）ときに値 1 を割り当てる．二つのスイッチだけからなるスイッチ回路では，スイッチ端子は必ず直列または並列に接続される．スイッチ A と B が直列に接続された場合，A または B のどちらか，または両方が開いた状態のときに接続のない回路となり（0），A と B がどちらも閉じた

状態のときのみ接続した回路となる（1）.

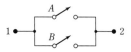

$C=0 \rightarrow$ 端子 1 と 2 が接続していない回路
$C=1 \rightarrow$ 端子 1 と 2 が接続した回路

以上の関係は，次の**真理値表**（truth table）にまとめることができる.

A B	$C=A\cdot B$
0 0	0
0 1	0
1 0	0
1 1	1

この真理値表は AND 演算を定義するもので，論理式 $C=A\cdot B$ で示される. 論理式中の記号 "・" は簡易的に省略することも多く，$A\cdot B$ の代わりに AB と記述してもよい. AND 演算は，**論理積**（logical multiplication，**ブール積**ともいう）ともよばれる.

スイッチ A と B が並列に接続された場合，少なくとも A または B のどちらか一方が閉じた状態のときに接続した回路となり（1），A と B の両方が開いた状態のときのみ接続しない回路となる（0）.

以上の関係は，次の真理値表にまとめることができる.

A B	$C=A+B$
0 0	0
0 1	1
1 0	1
1 1	1

この真理値表は OR 演算を定義し，論理式では $C=A+B$ と記述する. この種類の OR 演算を包含的 OR とよび，後述する排他的 OR と対比することがある. OR 演算は，**論理和**（logical addition，**ブール和**ともいう）ともよばれる.

論理ゲートは，入出力電圧が変化する瞬間を除いて低い電圧と高い電圧のどちらかで動作する. スイッチング代数では，論理ゲートの二つの電圧に 0 と 1 を割り当てる. 通常，低電圧に 0 を，高電圧に 1 を割り当てる.

AND 演算の動作を行う論理ゲートを以下に示す.

このゲートは，入力 $A=1$ かつ $B=1$ のときのみ出力 $C=1$ となる.

OR 演算の動作を行う論理ゲートを以下に示す.

このゲートは，入力 $A=1$ または $B=1$（または両方が 1）のときに出力 $C=1$ となる. インバータ，AND ゲート，OR ゲートの電子回路については付録 A に示す.

2・3　論理式と真理値表

論理式（Boolean expression）は一つ以上の変数または定数に対して基本演算を適用した形式をとる. 最も簡単な式は，0，X，Y' などの一つの定数または変数からなる. AND，OR を用いて二つ以上の式を組合わせる，あるいは，別の式の否定を計算することで，より複雑な式を構成することができる. 下記に例を示す.

$$AB'+C \qquad (2\cdot 1)$$
$$[A(C+D)]'+BE \qquad (2\cdot 2)$$

式中の演算順序を指定する目的で，カッコを使用する. カッコがない場合，否定演算子，AND，OR の順で実行する. したがって，式(2・1)ではまず B' を実行し，続いて AB'，最後に $AB'+C$ を実行する.

各式は，それぞれ一つの論理ゲートに相当する. 図2・1に式(2・1)と式(2・2)に対する回路を示す.

論理式は，各変数に 0 または 1 の値を代入することで評

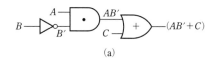

(a)

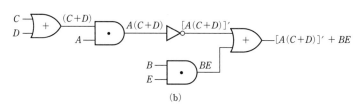

(b)

図2・1　式(2・1)と式(2・2)に対する回路

価する．たとえば，$A=B=C=1$ かつ $D=E=0$ のとき，式 (2・2) の値は以下のようになる．

$$[A(C+D)]'+BE=[1(1+0)]'+1\cdot0=[1(1)]'+0=0+0=0$$

論理式内に表れる各変数と変数の否定値を**リテラル** (literal) とよぶ．したがって，下記の式は 3 変数からなり，10 個のリテラルをもつ．

$$ab'c+a'b+a'bc'+b'c'$$

論理式を論理ゲートで実現する場合，論理式中の各リテラルは論理ゲートへの入力に一致する．

真理値表 (truth table，組合わせ表ともよぶ) は，ある論理式に対して式中の変数の値の全組合わせを書き下したものである．真理値表の名前は，記号論理学の命題についてすべてのとりうる条件下における真偽を書き下した表に由来する．真理値表によって，論理ゲート回路の入力変数の値に応じた出力値を指定することができる．図 2・2 (a) に示す回路の出力は $F=A'+B$ である．この回路の真理値表を図 2・2(b) に示す．この真理値表は，A と B の入力値の全組合わせに対する出力値を示している．真理値表の左端の 2 列に A と B の入力値の全四つの組合わせを列挙し，中央の列に対応する A' の値を示している．右端の列は，各行の A' と B の値の論理和を計算した値 $A'+B$ を示している．

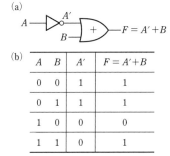

(b)

A	B	A'	$F=A'+B$
0	0	1	1
0	1	1	1
1	0	0	0
1	1	0	1

図 2・2　2 入力回路と真理値表の例

次に，式 (2・1) に対する真理値表を表 2・1 に示す．表の左 3 列に変数 A, B, C の入力値の全組合わせを列挙している．各変数は 0 または 1 のどちらかの値となるので，

$2\times2\times2=8$ 通りの組合わせが存在する．8 通りの組合わせは，2 進数の $000,001,\cdots,111$ を順に並べればよい．真理値表の次の 3 列は，それぞれ B', AB', $AB'+C$ について計算した値を示す．

入力値の全組合わせに対して同じ値となる二つの論理式は等しい．表 2・1 の右 3 列は $(A+C)(B'+C)$ を評価した値を表す．右端の列を見ると，変数 A, B, C の値の八つの全組合わせに対して $AB'+C$ の列と値が等しいことがわかる．よって，

$$AB'+C=(A+C)(B'+C) \qquad (2\cdot3)$$

論理式が n 変数をもつとき，各変数が 0 と 1 のいずれかの値となるならば，変数のとりうる値の組合わせは，

$$\underbrace{2\times2\times2\times\ldots}_{n\,回}=2^n$$

したがって，n 変数をもつ論理式の真理値表は 2^n 行からなる．

2・4　基 本 定 理

下記に 1 変数に対するブール代数の基本則と定理を示す．

0 または 1 との演算 (operations with 0 and 1)：
$$X+0=X \quad(2\cdot4) \qquad X\cdot1=X \quad(2\cdot4D)$$
$$X+1=1 \quad(2\cdot5) \qquad X\cdot0=0 \quad(2\cdot5D)$$
同一則 (idempotent laws，**冪等則**ともいう)：
$$X+X=X \quad(2\cdot6) \qquad X\cdot X=X \quad(2\cdot6D)$$
二重否定則 (involution law)：
$$(X')'=X \quad(2\cdot7)$$
相補則 (laws of complementarity)：
$$X+X'=1 \quad(2\cdot8) \qquad X\cdot X'=0 \quad(2\cdot8D)$$

上記の各定理は，X のとりうる二つの値のどちらの場合にも正しいことから容易に証明できる．たとえば，$X+X'=1$ は以下のように証明できる．

$$X=0,\ 0+0'=0+1=1 \quad かつ \quad X=1,\ 1+1'=1+0=1$$

上記の定理について，変数 X に任意の論理式を代入してよい．したがって，定理 (2・5) より，

$$(AB'+D)E+1=1$$

表 2・1　式 (2・1) に対する真理値表

A	B	C	B'	AB'	$AB'+C$	$A+C$	$B'+C$	$(A+C)(B'+C)$
0	0	0	1	0	0	0	1	0
0	0	1	1	0	1	1	1	1
0	1	0	0	0	0	0	0	0
0	1	1	0	0	1	1	1	1
1	0	0	1	1	1	1	1	1
1	0	1	1	1	1	1	1	1
1	1	0	0	0	0	1	0	0
1	1	1	0	0	1	1	1	1

また，定理(2・8)より，

$$(AB'+D)(AB'+D)' = 0$$

これまでに示した基本定理のいくつかについて，スイッチ回路を図示して説明する．前述したように，0はスイッチが開いた状態，1はスイッチが閉じた状態を表す．二つのスイッチの両方を変数Aとラベルづけすると，$A=0$のときは二つともスイッチが開いた状態を表し，$A=1$のときは二つともスイッチが閉じた状態を表す．したがって下記の回路

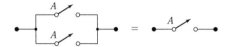

は，単一スイッチに置き換えることができる．

これは同一則$A\cdot A=A$に相当する．また，

これは同一則$A+A=A$に相当する．また，並列接続したスイッチの一方を開放すれば単一スイッチ回路と等価となる．

$$(A+0 = A)$$

並列接続したスイッチの一方を短絡すれば閉回路と等価となる．

$$(A+1 = 1)$$

並列接続したスイッチの一方にA'とラベル付けし，Aを閉じるときにA'を開き，Aを開くときにA'を閉じるとする．このとき，AとA'を並列接続した回路は，二つのスイッチのどちらかが閉じた状態となり，閉回路と等価となる．

$$(A+A' = 1)$$

同様に，AとA'を直接接続した回路は開回路と等価となる（なぜか？）．

$$(A\cdot A' = 0)$$

2・5　交換則，結合則，分配則，ド・モルガンの法則

交換則（commutative laws），**結合則**（associative laws）などの通常の代数で用いられる多くの定理がブール代数においても適用できる．ANDとOR演算の定義から，これらに対する交換則が成り立つことは容易にわかる．

$$XY = YX \tag{2・9}$$
$$X+Y = Y+X \tag{2・9D}$$

上記は，AND演算とOR演算における変数の記述順序は結果に影響しないことを意味する．

結合則もAND演算とOR演算に対して成立する．

$$(XY)Z = X(YZ) = XYZ \tag{2・10}$$
$$(X+Y)+Z = X+(Y+Z) = X+Y+Z \tag{2・10D}$$

3変数のAND（またはOR）演算では，どの2変数の組を先に演算しても結果は変わらないので，式(2・10)と式(2・10D)に示すようにカッコは省略できる．

上記の演算則をスイッチ回路に当てはめると，スイッチ端子の接続順は回路の論理動作に影響しないことを意味する．ANDの結合則について，真理値表を用いて証明する（表2・2）．表の左側に変数X, Y, Zの値の全組合わせを列挙する．真理値表の次の2列は，各X, Y, Zの値に対するXYとYZの値を示す．表の右2列には，$(XY)Z$と$X(YZ)$の値を示す．変数値の全組合わせについて$(XY)Z$と$X(YZ)$の値が等しいので，式(2・10)が正しいことがわかる．

表2・2　ANDの結合則が成立することの証明

X	Y	Z	XY	YZ	$(XY)Z$	$X(YZ)$
0	0	0	0	0	0	0
0	0	1	0	0	0	0
0	1	0	0	0	0	0
0	1	1	0	1	0	0
1	0	0	0	0	0	0
1	0	1	0	0	0	0
1	1	0	1	0	0	0
1	1	1	1	1	1	1

図2・3にANDゲートとORゲートを用いた結合則の関係を示す．図2・3(a)は二つの2入力ANDゲートの回

(a)

$$(AB)C = ABC$$

(b)

$$(A+B)+C = A+B+C$$

図2・3　ANDゲートとORゲートの結合則

路が一つの3入力ANDゲートと等しいことを示す．また図2・3(b)は二つの2入力ORゲートの回路が一つの3入力ORゲートと等しいことを示す．

二つ以上の変数に対する論理積の結果は，全変数が1のときのみ1となる．いずれかの変数が0の値となる場合は，AND演算の結果は0となる．すなわち，

$$X=Y=Z=1 \text{のときに限り} \quad XYZ=1$$

二つ以上の変数に対する論理和の結果は，いずれかの変数が1のときに1となる．全変数が0の値となる場合は，OR演算の結果は0となる．すなわち，

$$X=Y=Z=0 \text{のときに限り} \quad X+Y+Z=0$$

下記に示す**分配則**（distributive laws）が成立することも，真理値表により容易に確認できる．

$$X(Y+Z) = XY+XZ \qquad (2・11)$$

上記に示す通常の分配則に加え，以下に示す第二の分配則もブール代数では成立する．ただし，第二の分配則は通常の代数学では成立しない．

$$X+YZ = (X+Y)(X+Z) \qquad (2・11D)$$

式(2・11D)が成立することを以下に示す．

$$
\begin{aligned}
(X+Y)(X+Z) &= X(X+Z)+Y(X+Z) \quad (2・11 による)\\
&= XX+XZ+YX+YZ \quad (2・11 による)\\
&= X+XZ+YX+YZ \quad (2・4D による)\\
&= X・1+XZ+YX+YZ \quad (2・4D による)\\
&= X(1+Z+Y)+YZ \quad (2・11 による)\\
&= X・1+YZ \quad (2・5 による)\\
&= X+YZ \quad (2・4D による)
\end{aligned}
$$

式(2・11)はOR演算に対してAND演算を分配することを示し，式(2・11D)はAND演算に対してOR演算を分配することを示している．式(2・11D)は，論理式を変形する上で有用である．$A+BC$は通常の代数学では因数分解できないが，ブール代数では式(2・11D)を用いて因数分解できる．

$$A+BC = (A+B)(A+C)$$

下記に**ド・モルガンの法則**（DeMorgan's laws）を示す．

$$(X+Y)' = X'Y' \qquad (2・12)$$
$$(XY)' = X'+Y' \qquad (2・13)$$

これらを真理値表（表2・3）により検証する．

表2・3　真理値表

X Y	X' Y'	$X+Y$	$(X+Y)'$	$X'Y'$	XY	$(XY)'$	$X'+Y'$
0 0	1 1	0	1	1	0	1	1
0 1	1 0	1	0	0	0	1	1
1 0	0 1	1	0	0	0	1	1
1 1	0 0	1	0	0	1	0	0

§2・4と§2・5に示したスイッチング代数の法則を表2・4にまとめる．ブール代数は一つの定義として，表2・4の法則を満足するAND，OR，否定演算が規定された二つ以上の要素からなる集合ということができる．この定義は，最小のものではない．すなわち，各法則は独立したものではなく，他の法則から導かれるものもある．代表的な法則は，他のブール代数定理を得ることが容易なように便宜上選ばれる．**ハンティントンの公理系**（Huntington's postulates）とよばれる最小の法則集合の一つは，0と1の演算，交換則，分配則，否定則からなる．他の法則は，この最小の集合から代数的に生成することができる．

表2・4　ブール代数の法則

0と1の演算	
1. $X+0=X$	1D. $X・1=X$
2. $X+1=1$	2D. $X・0=0$
同一則	
3. $X+X=X$	3D. $X・X=X$
二重否定則	
4. $(X')'=X$	
相補則	
5. $X+X'=1$	5D. $X・X'=0$
交換則	
6. $XY=YX$	6D. $X+Y=Y+X$
結合則	
7. $(X+Y)+Z=X+(Y+Z)$ $=X+Y+Z$	7D. $(XY)Z=X(YZ)=XYZ$
分配則	
8. $X(Y+Z)=XY+XZ$	8D. $X+YZ=(X+Y)(X+Z)$
ド・モルガンの法則：	
9. $(X+Y)'=X'Y'$	9D. $(XY)'=X'+Y'$

ブール代数の法則は，この代数が**双対性**（duality）を満足することを示す二つの組で与えられる．あるブール代数式に対する双対の式は，定数0と1を交換し，AND演算とOR演算を交換することで得られる．ただし，変数と否定演算は変更しない．表2・4に示す法則は，一方のブール代数の法則の式が与えられると，もう一方の式はその双対を計算により得られることを示している．ANDの双対がORであり，ORの双対がANDとなっている．

$$
\begin{aligned}
(XYZ\cdots)^D &= X+Y+Z+\cdots\\
(X+Y+Z+\cdots)^D &= XYZ\cdots
\end{aligned} \qquad (2・14)
$$

2・6　簡　単　化

次の定理は論理式の**簡単化**（simplification）に有効であ

る.

併　合：$XY+XY' = X$ 　　　　　　　　　　(2・15)
　　　　$(X+Y)(X+Y') = X$ 　　　　　(2・15D)
吸　収：$X+XY = X$ 　　　　　　　　　　　(2・16)
　　　　$X(X+Y) = X$ 　　　　　　　　　(2・16D)
消　去：$X+X'Y = X+Y$ 　　　　　　　　(2・17)
　　　　$X(X'+Y) = XY$ 　　　　　　　　(2・17D)
コンセンサス：
　　　$XY+X'Z+YZ = XY+X'Z$ 　　　(2・18)
　　　$(X+Y)(X'+Z)(Y+Z) = (X+Y)(X'+Z)$
　　　　　　　　　　　　　　　　　　(2・18D)

いずれの場合も, 各論理式は右辺のより簡単な式で書き換え可能である. 各論理式は論理ゲート回路に一致するので, 式の簡単化は回路の簡単化につながる.

スイッチング代数では, 上記の各定理はいずれも真理値表により証明できる. 一般のブール代数では, これらは前節までに示した基本定理を用いて証明しなければならない.

(2・15)式の証明：$XY+XY' = X(Y+Y') = X(1)$
　　　　　　　　　　　　$= X$
(2・16)式の証明：$X+XY \ \ = X \cdot 1+XY = X(1+Y)$
　　　　　　　　　　　　$= X \cdot 1 = X$
(2・17)の証明：　$X+X'Y = (X+X')(X+Y')$
　　　　　　　　　　　$= 1(X+Y) = X+Y$
(2・18)の証明：　$XY+X'Z+YZ = XY+X'Z+1 \cdot YZ$
　　　　　　　　　　$= XY+X'Z+(X+X')YZ$
　　　　　　　　　　$= XY+XYZ+X'Z+X'YZ$
　　　　　　　　　　$= XY+X'Z$
　　　　　　　　((2・16)式の吸収の定理を二度適用)

2式一組の各定理の一方を証明できれば, もう一方はブール代数の双対性により証明できる. 二つ目の定理は, 一つ目の定理の証明を双対的に書き換えればよい. たとえば, (2・16D)の証明は(2・16)の証明を下記のように双対的に書き換えて証明できる.

(2・16D)の証明：$X(X+Y) = (X+0)(X+Y)$
　　　　　　　　　　　$= X+(0 \cdot Y)$
　　　　　　　　　　　$= X+0 = X$

以下の図を用いて, 消去の定理を考察する.

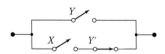

この回路は, スイッチ Y が閉じた場合, またはスイッチ X とスイッチ Y' の両方が閉じた場合に閉回路となるので $T=Y+XY'$ と表せる. この回路は, スイッチ Y が閉じた場合 ($Y=1$), またはスイッチ Y' が開いている状態 ($Y'=1$)

でスイッチ X が閉じた場合に導通するので. 下記の回路と等価となる.

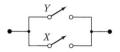

下記に, ブール代数の定理を用いた論理ゲート回路の簡単化の例を示す. 図2・4(a)に示す回路の論理式は,

$$F = A(A'+B)$$

上式の右辺は, 消去の定理を用いて AB に簡単化できる. したがって, 図2・4(a)の回路は等価な(b)の回路に変換できる.

図2・4　等価な回路

本節で示した定理中の X と Y には, 任意の論理式を代入できる.

例題2・1　$Z=A'BC+A'$ を簡単化せよ.
[解答]　(2・16)式で, $X=A'$, $Y=BC$ と考えれば吸収の定理より, $Z=X+XY=X=A'$

例題2・2　$Z=[A+B'C+D+EF][(A+B'C+(D+EF)']$ を簡単化せよ.
[解答]
$$Z = [\underbrace{A+B'C}_{X}+\underbrace{D+EF}_{Y}][\underbrace{A+B'C}_{X}+\underbrace{(D+EF)'}_{Y'}]$$
とおくと併合の定理(2・15)より,
$$Z = X = A+B'C$$

例題2・3　$Z=(AB+C)(B'D+C'E')+(AB+C)'$ を簡単化せよ.
[解答]
$$Z = \underbrace{(AB+C)}_{X'}\underbrace{(B'D+C'E')}_{Y}+\underbrace{(AB+C)'}_{X}$$
とおくと消去の定理(2・17)より,
$$Z = X+Y = (AB+C)'+B'D+C'E'$$
消去の定理(2・17)の形に揃えるため, $X=(AB+C)'$ と置いたことに注意.

以上に示したブール代数の定理を表2・5にまとめる. なお, 表中の式5の展開と因数分解の定理は第3章で述べる.

表2・5　ブール代数の定理

併合の定理（uniting theorems）	
1. $XY+XY' = X$	1D. $(X+Y)(X+Y') = X$
吸収の定理（absorption theorems）	
2. $X+XY = X$	2D. $X(X+Y) = X$
消去の定理（elimination theorems）	
3. $X+X'Y = X+Y$	3D. $X(X'+Y) = XY$
双対性（duality）	
4. $(X+Y+Z+\cdots)D = XYZ\cdots$	4D. $(XYZ\cdots)^D = X+Y+Z+\cdots$
式の展開と因数分解の定理（theorems for multiplying out and factoring）	
5. $(X+Y)(X'+Z) = XZ+X'Y$	5D. $XY+X'Z = (X+Z)(X'+Y)$
コンセンサスの定理（consensus theorems）	
6. $XY+X'Z+YZ = XY+X'Z$	6D. $(X+Y)(X'+Z)(Y+Z) = (X+Y)(X'+Z)$

2・7　式の展開と因数分解

　ある式を**積和形**（sum-of-products, SOP）に展開するには，二つの分配則を利用する．ここで，リテラルの論理積で表した項を**積項**（products）とよび，積項の論理和（sum）で表した式を積和形とよぶ．カッコを含む論理式を完全に展開すると最終的に積和形で表すことができる．積和形の式は，積項の論理和からなるので通常は容易に識別できる．

$$AB'+CD'E+AC'E' \qquad (2 \cdot 19)$$

積項の中には，単一のリテラルが含まれていてもよい．たとえば，

$$ABC'+DEFG+H \qquad (2 \cdot 20)$$
$$A+B'+C+D'E \qquad (2 \cdot 21)$$

も積和形とする．$(A+B)CD+EF$ は，単一の変数からなるリテラルでない $(A+B)$ が積項の一部となっているため積和形ではない．

　式の展開（multiplying out）で，可能ならばまず第二の分配則（2・11D）を適用する．たとえば，$(A+BC)(A+D+E)$ を展開するとき，

$$X=A, \quad Y=BC, \quad Z=D+E$$

とすれば，

$$(X+Y)(X+Z) = X+YZ = A+BC(D+E)$$
$$= A+BCD+BCE$$

もちろん，元の式を単純に展開してから冗長な項を削除することでも同じ結果が得られる．

$$(A+BC)(A+D+E) = A+AD+AE+ABC+BCD+BCE$$
$$= A(1+D+E)+BCD+BCE$$
$$= A+BCD+BCE$$

第二の分配則の適用に習熟すれば，問題を複雑化させる代わりに時間節約することができる．

　二つの分配則は和積形の式に因数分解することにも使用できる．ここで，リテラルの論理和で表した項を**和項**（sum of single variables）とよび，和項の論理積で表した式を**和積形**（products-of-sums, POS）とよぶ．和積形の式は，和項の論理積からなるので容易に識別できる．

$$(A+B')(C+D'+E)(A+C'+E') \qquad (2 \cdot 22)$$

和項の中には単一のリテラルが含まれていてもよい．たとえば，

$$(A+B)(C+D+E)F \qquad (2 \cdot 23)$$
$$AB'C(D'+E) \qquad (2 \cdot 24)$$

も和積形に含まれるが，$(A+B)(C+D)+EF$ は和積形ではない．式が和積形であれば，それは完全に因数分解（fully factored）されている．和積形でない式は，さらに因数分解できる．

　下記の例は，第二の分配則（2・11D）を用いた因数分解を示す．

例題2・4　$A+B'CD$ を因数分解せよ．
[解答]　この式は，$X=A, Y=B', Z=CD$ と置けば $X+YZ$ の形をしているので，

$$A+B'CD = (X+Y)(X+Z) = (A+B')(A+CD)$$

$A+CD$ は第二の分配則を用いてさらに因数分解できる．

$$A+B'CD = (A+B')(A+CD) = (A+B')(A+C)(A+D)$$

例題2・5　$AB'+C'D$ を因数分解せよ．
[解答]　　$AB'+C'D = (AB'+C')(AB'+D)$
　　　　　　　　　[$X+YZ=(X+Y)(X+Z)$ を適用]
　　　　　　$= (A+C')(B'+C')(A+D)(B'+D)$
　　　　　　　　　[各項に第二の分配則を適用]

例題 2・6　$C'D+C'E'+G'H$ を因数分解せよ.
[解答]
$$C'D+C'E'+G'H = C'(D+E')+G'H$$
　　　　　[通常の分配則 $XY+XZ=X(Y+Z)$ を適用]
$$= (C'+G'H)((D+E')+G'H)$$
　　　　　[第二の分配則を適用]
$$= (C'+G')(C'+H)(D+E'+G')(D+E'+H)$$
　　　　　[（　）内の式に第二の分配則をそれぞれ適用]

　例題 2・5 に示すように，式を因数分解するときは通常の分配則を第二の分配則の前に適用するとよい.

　積和形の式は，常に一つ以上の AND ゲートとその出力を入力とする一つの OR ゲートで実現できる. 図 2・5 に，式(2・19)と式(2・21)の回路を示す. ただし，変数の否定回路であるインバータは省略している.

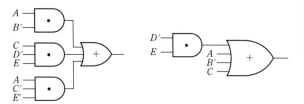

図 2・5　式(2・19)と式(2・21)の回路

　和積形の式は，常に一つ以上の OR ゲートとその出力を入力とする一つの AND ゲートで実現できる. 図 2・6 に，式(2・22)と式(2・24)の回路を示す. ただし，インバータは省略している.

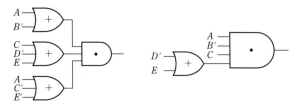

図 2・6　式(2・22)と式(2・24)の回路

　図 2・5 と 2・6 に示す回路は，入出力間に最大 2 ゲートが直列に接続されているので，しばしば **2 段の回路**（twolevel circuit）とよばれる.

2・8　論理式の否定

　任意の論理式の否定形は，ド・モルガンの法則を適用することで容易に得られる.
　ド・モルガンの法則は，n 変数に対して一般化できる.

$$(X_1+X_2+X_3+\cdots+X_n)' = X_1'X_2'X_3'\cdots X_n' \tag{2・25}$$
$$(X_1X_2X_3\cdots X_n)' = X_1'+X_2'+X_3'+\cdots+X_n' \tag{2・26}$$

たとえば，$n=3$ のとき，

$$(X_1+X_2+X_3)' = (X_1+X_2)'X_3' = X_1'X_2'X_3'$$

OR 演算を論理和，AND 演算を論理積と言い換えると，ド・モルガンの法則は以下のように述べることができる.

- 積項の否定は，各リテラルの否定の論理和
- 和項の否定は，各リテラルの否定の論理積

OR 演算と AND 演算の両方を含む式の否定は，式(2・25)と式(2・26)のド・モルガンの法則をそれぞれ適用すればよい.

例題 2・7　$(A'+B)C'$ の否定形を求めよ.
[解答]　はじめに式(2・13)を，その後に式(2・12)を適用する.
$$[(A'+B)C']' = (A'+B)'+(C')' = AB'+C$$

例題 2・8
$$[(AB'+C)D'+E]' = [(AB'+C)D']'E' \quad ((2・12)による)$$
$$= [(AB'+C)'+D]E' \quad ((2・13)による)$$
$$= [(AB')'C'+D]E' \quad ((2・12)による)$$
$$= [(A'+B)C'+D]E' \quad ((2・13)による) \tag{2・27}$$

最終的に得られた式には，否定演算は単独の変数に対するものだけが含まれることに注意.

　$F=A'B+AB'$ の否定は，
$$F' = (A'B+AB')' = (A'B)'(AB')' = (A+B')(A'+B)$$
$$= AA'+AB+B'A'+B'B = AB'+AB$$

上記の結果が正しいことを，F と F' に対する真理値表（表 2・6）を作成して検証する. 真理値表より，変数 A と B の値の全組合わせに対して，$F=0$ のとき $F'=1$，かつ $F=1$ のとき $F'=0$ であることが確認できる.

表 2・6　F と F' に対する真理値表

$A\ B$	$A'B$	AB'	$F=A'B+AB'$	$A'B'$	AB	$F'=A'B'+AB$
0　0	0	0	0	1	0	1
0　1	1	0	1	0	0	0
1　0	0	1	1	0	0	0
1　1	0	0	0	0	1	1

　式の双対は，式全体を否定してから個別の変数を否定することにより得られる.

$$(AB'+C)' = (AB')'C' = (A'+B)C'$$

したがって，

$$(AB'+C)^D = (A+B')C$$

■ 練 習 問 題

2・1　以下の論理式が正しいことをブール代数により証明せよ.
(a) $X(X'+Y) = XY$　　　(b) $X+XY = X$
(c) $XY+XY' = X$　　　(d) $(A+B)(A+B') = A$

2・2　以下の論理式が正しいことをスイッチ回路を用いて示せ.
(a) $X+XY = X$　　　　　(b) $X+YZ = (X+Y)(X+Z)$
おのおのなぜ回路が等価なのかを説明せよ.

2・3　以下の論理式に定理を一つ適用して簡単化せよ. また, 使用した定理を示せ.
(a) $X'Y'Z+(X'Y'Z)'$　　　(b) $(AB'+CD)(B'E+CD)$
(c) $ACF+AC'F$　　　　(d) $A(C+D'B)+A'$
(e) $(A'B+C+D)(A'B+D)$
(f) $(A+BC)+(DE+F)(A+BC)'$

2・4　以下の回路について, 等価な出力をもつより簡単な回路を示せ. (ヒント:最初に各ゲートの出力に着目し, 左から右に向かって回路の出力まで簡単化するとよい.)

(a)
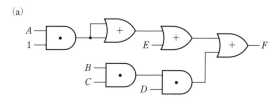

(b)
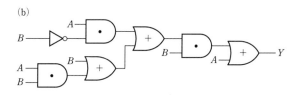

2・5　以下の論理式を展開し, 積和形で答えよ.
(a) $(A+B)(C+B)(D'+B)(ACD'+E)$
(b) $(A'+B+C')(A'+C'+D)(B'+D')$

2・6　以下の論理式を因数分解し, 和積形で答えよ. ただし, (f) の解答は3変数の論理和からなる4項の論理積となる.
(a) $AB+C'D'$　　　　　(b) $WX+WY'X+ZYX$
(c) $A'BC+EF+DEF'$　　(d) $XYZ+W'Z+XQ'Z$
(e) $ACD'+C'D'+A'C$　　(f) $A+BC+DE$

2・7　以下の論理式に対する回路を AND ゲートと OR ゲートを一つずつ使用して示せ.
(a) $(A+B+C+D)(A+B+C+E)(A+B+C+F)$
(b) $WXYZ+VXYZ+UXYZ$

2・8　以下の論理式を簡単化し, 最小の積和形で答えよ.
(a) $[(AB)'+C'D]'$　　　(b) $[A+B(C'+D)]'$
(c) $((A+B')C)'(A+B)(C+A)'$

2・9　以下の回路について, F と G を出力する等価でより簡単な回路を示せ.

(a)
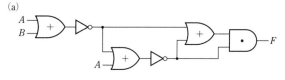

(b)
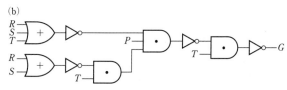

2・10　以下の論理式に定理を一つ適用して簡単化せよ. また, 使用した定理を示せ.
(a) $(A'+B'+C)(A'+B'+C)'$
(b) $AB(C'+D)+B(C'+D)$
(c) $AB+(C'+D)(AB)'$
(d) $(A'BF+CD')(A'BF+CEG)$
(e) $[AB'+(C+D)'+E'F](C+D)$
(f) $A'(B+C)(D'E+F)'+(D'E+F)$

3 ブール代数（つづき）

本章では引き続きブール代数について学び，論理式の操作についての付加的な手法を学習する．積和形と和積形の式の相互変換を容易にする展開と因数分解に対する別の定理を紹介する．これらの代数的な操作によりスイッチング関数を種々の形で実現することができる．**排他的論理和**（exclusive-OR）と**一致演算**（equivalence operation）について，それらの使用例と共に紹介する．コンセンサスの定理は，論理式の簡単化について有効な手段を提供する．そして代数的な簡単化手法についてまとめる．本章の最後に，論理式の検証法を示す．

3・1 論理式の展開と因数分解

和積形の式が与えられたとき，下記二つの分配則を用いて式を展開することで対応する積和形の式が得られる．

$$X(Y+Z) = XY+XZ \qquad (3 \cdot 1)$$
$$(X+Y)(X+Z) = X+YZ \qquad (3 \cdot 2)$$

加えて，下記の定理は式の展開と因数分解に非常に有用である．

$$(X+Y)(X'+Z) = XZ+X'Y \qquad (3 \cdot 3)$$

左辺でXと組になっている変数が右辺ではX'と組になっており，左辺でX'と組になっている変数が右辺ではXと組になっている．スイッチング代数では，$X=0$のとき，および$X=1$のときの両方で$(3 \cdot 3)$式の両辺が等しいことを示すことで証明できる．

$X=0$を$(3 \cdot 3)$式の両辺に代入すると，

$$Y(1+Z)=0+1 \cdot Y \quad \text{より} \quad Y=Y$$

$X=1$を$(3 \cdot 3)$式の両辺に代入すると，

$$(1+Y)Z=Z+0 \cdot Y \quad \text{より} \quad Z=Z$$

ブール代数として正しい証明は，

$$(X+Y)(X'+Z) = XX'+XZ+X'Y+YZ$$
$$= 0+XZ+X'Y+YZ$$
$$= XZ+X'Y \quad (\text{コンセンサスの定理による})$$

下記に，定理$(3 \cdot 3)$を用いた因数分解の例を示す．

$$AB+A'C = (A+C)(A'+B)$$

論理式が二つの項の和からなり，一方の項にある変数が含まれ，他方の項にその変数の否定が含まれる時に定理$(3 \cdot 3)$が適用可能となる．

定理$(3 \cdot 3)$は，式を展開するときに非常に有用である．下記の例では，一つの因数が変数Qを含み，他の因数がQ'を含むので定理$(3 \cdot 3)$が適用可能である．

$$(Q+AB')(C'D+Q') = QC'D+Q'AB'$$

分配則を用いて左辺を単純に展開した結果は4項となる．

$$(Q+AB')(C'D+Q') = QC'D+QQ'+AB'C'D+AB'Q'$$

結果に含まれる$AB'C'D$を消去することは難しいので，分配則の代わりに定理$(3 \cdot 3)$を適用する方がよい．

一般に，式を展開する場合には$(3 \cdot 1)$，$(3 \cdot 2)$式に加えて$(3 \cdot 3)$式を適用するようにする．展開によって不必要な項が生じることを避けるため，一般に$(3 \cdot 1)$式の前に$(3 \cdot 2)$，$(3 \cdot 3)$式を適用し，問題を簡単にするため項をグループ化するとよい．

例題 3・1

$$(A+B+C')(A+B+D)(A+B+E)(A+D'+E)(A'+C)$$
$$= (A+B+C'D)(A+B+E)[AC+A'(D'+E)]$$
$$= (A+B+C'DE)(AC+A'D'+A'E)$$
$$= AC+ABC+A'BD'+A'BE+A'C'DE \qquad (3 \cdot 4)$$

項ABCを削除するのに用いた定理は何か？
（ヒント：$X=AC$とおく）
この例題において分配則$(3 \cdot 1)$を適用して力ずくで展開すると162項が生成され，158項を消去しなければならない．

これらの定理は，式の展開だけでなく因数分解にも有益である．$(3 \cdot 1)$，$(3 \cdot 2)$，$(3 \cdot 3)$式を繰返し適用することにより，どのような式も和積形に変形できる．

例3・2（因数分解）

$$AC+A'BD'+A'BE+A'C'DE$$
$$= \underset{XZ}{\underline{AC}}+\underset{X'}{\underline{A'}}\underset{Y}{\underline{(BD'+BE+C'DE)}}$$
$$= (A+BD'+BE+C'DE)(A'+C)$$
$$= \underset{X}{[A}+\underset{Y}{\underline{C'DE}}+B\underset{Z}{\underline{(D'+E)}}](A'+C)$$
$$= (A+B+C'DE)(A+\cancel{C'DE}+D'+E)(A'+C)$$
$$= (A+B+C')(A+B+D)(A+B+E)(A+D'+E)(A'+C)$$
$$(3・5)$$

最終的に得られる式は，式(3・4)の初めの式に等しい．

3・2 排他的論理和と一致演算

排他的論理和（exclusive-OR）演算（⊕）は，以下のように定義される．

$$0\oplus0 = 0 \qquad 0\oplus1 = 1$$
$$1\oplus0 = 1 \qquad 1\oplus1 = 0$$

$X\oplus Y$の真理値表は，

X	Y	$X\oplus Y$
0	0	0
0	1	1
1	0	1
1	1	0

この表から，$X=1$または$Y=1$で，どちらも1でない場合に$X\oplus Y=1$となることがわかる．第2章で定義した通常のOR演算，$X=1$または$Y=1$，またはどちらも1の場合に$X+Y=1$となるので，**包含的論理和**（inclusive-OR）とよぶこともある．

排他的論理和は，ANDとOR演算により表すこともできる．$X=0$かつ$Y=1$，または$X=1$かつ$Y=0$の場合に$X\oplus Y=1$となるので，

$$X\oplus Y = X'Y+XY' \qquad (3・6)$$

式(3・6)右辺の第一項は$X=0$かつ$Y=1$のとき，第二項は$X=1$かつ$Y=0$のときに1となる．式(3・6)の別の求め方として，$X=1$または$Y=1$で，どちらも1でない場合に$X\oplus Y=1$となることから，

$$X\oplus Y = (X+Y)(XY)' = (X+Y)(X'+Y') = X'Y+XY' \qquad (3・7)$$

式(3・7)において，XとYのどちらも1でない場合に$(XY)'=1$となることに注意．

排他的論理和ゲートには，以下の回路記号を使用する．

以下の定理を排他的論理和に適用する．

$$X\oplus0 = X \qquad (3・8)$$
$$X\oplus1 = X' \qquad (3・9)$$
$$X\oplus X = 0 \qquad (3・10)$$
$$X\oplus X' = 1 \qquad (3・11)$$
$$X\oplus Y = Y\oplus X（交換則） \qquad (3・12)$$
$$(X\oplus Y)\oplus Z = X\oplus(Y\oplus Z) = X\oplus Y\oplus Z（結合則）$$
$$(3・13)$$
$$X(Y\oplus Z) = XY\oplus XZ（分配則） \qquad (3・14)$$
$$(X\oplus Y)' = X\oplus Y' = X'\oplus Y = XY+X'Y' \qquad (3・15)$$

これらの定理はどれも，真理値表，あるいは$X\oplus Y$を式(3・7)に示すいずれかの等価な式に書き換えることで証明できる．分配則(3・14)の証明は，

$$XY\oplus XZ = XY(XZ)'+(XY)'XZ$$
$$= XY(X'+Z')+(X'+Y')XZ$$
$$= XYZ'+XY'Z$$
$$= X(YZ'+Y'Z)$$
$$= X(Y\oplus Z)$$

一致演算（equivalence operation，演算記号≡）は以下のように定義される．

$$(0\equiv0) = 1 \qquad (0\equiv1) = 0$$
$$(1\equiv0) = 0 \qquad (1\equiv1) = 1 \qquad (3・16)$$

$X\equiv Y$の真理値表は，

X	Y	$X\equiv Y$
0	0	1
0	1	0
1	0	0
1	1	1

一致演算の定義から，$X=Y$のときに$X\equiv Y=1$となる．$X=Y=1$，または$X=Y=0$の場合に$X\equiv Y=1$となるので，

$$(X\equiv Y) = XY+X'Y' \qquad (3・17)$$

排他的論理和の否定が一致演算に等しい．

$$(X\oplus Y)' = (X'Y+XY')' = (X+Y')(X'+Y)$$
$$= XY+X'Y' = (X\equiv Y) \qquad (3・18)$$

排他的論理和と同様に，一致演算に対しても交換則，結合則が成り立つ．

一致演算ゲートには，以下の回路記号を使用する．

一致演算は排他的論理和の否定に等しいので，別の回路表記として排他的論理和の反転出力を用いることもできる．

一致回路ゲートは，**排他的NOR**（exclusive-NOR）ともよばれる．

AND，OR のほかに排他的論理和や一致演算を含む式の簡単化を行う場合，まず式(3・6)や式(3・17)を適用して⊕と≡演算を AND と OR 演算に変換するとよい．以下に例を示す．

$$F = (A'B \equiv C) + (B \oplus AC')$$

式(3・6)と式(3・17)より，

$$
\begin{aligned}
F &= [(A'B)C + (A'B)'C'] + [B'(AC') + B(AC')'] \\
&= A'BC + (A+B')C' + AB'C' + B(A'+C) \\
&= B(A'C + A' + C) + C'(A + B' + AB') \\
&= B(A' + C) + C'(A + B')
\end{aligned}
$$

排他的論理和や一致演算を複数含む式を簡単化する場合，次式が便利である．

$$(XY' + X'Y)' = XY + X'Y' \qquad (3 \cdot 19)$$

たとえば，

$$
\begin{aligned}
A' \oplus B \oplus C &= [A'B' + (A')'B] \oplus C \\
&= (A'B' + AB)C' + (A'B' + AB)'C \quad 〔式(3 \cdot 6)による〕 \\
&= (A'B' + AB)C' + (A'B + AB')C \quad 〔式(3 \cdot 19)による〕 \\
&= A'B'C' + ABC' + A'BC + AB'C
\end{aligned}
$$

3・3　コンセンサスの定理

コンセンサスの定理（consensus theorem）は論理式を簡単化するのに非常に有用である．$XY + X'Z + YZ$ の形の式が与えられたときに，YZ の項が冗長となって消去でき，$XY + X'Z$ に等しくなる．ここで，消去可能な項を**コンセンサス項**（consensus term）という．二つの項があってその一方がある変数を含む積項で，他方がその変数の否定を含む積項のとき，元の二つの項の積から当該変数とその否定を除いた項がコンセンサス項となる．たとえば，ab と $a'c$ のコンセンサス項は bc であり，abd と $b'de'$ のコンセンサス項は $(ad)(de') = ade'$ となる．また $ab'd$ と $a'bd'$ のコンセンサス項は 0 となる．

式(2・18)に示したコンセンサスの定理を再度示す．

$$XY + X'Z + YZ = XY + X'Z \qquad (3 \cdot 20)$$

コンセンサスの定理は，論理式から冗長な項を消去することに使用できる．たとえば，下記の式において $b'c$ は $a'b'$ と ac のコンセンサス項であり，ab は ac と bc' のコンセンサス項であるから消去できる．

$$a'b' + ac + bc' + b'c + ab = a'b' + ac + bc'$$

矢印は，コンセンサス項の関係を示している．

式(2・18D)に示したコンセンサスの定理の双対形を式(3・21)として再掲する．

$$(X+Y)(X'+Z)(Y+Z) = (X+Y)(X'+Z) \qquad (3 \cdot 21)$$

コンセンサス項を識別する鍵は，まず二つの項について一方にある変数が含まれ，他方にその否定が含まれる組合わせを見つけることである．そのような二つの項の組合わせが見つかれば，それら二つの項の積から，注目した変数とその否定を取除いた項がコンセンサス項となる．下記の式の例では，$(a+b+d')$ がコンセンサス項であり，コンセンサスの定理の双対によって消去可能となる．

$$(a+b+c')\overbrace{(a+b+d')}(b+c+d') = (a+b+c')(b+c+d')$$

コンセンサスの定理を適用して得られる最終的な結果は，項を消去する順番に依存する．

例 3・3

$$A'C'D + A'BD + BCD + ABC + ACD' \qquad (3 \cdot 22)$$

上の式で，初めに BCD を消去する（なぜ消去できるか？）

BCD を消去してしまうと，もうその項は他の項の消去には使用できない．すると，コンセンサスの定理ではこれ以上他の項を消去できない．

元の式から簡単化をやり直す．

$$A'C'D + A'BD + BCD + ABC + ACD' \qquad (3 \cdot 23)$$

今度は BCD を消去せず，(3・23)式に示す 2 項をコンセンサスの定理により消去する．その後，BCD は消去できないことがわかる．すなわち，BCD を先に消去すると残り 4 項となり，BCD を残した場合は 3 項になることがわかる．

単純な項の消去によって式を最少の項数まで簡単化できることもある．また，コンセンサスの定理によって一度項を追加してから，追加した項を用いて別の項を消去する場合もある．下記の式について考察する．

$$F = ABCD + B'CDE + A'B' + BCE'$$

二つの項の組を調べてコンセンサス項を探すと，$ACDE$（$ABCD$ と $B'CDE$ のコンセンサス）と $A'CE'$（$A'B'$ と BCE' のコンセンサス）だけであることがわかる．これらの項は元の式に含まれないので，コンセンサスの定理を用いて直接的に項を消去することはできない．ただし，初めにコンセンサス項の $ACDE$ を F に追加すると，

$$F = ABCD + B'CDE + A'B' + BCE' + ACDE$$

コンセンサスの定理により $ABCD$ と $B'CDE$ が消去でき，次式のように簡単化できる．

$$F = A'B' + BCE' + ACDE$$

得られた式では $ACDE$ は冗長ではなくなり，もはや消去できない．

3・4　ブール代数による論理式の簡単化

本節では，ブール代数の法則と定理を用いたスイッチング式の簡単化手法を復習する．式を簡単化することは，式

を実現する回路を安価にすることにつながるため重要である．代数学的なスイッチング式の簡単化手法を学習した後に，図を用いた簡単化手法を学ぶ．スイッチング関数の簡単化の基本手法には，式の展開と因数分解に加え，項の併合，項の消去，リテラルの消去の三つがある．

1. 項の併合　　併合の定理 $XY+XY'=X$ を用いて二つの項を併合する．たとえば，

$$abc'd'+abcd' = abd' \quad [X=abd',\ Y=c] \qquad (3・24)$$

この定理により項を併合できるのは，二つの項が同一の変数をもち，その一方が否定値で，他方は否定値でない場合である．$X+X=X$ なので，必要であれば一つの項を複製してから他の項と組合わせて併合してもよい．たとえば，

$$ab'c+abc+a'bc = ab'c+abc+abc+a'bc = ac+bc$$

この定理は，X や Y をより複雑な式に置き換えた場合にも使用できる．たとえば，

$$(a+bc)(d+e')+a'(b'+c')(d+e') = d+e'$$
$$[X=d+e',\ Y=a+bc,\ Y'=a'(b'+c')]$$

2. 項の消去　　吸収の定理 $X+XY=X$ を用いて冗長な項を消去する．その後，可能であればコンセンサスの定理（$XY+X'Z+YZ=XY+X'Z$）によりコンセンサス項を消去する．たとえば，

$$a'b+a'bc = a'b \quad [X=a'b]$$
$$a'bc'+bcd+a'bd = a'bc'+bcd \quad [X=c,\ Y=bd,\ Z=a'b]$$
$$\qquad (3・25)$$

3. リテラルの消去　　消去の定理 $X+X'Y=X+Y$ を用いて冗長なリテラルを消去する．この定理を適用する前に，因数分解が必要な場合がある．

例3・4

$$A'B+A'B'C'D+ABCD' = A'(B+B'C'D')+ABCD'$$
$$= A'(B+C'D')+ABCD'$$
$$= B(A'+ACD')+A'C'D'$$
$$= B(A'+CD')+A'C'D'$$
$$= A'B+BCD'+A'C'D'$$
$$\qquad (3・26)$$

上記の手順1，2，3を適用して得られる式が，必ずしも最少の項数や最少のリテラル数となるとは限らない．最少の項数に簡単化されていない式に手順1，2，3をそれ以上適用できないときは，さらなる簡単化の前に冗長な項を意図的に追加するとよい場合がある．

4. 冗長な項の追加　　冗長な項は，xx' の論理和，$(x+x')$ の論理積，$xy+x'z$ に対して yz の論理和を追加するなどの方法によって導入できる．可能な限り，追加する項は他の項と併合できるか，他の項を消去可能なように選定する．

例3・5

$$WX+XY+X'Z'+WY'Z'$$
$$\text{（コンセンサスの定理から } WY'Z' \text{ を追加）}$$
$$= WX+XY+X'Z'+WY'Z'+WZ' \quad \text{（}WYZ'\text{ の消去）}$$
$$= WX+XY+X'Z'+WZ' \quad \text{（}WZ'\text{ の消去）}$$
$$= WX+XY+X'Z' \qquad (3・27)$$

下記に，上記の四つの手法すべてを適用する例を示す．

例3・6

$$\underbrace{A'B'C'D'+A'BC'D'}_{①\,A'C'D'}+A'BD+\underbrace{A'BC'D+ABCD+ACD'}_{②}+B'CD'$$
$$= A'C'D'+\underbrace{BD(A'+AC)}_{③}+ACD'+B'CD'$$
$$= A'C'D'+A'BD+\underbrace{BCD+ACD'}_{④}+B'CD'+ABC \quad \text{コンセンサス } ACD'$$
$$= A'C'D'+A'BD+\underbrace{BCD+ACD'+B'CD'+ABC}$$
$$\text{コンセンサス } BCD$$
$$= A'C'D'+A'BD+B'CD'+ABC \qquad (3・28)$$

①〜④ではそれぞれどの簡単化手法を使用しているか？

例3・7

$$\underbrace{(A'+B'+C')(A'+B'+C)}_{①\,(A'+B')}(B'+C)(A+C)\underbrace{(A+B+C)}_{②}$$
$$= (A'+B')\underbrace{(B'+C)(A+C)}_{③} = (A'+B')(A+C) \qquad (3・29)$$

①〜③ではそれぞれどの簡単化手法を使用しているか？

3・5　等式の妥当性（validity）の証明

等式が変数値の全組合わせに対して成立することを示す場合がある．下記に，そのための手法を列挙する．

1. 真理値表を作成し，変数値の全組合わせについて式の両辺が等しいことを示す．（変数の数が多いとき，この手法は時間が掛かり簡潔とは言えない）
2. 式の左辺または右辺のどちらかに種々の定理を適用して式変形し，両辺が等しくなることを示す．
3. 式の両辺を独立して変形することにより項数を減らし，両辺が等しくなることを示す．
4. 式の両辺に元に戻すことのできる演算を施す．たとえば，式の両辺を否定してもよい．ただし，式の両辺に同一の式を乗算してはいけない．（ブール代数では除算を定義していないため，乗算は元の式に戻すことのできる演算ではない．）同様に，ブール代数では減算を定義していないため，式の両辺に同一の式を加算してはならない．

等式が成立しないことを証明するためには，ある一通り

の変数値の組合わせに対して両辺の値が異なることを示せば十分である．上記2と3の手法を用いる場合の有効な方策として，

1. 初めに両辺を積和形（または和積形）に変形する．
2. 両辺の式がどのように異なるか比較する．
3. 次に，式のどちらかの辺に他方の辺に存在する項と同じ項を加えられるか試してみる．
4. 最後に，式のどちらかの辺にあって他方の辺にない項を消去できるか試してみる．

どの方法を使う場合でも，式の両辺を頻繁に比較して，両辺の違いを手掛かりに次にどのステップを適用するかを決めるようにする．

例題3・8　両辺が等しいことを示せ．

$$A'BD' + BCD + ABC' + AB'D = BC'D' + AD + A'BC$$

[解答]　左辺にコンセンサス項を三つ加えた後に，二つの項を一つに併合し，最後にコンセンサスの定理により三つの項を消去する．

$A'BD' + BCD + ABC' + AB'D$

$= A'BD' + BCD + ABC' + AB'D + BC'D' + A'BC + ABD$

　　　　（$BC'D'$ は $A'BD'$ と ABC' の
　　　　　　　　　コンセンサス）

　　　　（$A'BC$ は $A'BD'$ と BCD の
　　　　　　　　　コンセンサス）

　　　　（ABD は BCD と ABC' の
　　　　　　　　　コンセンサス）

$= AD + A'BD' + BCD + ABC' + BC'D' + A'BC$

　　　　　　　　　　$= BC'D' + AD + A'BC$

　　　　（ABC' は $BC'D'$ と AD の
　　　　　　　　　コンセンサス）

　　　　（BCD は AD と $A'BC$ の
　　　　　　　　　コンセンサス）

　　　　（$A'BD'$ は $BC'D'$ と $A'BC$ の
　　　　　　　　　コンセンサス）

　　　　　　　　　　　　　　　　　(3・30)

例題3・9　下記の等式が成立することを示せ．

$$A'BC'D + (A'+BC)(A+C'D') + BC'D + A'BC'$$
$$= ABCD + A'C'D' + ABD + ABCD' + BC'D$$

[解答]　まず，左辺の項数を減らす．

$A'BC'D + (A'+BC)(A+C'D') + BC'D + A'BC'$

　　　　（吸収の定理による $A'BC'D$ の消去）

$= (A'+BC)(A+C'D') + BC'D + A'BC'$

　　　　（(3・3) による展開）

$= ABC + A'C'D' + BC'D + A'BC'$

　　　　（コンセンサス項 $A'BC'$ の消去）

$= ABC + A'C'D' + BC'D$

次に右辺の項数を減らす．

$ABCD + A'C'D' + ABD + ABCD' + BC'D$

　　　　（$ABCD$ と $ABCD'$ を合併）

$= ABC + A'C'D' + ABD + BC'D$

　　　　（コンセンサス項 ABD の消去）

$= ABC + A'C'D' + BC'D$

以上により両辺が同一の式となることから，元の等式は成立する．

　すでに説明したように，いくつかのブール代数の定理は通常の代数学では成り立たないものがある．同じように，通常の代数学の定理のなかにはブール代数では成り立たないものがある．例として，簡約法則について考える．

$$x + y = x + z \quad ならば \quad y = z \qquad (3・31)$$

簡約法則はブール代数では正しくない．$x + y = x + z$ のとき $y \neq z$ となる反例を示す．$x = 1,\ y = 0,\ z = 1$ とすると，

$$1 + 0 = 1 + 1 \quad となるが \quad 0 \neq 1$$

通常の代数学では，乗算に対する簡約法則は，

$$xy = xz \quad ならば \quad y = z \qquad (3・32)$$

この法則は成立する．ただし $x \neq 0$．

　ブール代数では，乗算に対する簡約法則は $x = 0$ のときに成立しない．（$x = 0,\ y = 0,\ z = 1$ のとき $0 \cdot 0 = 0 \cdot 1$ だが $0 \neq 1$）．スイッチング代数では入力の組合わせの半分は $x = 0$ なので，乗算の簡約法則は使用できない．

　命題(3・31)と(3・32)はブール代数では一般に偽となるが，その逆

$$y = z \quad ならば \quad x + y = x + z \qquad (3・33)$$
$$y = z \quad ならば \quad xy = xz \qquad (3・34)$$

は真である．したがって，論理式の両辺に同一の項を加えても式は成立するが，乗算を元に戻す演算や項の減算を両辺に対して行うと，一般にその式は成立しない．同様に，論理式の両辺に同一の項を乗算しても式は成立するが，その逆は正しくない．論理式の等式が成立することを証明する場合は，加算や乗算が元に戻せる演算でないため，等式の両辺に同一の項を加えたり乗じてはならない．

演習3・1　（解答を紙で隠して問題を解き，解答後に紙を下にずらして答え合わせせよ．）

(a) 次の式の論理積を展開し，積和形にせよ．

$$(A+B+C')(A'+B'+D)(A'+C+D')(A+C'+D)$$

初めに二つのリテラルを共通にもつ和項の組を見つけ，第二の分配則を適用する．他の和項の組についても同じ法則を適用する．

[解答]　$(A + C' + BD)[A' + (B'+D)(C+D')]$
（第二の分配則 $(X+Y)(X+Z) = X+YZ$ を2回適用する）

(b) 次に，二つの和項の論理積があり，一方にある変数が含まれ，他方にその否定が含まれるものを見つける．そのような和項の論理積に定理(3・3)を適用して展開する．同じ定理を2回適用する．

[**解答**]

$$(A+C'+BD)(A'+B'D'+CD)=A(B'D'+CD)+A'(C'+BD)$$
$$または$$
$$A(B'+D)(C+D')+A'(C'+BD)=A(B'D'+CD)+A'(C'+BD)$$

（定理(3・3) $(X+Y)(X'+Z)=XZ+X'Y$ を2回適用する）

最後に，通常の分配則を適用して式を展開する．

　最終的な解答：　　$AB'D'+ACD+A'C'+A'BD$

演習3・2　（解答を紙で隠して問題を解き，解答後に紙を下にずらして答え合わせせよ．）

(a) 次の論理式を因数分解し，和積形で答えよ．

$$WXY'+W'XZ+WY'Z+W'YZ'$$

初めに通常の分配則を適用して，できる限り因数分解する．

[**解答**]　　$WY'(X+Z)+W'(XZ+YZ')$

(b) 次に，ある変数とその否定をもつ2項の論理和を見つけ，定理を適用してさらに因数分解する．同じ定理を2回適用する．

[**解答**]

$$(W+X'Z+YZ')[W'+Y'(X+Z)]$$
$$= [W+(X'+Z')(Y+Z)][W'+Y'(X+Z)]$$
$$または$$
$$WY'(X+Z)+W'(X'+Z')(Y+Z)$$
$$= [W+(X'+Z')(Y+Z)][W'+Y'(X+Z)]$$

（定理 $AB+A'C=(A+C)(A'+B)$ を適用する）

最後に，分配則第二を用いて因数分解を完了する．

　最終的な解答：
$$(W+X'+Z')(W+Y+Z)(W'+Y')(W'+X+Z)$$

演習3・3　（答えを紙で隠して問題を解き，解答後に紙を下にずらして答え合わせせよ．）

(a) コンセンサスの定理を用いて以下の論理式を簡単化せよ．

$$AC'+AB'D+A'B'C+A'CD+B'C'D'$$

初めに，すべての項の組合わせからコンセンサス項を求める．

[**解答**]　　以下にコンセンサス項を示す．

$$AC'+AB'D+A'B'C+A'CD+B'C'D'$$

$A'B'D'$　　$B'CD$　　$A'B'D'$　　$AB'C'$

(b) 元の論理式はコンセンサスの定理を直接適用して簡単化できるか述べよ．

[**解答**]　元の式にはコンセンサス項が含まれないので，できない．

(c) 元の式にコンセンサス項 $B'CD$ を加える．追加した項と元の式にあった各項を比較し，コンセンサスがあるか調べる．コンセンサスが見つかった場合は，元の式にコンセンサス項と同じ項があれば消去する．

[**解答**]　（見つかったコンセンサス項と同じ項の消去）

$$(AB'D)$$
$$AC'+\cancel{AB'D}+\cancel{A'B'C}+\cancel{A'CD}+B'C'D'+B'CD$$
$$(A'B'C)$$

(d) 二つの項を消去した後，$B'CD$ も消去できるか．簡単化した式はどうなるか．

[**解答**]　$B'CD$ をコンセンサス項とした元の二つの項が消去されたので，$B'CD$ は消去できない．

　最終的な解答：$AC'+A'CD'+B'C'D'+B'CD$

演習3・4　（解答を紙で隠して問題を解き，解答後に紙を下にずらして答え合わせせよ．）

(a) 以下の論理式を簡単化せよ．

$$ab'cd'e+acd+acf'gh'+abcd'e+acde'+e'h'$$

二つの項の組を併合するのに使用できる定理を示し，その定理を上の式に適用せよ．

[**解答**]　$XY+XY'=X$ を適用して第一項と第四項を併合する．

$$acd'e+acd+acf'gh'+acde'+e'h'$$

(b) この式から項を消去するために適用できる定理（コンセンサスの定理以外）を示し，それを適用せよ．

[**解答**]　$X+XY=X$ を適用して $acde'$ を消去する（X に相当する項は何か）．

$$acd'e+acd+acf'gh'+e'h'$$

(c) リテラルを消去することに使用できる定理を示し，それを適用してこの式に含まれるある項から一つリテラルを消去せよ．

[**解答**]　$X+X'Y=X+Y$ を適用して $acd'e$ から一つリテラルを消去する．このために，まず先頭の2項に次のように分配則を適用する：$acd'e+acd=ac\ (d'e+d)$．カッコ内からリテラル d' が消去できるので，結果は次式となる．

$$ace+acd+acf'gh'+e'h'$$

(d) (i) この式に直接コンセンサスの定理を適用して項を消去できるか．

(ii) できない場合，コンセンサスの定理から冗長な項を追加し，追加した項を用いて別の項を消去する．

(iii) 最終的に，三つの項に簡単化せよ．

[解 答]　(i) できない.

(ii) ace と $e'h'$ のコンセンサス項を追加する.

$$ace+acd+acf'gh'+e'h'+ach'$$

$acf'gh'$ を消去する（$X+XY=X+Y$ による）.

$$ace+acd+e'h'+ach'$$

(iii) コンセンサスの定理により ach' を消去する. 最終結果は,

$$ace+acd+e'h''$$

演習3・5　（解答を紙で隠して問題を解き，解答後に紙を下にずらして答え合わせせよ.）

(a) 次式を簡単化し，$(X+X+X)(X+X+X)(X+X+X)$ の形に変形せよ. ただし X はリテラルを表す.

$$Z = (A+C'+F'+G)(A+C'+F+G)(A+B+C'+D'+G)$$
$$(A+C+E+G)(A'+B+G)(B+C'+F+G)$$

Z の先頭から二つの和項を併合するために使う定理を示し，それを適用せよ（ヒント：二つの和項はただ一つの変数の論理だけ異なる）.

[解 答]　$(X+Y)(X+Y')=X$

$$Z = (A+C'+G)(A+B+C'+D'+G)$$
$$(A+C+E+G)(A'+B+G)(B+C'+F+G)$$

(b) 一つの OR 項を消去するのに使用できる定理（コンセンサスの定理を除く）を示し，それを適用せよ.

[解 答]　$X(X+Y)=X$

$$Z = (A+C'+G)(A+C+E+G)(A'+B+G)(B+C'+F+G)$$

(c) 次に，二つ目の項からリテラルを一つ消去し，他の部分は変更せずに残せ.（ヒント：一つの定理を適用しただけでは不足である. リテラルを消去する前に，先頭の二つの項を部分的に展開する必要がある.）

[解 答]

$$(A+C'+G)(A+C+E+G) = A+G+C'(C+E)$$
$$= A+G+C'E$$

したがって,

$$Z = (A+C'+G)(A+E+G)(A'+B+G)(B+C'+F+G)$$

(d) (i) コンセンサスの定理を直接適用して，いずれかの項を消去できるか述べよ.

(ii) できない場合はコンセンサスの定理を使用して冗長な項を一つ追加し，追加した項を使用して他の項を消去せよ.

(iii) 最終的に三つの和項の積の式にせよ.

[解 答]　(i) できない.

(ii) $(B+C'+G)$ を追加.（$A+C'+G$ と $A'+B+G$ のコンセンサス）

$X'=B+C'+G$ として $X(X+Y)=X$ を適用し，$B+C'+F+G$ を消去.

(iii) コンセンサスの定理を適用して $(B+C'+G)$ を消去. 最終的な解答は,

$$Z = (A+C'+G)(A+E+G)(A'+B+G)$$

練 習 問 題

3・1　以下の論理式を展開し，積和形で答えよ. ただし，可能であれば簡単化すること.

(a) $(W+X'+Z')(W'+Y')(W'+X+Z')(W+X')(W+Y+Z)$

(b) $(A+B+C+D)(A'+B'+C+D')(A'+C)(A+D)(B+C+D)$

3・2　以下の論理式を因数分解し，和積形で答えよ. ただし，可能であれば簡単化すること.

(a) $BCD+C'D'+B'C'D+CD$

(b) $A'C'D'+ABD'+A'CD+B'D$

3・3　以下の回路の出力 F に対する論理式を示し，簡単化せよ.

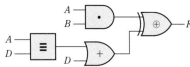

3・4　次式の分配則は妥当か？ $A \oplus BC = (A \oplus B)(B \oplus C)$ を証明せよ.

3・5　(a) 次式を3項の積和形に簡単化せよ.

$$(X+W)(Y \oplus Z)+XW'$$

(b) 次式を4項の積和形に簡単化せよ.

$$(A \oplus BC)+BD+ACD$$

(c) 次式を3項の和積形に簡単化せよ.

$$(A'+C'+D')(A'+B+C')(A+B+D)(A+C+D)$$

3・6　次の論理式をブール代数により簡単化し，積和形（5項）で答えよ.

$$(A+B'+C+E')(A+B'+D'+E)(B'+C'+D'+E')$$

3・7　次の論理式が正しいことをブール代数により証明せよ.

$$A'CD'E+A'B'D'+ABCE+ABD = A'B'D'+ABD+BCD'E$$

3・8　以下の論理式を簡単化せよ.

(a) $KLMN'+K'L'MN+MN'$

(b) $KL'M'+MN'+LM'N'$

(c) $(K+L')(K'+L'+N)(L'+M+N')$

(d) $(K'+L+M'+N)(K'+M'+N+R)(K'+M'+N+R)KM$

3・9　以下の論理式を因数分解し，和積形で答えよ.

(a) $K'L'M+KM'N+KLM+LM'N'$　　　（4項）

(b) $KL+K'L'+L'M'N'+LMN'$　　　（4項）

(c) $KL+K'L'M+L'M'N+LM'N'$　　　（4項）

(d) $K'M'N+KL'N'+K'MN'+LN$　　　（4項）

(e) $WXY+WX'Y+WYZ+XYZ$　　　（3項）

ブール代数の応用
最小項展開と最大項展開

本章では，組合わせ論理回路について，設計したい回路の動作を記述する文章からどのように回路を設計するかについて学習する．初めの手順は，通常，回路の説明文から真理値表や代数式を求めることである．論理関数に対する真理値表が与えられると，その関数を二つの標準形式 —— **積和標準形**〔standard sum of products, **最小項展開**（minterm expansion）ともいう〕と**和積標準形**〔standard product of sums, **最大項展開**（maxterm expansion）ともいう〕の式で表すことができる．いずれかの標準形の式を簡単化することで AND ゲートと OR ゲートを使用する回路を設計することができる．

4・1　日本語文から論理式への変換

単一の出力信号をもつ組合わせスイッチング回路設計のおもな三つの手順は，

1. 回路が意図するように動作する仕様をもつスイッチング関数を決める．
2. その関数に対する簡単化した代数式を求める．
3. 使用可能な論理素子を用いて簡単化した関数を実現する．

簡単な問題では，回路動作の説明文から直接的に出力関数に対する代数式を求められるかもしれない．そうでない場合は，初めに真理値表によって関数を明記し，その後真理値表から代数式を求めるとよい．

論理設計の問題は，通常一文以上の文章で与えられる．論理回路設計の第一ステップは，与えられた文章から論理式を求めることである．そのためには，各文を句に分解し，各句に論理変数を割り当てる必要がある．句が真か偽の値をもつならば，その句を論理変数で表すことができる．"彼女は店に行く"や"今日は月曜"のような句は真または偽となるが，"店へ行け"のような命令は真偽値をもたない．一文中に複数の句があるときは，それぞれの句に下線を付すことにする．例として，下記の文は三つの句を含む．

<u>月曜の夜</u>，かつ<u>宿題を終えた</u>ならば<u>メアリは TV を見ている</u>．

"かつ"と"ならば"は句の関係を示しており，三つの句に含めない．

各句に対して，真または偽を示す二値変数を定義する．

- "メアリは TV を見ている"が真なら $F=1$，そうでなければ $F=0$
- "月曜の夜"が真なら $A=1$，そうでなければ $A=0$
- "宿題を終えた"が真なら $B=1$，そうでなければ $B=0$

A と B が共に真のときに F が真となるので，$F=A \cdot B$ と表すことができる．

次に，設計したい回路動作を表した問題文から直接代数式を求める例を示す．下記のように動作するアラームの回路を設計する．

アラーム・スイッチが入っており，かつドアが閉じていないとき，または午後6時を過ぎており，かつ窓が閉じていないときにアラームが鳴る．

問題文に対する論理式を得るための第一ステップは，文中の各句に論理変数を割り当てることである．この変数は，割り当てた句が真のときに1，偽のときに0の値となる．下記の変数割り当てを使用する．

<u>アラーム・スイッチが入っており (A)</u>，かつ<u>ドアが閉じ</u><u>ていない (B')</u> とき，または<u>午後6時を過ぎており (C)</u>，かつ<u>窓が閉じていない (D')</u> ときに<u>アラームが鳴る (Z)</u>．

この割り当てでは，$Z=1$ のときにアラームが鳴るとしている．アラーム・スイッチが入っていれば $A=1$，そして午後6時を過ぎていれば $C=1$．"ドアが閉じている"状態を変数 B で表すと，B' は"ドアが閉じていない"状態を表す．したがって，ドアが閉じていれば $B=1$，ドアが閉じていなければ $B'=1$（$B=0$）である．同様に，窓が閉じていれば $D=1$，窓が閉じていなければ $D'=1$ である．この変数割り当てにより，問題文は次の論理式で表すことができる．

$$Z = AB' + CD'$$

この式に対する回路は下記のようになる.

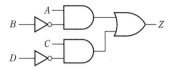

この回路において，入力信号 A はアラーム・スイッチが入っているときに1となり，C は午後6時を過ぎているときに1で，B はドアが閉じているときに1，D は窓が閉じているときに1となる．出力信号 Z はアラームに接続され，$Z=1$ のときにアラームが鳴る.

4・2 真理値表を用いた組合わせ論理の設計

真理値表を用いた論理設計の例を以下に示す．図4・1(a)に示すように，3入力1出力のスイッチング回路がある．入力 A, B, C は2進数 N の最上位ビット，第2ビット，最下位ビットとする．回路出力は，$N \geqq 011_2$ のとき $f=1$，$N<011_2$ のとき $f=0$ となる．図4・1(b)に真理値表を示す.

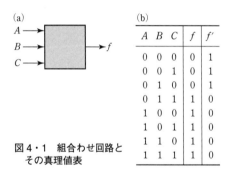

	A	B	C	f	f'
	0	0	0	0	1
	0	0	1	0	1
	0	1	0	0	1
	0	1	1	1	0
	1	0	0	1	0
	1	0	1	1	0
	1	1	0	1	0
	1	1	1	1	0

図4・1　組合わせ回路とその真理値表

次に，真理値表から $f=1$ となるときの変数 A, B, C の組合わせを選び，代数式を求める．項 $A'BC$ は，$A=0$，$B=1$，$C=1$ のときのみ1となる．同様に，項 $AB'C'$ は $ABC=100$ のとき，項 $AB'C$ は $ABC=101$ のとき，項 ABC' は $ABC=110$ のとき，項 ABC は $ABC=111$ のときのみ1となる．これらの項の論理和をとることで，

$$f = A'BC+AB'C'+AB'C+ABC'+ABC \qquad (4 \cdot 1)$$

この式の値は，ABC の値が $011, 100, 101, 110, 111$ の5組のいずれかの場合に1となる．ABC の値がその他の組合わせの場合は，式(4・1)右辺の五つの積項の値がすべて0となり，f は0となる.

式(4・1)は，併合の定理で項をまとめた後に，消去の定理で A' を消去すれば次式のように簡単化できる.

$$f = A'BC+AB'+AB \qquad (4 \cdot 2)$$
$$= A'BC+A = A+BC$$

式(4・2)より，次の回路が得られる.

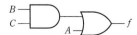

関数値が1となる場合から f の式を求める代わりに，関数値が0となる場合から f の式を求めることもできる．図4・1から，入力値の組合わせ3通りの場合に f の値が0となる．項 $A+B+C$ は，$A=B=C=0$ のときのみ0となる．同様に，$A+B+C'$ は $ABC=001$ のとき，$A+B'+C$ は $ABC=010$ のときのみ0となる．これらの3項の論理積をとることで，

$$f = (A+B+C)(A+B+C')(A+B'+C) \qquad (4 \cdot 3)$$

この式の値は，ABC の値が $000, 001, 010$ のいずれかの場合に0となる．ABC の値がその他の組合わせの場合は，式(4・3)右辺の三つの和項の値がすべて1となり，f は1となる．式(4・3)は式(4・1)と同じ関数を表すので，同一の式に簡単化できる．第二の分配則を用いて式(4・3)右辺の第一和項と第二和項を一つの和項にまとめた後に，第二の分配則を用いて式を展開して簡単化すると，

$$f = (A+B)(A+B'+C) \qquad (4 \cdot 4)$$
$$= A+B(B'+C) = A+BC$$

となり，式(4・2)と同じ式が得られる.

式(4・3)を得る別の方法は，まず f' の式を積和形で書き，その否定をとる．図4・1から，f' は $ABC=000, 001, 010$ の場合に1となるので，

$$f' = A'B'C'+A'B'C+A'BC'$$

上記の式において両辺の否定をとれば式(4・3)が得られる.

4・3 最小項展開と最大項展開

式(4・1)右辺の各項を**最小項**（minterm）という．一般に，n 変数の最小項は各変数が一度だけ真または否定のどちらかの形で現れる n 個のリテラルの積からなる（論理変数またはその否定をリテラルという）．表4・1に，3変数 A, B, C のすべての最小項を示す．各最小項は，変数 A，B，C の値のただ一つの組合わせについてのみ1の値となる．したがって，たとえば $A=B=C=0$ であれば $A'B'C'=1$ となり，$A=B=0$ かつ $C=1$ であれば $A'B'C=1$ となる．最小項は略記形で，$A'B'C'$ を m_0，$A'B'C$ を m_1 のように記すことがある．下記の表に示すように，真理値表の行番号 i に対応する最小項を m_i と記す（i は10進数）.

表4・1　3変数に対する最小項と最大項

行番号	A	B	C	最小項	最大項
0	0	0	0	$A'B'C' = m_0$	$A+B+C = M_0$
1	0	0	1	$A'B'C = m_1$	$A+B+C' = M_1$
2	0	1	0	$A'BC' = m_2$	$A+B'+C = M_2$
3	0	1	1	$A'BC = m_3$	$A+B'+C' = M_3$
4	1	0	0	$AB'C' = m_4$	$A'+B+C = M_4$
5	1	0	1	$AB'C = m_5$	$A'+B+C' = M_5$
6	1	1	0	$ABC' = m_6$	$A'+B'+C = M_6$
7	1	1	1	$ABC = m_7$	$A'+B'+C' = M_7$

関数 f を式(4・1)のような最小項の和で表したとき，この式を**最小項展開**（minterm expansion），または**積和標準形***（standard sum of products）とよぶ．真理値表の i 行について $f=1$ のとき，f の最小項展開は m_i を含む．なぜなら，$m_i=1$ となる条件は，真理値表の i 行の変数値の組合わせが入力されたときのみだからである．f の最小項展開に含まれる最小項は真理値表で f が1になるときに1対1に対応するので，関数 f を表す最小項展開は唯一の式となる．式(4・1)を **m 表記法**（m-notation）で表すと，

$$f(A,B,C) = m_3+m_4+m_5+m_6+m_7 \qquad (4・5)$$

さらに上の式を m の10進数添字を並べた略記（10進数リスト表記）により，次のように表す．

$$f(A,B,C) = \Sigma m(3,4,5,6,7) \qquad (4・5a)$$

式(4・3)右辺の各和項（因子）を**最大項**（maxterm）という．一般に，n 変数の最大項は各変数が一度だけ真または否定のどちらかの形で現れる n 個のリテラルの和からなる．表4・1に，3変数 A,B,C のすべての最大項を示す．各最大項は，変数 A,B,C の値のただ一つの組合わせについてのみ0の値となる．したがって，たとえば $A=B=C=0$ であれば $A+B+C=0$ となり，$A=B=0$ かつ $C=1$ であれば $A+B+C'=0$ となる．最大項を **M 表記法**（M-notation）で略記することがある．表4・1に示すように，真理値表の行番号 i に対応する最大項を M_i と記す（i は10進数）．各最大項は，対応する最小項の否定であり $M_i=m'_i$ の関係となる．

関数 f を式(4・3)のような最大項の論理積で表したとき，この式を**最大項展開**（maxterm expansion），または**和積標準形**（standard product of sums）という．真理値表の i 行について $f=0$ のとき，f の最大項展開は M_i を含む．なぜなら，$M_i=0$ となる条件は，真理値表の i 行の変数値の組合わせが入力されたときのみだからである．関数 f の最大項展開は最大項を論理積した式となるため，いずれかの最大項が0であれば f は0となる．最大項は真理値表で f が0になるときに1対1に対応するので，関数 f を表す最大項展開は唯一の式となる．式(4・3)を M 表記法で表すと，

$$f(A,B,C) = M_0 M_1 M_2 \qquad (4・6)$$

さらに上の式を M の10進数リスト表記により，次のように表す．

$$f(A,B,C) = \Pi M(0,1,2) \qquad (4・6a)$$

ここで Π は論理積を意味する．

$f \neq 1$ のとき $f=0$ なので，f の最小項展開に m_i が含まれないならば，最大項展開は M_i を含む．したがって，n 変数

関数 f の最小項展開を10進数リスト表記で与えたとき，最大項展開は最小項リストにない10進数（$0 \leq i \leq 2^n-1$）を列挙することで得られる．この手法を用いれば，式(4・6a)を式(4・5a)から直接作成することができる．

f の最小項または最大項展開が与えられたとき，f の否定に対する最小項または最大項展開を容易に作成可能である．f' が1であれば f が0なので，f' の最小項展開は f に含まれない最小項を含む．したがって，式(4・5)より，

$$f' = m_0+m_1+m_2$$
$$= \Sigma m(0,1,2) \qquad (4・7)$$

同様に，f' に対する最大項展開は f の f に含まれない最大項を含む．したがって，式(4・6)より，

$$f' = \Pi M(3,4,5,6,7)$$
$$= M_3 M_4 M_5 M_6 M_7 \qquad (4・8)$$

最小項の否定は最大項となるので，式(4・7)は式(4・6)を否定することによって得られる．

$$f' = (M_0 M_1 M_2)'$$
$$= M'_0+M'_1+M'_2$$
$$= m_0+m_1+m_2 \qquad (4・8)$$

一般のスイッチング式は，真理値表またはブール代数により最小項または最大項展開に変形できる．変数値の全組合わせについて式を評価することにより真理値表を作成すれば，本節で述べた手法により真理値表から最小項または最大項展開を作成できる．最小項展開を求める別の方法は，下記の例題に示すようにまず積和形の式を書いてから各項に定理 $X+X'=1$ を適用して不足する変数を追加すればよい．

例題4・1 $f(a,b,c,d)=a'(b'+d)+acd'$ の最小項展開を求めよ．
[解答]
$$f(a,b,c,d) = a'b'+a'd+acd'$$
$$= a'b'(c+c')(d+d')+a'd(b+b')(c+c')+acd'(b+b')$$
$$= a'b'c'd'+a'b'c'd+a'b'cd'+a'b'cd+a'bc'd+a'bcd$$
$$+a'bc'd+a'bcd+abcd'+ab'cd' \qquad (4・9)$$

$X+X=X$ より，重複する項を消去する．この式は，10進数リスト表記では次のようになる．

$$f = \underset{0000}{a'b'c'd'}+\underset{0001}{a'b'c'd}+\underset{0010}{a'b'cd'}+\underset{0011}{a'b'cd}$$
$$+\underset{0101}{a'bc'd}+\underset{0111}{a'bcd}+\underset{1110}{abcd'}+\underset{1010}{ab'cd'}$$
$$f = \Sigma m(0,1,2,3,5,7,10,14) \qquad (4・10)$$

---

*　積和標準形に対する別名として**主加法標準形**（canonical sum of products, or disjunctive normal form）がある．同様に，和積標準形を**主乗法標準形**（canonical product of sums, or conjunctive normal form）とよぶことがある．

f の最大項展開は, f の最小展開に含まれない 10 進数 (0 から 15 の範囲) を列挙することにより得られる.

$$f = \Pi M(4, 6, 8, 9, 11, 12, 13, 15)$$

f の最大項展開を求める別解として, f の式を因数分解して和積形にした後, 各和項に $XX' = 0$ を用いて不足する変数を追加し, さらに最大項が得られるように因数分解する方法がある.

$$
\begin{aligned}
f &= a'(b'+d) + acd' \\
&= (a'+cd')(a+b'+d) = (a'+c)(a'+d)(a+b'+d) \\
&= (a'+bb'+c+dd')(a'+bb'+cc'+d')(a+b'+cc'+d) \\
&= (a'+bb'+c+d)(a'+bb'+c+d')(\overline{a'+bb'+c+d'}) \\
&\quad (a'+bb'+c'+d')(a+b'+cc'+d) \\
&= \underset{1000}{(a'+b+c+d)}\ \underset{1100}{(a'+b'+c+d)}\ \underset{1001}{(a'+b+c+d')} \\
&\quad \underset{1101}{(a'+b'+c+d')}\ \underset{1011}{(a'+b+c'+d')}\ \underset{1111}{(a'+b'+c'+d')} \\
&\quad \underset{0100}{(a+b'+c+d)}\ \underset{0110}{(a+b'+c'+d)} \\
&= \Pi M(4, 6, 8, 9, 11, 12, 13, 15)
\end{aligned}
\tag{4・11}
$$

最大項を 10 進数表記で表す場合, まず否定演算の付いた変数を 1 とし, 否定演算の付かない変数を 0 に置き換えた 2 進数を割り当ててから 10 進数に変換するとよい.

関数 F の最小項展開に含まれる項は, 真理値表において $F=1$ となる行に 1 対 1 に対応するので, 関数 F の最小項展開は唯一の式となる. したがって, 等式が正しいことは両辺の最小項展開を求め, それらの式が等しいことを示すことで証明できる.

例題 4・2　$a'c+b'c'+ab = a'b'+bc+ac'$ を示せ.

不足する変数を追加して両辺の最小項展開を求める.

左辺は,

$$
\begin{aligned}
&a'c(b+b') + b'c'(a+a') + ab(c+c') \\
&\quad = a'bc + a'b'c + ab'c' + a'b'c' + abc + abc' \\
&\quad = m_3 + m_1 + m_4 + m_0 + m_7 + m_6
\end{aligned}
$$

右辺は,

$$
\begin{aligned}
&a'b'(c+c') + bc(a+a') + ac'(b+b') \\
&\quad = a'b'c + a'b'c' + abc + a'bc + abc' + ab'c' \\
&\quad = m_1 + m_0 + m_7 + m_3 + m_6 + m_4
\end{aligned}
$$

以上から, 両辺の最小項展開が等しいので, 問題文の等式が成立する.

4・4　最小項展開と最大項展開の一般化

表 4・2 に 3 変数をもつ一般の関数に対する真理値表を示す. 表中の各 a_i は, 0 または 1 の値を示す. 関数を完全に定義するには, すべての a_i に値を割り当てる必要がある. 各 a_i について 2 通りの割り当てがあるので, 真理値表の F 列には 2^8 通りの割り当てが存在する. したがって, 3 変数について 256 個の異なる関数がある (F の値がすべて 0 またはすべて 1 のような特異な場合を含む). n 変数関数の場合, 真理値表は 2^n 行からなり, F の値は各行について 0 または 1 であるので, 2^{2^n} 通りの関数が存在する.

表 4・2　3 変数の一般的
な真理値表

A	B	C	F
0	0	0	a_0
0	0	1	a_1
0	1	0	a_2
0	1	1	a_3
1	0	0	a_4
1	0	1	a_5
1	1	0	a_6
1	1	1	a_7

表 4・2 より, 3 変数をもつ一般の関数に対する最小項展開は下記のように記述できる.

$$
\begin{aligned}
F &= a_0 m_0 + a_1 m_1 + a_2 m_2 + \cdots + a_7 m_7 \\
&= \sum_{i=0}^{7} a_i m_i
\end{aligned}
\tag{4・12}
$$

ここで, 最小項 m_i は $a_i=1$ のとき最小項展開に含まれ, $a_i=0$ のときは含まれない. 3 変数をもつ一般の関数に対する最大項展開は下記のように記述できる.

$$
\begin{aligned}
F &= (a_0+M_0)(a_1+M_1)(a_2+M_2)\cdots(a_7+M_7) \\
&= \prod_{i=0}^{7} (a_i+M_i)
\end{aligned}
\tag{4・13}
$$

ここで, $a_i=1$ のとき $(a_i+M_i)=1$ となり最大項展開から (a_i+M_i) の項が消去され, $a_i=0$ のときは消去されない.

式 (4・13) より, F' の最小項展開は,

$$
F' = \left[\prod_{i=0}^{7}(a_i+M_i) \right]' = \sum_{i=0}^{7} a_i'M_i' = \sum_{i=0}^{7} a_i'm_i
\tag{4・14}
$$

F の最小項展開 (4・12) に含まれない全最小項が F' の最小項展開 (4・14) に含まれる.

式 (4・12) より, F' の最大項展開は,

$$
F' = \left[\sum_{i=0}^{7} a_i m_i \right]' = \prod_{i=0}^{7} (a_i'+m_i') = \prod_{i=0}^{7} (a_i'+M_i)
\tag{4・15}
$$

F の最大項展開 (4・13) に含まれない全最大項が F' の最大項展開 (4・15) に含まれる. 式 (4・12), (4・13), (4・14), (4・15) を n 変数に一般化すれば,

$$
F = \sum_{i=0}^{2^n-1} a_i m_i = \prod_{i=0}^{2^n-1} (a_i+M_i)
\tag{4・16}
$$

$$
F' = \sum_{i=0}^{2^n-1} a_i'm_i = \prod_{i=0}^{2^n-1} (a_i'+M_i)
\tag{4・17}
$$

n 変数からなる二つの異なる最小項 m_i と m_j があるとき，少なくとも一つの変数は一方の最小項で否定形であり，他方では否定形でない．したがって，$i \neq j$ のとき $m_i m_j = 0$ となる．たとえば，$n=3$ のとき，$m_1 m_3 = (A'B'C)(A'BC) = 0$ である．

二つの関数に対する最小項展開を f_1，f_2 とする．

$$f_1 = \sum_{i=0}^{2^n-1} a_i m_i \qquad f_2 = \sum_{j=0}^{2^n-1} b_j m_j \qquad (4 \cdot 18)$$

その論理積は以下のようになる．

$$
\begin{aligned}
f_1 f_2 &= \left(\sum_{i=0}^{2^n-1} a_i m_i \right)\left(\sum_{j=0}^{2^n-1} b_j m_j \right) \\
&= \sum_{i=0}^{2^n-1} \sum_{j=0}^{2^n-1} a_i b_j m_i m_j \\
&= \sum_{i=0}^{2^n-1} a_i b_i m_i \quad (i \neq j \text{ のとき } m_i m_j = 0 \text{ より}) \quad (4 \cdot 19)
\end{aligned}
$$

$m_i m_j (i \neq j)$ を含む最小項がすべて消去されるので，論理積 $f_1 f_2$ に含まれる最小項は f_1 と f_2 の両方に含まれる最小項のみとなる．たとえば，

$$f_1 = \Sigma m(0, 2, 3, 5, 9, 11),$$
$$f_2 = \Sigma m(0, 3, 9, 11, 13, 14)$$

のとき

$$f_1 f_2 = \Sigma m(0, 3, 9, 11)$$

表 4・3 に，関数 F と F' の最小項展開と最大項展開の変換手続きをまとめる．ただし，最小項展開と最大項展開は 10 進数リスト表記とする．n 変数関数の真理値表は 2^n 行からなり，最小項（最大項）番号は 0 から 2^n-1 の範囲となる．表 4・4 は，図 4・1 に示した 3 変数の関数について表 4・3 を応用した例である．

4・5 不完全定義関数

大型のディジタルシステムは，しばしば多くの部分回路に分割される．次の例では，回路 N_1 の出力が回路 N_2 の入力に接続している．

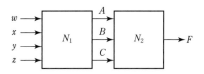

N_1 の出力 A, B, C が 8 通りすべての値の組合わせとはならないと仮定する．具体的に N_1 は，どの入力値 w, x, y, z の組合わせに対しても ABC の値が 001 と 110 にはならないとする．この条件で N_2 を設計するとき，$ABC = 001$ または 110 に対する F の値を指定する必要はない．なぜならば，N_2 の入力値がこれらの値になることがないからである．この関数 F の真理値表を表 4・5 に示す．

表 4・5 ドント・ケア入力のある真理値表

A	B	C	F
0	0	0	1
0	0	1	×
0	1	0	0
0	1	1	1
1	0	0	0
1	0	1	0
1	1	0	×
1	1	1	1

真理値表内の×は，入力値 $ABC = 001$ または 110 に対する F の値が 0 と 1 のどちらでもよいことを表す．この例では，入力値がこれらの値となることがないため，それら

表 4・3 最小項展開と最大項展開の相互変換

		変　換　後			
		F の最小項展開	F の最大項展開	F' の最小項展開	F' の最大項展開
変換前	F の最小項展開		F に含まれない最大項番号リスト	F に含まれない最小項番号リスト	F と同じ最大項番号リスト
	F の最大項展開	F に含まれない最小項番号リスト		F と同じ最小項番号リスト	F に含まれない最大項番号リスト

表 4・4 表 4・3 の応用例

		変　換　後			
		f の最小項展開	f の最大項展開	f' の最小項展開	f' の最大項展開
変換前	$f = \Sigma m(3, 4, 5, 6, 7)$	————	$\Pi M(0, 1, 2)$	$\Sigma m(0, 1, 2)$	$\Pi M(3, 4, 5, 6, 7)$
	$f = \Pi M(0, 1, 2)$	$\Sigma m(3, 4, 5, 6, 7)$	————	$\Sigma m(0, 1, 2)$	$\Pi M(3, 4, 5, 6, 7)$

に対する F の値は気にしなくてよい．このとき，関数 F は**不完全定義**（incompletely specified）であるという．最小項 $A'B'C$ と ABC' は関数に入力されるか否かを気にする必要がないので，これらを**ドント・ケア**（don't care）最小項という．

関数を実現する回路を設計するには，ドント・ケア最小項に対する関数値も指定する必要がある．その関数値は，関数を簡単化するように選ぶとよい．表 4・5 の例で二つの×が 0 であるとすると，

$$F = A'B'C' + A'BC + ABC$$
$$= A'B'C' + BC$$

表 4・5 内の上の×が 1 で下の×が 0 であるとすると，

$$F = A'B'C' + A'B'C + A'BC + ABC$$
$$= A'B' + BC$$

表 4・5 内の二つの×が 1 であるとすると，

$$F = A'B'C' + A'B'C + A'BC + ABC' + ABC$$
$$= A'B' + BC + AB$$

上記三つのうち，2 番目の値割り当ての場合に最も簡単な式となる．

ここまで，不完全定義関数の一例について見てきたが，他の例についても考える．先の例では，回路の入力値のある組合わせが発生しないためドント・ケアとして扱った．他の例として，全入力値の組合わせがありうるが，ある入力値の組合わせに対する出力が 0 と 1 のどちらでもよい場合がある．

不完全定義関数を最小項展開で書く場合，必須となる最小項を m で表記し，ドント・ケア最小項を d で表記する．この表記を用いると，表 4・5 の最小項展開は，

$$F = \Sigma m(0, 3, 7) + \Sigma d(1, 6)$$

各ドント・ケア最小項について，対応するドント・ケア最大項が存在する．たとえば，入力値 001 に対して $F = \times$（ドント・ケア）であれば，m_1 はドント・ケア最小項であり，M_1 はドント・ケア最大項となる．ドント・ケア最大項を D で表記すると表 4・5 の最大項展開は，

$$F = \Pi M(2, 4, 5) \cdot \Pi D(1, 6)$$

上の式は，最大項 M_2, M_4, M_5 が F に含まれ，ドント・ケア最大項 M_1, M_6 は F に含まれても含まれなくてもどちらでもよいことを意味する．

4・6 真理値表の構成例

例 4・2 二つの 1 ビットの 2 進数 a と b を加算して 2 ビットの和を計算する簡単な加算器を設計する．加算器の入出力値は次の通りである．

a	b	Sum
0	0	00 $(0+0=0)$
0	1	01 $(0+1=1)$
1	0	01 $(1+0=1)$
1	1	10 $(1+1=2)$

加算器入力を論理変数 A と B で表し，2 ビットの和を論理変数 X と Y で表すと，真理値表は右記のように作成できる．

数値 0 を論理値 0 で表し，数値 1 を論理値 1 で表すので，真理値表の 0 と 1 は数値表と同一となる．真理値表より，

A	B	X	Y
0	0	0	0
0	1	0	1
1	0	0	1
1	1	1	0

$$X = AB \text{ かつ } Y = A'B + AB' = A \oplus B$$

例 4・3 二つの 2 ビットの 2 進数を加算して 3 ビットの和を計算する加算器を設計する．真理値表を右記に示す．この加算器は，下図のように 4 入力 3 出力となる．

N_1 $\overbrace{AB}$	N_2 $\overbrace{CD}$	N_3 $\overbrace{XYZ}$
00	00	000
00	01	001
00	10	010
00	11	011
01	00	001
01	01	010
01	10	011
01	11	100
10	00	010
10	01	011
10	10	100
10	11	101
11	00	011
11	01	100
11	10	101
11	11	110

入力 A, B は 2 ビットの 2 進数 N_1 を表す．入力 C, D は 2 ビットの 2 進数 N_2 を表す．出力 X, Y, Z は 3 ビットの 2 進数 N_3 を表し，$N_3 = N_1 + N_2$（+ は通常の加算を表す）とする．

この例では，A, B, C, D の値は数値と論理値の両方を表しており，どちらも同じ値となる．真理値表においても，変数値を 2 進数の数値として扱う．ここで，出力変数に対するスイッチング関数を生成する．そのために，A, B, C, D, X, Y, Z を非数値としての値 0 と 1 をもつスイッチング変数として扱う（この場合，0 と 1 は低電圧と高電圧や，開いたスイッチと閉じたスイッチ，などを表す）．

真理値表より，出力関数は以下のようになる．

$$X(A, B, C, D) = \Sigma m(7, 10, 11, 13, 14, 15)$$
$$Y(A, B, C, D) = \Sigma m(2, 3, 5, 6, 8, 9, 12, 15)$$
$$Z(A, B, C, D) = \Sigma m(1, 3, 4, 6, 9, 11, 12, 14)$$

例4・4　　6-3-1-1符号の2進化10進数に対する誤り検出器を設計する。出力 (F) は，入力 (A, B, C, D) が不正な符号を表すときに1となる。

正しい6-3-1-1符号は表1・2に示している。これ以外の符号であれば，正しい6-3-1-1符号の2進化10進数ではないので，誤り検出を示す回路出力 $F=1$ となる。真理値表は右記の通りである。

A	B	C	D	F
0	0	0	0	0
0	0	0	1	0
0	0	1	0	1
0	0	1	1	0
0	1	0	0	0
0	1	0	1	0
0	1	1	0	1
0	1	1	1	0
1	0	0	0	0
1	0	0	1	0
1	0	1	0	1
1	0	1	1	0
1	1	0	0	0
1	1	0	1	1
1	1	1	0	1
1	1	1	1	1

出力関数は，

$$F = \Sigma m(2, 6, 10, 13, 14, 15)$$
$$= \underbrace{A'B'CD'} + \underbrace{A'BCD'} + \underbrace{AB'CD'} + \underbrace{ABCD'}$$
$$\qquad\qquad + \underbrace{ABC'D} + \underbrace{ABCD}$$
$$= \underbrace{A'CD'} + \underbrace{ACD'} + ABD$$
$$= CD' + ABD$$

AND, OR ゲートを用いた回路を下図に示す。

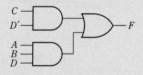

例4・5　　ある回路の4入力 (A, B, C, D) が8-4-2-1符号の2進化10進数であるとする。入力値が表す10進数がちょうど3で割り切れるときに回路出力 (Z) が1となるように回路を設計せよ。ただし，入力値は正しい2進化10進数値のみであると仮定する。

数値0, 3, 6, 9が3で割り切れるので，入力値 $ABCD = 0000, 0011, 0110, 1001$ のときに $Z=1$ となる。入力値1010, 1011, 1100, 1101, 1110, 1111は正しい2進化10進符号ではなく，回路に入力されることはないので，これらに対する Z はドント・ケアとなる。以上より，真理値表は右記のようになる。

A	B	C	D	Z
0	0	0	0	1
0	0	0	1	0
0	0	1	0	0
0	0	1	1	1
0	1	0	0	0
0	1	0	1	0
0	1	1	0	1
0	1	1	1	0
1	0	0	0	0
1	0	0	1	1
1	0	1	0	×
1	0	1	1	×
1	1	0	0	×
1	1	0	1	×
1	1	1	0	×
1	1	1	1	×

出力関数は，

$$Z = \Sigma m(0, 3, 6, 9) + \Sigma d(10, 11, 12, 13, 14, 15)$$

これを実現する最も簡単な回路となるように，ドント・ケア (×) に対する値を0か1に決める必要がある。この最も簡単な方法は，第5章で述べるカルノー図を用いることである。

4・7　2進数の加算器と減算器

本節では，二つの4ビット符号なし2進数と1ビットのキャリー (carry, 桁上げ) 入力から4ビットの和と1ビットのキャリー出力を行う**並列加算器** (parallel adder) を設計する (図4・2)。一つの方法として，9入力5出力の真理値表を作成し，それを用いて出力に対する五つの式を生成，簡単化することが考えられる。生成する各式は簡単化前には9変数をもつ関数となるため，この手法は非常に難解となり結果の論理回路も非常に複雑になってしまう。より良い方法は，2ビットの入力と1ビットのキャリーを加算する論理モジュールを設計し，図4・3に示すようにこのモジュールを四つ接続して4ビット加算器を構成することである。この構成モジュールを**全加算器** (full adder) という。下位の全加算器のキャリー出力は，上位の全加算器のキャリー入力に接続される。

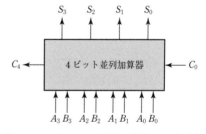

図4・2　4ビットの2進数に対する並列加算器

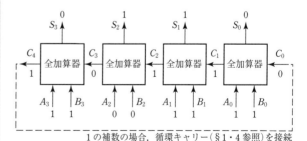

図4・3　四つの全加算器で構成する並列加算器

図4・3の回路を用いた加算例として，次の計算を行うとする。

```
  10110   （キャリー）
   1011
+  1011
  10110
```

最下位ビットの全加算器は$A_0+B_0+C_0=1+1+0$を計算して和が10_2となり，和$S_0=0$，キャリー$C_1=1$を出力する．次の桁の全加算器は$A_1+B_1+C_1=1+1+1=11_2$を計算し，和$S_1=1$，キャリー$C_2=1$を出力する．キャリーは右から左へ伝播し，最後に最上位の全加算器が$C_4=1$を出力する．

図4・4に，入力X，Y，C_{in}をもつ全加算器の真理値表を示す．表の各行に示す出力は，入力ビットの加算（$X+Y+C_{in}$）結果をキャリー出力（C_{i+1}）と和を表すビット（S_i）に分割した値である．たとえば，入力値101の行は$1+0+1=10_2$を計算し$C_{i+1}=1$，$S_i=0$となる．

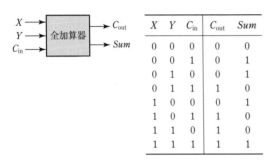

X	Y	C_{in}	C_{out}	Sum
0	0	0	0	0
0	0	1	0	1
0	1	0	0	1
0	1	1	1	0
1	0	0	0	1
1	0	1	1	0
1	1	0	1	0
1	1	1	1	1

図4・4　全加算器の真理値表

図4・5に論理ゲートを用いた全加算器の回路図を示す．真理値表から生成した全加算器の論理式は，

$$Sum = X'Y'C_{in}+X'YC'_{in}+XY'C'_{in}+XYC_{in}$$
$$= X'(Y'C_{in}+YC'_{in})+X(Y'C'_{in}+YC_{in}) \quad (4\cdot20)$$
$$= X'(Y\oplus C_{in})+X(Y\oplus C_{in})' = X\oplus Y\oplus C_{in}$$

$$C_{out} = X'YC_{in}+XY'C_{in}+XYC'_{in}+XYC_{in}$$
$$= (X'YC_{in}+XYC_{in})+(XY'C_{in}+XYC_{in})+(XYC'_{in}+XYC_{in})$$
$$= YC_{in}+XC_{in}+XY \quad (4\cdot21)$$

C_{out}の右辺の簡単化においてXYC_{in}を3回使用している．図4・5は式(4・20)と式(4・21)に対する論理回路図である．

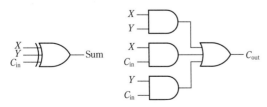

図4・5　全加算器の回路図

図4・3の並列加算器は符号なし2進数用に設計した回路であるが，補数表現を用いた負の2進数に対しても使用できる．2の補数を用いる場合，最上位のキャリーC_4は無視し，最下位のキャリー入力は$C_0=$とする．$C_0=0$のとき最下位の全加算器の式は以下のように簡単化される．

$$S_0 = A_0\oplus B_0, \qquad C_1 = A_0B_0$$

1の補数を用いる場合，図4・3の破線で示すようにC_4をC_0入力に接続することにより循環キャリーを実現する．

補数表現を用いた負の数を伴う符号付き2進数の加算では，オーバフロー発生時に和の符号ビットは正しくない．二つの正の数を加算して結果が負の場合，または二つの負の数を加算して結果が正の場合はオーバフローが発生している．そこでオーバフロー発生時に1となる信号Vを定義する．図4・3の場合，Vは入力A，BおよびS（和）の符号ビットを用いて決定できる．

$$V = A'_3B'_3S_3+A_3B_3S'_3 \quad (4\cdot22)$$

図4・3に示した型の並列加算器は，ビット数が多い場合，最下位の全加算器で生じたキャリーが最上位桁まで伝播しなければならないことがあり，動作が遅くなる．

2進数の減算を行う最も簡単な方法は，減数の補数を加算することである．$A-B$を実行するには，Bの補数をAに加算すればよい．$A+(-B)=A-B$なので，正しい答えが得られる．用いる加算器の種類に応じて，1の補数または2の補数を用いればよい．

図4・6に，負の数に2の補数表現を用いた$A-B$を実行する回路を示す．Bに対する2の補数は，1の補数に変換した後に1を加えることで得られる．1の補数はBの各ビットを反転することで得られ，1を加えることは最下位の全加算器のキャリー入力に1を与えることで実現できる．

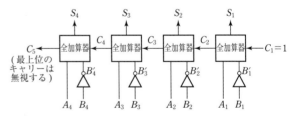

図4・6　全加算器で構成する2進数の減算器

> **例4・5**　　　　$A = 0110$　（+6）
> 　　　　　　　　　　$B = 0011$　（+3）
> 図4・6の出力は，
>
> ```
>     0110        （+6）
>   +1100        （+3に対する1の補数）
>   +   1        （最下位のキャリー入力）
> ```
> (1)　0011　＝3＝6-3

別の方法として，全加算器の代わりに**全減算器**（full subtracter）を用いることで直接減算を実行することも可能である．図4・7にXからYを引く並列減算器のブロック図を示す．右端のモジュールで最下位ビットの減算を実行し，差をd_1に出力すると共に，上位桁から桁借りが必要な場合に桁借り信号（b_2=1）を生成する．i番目のモジュールは，x_i, y_i, b_iを入力とし，b_{i+1}とd_iを出力する．b_i=1のときはx_iから桁借りが必要であり，x_iから桁借りすることはx_iから1を引くことに等しい．i番目のモジュールでは，x_iからb_iとy_iを引いてd_iを計算すると共に，上位桁から桁借りが必要な場合に桁借り信号（b_{i+1}=1）を生成する．

表4・6に，全減算器の真理値表を示す．

表4・6　全減算器の真理値表

x_i	y_i	b_i	b_{i+1}	d_i
0	0	0	0	0
0	0	1	1	1
0	1	0	1	1
0	1	1	1	0
1	0	0	0	1
1	0	1	0	0
1	1	0	0	0
1	1	1	1	1

x_i=0，y_i=1，b_i=1の場合について考察する．

A	桁 i （桁借り前）	桁 i （桁借り後）
x_i	0	10
$-b_i$	-1	-1
$-y_i$	-1	-1
d_i	0	0　　　（b_{i+1}=1）

この例では桁iにおいて，x_iからy_iとb_iをすぐに引くことはできない．そこで，桁$i+1$から桁借りをする必要がある．桁$i+1$から桁借りをすることは，b_{i+1}に1を設定し，x_iに10(2_{10})を加えることに等しい．その後

$d_i = 10-1-1 = 0$を計算する．他の入力値の場合についても表4・6が正しいことを検証し，2進数の減算をいくつかの例で確認せよ．

図4・3の**並列加算機**〔**リップルキャリー加算器**（ripple carry adder），**桁上げ伝搬加算器**ともいう〕は，最悪の場合，キャリーが加算器の全桁の段数を伝搬し，1段当たり2ゲート遅延が発生するので比較的動作が遅い．キャリーの伝搬時間を減らす技術がいくつか存在する．その一つに，**桁上げ先見加算器**（carry-lookahead adder）がある．並列加算器のi番目の桁におけるキャリー出力は次のように記述できる．

$$C_{i+1} = A_iB_i + C_i(A_i+B_i)$$
$$= A_iB_i + C_i(A_i \oplus B_i) = G_i + P_iC_i$$

ただし，$G_i = A_iB_i$は桁iからキャリー出力が**生成**（generate）される条件を表し，$P_i = A_i \oplus B_i$（または$P_i = A_i+B_i$）は桁iでキャリー入力をキャリー出力に**伝搬**（propagate）する条件を示す．このときC_{i+2}はC_iの項を用いて表すことができる．

$$C_{i+2} = G_{i+1} + P_{i+1}C_{i+1} = G_{i+1} + (G_i+C_iP_i)P_{i+1}$$
$$= G_{i+1} + P_{i+1}G_i + P_{i+1}P_iC_i$$

これをC_{i+2}，C_{i+3}，と続けてC_iの項を用いて表すと以下のようになる．

$$C_{i+1} = G_i + P_iC_i$$
$$C_{i+2} = G_{i+1} + P_{i+1}G_i + P_{i+1}P_iC_i$$
$$C_{i+3} = G_{i+2} + P_{i+2}G_{i+1} + P_{i+2}P_{i+1}G_i + P_{i+2}P_{i+1}P_iC_i$$
$$C_{i+4} = G_{i+3} + P_{i+3}G_{i+2} + P_{i+3}P_{i+2}G_{i+1}$$
$$+ P_{i+3}P_{i+2}P_{i+1}G_i + P_{i+3}P_{i+2}P_{i+1}P_iC_i \quad (4 \cdot 23)$$

ゲートの最大ファンイン（§8・2を参照）を超えないと仮定すれば，上記の各式よりキャリーはAND-ORゲートによる2段回路*で構成されるので，C_iの変化がC_j（$j=i+1, i+2, \cdots$）に伝播するのに二つのゲート遅延を伴う．式(4・23)は，キャリーを先読みするための式を表す．たとえば，四つの式を回路で実現すれば4ビットの桁上げ先見回路となる．

図4・8に，4ビットの桁上げ先見回路を使用した4

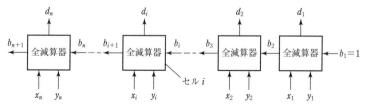

図4・7　並　列　減　算　器

---

*　〔訳注〕積和形の式はAND-ORゲートによる2段の回路（図2・5参照）で構成され，その遅延は2ゲート分となる．

ビット並列加算器を示す（加算結果の出力信号は省略する）. 各全加算器の G_i（**生成**）と P_i（**伝播**）出力が安定してから C_0 の変化が C_i （$i=1,2,3,4$）へ伝播するには二つのゲート遅延を伴う. 同様に, C_1 が変化すると C_i （$i=1,2,3,4$）へ2ゲート遅延で伝播する. これに対し, 4ビットのリップルキャリー加算器では, C_0 の変化が C_4 へ伝播するのに8ゲート遅延が必要である.

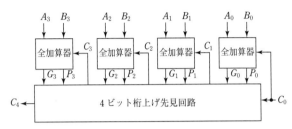

図4・8　4ビット桁上げ先見加算器

桁上げ先見回路は, ビット数の大きな並列加算器の遅延を減らす場合には規模が大きくなってしまう. ただし, ゲートのファンインが桁上げ先見回路の大きさに比例して増加するので, 桁上げ先見回路の大きさは利用可能な最大のファンインに制約される. そのため, 大きな加算器の桁上げ先見回路は数珠繋ぎ式に構成する. たとえば, 16ビット並列加算器は四つの4ビット桁上げ先見回路を用いて図4・9のように構成できる. この場合, 回路の動作速度は必要な桁上げ先見回路数によって決定する. 図4・9では C_0 から C_{16} への伝播遅延は8ゲート遅延となり, 16ビットのリップルキャリー加算器では32ゲート遅延が必要となる.

　桁上げ先見回路の規模を大きくせずに加算器の遅延を削減する方法として, 2段の桁上げ先見回路構成がある. 図4・9に示す四つの桁上げ先見回路の式は, 式(4・23)と同様な形で次のように記述できる.

$$C_4 = \boldsymbol{G}_0 + \boldsymbol{P}_0 C_0$$

ただし $\boldsymbol{G}_0 = G_3 + P_3 G_2 + P_3 P_2 G_1 + P_3 P_2 P_1 G_0$,
$\boldsymbol{P}_0 = P_3 P_2 P_1 P_0$

$$C_8 = \boldsymbol{G}_4 + \boldsymbol{P}_4 C_4$$

ただし $\boldsymbol{G}_4 = G_7 + P_7 G_6 + P_7 P_6 G_5 + P_7 P_6 P_5 G_4$,
$\boldsymbol{P}_4 = P_7 P_6 P_5 P_4$

$$C_{12} = \boldsymbol{G}_8 + \boldsymbol{P}_8 C_8$$

ただし $\boldsymbol{G}_8 = G_{11} + P_{11} G_{10} + P_{11} P_{10} G_9 + P_{11} P_{10} P_9 G_8$,
$\boldsymbol{P}_8 = P_{11} P_{10} P_9 P_8$

$$C_{16} = \boldsymbol{G}_{12} + \boldsymbol{P}_{12} C_{12}$$

ただし $\boldsymbol{G}_{12} = G_{15} + P_{15} G_{14} + P_{15} P_{14} G_{13} + P_{15} P_{14} P_{13} G_{12}$,
$\boldsymbol{P}_{12} = P_{15} P_{14} P_{13} P_{12}$

これら C_4, C_8, C_{12}, C_{16} の式は C_0 を用いて以下のように書き換えられる.

$$C_4 = \boldsymbol{G}_0 + \boldsymbol{P}_0 C_0$$
$$C_8 = \boldsymbol{G}_4 + \boldsymbol{P}_4 \boldsymbol{G}_0 + \boldsymbol{P}_4 \boldsymbol{P}_0 C_0$$
$$C_{12} = \boldsymbol{G}_8 + \boldsymbol{P}_8 \boldsymbol{G}_4 + \boldsymbol{P}_8 \boldsymbol{P}_4 \boldsymbol{G}_0 + \boldsymbol{P}_8 \boldsymbol{P}_4 \boldsymbol{P}_0 C_0$$
$$C_{16} = \boldsymbol{G}_{12} + \boldsymbol{P}_{12} \boldsymbol{G}_8 + \boldsymbol{P}_{12} \boldsymbol{P}_8 \boldsymbol{G}_4 + \boldsymbol{P}_{12} \boldsymbol{P}_8 \boldsymbol{P}_4 \boldsymbol{G}_0 + \boldsymbol{P}_{12} \boldsymbol{P}_8 \boldsymbol{P}_4 \boldsymbol{P}_0 C_0$$

　これらの式は, 4ビットの桁上げ先見回路の式と同一である. 1段目の桁上げ先見回路は C_i （$i=0,4,8,12$）の代わりに $\boldsymbol{G}_i$ と $\boldsymbol{P}_i$ を出力するように変更する. これらの出力 $\boldsymbol{G}_i$ と $\boldsymbol{P}_i$ は, 図4・10に示すように2段目の桁上げ先見回路の入力となる. この構成で C_0 から C_i （$i=4,8,12,16$）への伝播遅延は2ゲート分となる.

$$C_{i+1} = G_i + P_i G_{i-1} + P_i P_{i-1} G_{i-2} + P_i P_{i-1} P_{i-2} G_{i-3} + P_i P_{i-1} P_{i-2} P_{i-3} C_{i-3}$$

$$C_4 = G_3 + P_3 G_2 + P_3 P_2 G_1 + P_3 P_2 P_1 G_0 + P_3 P_2 P_1 P_0 C_0$$
$$= \boldsymbol{G}_0 + \boldsymbol{P}_0 C_0$$

C_{i+1} の式は C_{i-1} を用いて表すことができる.

$$C_{i+1} = G_i + C_i P_i + G_i = (G_{i-1} + C_{i-1} P_{i-1}) P_i$$
$$= G_i + P_i G_{i-1} + P_i P_{i-1} C_{i-1}$$

これを繰り返して以下の式が得られる.

$$C_{i+1} = G_i + C_i P_i$$
$$C_{i+1} = G_i + P_i G_{i-1} + P_i P_{i-1} C_{i-1}$$
$$C_{i+1} = G_i + P_i G_{i-1} + P_i P_{i-1} G_{i-2} + P_i P_{i-1} P_{i-2} C_{i-2}$$
$$C_{i+1} = G_i + P_i G_{i-1} + P_i P_{i-1} G_{i-2} + P_i P_{i-1} P_{i-2} G_{i-3} + P_i P_{i-1} P_{i-2} P_{i-3} C_{i-3}$$

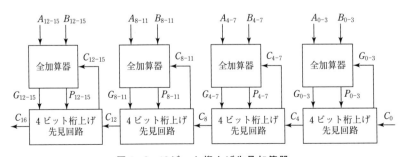

図4・9　16ビット桁上げ先見加算器

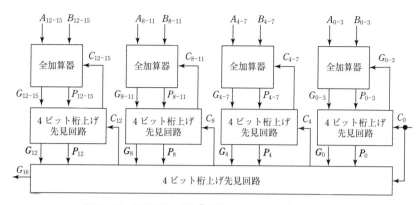

図4・10 2段の桁上げ先見回路からなる 16 ビット加算器

練習問題

4・1 以下の文中の句に論理変数を割り当て，論理式を作成せよ．

(a) 会社の金庫は，ジョーンズ氏またはエバンス氏がオフィスに在室時，かつ会社が勤務時間中，かつ警備員が在席時のみ開錠すべきである．

(b) 雨天に屋外にいて，かつ新しいスエードの靴を履くとき，または，母親の指示があったときはオーバーシューズを履く必要がある．

(c) ジョークが面白く，品があり，かつ他人を傷つけないとき，または，授業で教員が言ったジョークが（面白いか品があるか否かに関わらず）他人を傷つけないときは笑いましょう．

(d) エレベータの扉は，エレベータが停止し，それが床の高さにあれば，タイマーが切れるまで開く．または，エレベータが停止し，それが床の高さであり，かつボタンが押されたときに開く．

4・2 液体を輸送するパイプラインの流速を計測するデバイスがあるとする．このデバイスには5ビットの出力があり，流速が毎分10ガロン未満の時の出力は00000となる．また，流速が毎分10ガロン以上になると出力の最上位ビットが1となり，毎分20ガロン以上になると出力の最上位ビットに加え2ビット目も1となり，毎分30ガロン以上になると出力の上位3ビットが1となる．以降，流速が毎分10ガロン増すごとに出力の後続ビットが1となる．このデバイスの出力5ビットをそれぞれ論理変数 A, B, C, D, E で表し，これら5ビットを入力とし Y と Z の2ビットを出力する別のデバイスを考える．

(a) 流速が毎分30ガロン未満の時に Y が1となるとき，Y の論理式を示せ．

(b) 流速が毎分20ガロン以上，かつ50ガロン未満のときに Z が1となるとき，Z の論理式を示せ．

4・3 $F_1 = \Sigma m(0, 4, 5, 6)$，$F_2 = \Sigma m(0, 3, 6, 7)$ のとき，$F_1 + F_2$ を最小項展開で表せ．

4・4 (a) 2変数 (x, y) に対するスイッチング関数は何種類あるか答えよ．

(b) (a)で答えた各関数の論理式と真理値表を示せ．

4・5 ある組合わせ回路が，次の図に示すように N_1 と N_2 の二つの部分回路で構成される．また，N_1 の真理値表を図の下に示す．ここで $ABC = 110$ と $ABC = 010$ の二つの組合わせが発生しないと仮定するとき，Z の値を変化させずに真理値表中の D, E, F を可能な限り多くドント・ケア入力に変更せよ．

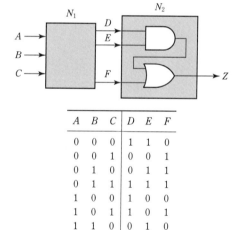

A	B	C	D	E	F
0	0	0	1	1	0
0	0	1	0	0	1
0	1	0	0	1	1
0	1	1	1	1	1
1	0	0	1	0	0
1	0	1	1	0	1
1	1	0	0	1	0
1	1	1	0	0	0

4・6 下記の真理値表を用いて，(a)と(b)に答えよ．

A	B	C	F	G
0	0	0	1	0
0	0	1	×	1
0	1	0	0	×
0	1	1	0	1
1	0	0	0	0
1	0	1	×	1
1	1	0	1	×
1	1	1	1	1

(a) F の論理式を求め，簡単化せよ．また，このときのドント・ケア項の値を答えよ．

(b) G の論理式を求め，簡単化せよ．また，このときのドント・ケア項の値を答えよ

（ヒント：ドント・ケア項の値を上手く選ぶと G の論理値を A, B, C いずれかの入力値と同じ値にできる）．

4・7 それぞれ表と裏のある 3 枚のコインがある．各コインの表裏の状態に論理変数 A, B, C を割り当て，表なら 1，裏なら 0 で表す．3 枚のコインをトスした後に，表のコインが 1 枚だけである場合に 1 となる論理関数 $F(A, B, C)$ を考える．

(a) F を最小項展開で表せ．

(b) F を最大項展開で表せ．

4・8 下図のような 4 入力の論理回路を考える．A と B を 2 進数 N_1 の先頭ビットと第二ビットとする．また C と D を 2 進数 N_2 の先頭ビットと第二ビットとする．出力 F は積 $N_1 \times N_2$ が 2 以下のときに 1 となる．

(a) F を最小項展開で表せ．m 表記法と論理式形式の両方で答えよ．

(b) F を最大項展開で表せ．M 表記法と論理式形式の両方で答えよ．

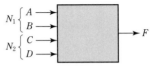

4・9 $F(a, b, c) = abc' + b'$ について以下の問に答えよ．

(a) F を最小項展開（m 表記法）で表せ．

(b) F を最大項展開（M 表記法）で表せ．

(c) F' を最小項展開（m 表記法）で表せ．

(d) F' を最大項展開（M 表記法）で表せ．

4・10 次式について以下の問に答えよ．

$$F(a, b, c, d) = (a + b + d)(a' + c)(a' + b' + c')(a + b + c' + d)$$

(a) F を最小項展開（m 表記法）で表せ．

(b) F を最大項展開（M 表記法）で表せ．

(c) F' を最小項展開（m 表記法）で表せ．

(d) F' を最大項展開（M 表記法）で表せ．

5 カルノー図

スイッチング関数は，一般に第3章で述べた代数的な技術を用いて簡単化できる．ただし，代数的な手法には二つの問題がある．

1. 規則的な手法で適用するのが難しい．
2. 簡単化された式に到達したか否かの判断が難しい．

第5章で学習する**カルノー図**（Karnaugh map）を用いる方法と第6章で学ぶ**クワイン・マクラスキー法**（Quine–McClusky procedure）はスイッチング関数の簡単化について規則的な手法を提供し，上記の問題を解決する．カルノー図は，特に3変数または4変数のスイッチング関数の簡単化と操作に有用であり，5変数以上の関数に対しても拡張可能である．一般に，カルノー図を用いた簡単化がほかの手法よりもより手早く簡単である．

5・1 スイッチング関数の最小論理式

ANDゲートとORゲートを用いて関数を実現する場合，関数を実現するコストは必要となるゲート数やそれらの入力数に直接的な関係がある．本章で扱うカルノー図は，ANDとORゲートからなる最小コストの2段回路設計に有用である．積和形の式は，複数のANDゲート出力が接続される一つのORゲートからなる2段回路で構成できる（図2・5参照）．同様に，和積形の式は複数のORゲートが接続される一つのANDゲートからなる2段回路で構成できる（図2・6参照）．したがって，最小コストの2段AND–ORゲート回路を求めるには，最小の積和形または和積形の式を作成しなければならない．

関数に対する**最小の積和形**（minimum sum-of-products）は，(a) 最少の項数からなり，かつ (b) 式中のリテラル数が最少となる積和形の式と定義される．最小の積和形の式は，(a) 最少のゲート数からなり，かつ (b) 最少のゲート入力数からなる最小の2段ゲート回路にまさに対応する．関数の最小項展開と異なり，最小の積和形は唯一の式となるとは限らない．すなわち，関数は二つの異なる最小の積和形の式をもってもよいが，その場合の各式の項数とリテラル数は等しい．最小項展開が与えられると，

最小の積和形の式は次に示す手続きで生成できる．

1. 併合の定理 $XY' + XY = X$ を用いて項を併合する．これを繰返し可能な限りリテラルを消去する．$X + X = X$ より，ある項を複製してもよい．
2. コンセンサスの定理，またはその他の定理を用いて冗長な項を消去する．

ただし，項の併合と消去の順序により結果が異なる場合があり，最終的に得られた式が最小とは限らない．

例5・1 次の式を最小の積和形にせよ．

$$F(a, b, c) = \Sigma m(0, 1, 2, 5, 6, 7)$$
$$F = a'b'c' + a'b'c + a'bc' + ab'c + abc' + abc$$
$$= a'b' + b'c + bc' + ab \quad (5 \cdot 1)$$

式(5・1)からはコンセンサスによる項の消去はできない．ただし，別の方法で項を併合すると最小の積和形が得られる．

$$F = a'b'c' + a'b'c + a'bc' + ab'c + abc' + abc$$
$$= a'b' + bc' + ac \quad (5 \cdot 2)$$

併合の定理を適用可能な最小項の全組合わせに適用すると，リテラル2個の積からなる六つの項 $a'b'$, $a'c'$, $b'c$, bc', ac, ab が得られる．その後，コンセンサスの定理を適用して，下記に示す最小の式が得られる．

$$a'c' + b'c + ab \quad (5 \cdot 3)$$

関数に対する**最小の和積形**（minimum product-of-sums）の式は，(a) 最少の項数からなり，かつ (b) 式中のリテラル数が最少となる和積形の式と定義される．最大項展開と異なり，関数に対する最小の和積形は唯一の式となるとは限らない．最大項展開が与えられると，最小の和積形の式は，併合の定理 $(X + Y)(X + Y') = X$ を用いて項を併合する以外は，最小の積和形を求める場合と同様の手順で求めることができる（例5・2）．

例5・2

$$(A+B'+C+D')(A+B'+C'+D')(A+B'+C'+D)(A'+B'+C'+D)(A+B+C'+D)(A'+B+C'+D)$$

$$=(A+B'+D')　　(A+B'+C')　　(B'+C'+D)　　(B+C'+D)$$

$$=(A+B'+D')　\underline{(A+B'+C')}　　(C'+D)$$

コンセンサスにより消去

$$=(A+B'+D')(C'+D) \tag{5・4}$$

併合の定理 $XY'+XY=X$ は，代数または2進数で表記された最小項と積項に対して適用できる．次に4変数の最小項の併合例と，三つのリテラルからなる積項の併合例を示す．式中の"−"は変数の欠落を表す．

$$ab'cd'+ab'cd = ab'c$$
$$1010+1011 = 101-$$

$$ab'c+abc = ac$$
$$101-+111- = 1-1-$$

最小項はただ一つの変数の真偽が異なる場合のみ併合でき，積項は"−"の位置が同じで（同一変数が欠落しており），かつほかに一つの変数値が異なる場合に併合できる．下記に併合できない例を示す．

$$ab'cd'+ab'c'd　　（併合できない）$$
$$1010+1001$$

$$ab'c+abd　　　（併合できない）$$
$$101-+11-1$$

次節で紹介するカルノー図は，簡単化の定理を適用する二つの項（併合可能な二つの最小項や，一つの共通する変数が欠落した二つの積項や，二つの共通する変数が欠落した二つの積項など）が視覚的に識別しやすいように関数の最小項を配置する．

5・2　2変数および3変数のカルノー図

真理値表と同様に，関数のカルノー図は各変数値の全組合わせについて関数値を指定する．2変数のカルノー図を示す．図の上に一つの変数の値を列挙し，図の左側にもう一つの変数値を列挙する．各マスは，図中に示すように A と B の値の組を表す．

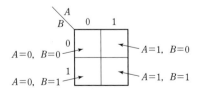

図5・1に，関数 F の真理値表とそのカルノー図を示す．図5・1(b)では，$A=B=0$ に対する F の値を左上のマスに記入し，他のマスにも同様に対応する値を記入す

る．カルノー図中に記入された1は F の最小項に対応する．真理値表から最小項を読み取ることができるのと同様に，カルノー図からも最小項を読み取ることができる．図5・1(c)のマス00に記入された1は，$A'B'$ が最小項であることを表す．同様に，マス01内の1は $A'B$ が最小項であることを表す．カルノー図中で隣接する最小項はただ一つの変数値が異なるので併合することができる．したがって，$A'B'$ と $A'B$ は A' に併合でき，これをカルノー図上では図5・1(d)に示すように対応する1をループで囲む．

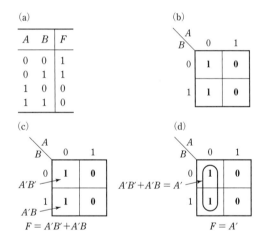

図5・1　2変数関数の真理値表とそのカルノー図

図5・2に，3変数関数の真理値表とそのカルノー図を示す（図5・27に，カルノー図への別のラベル付を示す）．

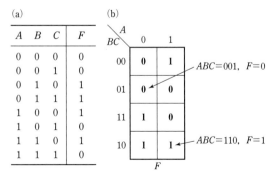

図5・2　3変数関数の真理値表とそのカルノー図

図5・2(b)では，カルノー図の上に一つの変数 A の値を列挙し，図の左側面に他の二つの変数 BC の値を列挙する．表の各行には00，01，11，10の順にラベル付けし，隣接する行と変数値が一つだけ異なるように並べる．各変数値に対する F の値を真理値表から読み取り，その値を図中の対応するマスに記入する．たとえば，$ABC=001$ のとき $F=0$ なので，図中の $A=0$ かつ $BC=01$ のマスに0を記入する．また，$ABC=110$ のとき $F=1$ なので，図中の $A=1$ かつ $BC=10$ のマスに1を記入する．

図5・3に，3変数カルノー図と最小項の位置関係を示す．隣接するマスの二つの最小項は1変数だけ値が異なるので，併合の定理 $XY'+XY=X$ により併合可能である．たとえば，最小項011（$a'bc$）は三つの最小項001（$a'b'c$），010（$a'bc'$），111（abc）と隣接しており，これらと併合可能である．物理的に隣接するマスに加え，カルノー図の第一行と最終行の最小項も1変数だけ値が異なるので隣接すると定義する．したがって，000と010，および100と110は隣接する．

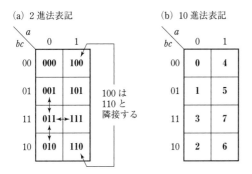

(a) 2進法表記　　　　(b) 10進法表記

図5・3　3変数カルノー図と最小項の位置関係

関数の最小項展開が与えられると，それに含まれる最小項に対応するカルノー図のマスに1を記入し，他のマスに0を記入すればよい（0は省略してもよい）．図5・4に $F(a,b,c)=m_1+m_3+m_5$ のカルノー図を示す．F の最大項展開が与えられた場合は，それに含まれる最大項に対応するカルノー図のマスに0を記入し，他のマスに1を記入すればよい．したがって，$F(a,b,c)=M_0M_2M_4M_6M_7$ のカルノー図は図5・4と同一となる．

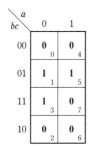

図5・4　$F(a,b,c)=\Sigma m(1,3,5)=\Pi M(0,2,4,6,7)$ のカルノー図

図5・5に，積項がカルノー図にどのように記入されるかを示す．項 b を記入するには，$b=1$ を示す四つのマスに1を記入する．項 bc' は，$b=1$ かつ $c=0$ のときに1となるので，$bc=10$ 行の二つのマスに1を記入する．項 ac' は，$a=1$ かつ $c=0$ のときに1となるので，$a=1$ 列で $c=0$ の二つのマスに1を記入する．

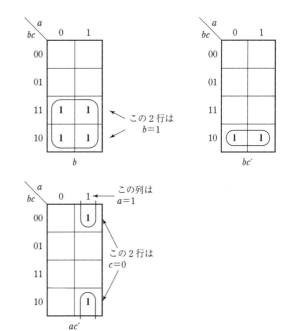

図5・5　カルノー図上の積項

関数が代数式で与えられたとき，カルノー図へ記入する前に最小項展開に変形する必要がある．ただし代数式を積和形に変形すれば，各積項はカルノー図上の隣接する1の固まりとして記入できる．たとえば次の関数

$$f(a,b,c) = abc'+b'c+a'$$

は，以下のようにカルノー図に記入できる．

1. 項 abc' は $a=1$ かつ $bc=10$ のとき1なので，$a=1$ 列 $bc=10$ 行に1を記入する．
2. 項 $b'c$ は $bc=01$ のとき1なので，$bc=01$ 行の2マスに1を記入する．
3. 項 a' は $a=0$ のとき1なので，$a=0$ 列の4マスに1を記入する．（注意：$abc=001$ のマスにすでに1が記入されているので，そこにはもう1を記入しなくてよい）

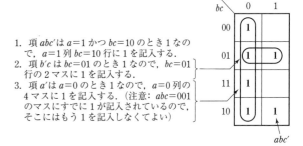

図5・6に，カルノー図を用いてどのように関数を簡単化するかを示す．まず，簡単化したい関数を図5・6(a)のようにカルノー図に記入する．隣接するマスの二つの項は1変数だけ値が異なるので，併合の定理 $XY'+XY=X$ によ

り併合可能である．したがって図5・6(b)に示すように，$a'b'c$ と $a'bc$ は $a'c$ に併合でき，$a'b'c$ と $ab'c$ は $b'c$ に併合できる．隣接する最小項の固まりを囲むループは，囲まれた項が併合されたことを表す．ループで囲んだ項は，カルノー図から直接読み取ることができる．図5・6(b)において，項 T_1 は $a=0$ (a') の列で，かつ $c=1$ の行に1が記入されているので $T_1=a'c$ となる．ここで，T_1 に含まれる二つの最小項は変数 b だけ異なるので T_1 から b は消去されている．同様に，項 T_2 は $bc=01$ の行で，かつ $a=0$ と $a=1$ の列に1が記入されているので $T_2=b'c$ となり，a は消去される．したがって，F の最小の積和形は $a'c+b'c$ となる．

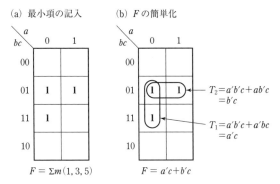

(a) 最小項の記入　　(b) F の簡単化

$F = \Sigma m(1,3,5)$　　　　$F = a'c+b'c$

$T_2 = a'b'c+ab'c = b'c$

$T_1 = a'b'c+a'bc = a'c$

図5・6　3変数関数の簡単化

関数 F の否定に対するカルノー図は，図5・6(a)の0を1に，1を0に置き換えればよい（図5・7）．F' の簡単化では，第一行が $b'c'$ に併合され，最終行が bc' に併合される．$b'c'$ と bc' は一つの変数値のみ異なるので，カルノー図の第1行と最終行の四つの1は併合でき，2変数が消去されて $T_1=c'$ となる．残りの1は図5・7に示すように $T_2=ab$ に併合され，F' に対する最小の積和形は $c'+ab$ となる．

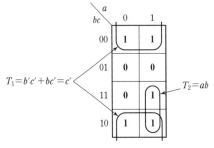

$T_1 = b'c'+bc' = c'$

$T_2 = ab$

図5・7　図5・6(a)に示す関数の否定に対するカルノー図

カルノー図を用いて，ブール代数の基本定理を示すこともできる．図5・8に，コンセンサスの定理 $XY+X'Z+YZ$ $=XY+X'Z$ を示す．コンセンサス項 YZ が包含する1は，ほかの二つの項と重複するので，これが冗長な項であるこ

とがわかる．

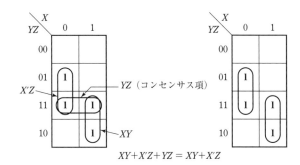

YZ （コンセンサス項）

$X'Z$

XY

$XY+X'Z+YZ = XY+X'Z$

図5・8　コンセンサスの定理を示すカルノー図

関数が二つ以上の最小の積和形をもつ場合，それらはすべて一つのカルノー図から決定できる．図5・9に，関数 $F=\Sigma m(0,1,2,5,6,7)$ の2通りの簡単化を示す．

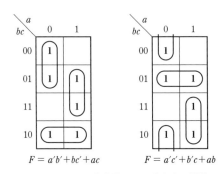

$F = a'b+bc'+ac$　　　　$F = a'c'+b'c+ab$

図5・9　二つの簡単化された式をもつ関数

5・3　4変数のカルノー図

図5・10に4変数カルノー図における最小項の位置関係を示す．各最小項は，併合可能な四つの最小項と隣接する．たとえば，m_5(0101) は，m_1(0001)，m_4(0100)，m_7(0111)，m_{13}(1101) とただ一つの変数値が異なるため併合可能である．マスの隣接関係は，3変数のときと同様，第一行と最終行が隣接するほか，第一列と最終列も隣接すると定義する．このため，列番号は 00, 01, 11, 10 の順に割振り，最小項0と8や1と9が隣接するようにする．

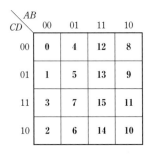

CD＼AB	00	01	11	10
00	0	4	12	8
01	1	5	13	9
11	3	7	15	11
10	2	6	14	10

図5・10　4変数カルノー図と最小項の位置関係

次の4変数関数をカルノー図に記入する（図5・11）.

$$f(a, b, c, d) = acd + a'b + d'$$

第一項は $a=c=d=1$ のときに1となるので，$a=1$ の列で $cd=11$ の行の二つのマスに1を記入する．項 $a'b$ は $ab=01$ のときに1となるので，$ab=01$ の列の四つのマスに1を記入する．項 d' は $d=0$ のときに1となるので，$d=0$ である2行の八つのマスに1を記入する（1を記入するマスが重複したら，$1+1=1$ より二重に記入しない）.

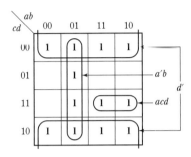

図5・11 $acd+a'b+d'$ のカルノー図

次に，図5・12に示す関数 f_1 と f_2 を簡単化する．これらの関数は最小項形式で与えられているため，図5・10を参照して1を記入するマスを決定できる．1を記入したら，隣接する1の固まりを併合する．最小項は2，4，8項の固まりで併合でき，それぞれ1，2，3変数を消去できる．図5・12(a)では，$ab=00$ 列かつ $d=1$ の行に記入された二つの1が $a'b'd$ を表す．また，$b=1$ 列かつ $c=0$ 行に記入された四つの1が bc' を表す．

図5・12(b)では，$b=0$ 列かつ $d=0$ 行の四隅のマスの1が項 $b'd'$ に併合できる．また，$c=1$ である2行の8マスに記入された1が項 c に併合できる．$ab=01$ の列で，かつ $d=1$ の行にある二つの1は $a'bd$ に併合できる．

カルノー図を用いた簡単化は，容易にドント・ケア項をもつ関数に拡張できる．カルノー図上で，必要な最小項のマスには1を記入し，ドント・ケア最小項のマスには×を記入する．最小の積和を形成する項を選ぶには，カルノー図上のすべての1を記入した項を包含する必要があるが，×は式を簡単化する項だけ選択すればよい．図5・13の例では，13番のドント・ケア項のみ使用している．

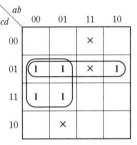

$$f = \Sigma m(1, 3, 5, 7, 9) + \Sigma d(6, 12, 13)$$
$$= a'd + c'd$$

図5・13 不完全定義関数の簡単化

カルノー図を使用して関数を表す最小の積和形を求める例を図5・1，図5・6，図5・12に示した．最小の和積形もカルノー図から作成することができる．関数 f が0のとき f' は1なので，f' を表す最小の積和形は f のカルノー図上で0を囲むことで決定できる．f' を表す最小の積和形の否定が，f を表す最小の和積形となる．以下に例を示す．

$$f = x'z' + wyz + w'y'z' + x'y$$

はじめに，図5・14に示すように f のカルノー図を作成する．次に，カルノー図に記入した0の項を併合して f' の式を作成する．

$$f' = y'z + wxz' + w'xy$$

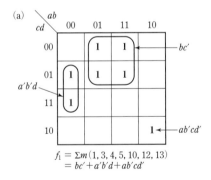

$$f_1 = \Sigma m(1, 3, 4, 5, 10, 12, 13)$$
$$= bc' + a'b'd + ab'cd'$$

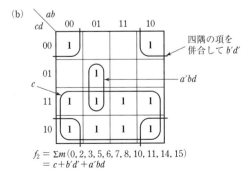

$$f_2 = \Sigma m(0, 2, 3, 5, 6, 7, 8, 10, 11, 14, 15)$$
$$= c + b'd' + a'bd$$

図5・12　4変数関数の簡単化

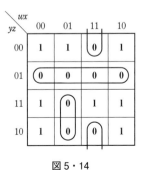

図5・14

両辺を否定して f を表す最小の和積形を得る.

$$f = (y+z')(w'+x'+z)(w+x'+y')$$

5・4　必須項による最小論理式の決定

　関数 F のカルノー図上に記入した1や1の固まりは積項で表現でき,これを F の**内項**(implicant)という(内項と主項の正式な定義は§6・1を参照).図5・15に,いくつかの内項を示す.ほかの項と併合できず,それ以上変数を消去できない内項を**主項**(prime implicant)という.図5・15で,$a'b'c, a'cd', ac'$ は変数消去のために他の項と併合できないので,主項となる.一方,$a'b'c'd'$ は $a'b'cd'$ または $ab'c'd'$ と併合できるので主項ではない.同様に,abc' と $ab'c'$ は ac' に併合できるので主項ではない.

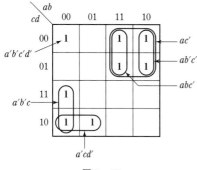

図5・15

　関数のすべての主項は,カルノー図から生成することができる.カルノー図に記入された単独の1は,隣接するマスに1がなければ主項を表す.カルノー図で隣接する二つの1は,それらが四つの1の固まりに含まれなければ主項を構成し,四つの1の固まりはそれらが八つの1の固まりに含まれなければ主項を構成する.

　関数を表す最小の積和形の式は,その関数のいくつかの(すべてとは限らない)主項からなる.言い換えると,積和形の式が主項以外の項を含むときは最小ではない.もし主項でない項が含まれるならば,主項でない項と別の項を併合してさらに簡単化できる.カルノー図から最小の積和形の式を生成するためには,カルノー図上のすべての1を包含する最も少ない数の主項を見つけなければならない.図5・16に示す関数は,6個の主項をもつ.このうちの三つの主項でカルノー図上のすべての1を包含できるため,それら三つの主項の論理和が最小の式となる.影つきで示したループは最小の式に含まれない主項を表す.

　カルノー図から全主項を書き出す場合には,しばしば最小の積和形に含まれない主項が存在することに注意する.ある項に含まれるすべての1が他の複数の主項に包含されていたとしても,その項はより大きな1の固まりに

含まれない,すなわち主項である場合がある.たとえば,図5・16で,$a'c'd$ は(主項 $a'b'd$ と bc' に包含されるが)ほかの1と併合して変数を消去することができないので主項である.一方,abd はほかの二つの1と併合して ab にできるので主項ではない.項 $b'cd$ もまた,それを表す1はどちらもほかの主項に包含されるが,主項である.主項を見つける過程では,ドント・ケアは1として扱う.ただし,ドント・ケアだけからなる主項は最小の論理式に現れない.

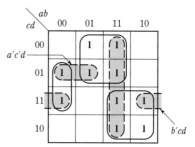

最小の論理式:$F = a'b'd + bc' + ac$
すべての主項:$a'b'd, bc', ac, a'c'd, ab, b'cd$

図5・16　主項と最小の論理式の例

　一般に,最小の積和形にはその関数のすべての主項が必要なわけではないので,主項を選択する規則的な手法が必要である.カルノー図から誤った順で主項を選択すると最小でない式を作成してしまう.たとえば,図5・17で初め

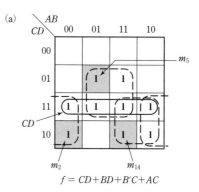

$$f = CD + BD + B'C + AC$$

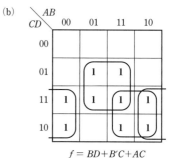

$$f = BD + B'C + AC$$

図5・17

に CD を選択すると，図中のほかの 1 を包含するためには BD，B'C，AC が必要となり，論理式は 4 項からなる．一方，図 5・17(b)のように主項を選択すれば図中のすべての 1 が包含され，CD は不要となる．

§6・2 で**主項表**（prime implicant chart）を定義する．主項表は，最小の論理式を計画的に作成するのに用いる．ここでは，あまり複雑でない関数について最小の論理式を作成する手続きを示す．

図 5・17(a)で 1 と記入された最小項には，ただ一つの主項のみに包含されるものと，二つの主項に包含されるものがある．たとえば，m_2 は $B'C$ のみに包含されるが，m_3 は $B'C$ と CD の両方に包含される．最小項がただ一つの主項のみに包含されるとき，その主項を**必須項**（essential prime implicant，必須主項ともいう）とよび，必須項は最小の積和形に含まれる．以上より，m_2 は $B'C$ のみに包含されるので，$B'C$ は必須項となる．一方，CD に含まれるすべての最小項がほかの主項にも包含されるので，CD は必須項ではない．m_5 を包含する主項は BD のみであり，BD は必須項である．同様に，m_{14} を包含する主項は AC のみであり，AC は必須項である．この例では，すべての必須項を選択すればカルノー図中のすべての 1 を包含するので，必須項でない CD は必要ない．

一般に，カルノー図から最小の積和形の式を作成するときは，初めにすべての必須項をループで囲む必要がある．カルノー図上で必須項を見つける一手法としては，単純に図中でまだループに囲まれていない 1 を見て，それを包含する主項がいくつあるか確認するとよい．その 1 を包含する主項が一つしかなければ，それは必須項である．二つ以上の主項が 1 を含むときは，それらが必須項であるか否かはほかの最小項について調べないとわからない．簡単な問題に対しては，このようにしてカルノー図上の各 1 を調べることで必須項を見つけることができる．たとえば，図 5・16 で m_4 は主項 bc' のみに包含され，m_{10} は主項 ac のみに含まれる．カルノー図上のほかの 1 はすべて二つの主項に包含されるので，必須項は bc' と ac だけとなる．

5 変数以上の複雑なカルノー図の場合には，必須項を見つけるためのより規則正しい方法が必要である．ある最小項がただ一つの主項に包含されるかを調べる場合，その最小項に隣接するすべてのマスを見なければならない．ある最小項とそれに隣接するすべての 1 のマスがただ一つの項に包含されるときは，その項は必須項である*．最小項に隣接するすべての 1 のマスがただ一つの項に含まれていないときは，その最小項を含む二つ以上の主項があり，それらが必須項であるか否かはほかの最小項を調べないとわか

らない．図 5・18 に例を示す．

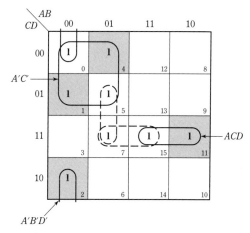

影つきマスの 1 はただ一つの主項に包含される．
ほかの 1 はすべて二つ以上の主項に包含される．

図 5・18

最小項 m_0（1_0）に隣接する 1 は，$1_1, 1_2, 1_4$ である．これら四つの 1 を包含する単一の項はないので，この段階ではまだ必須項は明らかでない．1_1 に隣接する 1 は 1_0 と 1_5 であり，項 $A'C'$ のみがこれら三つの 1 を包含するので，$A'C'$ は必須項である．1_2 に隣接する 1 は 1_0 だけであり，項 $A'B'D'$ はこれら二つの 1 を包含するので必須項である．1_7 に隣接する 1 は 1_5 と 1_{15} であり，これら三つの 1 を包含する単一の項はないので，$A'BD$ と BCD はこの段階では必須項とならない．一方，1_{11} に隣接する 1 は 1_{15} だけであり，項 ACD のみがこれら二つの 1 を包含するので，ACD は必須項である．最小の論理式を完成するには必須でない主項を一つ追加する必要がある．$A'BD$ または BCD を選択して，最小の論理式は次式となる．

$$A'C' + A'B'D' + ACD + \begin{bmatrix} A'BD \\ \text{または} \\ BCD \end{bmatrix}$$

カルノー図にドント・ケア最小項があるときは，その項を包含する主項が一つかそれ以上かを調べる必要はない．ただし，隣接する 1 について調べるときは，隣接するドント・ケアを 1 として扱う．なぜなら，主項を決定する過程においてドント・ケアを 1 と併合してもよいからである．下記に，カルノー図から最小の積和形の式を作成する手順を示す．

1. まだ包含されていない最小項を一つ選ぶ．
2. 選択した最小項に隣接するすべての 1 と×を探す．（n 変数カルノー図では，n 個の隣接するマスを調べる）

---

* この証明を付録 B に示す．

3. 単一の項が選択した最小項と隣接するすべての1と×を包含するならば，その項を必須項として選ぶ．（手順2と3ではドント・ケア項を1として扱うが，手順1ではそうしない．）

4. 手順1，2，3をすべての必須項が選ばれるまで繰返す．

5. カルノー図上に残る1を包含する最小の主項の集合を見つける．（そのような集合が複数ある場合には，リテラル数の最も少ない集合を選ぶ．）

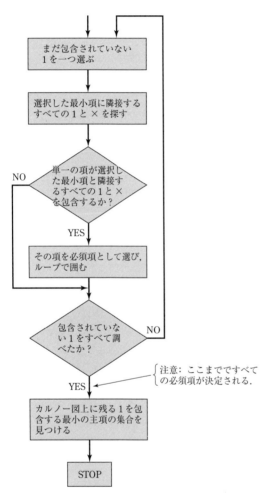

図5・19　カルノー図を用いた最小の積和形論理式の作成フローチャート

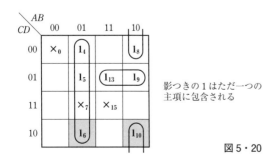

影つきの1はただ一つの主項に包含される

図5・20

図5・19に，この手続きのフローチャートを示す．図5・20の例を用いてこの手続きを説明する．1_4から開始して，隣接する1と×（$\times_0$，1_5，1_6）は単一の主項に包含されないので，この段階では必須項は明らかにならない．一方，1_6とそれに隣接する1と×（1_4と$\times_7$）は$A'B$に包含されるので，$A'B$は必須項となる．次に1_{13}に注目すると，隣接する1と×（1_5，1_9，$\times_{15}$）は単一の主項に包含されないので，ここでは必須項は明らかにならない．同様に，1_8および1_9について隣接する項を調べても必須項は見つからない．一方，1_{10}に隣接する1は1_8だけで，これらは$AB'D'$に包含されるので$AB'D'$は必須項となる．ここまでに見つけた必須項に加え，$AC'D$を選択すればカルノー図上に残る二つの1を包含する．

　この手続きを適用するとき，賢明な順で最小項を選択する（手順1）とその後の処理を軽減することができる．次節に示すように，この手続きは特に5変数と6変数の問題について最小の論理式を作成するのに非常に有用である．

　関数fの最小の和積形の式を作成するのに等価な二つの手法がある．その一つは，前節で示したように関数f'の最小の積和形の式を求めてから，f'を否定してfの最小の和積形の式を作成する．もう一つは，最小の積和形の式を求める手続きに双対性を適用するものである．ここでSを和項とする．$S=0$となるすべての入力値の組合わせについてfも0であれば，Sはfの和積形の式に含まれる和項となりえる．そのような和項をfの**外節**（implicate）という．外節Sが他の外節と併合してそれ以上Sのリテラルを消去できないとき，**主節**（prime implicate）という．fの最小の和積形の式に含まれる外節は主節でなければならない．fの主節は，fのカルノー図から最大の隣接するゼロの固まりを囲むことで見つけることができる．主節がある最大項（ゼロ）を包含する唯一つの主節であるときは**必須主節**（essential prime implicate）となり，fを表す最小の和積形の式には必ず含まれる．

5・5　5変数のカルノー図

　5変数のカルノー図は，4変数カルノー図を上下2枚3次元的に重ねることで構成できる．下層の項に0から15の番号，上層の項に16から31の番号を付け，下層の項はA'を含み，上層の項はAを含むように配置する．これを2次元的に表現するため4変数カルノー図の各マスを斜線で区切り，斜線の下に下層の項を配置し，斜線の上に上層の項を配置する（図5・21）．上層または下層の項は，4変数カルノー図とまったく同様に併合できる．さらに，同じマス内で斜線で区切られた二つの項は1変数値だけが異なるので併合できる．ただし，紙面上で隣接するように見えても併合できない項が存在する．たとえば，項0と20は列と層が異なるので隣接しない．各項はちょうど5項と隣接し，そのうち4項は同じ層で，ほかの1項は異なる層に

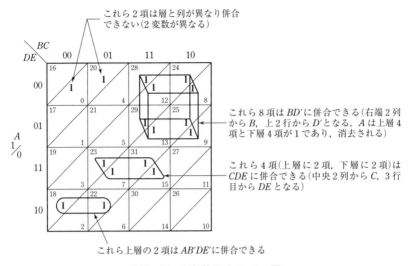

これら2項は層と列が異なり併合
できない(2変数が異なる)

これら8項はBD'に併合できる(右端2列
からB,上2行からD'となる).Aは上層4
項と下層4項が1であり,消去される)

これら4項(上層に2項,下層に2項)は
CDEに併合できる(中央2列からC,3行
目からDEとなる)

これら上層の2項はAB'DE'に併合できる

図5・21　5変数のカルノー図

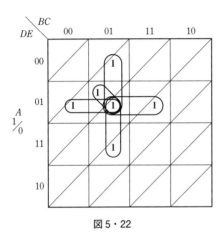

図5・22

属する(図5・22).5変数カルノー図のほかの表し方として,図5・28に示すように二つの層のカルノー図を並べて描く方法があるが,この形式を使用すると隣接関係を把握しづらくなる.

　隣接関係を調べるとき,各項について隣接可能な五つのマスを調べる必要がある.(一般に,カルノー図で隣接するマスの数は変数の数に等しい.)下記に,カルノー図を用いた5変数簡単化の例を二つ示す(図5・23).

$F(A, B, C, D, E)$
$= \Sigma m(0, 1, 4, 5, 13, 15, 20, 21, 22, 23, 24, 26, 28, 30, 31)$

　最小項0に隣接するすべての1がP_1に包含されるので,主項P_1を初めに選択する.次に,最小項24に隣接するすべての1がP_2に包含されるので,主項P_2を選択する.図上の残りの1はすべて二つ以上の主項に包含されるので,試行錯誤を続ける.その結果,残りの1は三つの主項によって包含されることがわかる.仮に主項P_3とP_4を次に選択すると,残りの二つの1は2種類の四つの1の固まり

に(次式の第5項)よって包含される.結果として最小の式は次式で表される.

$$F = A'B'D' + ABE' + ACD + A'BCE + \begin{cases} AB'C \\ \text{または} \\ B'CD' \end{cases}$$
$$ P_1 \quad\ \ P_2 \quad\ \ P_3 \quad\ \ P_4$$

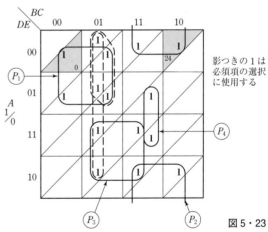

影つきの1は
必須項の選択
に使用する

図5・23

図5・24は,次式のカルノー図を示す.

$F(A, B, C, D, E)$
$= \Sigma m(0, 1, 3, 8, 9, 14, 15, 16, 17, 19, 25, 27, 31)$

　m_{16}に隣接するすべての1がP_1に包含されるので,主項P_1を初めに選択する.次に,m_3に隣接するすべての1がP_2に包含されるので,主項P_2を選択する.次に,m_8に隣接するすべての1がP_3に包含されるので,主項P_3を選択する.m_{14}に隣接するのはm_{15}だけなので,主項P_4も選択する.これ以上必須項は存在せず,残りの1はP_5と(1–9–17–25)または(17–19–25–27)の2項によって包含さ

れる．よって，最小の式は次式で表される．

$$F = B'C'D' + B'C'E + A'C'D' + A'BCD + ABDE + \begin{cases} C'D'E \\ \text{または} \\ AC'E \end{cases}$$
$$ P_1 \qquad P_2 \qquad P_3 \qquad P_4 \qquad P_5$$

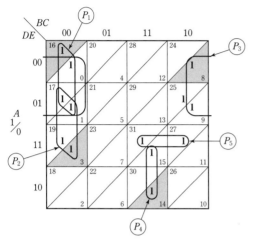

図 5・24

5・6　カルノー図の別の活用法

　真理値表やブール代数を用いてできる多くの操作がカルノー図でも可能である．カルノー図は真理値表と同一の情報を含み，単に異なる形式で表したものである．関数の論理式 F をカルノー図で表せば，F と F' の最小項展開と最大項展開を読み取ることができる．図 5・14 に示したカルノー図から f の最小項展開は，

$$f = \Sigma m\,(0, 2, 3, 4, 8, 10, 11, 15)$$

また，図中の各 0 は最大項に相当するので，最大項展開は，

$$f = \Pi M\,(1, 5, 6, 7, 9, 12, 13, 14)$$

上記二つの関数が等しいことは，これらをカルノー図に記入して同一となることを示すことで証明できる．これら二つの関数のカルノー図上で 1 となる最小項の論理和をとる，または 0 となる最大項の論理積をとることができる．この操作は，関数の真理値表から同一の演算を実行することと等価であるため正しい．

　カルノー図は，式の因数分解を容易にする．カルノー図

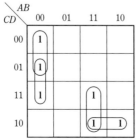

図 5・25　　$F = A'B'(C'+D) + AC(B+D')$

を調べることで，共通する変数をもつ項が明らかになる．図 5・25 のカルノー図では，第一列上の 2 項が $A'B'$ を共通にもち，右下の 2 項が AC を共通にもつ．

　ブール代数を用いて関数を簡単化するとき，カルノー図はどの簡単化手順を用いるかを決定する指標として用いることができる．例として，次の関数を考える．

$$F = ABCD + B'CDE + A'B' + BCE'$$

カルノー図（図 5・26）から，最小の論理式を得るには項 $ACDE$ を追加するとよいことがわかる．これは，コンセンサスの定理により可能である．

$$F = \underline{ABCD} + \underline{B'CDE} + A'B' + BCE' + ACDE$$

すると，カルノー図より $ABCD$ と $B'CDE$ の 2 項が冗長であることがわかる．これらはコンセンサスの定理により消去でき，最小の論理式として次式が得られる．

$$F = A'B' + BCE' + ACDE$$

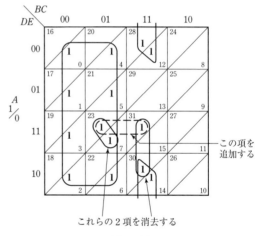

この項を追加する

これらの 2 項を消去する

図 5・26

5・7　カルノー図の別の描き方

　カルノー図の端に 0 と 1 でラベル付けする代わりに，図 5・27 のようにラベル付けする描き方がある．図の半分に A のラベルを付けてその部分で $A = 1$ を表し，残り半分で

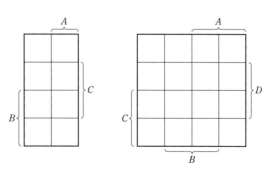

図 5・27　ベ イ チ 図

$A=0$ を表す．他の変数も同様に解釈する．このようにラベル付けした図を**ベイチ図**（Veitch diagram）という．最小項または最大項形式以外の論理式で与えられた関数を記入する場合に特に便利である．ただし，順序回路の問題にカルノー図を用いる場合（第11章～第15章）には，0と1のラベル付けの方が便利である．

下記に，5変数カルノー図の別の二つの描き方を示す．一つは，図5・28(a)に示すように単に二つの4変数カルノー図を並べた形式である．もう一つは，これを鏡状に変更した図5・28(b)の形式である．鏡状の形式では，第一列と第八列，第二列と第七列，第三列と第六列，第四列と第五列が隣接する．図5・28(a)と(b)に同一の関数を示す．

$$F = D'E' + B'C'D' + BCE + A'BC E' + ACDE$$

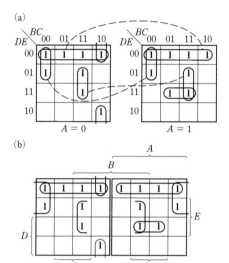

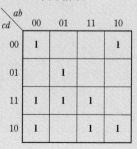

図5・28　他の形式の5変数カルノー図

演習5・1　（"演習"は，解答を紙で隠して問題を解き，解答後に紙を下にずらして答え合わせせよ．）
(a) 次の論理式を最小の積和形および最小の和積形で表せ．

$$f = b'c'd' + bcd + acd' + a'b'c + a'bc'd$$

はじめに，f のカルノー図を描け．
[解答]

cd＼ab	00	01	11	10
00	1			1
01		1		
11	1	1	1	
10	1		1	1

(b) (i) 上のカルノー図で，m_0 に隣接する最小項は，＿＿＿と＿＿＿．
(ii) m_0 を含む必須項を求め，それをループで囲め．
(iii) m_3 に隣接する最小項は，＿＿＿と＿＿＿．
(iv) m_3 を含む必須項があるか．
(v) 残りの必須項を見つけて，それ（ら）をループで囲め．
[解答]
(i) m_2 と m_8．
(ii) カルノー図（右図）参照．
(iii) m_2 と m_7．
(iv) ない．
(v) カルノー図（右図）参照．

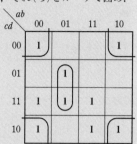

(c) 残りの1を最も少ない数のループで囲め．最小の積和形の論理式を二つ答えよ．

$f =$ ＿＿＿＿＿＿＿＿＿＿

$f =$ ＿＿＿＿＿＿＿＿＿＿

[解答]

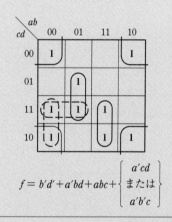

$$f = b'd' + a'bd + abc + \begin{cases} a'cd \\ \text{または} \\ a'b'c \end{cases}$$

(d) 次に，f の最小の和積形を求める．はじめに f' のカルノー図を描け．f' の必須項をループで囲み，どの最小項がどの主項を必須項とするか示せ．
[解答]

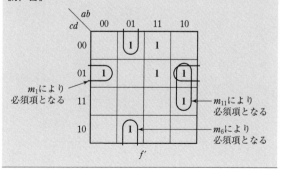

(e) 残りの1をループで囲み，f' の最小の積和形の論理式を答えよ．

$$f' = \underline{\hspace{5cm}}$$

f の最小の和積形の論理式を答えよ．

$$f = \underline{\hspace{5cm}}$$

[解 答]

$$f' = b'c'd + a'bd' + ab'd + abc'$$
$$f = (b+c+d')(a+b'+d)(a'+b+d')(a'+b'+c)$$

演習 5・2 (a) 次の論理式を最小の積和形で表せ．

$$f(a,b,c,d,e) = (a'+c+d)(a'+b+e)(a+c'+e')$$
$$(c+d+e')(b+c+d'+e)(a'+b'+c+e')$$

はじめに，f のカルノー図を描け．f が和積形なので，f' のカルノー図を描いてからそれを反転した方が簡単である．f' を積和形で答えよ．

$$f' = \underline{\hspace{4cm}}$$

ここで f' のカルノー図を描け．（上層に3項，下層に1項，上下両層にまたがる項が2項ある．）

次に，f' のカルノー図を反転して f のカルノー図を描け．

[解 答]

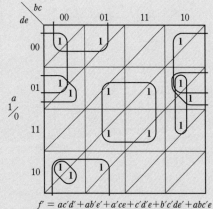

$$f' = ac'd' + ab'e' + a'ce + c'd'e + b'c'de + abc'e$$

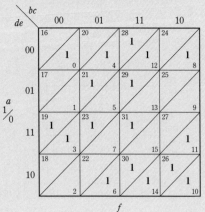

f

(b) f の必須項を決定する．

(i) $a'd'e'$ が必須項になるのはなぜか．

(ii) m_3 に隣接する最小項は＿＿＿．m_{19} に隣接する最小項は＿＿＿．

(iii) m_3 と m_{19} を包含する必須項があるか．

(iv) m_{21} を包含する必須項があるか．

(v) 見つけた必須項をループで囲め．さらに，もう二つの必須項を探してそれらをループで囲め．

[解 答]

(i) m_0 とその両隣の最小項をすべて包含するため．

(ii) m_{19} と m_{11}，m_3 と m_{23}．

(iii) ない．

(iv) ある．

(v) カルノー図（下図）参照．

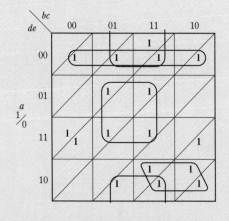

(c) (i) m_{11} を含む必須項がないのはなぜか．

(ii) m_{28} を含む必須項がないのはなぜか．

これ以上必須項はないので，残りの1を包含する最も少ない数の項をループで囲め．

[解 答]

(i) m_{11} に隣接する m_3，m_{10} を包含する項がないため．

(ii) m_{28} に隣接する m_{12}，m_{30}，m_{29} を包含する項がないため．

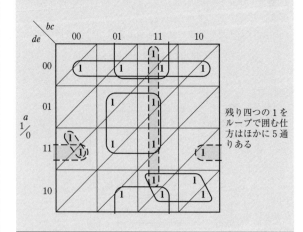

残り四つの1をループで囲む仕方はほかに5通りある

(d) f を表す最小の積和形の論理式を二つ答えよ.

$f=$ _____

$f=$ _____

［解 答］

$$f = a'd'e' + ace + a'ce' + bde' + \begin{Bmatrix} abc \\ \text{または} \\ bce' \end{Bmatrix} + \begin{Bmatrix} b'c'de + a'c'de \\ b'c'de + a'bc'd \\ ab'de + a'c'de \end{Bmatrix}$$

練 習 問 題

5・1 カルノー図を用いて, 以下の各関数を最小の積和形で表せ.

(a) $f_1(a, b, c) = m_0 + m_2 + m_5 + m_6$

(b) $f_2(d, e, f) = \Sigma m(0, 1, 2, 4)$

(c) $f_3(r, s, t) = rt' + r's' + r's$

(d) $f_4(x, y, z) = M_0 \cdot M_5$

5・2 (a) 次の論理関数をカルノー図に描け. ただし, カルノー図作成前に最小項表現にしないこと.

$$F(A, B, C, D) = BD' + B'CD + ABC + ABC'D + B'D'$$

(b) 最小の積和形を求めよ.

(c) 最小の和積形を求めよ.

5・3 2ビットの制御入力 (C_1 と C_2) と2ビットのデータ入力 (X_1 と X_2) があり, 1ビットの出力 (Z) がある論理回路を考える. この回路は, 下図に示すように制御入力によって AND, OR, XOR (排他的論理和), EQU (一致) のいずれかの演算を行う.

C_1	C_2	回路による演算
0	0	OR
0	1	XOR
1	0	AND
1	1	EQU

(a) 出力 Z に対する真理値表を示せ.

(b) カルノー図を用いて, Z を出力する最小の AND–OR ゲート回路を求めよ.

5・4 以下の各論理関数を最小の積和形で表せ. また, 必須項に下線を示し, それらの項がどの最小項によって必須項となるのか答えよ.

(a) $f(a, b, c, d) = \Sigma m(0, 1, 3, 5, 6, 7, 11, 12, 14)$

(b) $f(a, b, c, d) = \Pi M(1, 9, 11, 12, 14)$

(c) $f(a, b, c, d) = \Pi M(5, 7, 13, 14, 15) \cdot \Pi D(1, 2, 3, 9)$

5・5 以下の各論理関数を最小の積和形と和積形で表せ.

(a) $f(a, b, c, d) = \Pi M(0, 1, 6, 8, 11, 12) \cdot \Pi D(3, 7, 14, 15)$

(b) $f(a, b, c, d) = \Sigma m(1, 3, 4, 11) + \Sigma d(2, 7, 8, 12, 14, 15)$

5・6 以下の各論理関数を最小の積和形および最小の和積形で表せ.

(a) $F(A, B, C, D, E)$
$\quad = \Sigma m(0, 1, 2, 6, 7, 9, 10, 15, 16, 18, 20, 21, 27, 30)$
$\quad\quad + \Sigma d(3, 4, 11, 12, 19)$

(b) $F(A, B, C, D, E)$
$\quad = \Pi M(0, 3, 6, 9, 11, 19, 20, 24, 25, 26, 27, 28, 29, 30)$
$\quad\quad \cdot \Pi D(1, 2, 12, 13)$

5・7
$F(A, B, C, D, E)$
$\quad = \Sigma m(0, 3, 4, 5, 6, 7, 8, 12, 13, 14, 16, 21, 23, 24, 29, 31)$

(a) カルノー図を用いて必須項を求めよ. また, なぜそれらが必須項となるか示せ (必須項は四つある).

(b) カルノー図を用いて主項を求めよ (主項は九つある).

5・8 次の論理関数 f を最小の和積形で表せ. また, 必須主節に下線を付けよ.

$$f(a, b, c, d, e)$$
$\quad = \Sigma m(2, 4, 5, 6, 7, 8, 10, 12, 14, 16, 19, 27, 28, 29, 31)$
$\quad\quad + \Sigma d(1, 30)$

5・9 $\quad F = AB'D' + A'B + A'C + CD$

(a) カルノー図を用いて, 関数 F を最大項表現で表せ. ただし, $\Pi M()$ 表現と論理式の双方を示すこと.

(b) カルノー図を用いて, 関数 F' を最小の積和形で表せ.

(c) F を最小の和積形で表せ.

5・10 次の論理関数を最小の積和形で表せ.

$$F(A, B, C, D) = A'C + B'C + ACD' + BC'D$$

次に, 最小項 m_5 をドント・ケア項にしても最小の積和形が変わらないことを確認せよ. 同様に, F の最小の積和形を変えずにどの最小項を個別にドント・ケア項に変更できるか答えよ.

6 クワイン・マクラスキー法

第5章で説明したカルノー図は，変数が少ないスイッチング関数の簡単化に有効である．変数が多い場合や，複数の関数を簡単化する場合は，ディジタルコンピュータの使用が望ましい．本章で説明する**クワイン・マクラスキー法**（Quine–McCluskey method）は，ディジタルコンピュータで容易にプログラムできる規則的な簡単化手順である．

クワイン・マクラスキー法は，関数の最小項展開（加法標準形）を圧縮して最小の積和形を求める．その手順はおもに次の二つのステップで構成される．

1. 定理 $XY+XY'=X$ を順に適用することで，各項から可能な限り多くのリテラルを消去する．その結果として得られた項を主項とよぶ．
2. 主項表を用いて最小の主項の集合を選択する．それらの論理和をとることで，リテラルの数が最小となるように簡単化された関数が得られる．

6・1 主項の決定

クワイン・マクラスキー法で関数の最小の積和形を決定するには，その関数は最小項の和として与えられる必要がある（関数が最小項形式でない場合，§5・3に示した手法で最小項展開が得られる）．クワイン・マクラスキー法では最初に，最小項を順に結合して行くことですべての主項が構成される．最小項は2進表記で，次式によって結合される．

$$XY+XY' = X \qquad (6・1)$$

ここで，X は一つ以上のリテラルからなる積項を表し，Y は単一の変数である．1変数のみが異なる二つの最小項は，このように結合される．

すべての主項を見つけるためには，すべてのとりうる最小項の組を比較して，それらを可能ならば結合する．比較の回数を減らすために，2進表記の最小項は，各項における1の個数にしたがってグループ分けされる．つまり，

$$f(a,b,c,d) = \Sigma m(0,1,2,5,6,7,8,9,10,14) \qquad (6・2)$$

は下記の最小項のリストで表される．

グループ 0	0	0000
グループ 1	1	0001
	2	0010
	8	1000
グループ 2	5	0101
	6	0110
	9	1001
	10	1010
グループ 3	7	0111
	14	1110

このリストにおいて，各項の1の個数はそれぞれ，グループ0が0個，グループ1が1個，グループ2が2個，グループ3が3個となっている．

二つの項で変数が一つだけ異なる場合，それらを結合することができる．隣接していないグループの項は常に二つ以上の変数が異なっており，$XY+XY'=X$ を用いて結合できないため，比較の必要はない．同様に，1の数が同数の二つの項は二つ以上の変数が異なるため，グループ内の項の比較は不要である．したがって，隣接するグループの項のみを比較すればよい．

最初に，グループ0の項とグループ1のすべての項を比較する．項0000と0001の4番目の変数を消去するために，これらを結合して000-を生成する．同様に，項0と項2を結合して00-0（$a'b'd'$）を生成し，項0と項8を結合して-000（$b'c'd'$）を生成する．これによって得られた項を，表6・1（p.53）の第2列に記す．

グループ0とグループ2，および，グループ0とグループ3の比較は不要なため，グループ1とグループ2の項の比較に進む．項1をグループ2のすべての項と比較すると，項5および項9とは結合できるが，項6および項10とは結合できないことがわかる．同様に，項2は項6と項10のみ，項8は項9と項10のみと結合される．これによって得られた項を第2列に記す．他の項と結合した項は，そのたびにチェックを付けていく．$X+X=X$ となる

ため，ある項は複数回使われる場合がある．二つの項が他の項とすでに結合している場合でも，可能ならばそれらを比較して結合する必要がある．それによって得られた項が，最小の積和形を構成するのに必要となる場合があるためである．この段階では冗長な項が生成される可能性もあるが，それらは後で消去される．第1列はグループ2とグループ3の項を比較して終了する．新しい項は，項5と項7，項6と項7，項6と項14，そして項10と項14を結合することで生成される．

第2列の項は，各項の1の個数に応じてグループ分けされていることに注意する．ここで第2列の項の組を結合するために，再度 $XY+XY'=X$ を適用する．二つの項を結合するには，二つの項が同じ変数から構成されており，かつ変数の値が一つだけ異なる必要がある．したがって，同じ場所に"−"（変数の抜け）があり，1の個数が一つだけ異なる項を比較するのみでよい．

第2列の最初のグループの項は，同じ場所に"−"がある2番目のグループの項とのみ比較すればよい．項000−（0,1）は項100−（8,9）とのみ結合し，−00−を生成する．これは代数的には，$a'b'c+ab'c'=b'c'$ と等価である．この結果を，最小項0，1，8，9を結合して生成されたことを表す0，1，8，9の表示とともに第3列に示す．項（0,2）は項（8,10）と，項（0,8）は項（1,9）と項（2,10）の両方と結合する．ここでも結合した項にはチェックを付ける．第2列の2番目と3番目のグループの項を比較することで，項（2,6）は項（10,14）と，項（2,10）は項（6,14）と結合できることがわかる．

第3列には重複する項が3組ある．これらの項は，同じ四つの最小項の集合を異なる順序で結合することにより生成されている．この重複する項を消去した後，第3列の二つのグループの項を比較すると，これ以上は結合できる項がないので手続きを終了する．通常はこのように，項を比較しながら結合できるものがなくなるまで，新しいグループと列の生成を続ける．

他の項と結合できずにチェックが付いていない項は，主項とよばれる．すべての最小項が少なくとも一つの主項に含まれているため，元の関数はこれらの主項の和に等しくなる．この例では，次式が得られる．

$$f = a'c'd + a'bd + a'bc +$$
$$(1,5) \quad (5,7) \quad (6,7)$$
$$b'c' + \qquad b'd' + \qquad cd' \qquad (6\cdot3)$$
$$(0,1,8,9) \quad (0,2,8,10) \quad (2,6,10,14)$$

この式では，各項に含まれるリテラルの数は最小であるが，項の数は最小でない．そこで，コンセンサスの定理を用いて冗長な項を消去すると，最小の積和形である次の関数 f が得られる．

$$f = a'bd + b'c' + cd' \qquad (6\cdot4)$$

§6·2では，主項表を用いて，冗長な主項を消去する，より優れた方法について説明する．

次に，内項と主項を定義し，それらをクワイン・マクラスキー法と関連付ける．

定義6·1 n 変数の関数 F において，積項 P が1となる n 変数の値のすべての組合わせに対して $F=1$ となるとき，かつそのときに限り P は F の**内項**である．

言い換えると，変数の値のいくつかの組合わせにおいて $P=1$ で $F=0$ ならば，P は F の内項ではない．たとえば次の関数を考える．

$$F(a,b,c) = a'b'c'+ab'c'+ab'c+abc$$
$$= b'c'+ac \qquad (6\cdot5)$$

$a'b'c'=1$ のとき $F=1$，$ac=1$ のときも $F=1$ などから，$a'b'c'$ や ac などは F の内項となる．この例で，$a=0$ かつ $b=c=1$ のとき，$bc=1$ かつ $F=0$ となるため bc は F の

表6·1 主項の決定

	第1列			第2列			第3列	
グループ0	0	0000	✓	0,1	000−	✓	0,1,8,9	−00−
グループ1	1	0001	✓	0,2	00−0	✓	0,2,8,10	−0−0
	2	0010	✓	0,8	−000	✓	~~0,8,1,9~~	~~−00−~~
	8	1000	✓	1,5	0−01		~~0,8,2,10~~	~~−0−0~~
グループ2	5	0101	✓	1,9	−001		2,6,10,14	−−10
	6	0110	✓	2,6	0−10		~~2,10,6,14~~	~~−−10~~
	9	1001	✓	2,10	−010			
	10	1010	✓	8,9	100−			
グループ3	7	0111	✓	8,10	10−0			
	14	1110	✓	5,7	01−1			
				6,7	011−			
				6,14	−110	✓		
				10,14	1−10	✓		

内項ではない．一般に，F が積和形で書かれているとき，すべての積は内項となる．F のすべての最小項，および二つ以上の最小項を組合わせたすべての項も F の内項である．たとえば，表6・1で，いずれかの列に記されているすべての項は，式(6・2)の関数の内項となる．

定義6・2　　ある内項からどのリテラルを消去しても内項ではなくなるとき，その内項を関数 F の主項という．

式(6・5)において，a' は消去できるため $a'b'c'$ は主項ではない．また，それを消去した結果として得られる $b'c'$ は依然として F の内項である．$b'c'$ と ac は，それらの項からリテラルを消去すると F の内項ではなくなるため，主項である．関数の各主項は，他の項と結合してリテラルをそれ以上減らすことができないという意味において，最も少ない数のリテラルをもっている．

先に示したように，クワイン・マクラスキー法は関数のすべての内項を検出する．主項ではない内項は，主項が残るように項の結合を行う過程でチェックが付けられていく．

関数の最小の積和形は，その関数の主項の一部（すべてとは限らない）の和で構成される．言い換えると，主項ではない項を含む積和形は最小でない．これは主項ではない項のリテラルの数が最少ではないからである．最小項を追加して主項ではない項と結合することで，主項ではない項よりも少ないリテラルを有する主項が構成できる．したがって，積和形の主項ではない項は主項で置き換えることができ，それによりリテラルの数が減って式が簡単化される．

6・2　主 項 表

関数のすべての主項が与えられたとき，それらの最小の集合を選択するのに**主項表**（prime implicant chart）を用いることができる．主項表では，関数の最小項は図の上部に，主項は左側に列記される．主項はいくつかの最小項の和に等しい．このとき，その主項はそれらの最小項を**包含**（cover，**被覆**ともいう）するという．ある主項がある最小項を包含するとき，対応する行と列の交点に×を記入する．表6・2は表6・1から導出された主項表を示す．表では，すべての主項（表6・1でチェックされていない項）

が左側に列記されている．

主項 $b'c'$ は最小項 0, 1, 8, 9 の和で生成されているため，最初の行の列 0, 1, 8, 9 に×を記入する．同様に，主項 $b'd'$ に対して列 0, 2, 8, 10 に×を記入する，という作業を続ける．

最小項が一つの主項のみに包含されるとき，その主項は必須項とよばれ，最小の積和形に含めなければならない．必須項は主項表を用いて簡単に見つけることができる．特定の列に×が一つしか含まれていなければ，対応する行は必須項となる．表6・2では，列9と14がそれぞれ一つの×を含むため，$b'c'$ と cd' は必須項である．

最小の積和形に含める主項を選択するたびに，対応する行に取消し線を引く．その後，その主項が包含するすべての最小項に対応する列も取消し線を引く．表6・3は，表6・2の必須項に対応する行と列に線を引いた結果を示している．ここで，残りの列を包含するために主項の最小の集合を選択する必要がある．この例では，残りの2列を包含する $a'bd$ が選択される．その結果，最小の積和形は，

$$f = b'c' + cd' + a'bd$$

となり，これは式(6・4)と同一である．$a'bd$ という項が最小の積和形に含まれていても，$a'bd$ は必須項ではない点に注意する．これは最小項 m_5 と m_7 の和で，m_5 は $a'c'd$ に，m_7 は $a'bc$ にも包含されている．

表6・3

	0	1	2	5	6	7	8	9	10	14
$(0, 1, 8, 9)$　$b'c'$	×	×					×	×		
$(0, 2, 8, 10)$　$b'd'$	×		×				×		×	
$(2, 6, 10, 14)$　cd'			×		×				×	×
$(1, 5)$　$a'c'd$		×		×						
$(5, 7)$　$a'bd$				×		×				
$(6, 7)$　$a'bc$					×	×				

最小の積和形はすべての必須項を必ず含むため，主項を選ぶ際はまず必須項を選択する．必須項を選択した後，その列に線を引いて主項表から対応する最小項を消去する．必須項にすべての最小項が包含されていなければ，必須ではない主項の追加が必要となる．単純な問題であれば試行錯誤を繰返すことで，最小の積和形に必要な主項を選択できるかもしれない．より大きな主項表に対しては，後述する主項表の削減手順が利用できる（練習問題6・10参照）．同数の項とリテラルからなる最小の積和形を二つ以上もつ関数もある．そのような関数の例を以下に示す．

例6・1　すべての列に二つ以上の×がある主項表は，**循環主項表**とよばれる．次の関数はそのような主項表をもつ．

表6・2　主 項 表

	0	1	2	5	6	7	8	9	10	14
$(0, 1, 8, 9)$　$b'c'$	×	×					×	⊗		
$(0, 2, 8, 10)$　$b'd'$	×		×				×		×	
$(2, 6, 10, 14)$　cd'			×		×				×	⊗
$(1, 5)$　$a'c'd$		×		×						
$(5, 7)$　$a'bd$				×		×				
$(6, 7)$　$a'bc$					×	×				

$$F = \Sigma m(0, 1, 2, 5, 6, 7) \qquad (6 \cdot 6)$$

主項の導出：

0	000	✓		0,1	00-
1	001	✓		0,2	0-0
2	010	✓		1,5	-01
5	101	✓		2,6	-10
6	110	✓		5,7	1-1
7	111	✓		6,7	11-

表6・4に得られた主項表を示す．すべての列に二つの×があるので，試行錯誤を繰返す．(0,1) と (0,2) の両方が列0を包含するため，(0,1) を試してみる．行 (0,1) および列0と1に取消し線を引いた後，(0,2) と (2,6) に含まれる列2を調べる．(0,2) が残りの1列のみを含むのに対して，(2,6) は残りの2列を含むため，(2,6) が最良の選択となる．行 (2,6) と列2と6に取消し線を引いた後，(5,7) が残りの列を含んでいるため (5,7) を選択する．したがって，解の一つは $F = a'b' + bc' + ac$ となる．

表6・4

			0	1	2	5	6	7
① →	(0,1)	$a'b'$	×	×				
	(0,2)	$a'c'$	×		×			
	(1,5)	$b'c$		×		×		
② →	(2,6)	bc'			×		×	
③ →	(5,7)	ac				×		×
	(6,7)	ab					×	×

ただし，この解が最小であることは保証されていない．そこで最初に戻り，列0を含む他の主項を起点とした解を求めてみる．結果は表6・5となり，$F = a'c' + b'c + ab$ が得られる．これは表6・4で求めた F の式と同数の項とリテラルをもつので，この問題には二つの最小の積和形があることがわかる．式 (6・6) に対するこれら二つの最小の積和形を，カルノー図を用いて図5・9で得られた解と比較する．カルノー図上の各最小項は，二つの異なるループに包含されることに注意する．同様に主項表（表6・4）の各列には二つの×があり，各最小項が二つの異なる主項に包含されることがわかる．

表6・5

			0	1	2	5	6	7
P_1	(0,1)	$a'b'$	×	×				
P_2	(0,2)	$a'c'$	×		×			
P_3	(1,5)	$b'c$		×		×		
P_4	(2,6)	bc'			×		×	
P_5	(5,7)	ac				×		×
P_6	(6,7)	ab					×	×

6・3 ペトリック法

ペトリック法（Petrick's method）は，主項表からすべての最小の積和形を求める手法である．表6・4および表6・5の例では，二つの最小解が存在した．変数が増えると，主項の数と主項表が非常に複雑となり，最小の積和形を見つけるのに大量の試行錯誤が必要になる可能性がある．ペトリック法は，主項表からすべての最小の積和形を見つける，より規則的な方法である．ペトリック法を適用するには，すべての必須項とそれらに包含される最小項を主項表から消去する必要がある．

表6・5を用いてペトリック法を説明する．最初に，主項表の行に P_1, P_2, P_3 のようにラベルを付ける．そして，主項表のすべての最小項が包含される場合に真となる論理関数 P をつくる．行 P_1 の主項が解に含まれているときに真となる論理変数を P_1，行 P_2 の主項が解に含まれているときに真となる論理変数を P_2，といったようにする．行 P_1 および P_2 の列0に×があるので，最小項0を包含するには行 P_1 または P_2 を選択する必要がある．したがって式 $(P_1 + P_2)$ は真でなければならない．最小項1を包含するには行 P_1 または P_3 を選択する必要があるため，$(P_1 + P_3)$ は真でなければならない．最小項2の包含には $(P_2 + P_4)$ が真でなければならない．同様に，最小項5，6，7の包含には，$(P_3 + P_5)$，$(P_4 + P_6)$，$(P_5 + P_6)$ が真でなければならない．以上のことから，すべての最小項を包含するには次の関数が真でなければならない．

$$P = (P_1 + P_2)(P_1 + P_3)(P_2 + P_4)(P_3 + P_5)(P_4 + P_6)(P_5 + P_6)$$
$$= 1$$

式 P は，行 P_1 または行 P_2 を，行 P_1 または行 P_3 を，行 P_2 または行 P_4 を，といった選択が必要なことを意味している．

次のステップでは，P を最小の積和形にする．P には否定がないため，この手続きは簡単である．まず，$(X + Y)(X + Z) = X + YZ$ と通常の分配則を用いて展開すると，

$$P = (P_1 + P_2 P_3)(P_4 + P_2 P_6)(P_5 + P_3 P_6)$$
$$= (P_1 P_4 + P_1 P_2 P_6 + P_2 P_3 P_4 + P_2 P_3 P_6)(P_5 + P_3 P_6)$$
$$= P_1 P_4 P_5 + P_1 P_2 P_5 P_6 + P_2 P_3 P_4 P_5 + P_2 P_3 P_5 P_6 + P_1 P_3 P_4 P_6$$
$$\quad + P_1 P_2 P_3 P_6 + P_2 P_3 P_4 P_6 + P_2 P_3 P_6$$

次に，$X + XY = X$ を用いて P から冗長な項を消去すると，次のようになる．

$$P = P_1 P_4 P_5 + P_1 P_2 P_5 P_6 + P_2 P_3 P_4 P_5 + P_1 P_3 P_4 P_6 + P_2 P_3 P_6$$

すべての最小項を包含するためには P が真（$P = 1$）となる必要があるので，次のように方程式を言葉で表現する．すべての最小項を包含するためには，行 P_1 と行 P_4 と行 P_5，または行 P_1 と行 P_2 と行 P_5 と行 P_6，…，または行 P_2 と行 P_3 と行 P_6 を選択する必要がある．解は五つあるが，

そのうちの二つのみが最少の行数である．したがって，行 P_1 と行 P_4 と行 P_5，または行 P_2 と行 P_3 と行 P_6 を選択することで，主項の数が最も少ない二つの解が得られる．最初の選択によって $F = a'b' + bc' + ac$ が得られ，2番目の選択によって $F = a'c' + b'c + ab$ が得られる．これらは §6・2で導出された二つの最小の積和形と同じである．

以上まとめると，ペトリック法は以下のようになる．

1. 必須項の行に対応する列を消去して，主項表を簡単化する．
2. 簡単化された主項表の行に P_1, P_2, P_3 のようにラベルを付ける．
3. すべての列が含まれているときに真となる論理関数 P を生成する．P は和積形で表され，各和項の形式は $(P_{i0} + P_{i1} + \cdots)$ となっている．ただし，$P_{i0}, P_{i1}\ldots$ は列 i を包含する行を表す．
4. P の積を展開して，$X + XY = X$ を適用することで，最小の積和形にする．
5. 得られた積和形の各項は，主項表内のすべての最小項を含む行の集合を表す．（§5・1で定義した）最小解を決定するには，変数の数が最も少ない項を探す．そのような項は，主項の数が最も少ない解となる．
6. 手順5で見つかった各項について，主項のリテラルを数えてその総数を調べる．リテラルの総数が最少となる一つまたは複数の項を選択し，対応する主項の和を書き出す．

ペトリック法を大きな主項表に適用するのは非常に面倒ではあるが，コンピュータには簡単に実装することができる．

6・4　不完全定義関数の簡単化

不完全定義関数の最小形を得るにはドント・ケア項への値の適切な割り当てが必要となる．ここでは，ドント・ケア項があるときの最小解を得るために，クワイン・マクラスキー法をどのように変更すればよいかを示す．主項を見つける過程で，ドント・ケア項は必要な最小項として扱うことで，他の最小項と結合して可能な限り多くのリテラルを消去することができる．ドント・ケアのために追加の主項が生成されても，それは次のステップで消去されるため問題ない．主項表をつくるときにドント・ケア項は上部には列記しない．このように主項表を解くことで，必要なすべての最小項が，選択された主項のいずれか一つに含まれるようになる．ただし，ドント・ケア項は，選択された主項を生成する過程で使用されない限り，最終的な解には含まれない．以下の例を用いて，不完全定義関数を簡単化する手順を述べる．

$$F(A, B, C, D) = \Sigma m(2, 3, 7, 9, 11, 13) + \Sigma d(1, 10, 15)$$
$$(d に続く項はドント・ケア項)$$

主項を探すときは，ドント・ケア項を必要な最小項のように扱う．

1	0001	✓	(1, 3)	00-1	✓	(1, 3, 9, 11)	-0-1	
2	0010	✓	(1, 9)	-001	✓	(2, 3, 10, 11)	-01-	
3	0011	✓	(2, 3)	001-	✓	(3, 7, 11, 15)	--11	
9	1001	✓	(2, 10)	-010	✓	(9, 11, 13, 15)	1--1	
10	1010	✓	(3, 7)	0-11				
7	0111	✓	(3, 11)	-011				
11	1011	✓	(9, 11)	10-1				
13	1101	✓	(9, 13)	1-01				
15	1111	✓	(10, 11)	101-	✓			
			(7, 15)	-111	✓			
			(11, 15)	1-11	✓			
			(13, 15)	11-1	✓			

主項表をつくるときには，ドント・ケアの列を省略する．

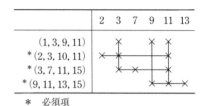

	2	3	7	9	11	13
(1, 3, 9, 11)		×		×	×	
*(2, 3, 10, 11)	×	×			×	
*(3, 7, 11, 15)		×	×		×	
*(9, 11, 13, 15)				×	×	×

* 必須項

$$F = B'C + CD + AD$$

元の関数の定義は不完全であるが，最終的に簡単化された F の式は，A, B, C, D のすべての値の組合わせに対して完全に定義されている．簡単化の過程において，真理値表でもともとドント・ケアであった項には自動的に値を割り当てている．最終的な F の式で，各項を対応する最小項の和で置き換えると次のようになる．

$$F = (m_2 + m_3 + m_{10} + m_{11}) + (m_3 + m_7 + m_{11} + m_{15})$$
$$+ (m_9 + m_{11} + m_{13} + m_{15})$$

この式に，m_{10} と m_{15} はあるが，m_1 はない．これは，ドント・ケアが次のように割り当てられたことを意味している．

$$ABCD = 0001 \text{ のとき，} F = 0$$
$$ABCD = 1010 \text{ のとき，} F = 1$$
$$ABCD = 1111 \text{ のとき，} F = 1$$

6・5　カルノー図への挿入変数を用いた簡単化

クワイン・マクラスキー法は，かなり多くの変数をもつ関数に適用できるが，変数が多くても項が比較的少ない関数にはあまり効率的ではない．これらの関数の一部は，カルノー図法を拡張することで簡単化できる．カルノー図への挿入変数（map-entered variable）を用いることにより，カルノー図法を拡張し，4 ないし 5 変数を超える関数を簡単化できる．図6・1(a) は，マス目に二つの変数 E, F が

挿入された4変数のカルノー図を示している．E がマスに記されているとき，対応する最小項は $E=1$ のとき関数 G の式に含まれ，$E=0$ のとき G の式に含まれないことを意味する．したがって，このカルノー図は次の6変数関数を表している．

$$G(A, B, C, D, E, F) = m_0 + m_2 + m_3 + Em_5 + Em_7 + Fm_9$$
$$+ m_{11} + m_{15}(+ \text{ドント・ケア項})$$

ここで最小項は，変数 A, B, C, D の最小項である．m_9 は $F=1$ のときのみ G に存在することに注意する．

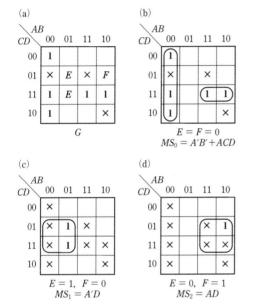

図6・1　カルノー図への挿入変数の使用

3変数のカルノー図を用いて次の関数を簡単化する．$AB'C$ はドント・ケア項である．

$$F(A, B, C, D) = A'B'C + A'BC + A'BC'D$$
$$+ ABCD + (AB'C)$$

D は二つの項にしかないため，D を挿入変数として選ぶと，カルノー図は図6・2(a)のようになる．最初に $D=0$，次に $D=1$ として F を単純化する．最初にカルノー図で $D=0$ とすると，F は $A'C$ に簡単化される．次に $D=1$ とするとカルノー図は図6・2(b)のようになる．元のカルノー図上の二つの1は，すでに項 $A'C$ に包含されており，再度どこかに包含されているか否かを気にする必要がないため，X に変更されている．図6・2(b)より，$D=1$ のとき，F は $C+A'B$ に簡単化される．したがって，

$$F = A'C + D(C + A'B) = A'C + CD + A'BD$$

は $D=0$ と $D=1$ の双方に対して F を正しく表している．これが F の最小の積和形であることは，図6・2(c)のように4変数のカルノー図上に元の関数をプロットすることで

確認できる．

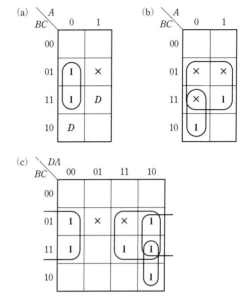

図6・2　挿入変数による簡単化

次に，挿入変数を用いて関数を簡単化する汎用的な手法について説明する．一般に，変数 P_i が関数 F のカルノー図のマス m_j に配置されているとき，$P_i=1$ かつ（変数選択の結果として）$m_j=1$ のときに $F=1$ となることを意味する．変数 $P_1, P_2, \ldots$ が複数のマス目内に置かれているときは，F の最小の積和形は次のようになる．

$$F = MS_0 + P_1 MS_1 + P_2 MS_2 + \cdots$$

ここで MS_0 は，$P_1 = P_2 = \cdots = 0$ としたときに得られる最小和である．

MS_1 は，$P_1 = 1$，$P_j = 0$ $(j \neq 1)$ とし，カルノー図上のすべての1をドント・ケアに置き換えたときに得られる最小和である．

MS_2 は，$P_2 = 1$，$P_j = 0$ $(j \neq 2)$ とし，カルノー図上のすべての1をドント・ケアに置き換えたときに得られる最小和である．
（残りの挿入変数についても，対応する最小和は同様の方法で得られる．）

この結果として得られる F の式は，常に正しい表現となる．この式は，挿入変数の値を独立して割り当てることができる場合に最小となる．一方，変数が独立していないとき（たとえば，$P_1 = P_2$）の式は一般に最小にはならない．

図6・1(a)の例で MS_0, MS_1, MS_2 を得るためのカルノー図を，図6・1(b), (c), (d)に示す．ここで，E は P_1 に，F は P_2 に対応している．その結果，G の最小の積和形である次の式が得られる．

$$G = A'B' + ACD + EA'D + FAD$$

　練習を重ねることで，最小の積和形ごとに個別のカルノー図を作成することなく，元のカルノー図から直接最小の式を書けるようになるはずである．

6・6　ま　と　め

　スイッチング式を最小の積和形または最小の和積形に簡単化する方法として，これまでに，代数による簡単化，カルノー図，クワイン・マクラスキー法，そしてペトリック法の四つを説明した．他にも多くの簡単化手法が文献に示されているが，そのほとんどはカルノー図およびクワイン・マクラスキー法の変法や拡張である．カルノー図は，3～5変数の関数に最も適している．クワイン・マクラスキー法を高速ディジタルコンピュータで使用すると，最大15あるいはそれ以上の変数をもつ関数を簡単化できる．そのようなコンピュータプログラムは，式の導出と実装を支援する CAD ツールでの利用に最適である．代数による簡単化は，特に異なる形の式が必要なときなど多くの場合に有効である．変数が多く，かつ，項が少ない問題では，カルノー図が使用できず，クワイン・マクラスキー法も非常に扱いにくい場合がある．代数による簡単化は，このようなときに使う最も簡単な手法である．最小解が不要な場合，あるいは，最小解を得るのに非実用的な計算量を要する場合は，ヒューリスティックな手法でスイッチング関数を簡単化できる．その一般的な手法の一つの Espresso-II 法*では，大規模なクラスの問題に対してほぼ最小の解が得られる．

　これらの方法により導出された最小の積和形の式と最小の和積形の式から，AND ゲートおよび OR ゲートの数が最少で，かつ，ゲート入力の数も最少の2段回路が直接得られる．第7章で説明するように，これらの回路はNAND ゲートまたは NOR ゲートを含む回路に簡単に変換できる．しかし，最小の式では最適な設計が得られない場合も多数ある．実用上の設計では，以下のような多くの要素を考慮する必要がある．

- ゲートの最大入力数はいくつか？
- ゲートが駆動できる最大出力数はいくつか？
- 回路中の信号伝搬速度は十分速いか？
- 回路中の配線数をいかに削減できるか？
- プリント回路基板またはシリコンチップ上に良好な回路をレイアウトできるか？

　これまでは，一度に一つのスイッチング関数のみを実現することを検討してきた．複数の関数を単一の回路で実現するときの設計手法は第7章で説明する．

演習6・1（"演習"は，解答を紙で隠して問題を解き，解答後に紙を下にずらして答え合わせせよ．）
　次の関数の最小の積和形を求めよ．

$f(A, B, C, D, E)$
$\quad = \Sigma m(0, 2, 3, 5, 7, 9, 11, 13, 14, 16, 18, 24, 26, 28, 30)$

(a) 各10進数表記の最小項を2進数表記に変換し，各項を1の数に応じたグループごとに並べ替える．

[解答]

0	00000 ✓
2	00010 ✓
16	10000
3	00011
5	00101
9	01001
18	10010
24	11000
7	00111
11	01011
13	01101
14	01110
26	11010
28	11100
30	11110

(b) 隣合うグループ間で二つの項を比較し，可能ならば結合せよ．（結合された項にチェックを入れよ．）

[解答]

0	00000 ✓	0,2	000-0
2	00010 ✓	0,16	-0000
16	10000 ✓	2,3	0001-
3	00011 ✓	2,18	-0010
5	00101 ✓	16,18	100-0
9	01001 ✓	16,24	1-000
18	10010 ✓	3,7	00-11
24	11000 ✓	3,11	0-011
7	00111 ✓	5,7	001-1
11	01011 ✓	5,13	0-101
13	01101 ✓	9,11	010-1
14	01110 ✓	9,13	01-01
26	11010 ✓	18,26	1-010
28	11100 ✓	24,26	110-0
30	11110 ✓	24,28	11-00
		14,30	-1110
		26,30	11-10
		28,30	111-0

(c) 次に，2番目の列で隣接するグループ間で二つの項を比較して，可能ならば結合せよ．（結合された項にチェックを入れよ．）新しい項は二つの方法で生成されることに

---

* R. K. Brayton *et al.*, *"Logic Minimization Algorithms for VLSI Synthesis"*, Kluwer Academic Publishers（1984）参照．

注意しながら，手順を確認せよ．（重複する項を消去せよ．）

[解答]

（3番目の列）		チェックされた項目
0, 2, 16, 18	-00-0	(0, 2), (16, 18), (0, 16), (2, 18)
16, 18, 24, 26	1-0-0	(16, 18), (24, 26), (16, 24), (18, 26)
24, 26, 28, 30	11--0	(24, 26), (28, 30), (24, 28), (26, 30)

(d) 3列目で結合可能な項の組はあるか？ また，以下の主項表を完成させよ．

	0 2
(0, 2, 16, 18)	

[解答] 3列目では結合できる組はない．

	0 2 3 5 7 9 11 13 14 16 18 24 26 28 30
(0, 2, 16, 18)	× ×　　　　　　　　× ×
(16, 18, 24, 26)	× × × ×
(24, 26, 28, 30)	× × × ×
(2, 3)	× ×
(3, 7)	× 　×
(3, 11)	× 　　×
(5, 7)	× ×
(5, 13)	× 　　×
(9, 11)	× ×
(9, 13)	× 　×
(14, 30)	× 　　　　　　×

(e) 必須項を決定し，対応する行と列を消去せよ．

[解答]

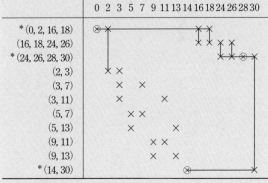

* 必須項

(f) 残りのすべての列には，二つ以上の×が含まれていることに注意する．二つの×がある最初の列に対して，その列の最初の×を包含する主項を選択せよ (i)．次に，表の残りの列を包含する最少の主項を選択せよ (ii)．

[解答]

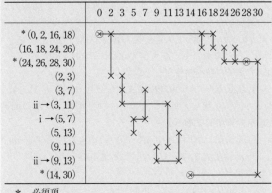

* 必須項

(g) この表から，選択した主項を 0, 1, - の表記で書き留めよ．次に，最小積和形を代数式で記述せよ．

[解答] 　　　-00-0, 　11--0,

　　　　　　　0-011, 　001-1,

　　　　　　　01-01, 　-1110

から次式を得る．

$$f = B'C'E' + ABE' + A'C'DE + A'B'CE + A'BD'E + BCDE'$$

(h) ここで，必須項に取消し線が引かれた主項表を再掲する．二つ目の最小の積和形を求めよ．

[解答] 主項 (5, 13) から始めることで，次式を得る．

$$f = BCDE' + B'C'E' + ABE' + A'B'DE + A'CD'E + A'B'C'E$$

■ 練 習 問 題

6・1 クワイン・マクラスキー法を用いて，次の各関数のすべての主項を求めよ．

(a) $f(a,b,c,d) = \Sigma m(1,5,7,9,11,12,14,15)$

(b) $f(a,b,c,d) = \Sigma m(0,1,3,5,6,7,8,10,14,15)$

6・2 主項表を用いて，練習問題6・1の各関数のすべての最小の積和形を求めよ．

6・3 クワイン・マクラスキー法を用いて，次の関数の最小の積和形を求めよ．

$f(a,b,c,d) = \Sigma m(1,3,4,5,6,7,10,12,13) + \Sigma d(2,9,15)$

6・4 次の関数の主項をすべて求め，次にペトリック法を用いて全ての最小の積和形を求めよ．

$F(A,B,C,D) = \Sigma m(9,12,13,15) + \Sigma d(1,4,5,7,8,11,14)$

6・5 挿入変数と4変数のカルノー図を用いて，次の関数の最小の積和形を求めよ．

(a) $F(A,B,C,D,E) = \Sigma m(0,4,5,7,9) + \Sigma d(6,11) + E(m_1 + m_{15})$
ここで m は変数 A, B, C, D による最小項を表す．

(b) $Z(A,B,C,D,E,F,G) =$
$\Sigma m(0,3,13,15) + \Sigma d(1,2,7,9,14) + E(m_6 + m_8) + Fm_{12} + Gm_5$

6・6 クワイン・マクラスキー法を用いて，次の関数のすべての主項を求めよ．

(a) $f(a,b,c,d) = \Sigma m(0,3,4,5,7,9,11,13)$

(b) $f(a,b,c,d) = \Sigma m(2,4,5,6,9,10,11,12,13,15)$

6・7 主項表を用いて，練習問題6・6の各関数のすべての最小の積和形を求めよ．

6・8 荷物は倉庫に到着し，学生従業員がオフィスや研究所にカートで配達する．カートと荷物にはさまざまなサイズと形状があり，学生への支払いは使用したカートに依存する．カートは五つあり，支払いは次のようになっている．

　　　カート C1：2ドル　　　カート C2：1ドル
　　　カート C3：4ドル　　　カート C4：2ドル
　　　カート C5：2ドル

特定の日に七つの荷物が到着し，学生従業員は五つのカートを次のように使用して配達する．

　C1 は荷物 P1，P3，P4 に使用できる．
　C2 は荷物 P2，P5，P6 に使用できる．
　C3 は荷物 P1，P2，P5，P6，P7 に使用できる．
　C4 は荷物 P3，P6，P7 に使用できる．
　C5 は荷物 P2，P4 に使用できる．

倉庫管理者は荷物を最小コストで配送したいと考えている．この章で説明した最小化手法を用いて，最小コストの解を求める規則的な手順を示せ．

6・9 クワイン・マクラスキー法を用いて次の関数のすべての主項を見つけ，それらを代数的に表現せよ．

$h(A,B,C,D,E,F,G)$
　　$= \Sigma m(24,28,39,47,70,86,88,92,102,105,118)$

6・10 完全に定義された4変数の組合わせ論理関数 $r(w,x,y,z)$ の主項表を下記に示す．

(a) r を最大項の積として代数的に表せ．

(b) 図で A, C, D にラベル付けされた主項の代数式を求めよ．

(c) r のすべての最小の積和形を求めよ．代数式を求める必要はなく，和に必要な主項（A, C, D など）を列挙すればよい．

	0	4	5	6	7	8	9	10	11	13	14	15
A	×	×										
B			×		×					×		×
C				×	×						×	×
D						×	×	×	×			
E								×	×		×	×
F							×		×	×		×
G	×					×						
H		×	×	×	×							

7 多段ゲート回路
NAND ゲートと NOR ゲート

本章の§7・1では，AND ゲートと OR ゲートが3段以上ある回路の設計法を，§7・2では，NAND と NOR ゲートを用いた設計法を学ぶ．一般にこれらの手法は，まず AND ゲートと OR ゲートで回路を設計し，それを目的のタイプのゲートに変換する．この手法は，適切な形の回路から始めれば簡単に適用できる．

7・1 多段ゲート回路

回路の入力と出力の間に直列に数珠繋ぎになったゲートの最大数は，ゲートの**段数**（level）とよばれる．したがって，積和形または和積形で記述された関数は，2段のゲート回路に対応する．ディジタル回路では，通常，ゲートがフリップフロップ出力（第11章で後述する）から駆動されるため，すべての変数とその否定が回路入力として利用可能であると仮定する．したがって，回路の段数を決定する際に，入力変数に直接つながっているインバータを通常はカウントしない．この章では，次の用語を使用する．

1. AND-OR 回路とは，AND ゲートとそれに続く出力の OR ゲートで構成される2段の回路を意味する．
2. OR-AND 回路とは，OR ゲートとそれに続く出力の AND ゲートで構成される2段の回路を意味する．
3. OR-AND-OR 回路とは，OR ゲートとそれに続く AND ゲート，さらに続く出力の OR ゲートで構成される3段の回路を意味する．
4. AND および OR ゲート回路は，ゲートに特定の順序はなく，出力ゲートは AND と OR のどちらでもよい．

AND-OR 回路の段数は，その元となった積和形の式を因数分解することで，通常は増やすことができる．同様に，OR-AND 回路の段数は，それの元となった和積形の式の一部を展開することで増やすことができる．ロジック設計者は，いくつかの理由で回路の段数を気にしている．因数分解（または展開）によってゲート段数を増やすことで，しばしば必要なゲート数とゲート入力の数を削減し，回路実装のコストを下げることができる．しかし逆に，段数を増やすことでコストが上がる場合もある．多くのアプ

リケーションにおいて，数珠繋ぎにできるゲートの数はゲート遅延により制限される．ゲート入力が変化してから出力が変化するまでには，ある程度の時間がかかる．複数のゲートが数珠つなぎになっている場合，入力の変化から出力の変化までの時間が過大となり，ディジタルシステムの動作が遅くなることがある．

回路のゲート数，ゲート入力の数，および段数は，対応する式を調べることで決定できる．図7・1(a)の例で，式 Z の下のツリー図に対応する回路は，図7・1(b)のように，4段，六つのゲート，そして13のゲート入力をもっている．ここで，ツリー図の各ノードはゲートを表し，ゲート入力の数が各ノードの横に示されている．

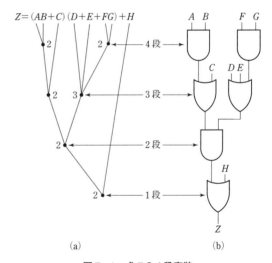

図7・1　式 Z の4段実装

式 Z を次のように部分的に展開することで，3段に変更することができる．

$$Z = (AB+C)[(D+E)+FG]+H$$
$$= AB(D+E)+C(D+E)+ABFG+CFG+H$$

図7・2に示すように，この式から3段，六つのゲート，19のゲート入力の回路が得られる．

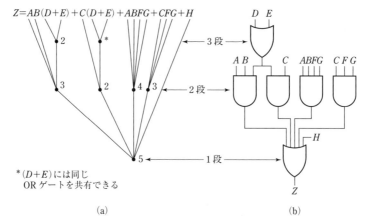

*$(D+E)$ には同じ
OR ゲートを共有できる

(a)   (b)

図7・2　式 Z の3段実装

例題7・1　次式を実現する AND と OR ゲートの回路を求めよ.

$$f(a, b, c, d) = \Sigma m(1, 5, 6, 10, 13, 14)$$

2段ゲートと3段ゲートの回路で, ゲート数とゲート入力の総数を最小限に抑えること. なお, すべての変数とその否定が入力として使用できるものとする.

[**解　答**]　最初にカルノー図を用いて f を簡単化する (図7・3).

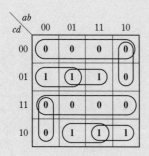

図7・3

$$f = a'c'd + bc'd + bcd' + acd' \qquad (7 \cdot 1)$$

これによって, 2段の AND-OR ゲート回路が得られる (図7・4).

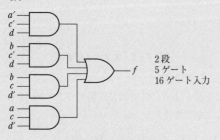

2段
5ゲート
16ゲート入力

図7・4

式 (7・1) を因数分解して次式を得る.

$$f = c'd(a'+b) + cd'(a+b) \qquad (7 \cdot 2)$$

これから次の3段の OR-AND-OR ゲート回路が得られる (図7・5).

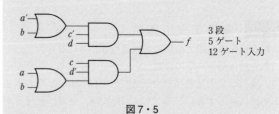

3段
5ゲート
12ゲート入力

図7・5

これらの解はいずれも出力が OR ゲートとなっている. 出力が AND の解の方が, ゲート数やゲート入力数が少ない場合がある. 2段の OR-AND 回路は和積形の関数に対応し, これは f のカルノー図の0のマスから次のようになる.

$$f' = c'd' + ab'c' + cd + a'b'c \qquad (7 \cdot 3)$$
$$f = (c+d)(a'+b+c)(c'+d')(a+b+c') \qquad (7 \cdot 4)$$

式 (7・4) から, 次の2段の OR-AND 回路が得られる (図7・6).

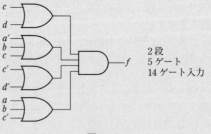

2段
5ゲート
14ゲート入力

図7・6

AND ゲート出力の3段回路を得るために, 式 (7・4) に $(X+Y)(X+Z) = X+YZ$ を適用して部分的に展開することで, 次式が得られる.

$$f = [c+d(a'+b)][c'+d'(a+b)] \qquad (7 \cdot 5)$$

式(7・5)を実現するには 4 段のゲートが必要となる．しかし，$d'(a+b)$ と $d(a'+b)$ を展開すると次式となり，3 段の AND–OR–AND 回路が得られる（図 7・7）．

$$f = (c+a'd+bd)(c'+ad'+bd') \qquad (7・6)$$

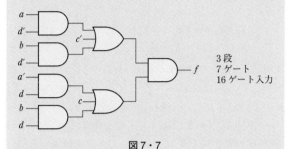

図 7・7

この例では，2 段の最適解は出力が AND ゲートで（図 7・6），3 段の最適解は出力が OR ゲートとなっている（図 7・5）．一般に，最小解を確実に得るには，AND ゲート出力と OR ゲート出力の両方の回路を調べる必要がある．

f' の式が n 段のとき，その否定の式は n 段の f の式となる．したがって，f を n 段の AND ゲート出力の回路として実現するには，最初に，OR 出力の n 段の式 f' を求め，次に f' の否定を求める．前の例では，式(7・3)を因数分解すると，次の 3 段の式 f' が得られる．

$$f' = c'(d'+ab')+c(d+a'b')$$
$$= c'(d'+a)(d'+b')+c(d+a')(d+b') \qquad (7・7)$$

式(7・7)の否定をとると，3 段の AND–OR–AND 回路の式(7・6)となる．

7・2　NAND ゲートと NOR ゲート

ここまでは，AND ゲート，OR ゲート，インバータを用いた論理回路を設計してきた．第 3 章では，排他的論理和ゲートと一致演算ゲートも導入した．本節では，**NAND ゲート**と **NOR ゲート**を定義する．ロジック設計者は NAND ゲートと NOR ゲートを頻繁に使用するが，それは AND や OR ゲートよりも一般的に高速でかつ必要な構成素子が少ないためである．後述するが，NAND ゲートだけ，または NOR ゲートだけで任意の論理関数を実装できる．

図 7・8(a) は，3 入力 NAND ゲートを示している．ゲート出力の小さな丸は否定を意味し，図 7・8(b) に示すように NAND ゲートは AND ゲートとそれに続くインバータと等価である．より適切な名前は AND–NOT ゲートであるが，一般的な用語にならって本書でも NAND ゲートとよぶ．NAND ゲートの出力は次のようになる．

$$F = (ABC)' = A'+B'+C'$$

図 7・8(c) の n 入力 NAND ゲートの出力は次式となる．

$$F = (X_1X_2...X_n)' = X_1'+X_2'+\cdots+X_n' \qquad (7・8)$$

このゲートの出力は，一つ以上の入力が 0 ならば 1 となる．

(a) 3 入力 NAND ゲート

(b) NAND ゲートの等価回路

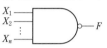

(c) n 入力 NAND ゲート

図 7・8　NAND ゲート

図 7・9(a) に，3 入力 NOR ゲートを示す．ゲート出力の小さな丸は反転を意味するため，NOR ゲートは OR ゲートとそれに続くインバータと等価である．より適切な名前は OR–NOT ゲートであるが，一般的な用語にならって本書でも NOR ゲートとよぶ．NOR ゲートの出力は次のようになる．

$$F = (A+B+C)' = A'B'C'$$

図 7・9(c) の n 入力 NOR ゲートの出力は次のようになる．

$$F = (X_1+X_2+\cdots+X_n)' = X_1'X_2'...X_n' \qquad (7・9)$$

(a) 3 入力 NOR ゲート

(b) NOR ゲートの等価回路

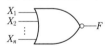

(c) n 入力 NOR ゲート

図 7・9　NOR ゲート

ある論理演算の集合が任意のブール関数を表現できるとき，この集合は "**関数として完全**（functionally complete）" であるとよぶ．AND，OR，NOT 演算の集合は，それらを用いていかなる関数も和積形や積和形で表せるため，完全である．同様に，すべてのスイッチング関数を実現できる論理ゲートの集合は完全性をもつ．AND，OR，NOT 演算の集合は完全系なので，AND，OR，NOT を実現できる論理ゲートの集合も完全系となる．OR は AND と NOT で次のように実現できるため，AND と NOT ゲートの集合も

完全系となる.

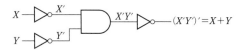

単一のゲートがそれ自身で完全系を構成する場合, その
タイプのゲートだけを用いて任意のスイッチング関数を実
現できる. NAND ゲートは, そのようなゲートの一例で
ある. NAND ゲートは AND 演算に続いて否定演算を行う
ため, 図7・10に示すように, NOT, AND, OR は
NAND ゲートだけで実現できる. したがって, NAND
ゲートだけで任意のスイッチング関数が実現できる.
AND-OR 回路を NAND 回路に変換する簡単な方法につい
ては, 次節で説明する. 同様に, NOR ゲートだけを用い
て任意の関数を実現できる.

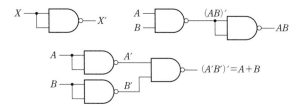

図7・10　NAND ゲートによる, NOT, AND, OR の実現

次の手順で, 特定のゲートの集合が完全であるかを判断
できる. まず, 各ゲートで実現される関数の最小の積和形
の式を書き出す. それらの式のいずれにも否定がなけれ
ば NOT が実現できず, その集合は完全でない. 式の一
つに否定が現れる場合は, 対応するゲートの入力を適切に
選ぶことで NOT が実現できる (本書では, 常に 0 と 1 が
ゲート入力として利用可能であると仮定している). 次に,
NOT が利用できることを念頭に, AND または OR の実
現を試みる. AND または OR のいずれかが得られれば,
もう一方は少なくともド・モルガンの法則を用いて必ず
実現できる. たとえば, OR と NOT が利用可能なとき,
AND は次のように実装できる.

$$XY = (X' + Y')' \qquad (7 \cdot 10)$$

7・3　2段の NAND および NOR ゲート回路の設計

本節では, 関数 F のスイッチング代数式を目的のゲー
ト回路に適した形にすることで, 関数 F を NAND, NOR,
AND, OR をさまざまに組合わせた 2 段ゲート回路として
実現する. この方法は, 式の一部を繰返し反転する必要が
あるため, 多段の回路に拡張することは困難である. 他の
手法として, §7・4と§7・5では, まず AND と OR ゲー
トを用いて F を目的の形式で実現する手法を示す. AND
と OR ゲートを用いた回路は NAND または NOR ゲート
の回路に変換できる. これには, 各 AND と OR ゲートに
二つのインバータを挿入し, それぞれ NAND と NOR ゲー

トに変換する. この手法は関数 F の式変形を回避できる
ため間違いが生じにくい.

AND と OR ゲートで構成される 2 段回路は, NAND ま
たは NOR ゲートで構成される回路に簡単に変換できる.
この変換には, $F = (F')'$ と次のド・モルガンの法則を適用
する.

$$(X_1 + X_2 + \cdots + X_n)' = X_1' X_2' \ldots X_n' \qquad (7 \cdot 11)$$
$$(X_1 X_2 \ldots X_n)' = X_1' + X_2' + \cdots + X_n' \qquad (7 \cdot 12)$$

次の例は, 最小の積和形から他の複数の 2 段形式への変換
を示している.

$$F = A + BC' + B'CD = [(A + BC' + B'CD)']' \qquad (7 \cdot 13)$$
$$= [A' \cdot (BC')' \cdot (B'CD)']' \quad (7 \cdot 11 \text{ を使用}) \qquad (7 \cdot 14)$$
$$= [A' \cdot (B' + C) \cdot (B + C' + D')]' \quad (7 \cdot 12 \text{ を使用}) \quad (7 \cdot 15)$$
$$= A + (B' + C)' + (B + C' + D')' \quad (7 \cdot 12 \text{ を使用}) \quad (7 \cdot 16)$$

式 $(7 \cdot 13)$, $(7 \cdot 14)$, $(7 \cdot 15)$, $(7 \cdot 16)$ はそれぞれ, 図7・11
の AND-OR, NAND-NAND, OR-NAND, NOR-OR の
形を表している.

式 $(7 \cdot 16)$ を次の形に書き換えると, 3 段の NOR-NOR-
NOT 回路となる.

$$F = \{[A + (B' + C)' + (B + C' + D')']'\}' \qquad (7 \cdot 17)$$

ただし, NOR ゲートだけの 2 段回路を生成したいならば,
F の最小の積和形ではなく最小の和積形から始める必要が
ある. カルノー図から最小の和積形を求めた後, F は次の
2 段の形で記述できる.

$$F = (A + B + C)(A + B' + C')(A + C' + D) \qquad (7 \cdot 18)$$
$$= \{[(A + B + C)(A + B' + C')(A + C' + D)]'\}' $$
$$= [(A + B + C)' + (A + B' + C')' + (A + C' + D)']'$$
$$\qquad (7 \cdot 12 \text{ を使用}) \quad (7 \cdot 19)$$
$$= (A'B'C' + A'BC + A'CD')' \quad (7 \cdot 11 \text{ を使用}) \qquad (7 \cdot 20)$$
$$= (A'B'C') \cdot (A'BC)' \cdot (A'CD')' \quad (7 \cdot 11 \text{ を使用}) \quad (7 \cdot 21)$$

式 $(7 \cdot 18)$, $(7 \cdot 19)$, $(7 \cdot 20)$, $(7 \cdot 21)$ はそれぞれ, 図
7・11 の OR-AND, NOR-NOR, AND-NOR, NAND-AND
の形を表している. 2 段の AND-NOR (AND-OR-NOT)
回路は, IC チップなどの集積回路が利用できる. いわゆる
ワイヤード OR 接続を用いると, 一部の NAND ゲートで
も AND-NOR 回路を実現できる.

ほかの八つの 2 段形式 (AND-AND, OR-OR, OR-NOR,
AND-NAND, NAND-NOR, NOR-NAND など) は, すべ
てのスイッチング関数を実現できないという意味で機能が
低い. たとえば, 次の NAND-NOR 回路を考える.

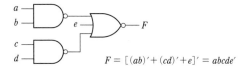

$$F = [(ab)' + (cd)' + e]' = abcde'$$

この例から, NAND-NOR 形式が実現できるのはリテラル

の積だけで，和積形が実現できないことが明らかである．

NAND と NOR ゲートは IC チップとして容易に入手できるため，最も一般的に用いられる回路形式は，NAND–NAND と NOR–NOR の二つである．すべての変数とその否定が入力として利用できるならば，次の方法で F を NAND ゲートで実現できる．

〈最小の 2 段 NAND–NAND 回路の設計手順〉

1. F の最小の積和形の式を求める．
2. 対応する 2 段 AND–OR 回路を作成する．
3. 接続を変えずにすべてのゲートを NAND に置き換える．そして，出力ゲートへの入力にリテラルが接続されている場合は，それらのリテラルの否定をとる．

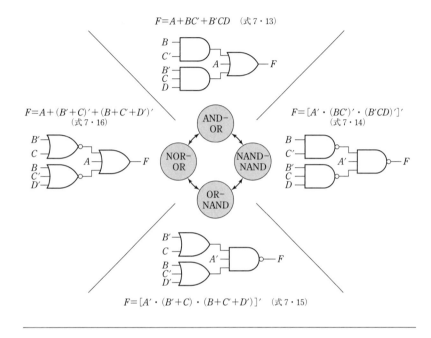

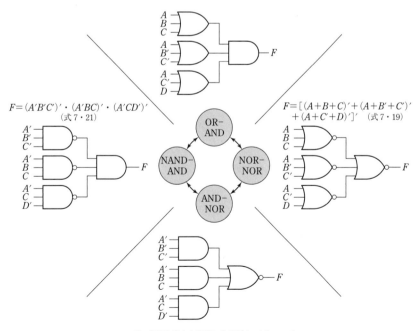

図7・11 2段回路の八つの基本形

図7・12は，ステップ3の変換を示している．この変換で回路出力が変わらないことを確認する．一般に，F はリテラル（$\ell_1, \ell_2, \ldots$）と積項（$P_1, P_2, \ldots$）の和として次のように表わされる．

$$F = \ell_1 + \ell_2 + \cdots + P_1 + P_2 + \cdots$$

ド・モルガンの法則を適用すると次式となる．

$$F = (\ell_1' \ell_2' \ldots P_1' P_2' \ldots)'$$

(a) 変換前

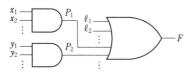

(b) 変換後

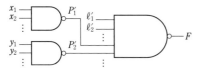

図7・12　AND–OR から NAND–NAND への変換

したがって，出力 OR ゲートは，入力 $\ell_1', \ell_2', \ldots, P_1', P_2',$ …をもつ NAND ゲートに変換できる．積項 $P_1, P_2, \ldots$ はそれぞれ AND ゲートの出力であり，変換された回路において $P_1', P_2', \ldots$ はそれぞれ NAND ゲート出力として実現される．

すべての変数とその反転が入力として利用できるならば，次の方法で F を NOR ゲート出力として実現できる．

〈最小の2段 NOR–NOR 回路の設計手順〉
1. F の最小の和積形の式を求める．
2. 対応する2段 OR–AND 回路を作成する．
3. 接続を変えずにすべてのゲートを NOR に置き換える．そして，出力ゲートへの入力にリテラルが接続されている場合は，それらのリテラルの否定をとる．

この手順は，NAND–NAND 回路の設計手順と似ている．ただし，NOR–NOR 回路では，積和形ではなく最小の和積形から始まることに注意する．

7・4　多段の NAND および NOR ゲート回路の設計

次の手順で多段の NAND ゲート回路が設計できる．

1. 実現するスイッチング関数を簡単化する．
2. AND と OR ゲートによる多段回路を設計する．ただし，出力ゲートは OR ゲートでなければならない．また，AND ゲートの出力は次段では AND ゲートの入力として使用できない．さらに，OR ゲートの出力は次段では OR ゲートの入力として使用できない．

3. 出力ゲートを1段目として，格段に順に番号を付けていく．そして，ゲート間の接続を変えずに，すべてのゲートを NAND に置き換える．最後に，$2, 4, 6, \cdots$ 段目の入力はそのまま変えず，レベル $1, 3, 5, \cdots$ 段目の入力のリテラルのすべての否定をとる．

この手順の妥当性は，多段回路を2段の部分回路に分割し，前節の2段回路の結果を2段の部分回路のそれぞれに適用することで簡単に証明できる．図7・13の例は，変換の手順を示している．ステップ2が正しく実行されれば，回路の各段には AND ゲートだけ，または OR ゲートだけが含まれることになる．

多段 NOR ゲート回路の設計手順は，AND と OR ゲートの回路の出力が AND ゲートとなっている必要があり，すべてのゲートが NOR ゲートに置き換えられていることを除いて，NAND ゲート回路の場合とまったく同じである．

例7・2

$$F_1 = a'[b' + c(d + e') + f'g'] + hi'j + k$$

図7・13は，F_1 に対応した AND–OR 回路が NAND 回路に変換される手順を示している．

(a) AND–OR ネットワーク

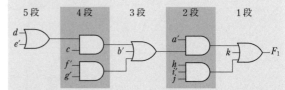

(b) NAND ネットワーク

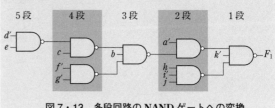

図7・13　多段回路の NAND ゲートへの変換

7・5　代替ゲート記号を用いた回路変換

複雑なディジタルシステムを設計するロジック設計者にとって，特定のタイプのゲートに複数の表現を用いると便利なことがしばしばある．たとえば，インバータは次のように表すことができる．

$$A \!-\!\!\triangleright\!\!\circ\!-\, A' \quad \text{または} \quad A \!-\!\!\circ\!\!\triangleright\!-\, A'$$

2番目の例では，否定の○が出力ではなく入力に付いている．

図7・14は，AND，OR，NAND，NOR ゲートのいくつかの代替表現を示している．これらの等価なゲート記号

は，ド・モルガンの法則に基づいている．

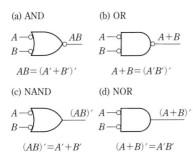

図7・14　代替ゲート記号

これらの代替記号を用いることで，NAND および NOR ゲート回路の解析と設計が容易になる．図7・15(a)は，単純な NAND ゲート回路を示している．回路を解析するために，1段目と3段目の NAND ゲートを代替の NAND ゲート記号に置き換える．これにより，回路出力での否定がなくなる．

(a)　NAND ゲートネットワーク

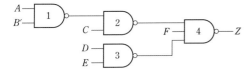

(b)　NAND ゲートネットワークの代替形式

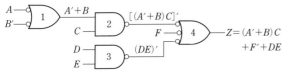

(c)　等価 AND-OR ネットワーク

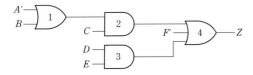

図7・15　NAND ゲート回路の変換

得られた回路（図7・15b）では，否定出力（○のある出力）は常に否定入力に接続され，非否定出力は非否定入力に接続される．連続する二つの否定は相殺されるため，ド・モルガンの法則を代数的に適用することなく，回路を簡単に解析できる．たとえば，ゲート2の出力は $[(A'+B)C]'$ であるが，項 $(A'+B)C$ は出力関数にも表れている．二重否定を削除するだけで，回路を AND-OR 回路に変換することもできる（図7・15c 参照）．単一の入力変数が否定入力に接続されている場合，ゲート入力から否定を削除するとその変数も否定をとる必要がある．たとえば，図7・15(b)の A は，図7・15(c)で A' となる．

図7・16(a)に示す AND ゲートと OR ゲートの回路は，出力が AND ゲートで，AND ゲートと OR ゲートが交互に接続されているため，NOR ゲート回路に簡単に変換できる．つまり，AND ゲートの出力は OR ゲートの入力にだけつながり，OR ゲートの出力は AND ゲートの入力にだけつながっている．図7・16(b)に示すように，NOR ゲートへ変換するには，最初にすべての OR ゲートと AND ゲートを NOR ゲートに置き換える．否定ゲート出力が否定ゲート入力を駆動するため，この否定のペアはキャンセルされる．ただし，入力変数が否定入力を駆動する場合は，単一の否定を追加しているため，変数を否定して修正する必要がある．このために C と G の否定をとっている．その結果得られた NOR ゲート回路は，元の AND-OR 回路に等価となる．

(a)　OR ゲートと AND ゲートによる回路

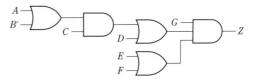

(b)　NOR ゲートによる等価回路

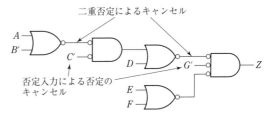

図7・16　NOR ゲートへの変換

AND ゲートと OR ゲートが交互にならない場合でも，AND-OR 回路を NAND 回路または NOR 回路に変換できるが，インバータを追加して，追加された各否定を別の否定でキャンセルする必要がある．次の手順で，NAND（または NOR）回路への変換が可能である．

1. 出力に否定の○を追加して，すべての AND ゲートを NAND ゲートに変換する．入力に否定の○を追加して，すべての OR ゲートを NAND ゲートに変換する．（NOR ゲートに変換するには，すべての OR ゲートの出力とすべての AND ゲート入力に否定の○を追加する．）

2. 否定出力が否定入力を駆動する場合，常に二つの否定がキャンセルされるため，それ以上の変換は不要となる．

3. 非否定ゲート出力が否定ゲート入力を駆動する場合，そしてその逆の場合は，○がキャンセルされるようにインバータを挿入する．（必要に応じて，入力側または出力側に○のあるインバータを選択する）．

4. 変数が否定入力を駆動する場合，変数を否定（または
インバータを追加）して，この否定で入力の否定をキャ
ンセルする.

つまり，二つ1組で○（またはインバータ）を追加して
も，回路が実現する関数は変わらない. この手順を説明す
るために，図7・17(a)をNANDゲートに変換する. 最初
に○を追加して，すべてのゲートをNANDゲートに変更
する（図7・17b）. 4箇所（灰色の網掛け部分）で，一つ
の否定だけを追加している. これは，図7・17(c)に二つ
のインバータを追加し，二つの変数を否定することで修正
される.

(a) AND-OR ネットワーク

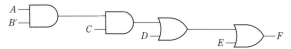

(b) NAND 変換の最初のステップ

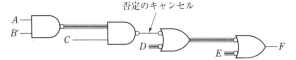

(c) 変換の完了

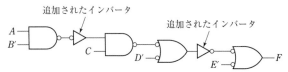

図7・17　AND-OR 回路の NAND ゲートへの変換

変換中に二つのゲート間にインバータを追加すると，回
路の段数が一つ増えることに注意する. この段数の増加
は，回路の各パスがANDゲートとORゲートを交互に通
過する場合は発生しない. 同様にして，ANDゲートと
ORゲートを含む回路が出力にOR（AND）ゲートをもち，
NOR（NAND）ゲート回路に変換する場合は，出力にイ
ンバータを追加する必要があり，段数が一つ増える. した
がって，NAND（NOR）ゲート回路に変換する場合は，出
力にOR（AND）ゲートをもつANDゲートとORゲート
の回路から変換を始めるのが最適である.

多段回路の利点は，ゲートのファンイン（第8章参照）
を削減可能なことである. 例として次式を考える.

$$F = D'E + BCE + AB' + AC' \qquad (7 \cdot 22)$$

Fを実装する2段のAND-OR回路には，一つの4入力OR，
一つの3入力AND，そして三つの2入力ANDが必要で
ある. Fを因数分解してファンインを減らす.

$$F = A(B' + C') + E(D' + BC) \qquad (7 \cdot 23)$$

これによって得られたANDゲートとORゲートを用いた

4段の回路を図7・18に示す.

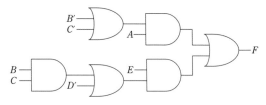

図7・18　ファンインを制限した回路

出力ゲートがORのため，図7・19のように段数を増や
さずに回路をNANDゲートに変換できる. 入力がB'
とC'の3段目のORと，入力がBとCの4段目のAND
は，どちらも入力がBとCのNANDに変換できる. した
がって，一つのNANDゲートを両者で共有可能となる.

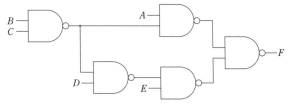

図7・19　図7・18と等価な NAND ゲート

関数のファンインを減らすには，インバータの挿入が
必要なことがある. $F = ABC + D$のファンインは，Fを
$F = (AB)C + D$と因数分解することで2に減らすことが
できる. これを2入力NANDゲートで実装するならば
インバータが必要で，その結果，回路は4段になる.

7・6　2段の多出力回路の設計

論理設計の問題を解くとき，同じ変数をもつ複数の関数
を求めることが多々ある. 各関数は個別に実現できるが，
複数の関数によるゲートの共有で回路規模が縮小されるこ
とがある. 以下にその例を示す.

次の4入力3出力の回路を設計する.

$$F_1(A,B,C,D) = \Sigma m(11,12,13,14,15)$$
$$F_2(A,B,C,D) = \Sigma m(3,7,11,12,13,15)$$
$$F_3(A,B,C,D) = \Sigma m(3,7,12,13,14,15) \qquad (7 \cdot 24)$$

まず，各関数を個別に実装する. カルノー図，関数，そ
れらから得られた回路を図7・20と図7・21に示す（p.69）.
この回路のコストは，9ゲート，21ゲート入力となる.

この回路の簡単化で明らかな方法は，F_1とF_3でABの
ゲートを共有することである. これによってコストは，8
ゲート，19ゲート入力に削減される（それほど明白では
ないが，回路を簡単化する別の方法もある）. 注意深く見
ていくと，F_1に必要なACDとF_3に必要な$A'CD$から，F_2

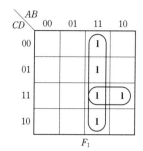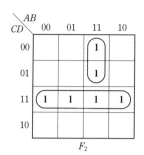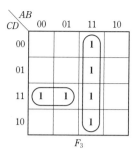

図7・20　式(7・24)のカルノー図

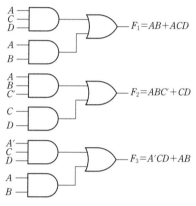

$F_1 = AB + ACD$

$F_2 = ABC' + CD$

$F_3 = A'CD + AB$

図7・21　式(7・24)の回路実装

の CD を $A'CD+ACD$ で置き換えることで，CD が不要となり1ゲート節約できる．図7・22はその簡単化され

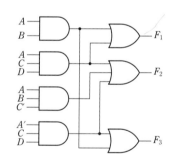

図7・22　式(7・24)の多出力回路実装

た回路で，7ゲート，18のゲート入力をもつ．F_2 の式は $ABC'+A'CD+ACD$ となる．これは，最小の積和形ではなく，また二つの項が F_2 の主項ではないことに注意する．したがって，複数の出力回路を実現する場合，各関数で主項の最小和を用いたとしても，必ずしも回路全体のコストの最小化につながるとは限らない．

多出力回路の設計においては，必要なゲートの総数が最小となるようにする．複数の解でゲート数が同じ場合は，ゲートの入力数が最小となるものを選択する．次の例は，共通項を用いてゲートを節約する方法を示している．次式を表す4入力3出力の回路を求める．

$$f_1 = \Sigma m(2,3,5,7,8,9,10,11,13,15)$$
$$f_2 = \Sigma m(2,3,5,6,7,10,11,14,15)$$
$$f_3 = \Sigma m(6,7,8,9,13,14,15) \qquad (7・25)$$

最初に，f_1, f_2, f_3 のカルノー図を作成する（図7・23）．各関数を個別に最小化すると，結果は次のようになる．

$$f_1 = bd+b'c+ab'$$
$$f_2 = c+a'bd$$
$$f_3 = bc+ab'c'+ \begin{cases} abd \\ \text{または} \\ ac'd \end{cases} \begin{array}{l} 10\text{ゲート，} \\ 25\text{ゲート入力} \end{array}$$
$$(7・25(a))$$

カルノー図を調べると，$a'bd$（f_2 から），abd（f_3 から），$ab'c'$（f_3 から）という項を f_1 に使用できることがわかる．bd を $a'bd+abd$ に置き換えると，bd に必要なゲートを削

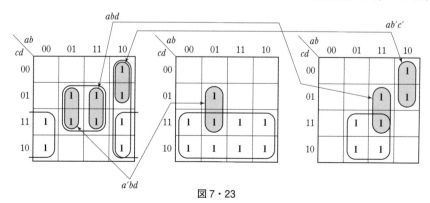

図7・23

除できる. f_1 の m_{10} と m_{11} はすでに $b'c$ に含まれ, $ab'c'$ (f_3 から) が m_8 と m_9 を含むため, ab' に必要なゲートが削除できる. したがって, 最小の解は次のようになる.

$$f_1 = \underline{a'bd}+\underline{abd}+\underline{ab'c'}+b'c$$
$$f_2 = c+\underline{a'bd} \qquad\qquad 8\ \text{ゲート} \qquad (7\cdot25(\text{b}))$$
$$f_3 = bc+\underline{ab'c'}+\underline{abd} \quad 22\ \text{ゲート入力}$$

(二つの関数の共通項には下線が引かれている.)

多出力回路の設計では, 図7・24の例に示すように, 隣接する1同士を結合しないことが最適の場合がある.

(a) 最適解

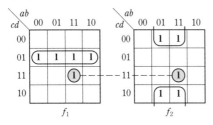

(b) 追加ゲートが必要な解

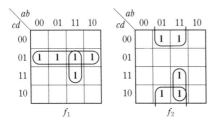

図7・24

図7・25の例が示すように, 共通項の数が最大の解が必ずしも最適ではない.

(a) 共通項の数が最大の解には, 8ゲート, 26入力が必要

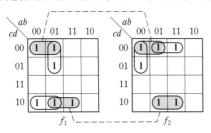

(b) 最適解には, 7ゲート, 18入力が必要で, 共通項はない

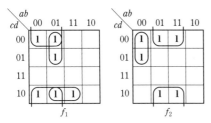

図7・25

多出力回路実装のための必須項の決定

最小の2段の多出力回路の実装を行う最初のステップとして, 必須項を決定することが望ましい場合がよくある. ただし, 個々の関数に必須となる主項の一部は, 多出力回路の実装に必須ではないこともあるため注意が必要である. 例えば, 図7・23で bd は f_1 の必須項 (m_5 を含む唯一の主項) だが, 多出力回路の実装には必ずしも必要ではない. bd が必須でない理由は, m_5 が f_2 のマップにも現れており, f_1 と f_2 の共有項に含まれる可能性があるからである.

単一出力回路で用いる手順を修正することで, 関数のうちの一つと多出力実装の双方に必須な主項を求めることができる. 特に, カルノー図上の各1が主項の一つにだけ含まれているかを調べるとき, 他の関数のカルノー図に現れない1だけを確認する. したがって, 図7・24では, 多出力回路の実装において $c'd$ は f_1 に不可欠であるが (m_1 のため), m_{15} は f_2 のカルノー図にも現れるため abd は必須ではない. 図7・25で f_2 のカルノー図に現れない f_1 の最小項は, m_2 と m_5 だけである. m_2 を含む唯一の主項は $a'd$ なので, 多出力回路の実装で $a'd$ は f_1 に必須である. 同様に, m_5 を含む唯一の主項の $a'bc'$ は必須である. f_2 の回路図で, bd' は必須である. それは何故か?

f_1 と f_2 の必須項がループで囲まれると, この例では最小解を構成する残りの項の選択は明白である. 上で概説した必須項を見つける手法は, f_1 の各項が f_2 または f_3 のカルノー図にも表れる図7・23のような問題には適用できない.

最小の多出力 AND-OR 回路を求める一般的な手順では, 主項を, 個別の関数ではなくすべての関数の積に対して見つける必要がある. 三つの関数 f_1, f_2, f_3 を実装しようとするならば, $f_1, f_2, f_3, f_1f_2, f_1f_3, f_2f_3, f_1f_2f_3$ の主項が必要となる. 最適解は, f_1, f_2, f_3 を実装するための主項のなかから, 最も少ない数の主項を選択することで得られる. この手順について, 本書ではこれ以上ふれない.

7・7 多出力の NAND と NOR ゲート回路

§7・4 に示した単一出力の多段の NAND ゲート回路および NOR ゲート回路の設計手順は, 多出力回路にも適用できる. すべての出力ゲートが OR であれば, NAND ゲート回路への直接変換が可能である. すべての出力ゲートが AND ゲートならば, NOR ゲート回路への直接変換が可能である. 図7・26に, 2出力回路を NOR ゲートに変換する例を示す. NOR ゲートの1段目と3段目の入力が否定になっていることに注意する.

$$F_1 = [(a+b')c+d](e'+f)$$
$$F_2 = [(a+b')c+g'](e'+f)h$$

(a) AND ゲートおよび OR ゲートのネットワーク

(b) NOR ネットワーク

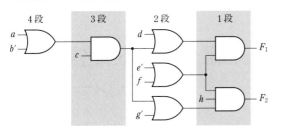
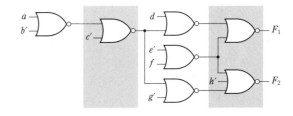

図 7・26 多段回路の NOR ゲートへの変換

練 習 問 題

7・1 AND ゲートと OR ゲートを用いて次の関数を実装せよ．数珠繋ぎにできるゲート数には制限はないものとして，ゲート入力の数を最小化せよ．

(a) $AC'D+ADE'+BE'+BC'+A'D'E'$

(b) $AE+BDE+BCE+BCFG+BDFG+AFG$

7・2 次式に対し，八つの異なる簡単化された 2 段ゲート回路を実装せよ．

$$F(a,b,c,d) = a'bd+ac'd$$

7・3 次式を最小（4 ゲート）の 3 段の NAND ゲート回路で実装せよ．

$$F(A,B,C,D) = \Sigma m(5,10,11,12,13)$$

7・4 四つの NOR ゲートを用いて，$Z=A'D+A'C+AB'C'D'$ を実装せよ．

7・5 2 入力 NAND ゲートだけを用い，できる限り少ないゲート数で，$Z=ABC+AD+C'D'$ を実装せよ．

7・6 2 入力 NOR ゲートだけを用いて，できる限り少ないゲート数で $Z=AE+BDE+BCEF$ を実装せよ．

7・7 (a) 必要に応じて○とインバータを追加して，次の回路をすべて NAND ゲートに変換せよ．

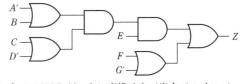

(b) すべて NOR ゲートに変換せよ（出力でのインバータの使用は可）．

7・8 AND ゲートと OR ゲートを用いて，下記の関数を最小の 2 段回路で実装せよ．

(a) $F = a'c+bc'd+ac'd$

(b) $F = (b'+c)(a+b'+d)(a+b+c'+d)$

(c) $F = a'cd'+a'bc+ad$

(d) $F = a'b+ac+bc+bd'$

7・9 NOR ゲートを用い，$Z=A[BC'+D+E(F'+GH)]$ を実装せよ．必要に応じてインバータを追加せよ．

7・10 (a) 次の関数を最小の 2 段多出力 OR-AND 回路で実装せよ．

$$f_1 = b'd+a'b'+c'd \text{ および } f_2 = a'd'+bc'+bd'$$

(b) 同じ関数を最小の 2 段 NAND-NAND 回路で実装せよ．

8 ゲートを使用した組合わせ回路設計と
シミュレーション

8・1 組合わせ回路設計の復習

組合わせスイッチング回路設計の最初のステップは，入力変数の関数として出力を定めた真理値表をつくることである．入力変数が n 個の場合，表の行数は 2^n となる．入力変数の値の特定の組合わせが回路の入力として生じないならば，対応する出力はドント・ケアとなる．次のステップでは，カルノー図，クワイン・マクラスキー法，あるいはそれらと同様の手法を用いて，出力関数の簡単化された代数式を導出する．特に変数が多くて項が少ないような場合は，真理値表を作成せずに，問題文から直接代数方程式を求めることが望ましい．得られた式を代数的に簡単化し，回路実装で用いるゲートのタイプに応じてその代数式を適切な形式に変換する．

ゲート回路の段数は，信号が入力端子から出力端子へ伝搬する間に通過するゲートの最大数である．最小の積和形（または和積形）から，最小の2段のゲート回路が導かれる．しかし，一部のアプリケーションでは，ゲート数またはゲート入力の数を減らせる可能性があるため，因数分解（または展開）によって段数を増やすことが望ましい場合がある．

回路に二つ以上の出力がある場合，出力関数の共通項を用いて，ゲートまたはゲート入力の総数を減らすことができる．各関数が個別に最小化されていても，これが常に最小の多出力回路を導くとは限らない．2段回路では，出力関数のカルノー図を用いて共通項を見つけることができる．最小の多出力回路の項は，すべてが必ずしも個々の関数の主項となるわけではない．3段以上の回路を設計するとき，カルノー図で共通項を見つけることにはあまり意味がない．このような場合，設計者は関数を個別に最小化し，次に因数分解などの工夫によって共通項を生成する．

最小の2段の AND–OR，NAND–NAND，OR–NAND，NOR–OR 回路は，最小の積和形を起点にして実装できる．また，最小の2段の OR–AND，NOR–NOR，AND–NOR，NAND–AND 回路は，最小の和積形を起点にして実現できる．多段多出力の NAND ゲート回路の設計は，最初に AND ゲートと OR ゲートの回路を設計するのが最も簡単である．この場合，通常は出力関数の最小の積和形から始めるのが

最良である．続いてこれらの式を，所望の小規模な回路が見つかるまで，さまざまな方法で因数分解する．回路の各出力が OR ゲートで，AND ゲート（または OR ゲート）の出力が同じタイプのゲートに接続されないように構成されているならば，NAND ゲート回路への直接変換が可能である．変換は，すべての AND ゲートと OR ゲートを NAND ゲートで置き換え，次に 1, 3, 5, … 段目（出力ゲートを1段目とする）の入力のリテラルの否定をとる．

AND–OR 回路の AND ゲート（または OR ゲート）の出力が同じタイプのゲートに接続されている場合は，変換の過程でインバータを挿入する必要がある．（§7・5の代替ゲート記号を用いた回路変換を参照）．

同様に，多段多出力の NOR ゲート回路の設計は，最初に AND ゲートと OR ゲートの回路を設計するのが最も簡単である．この場合，通常は出力関数の否定の最小の積和形から始めるのが最良である．これらの式を目的の形式に因数分解した後に否定をとって出力関数の式を求め，それらの式に対応する AND と OR ゲートの回路を作成する．回路の各出力が AND ゲートで，AND ゲート（または OR ゲート）の出力が同じタイプのゲートに接続されないように構成されているならば，NOR ゲート回路への直接変換が可能である．そうでない場合は，変換の過程でインバータを挿入する必要がある．

8・2 ゲートのファンインが制限された回路の設計

実際の論理設計の問題では，各ゲートの最大入力数（またはファンイン）が制限されている．使用するゲートのタイプに応じて，この制限は 2, 3, 4, 8 あるいはその他の数になる．2段の回路実装が利用可能な数以上のゲート入力を必要とする場合は，論理式を因数分解して多段の実装にする必要がある．

例 8・1 3入力 NOR ゲートを用いて，
$$f(a, b, c, d) = \Sigma m(0, 3, 4, 5, 8, 9, 10, 14, 15)$$
を実装する．

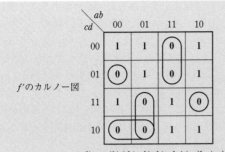

f'のカルノー図

$$f' = a'b'c'd + ab'cd + abc' + a'bc + a'cd'$$

f'の式から，2段回路には二つの4入力ゲートと，一つの5入力ゲートが必要となる．ゲート入力の最大数を3に減らすために，f'の式を因数分解して否定をとる．

$$f' = b'd(a'c'+ac) + a'c(b+d') + abc'$$
$$f = [b+d'+(a+c)(a'+c')][a+c'+b'd][a'+b'+c]$$

これにより得られたNORゲート回路を図8・1に示す．

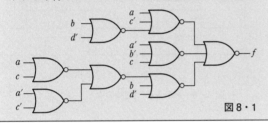

図8・1

§7・6に示した2段の多出力回路の設計手法は，3段以上の多出力回路の設計に対してはあまり効果的でない．2段の式に共通項があっても，それらのほとんどは式の因数分解で失われる．したがって，2段以上の多出力回路の設計では，通常は各関数を個別に最小化するのが最良の方法である．それによって得られる2段の式に対して，段数を増やすために因数分解を行う．この因数分解では，可能な限り共通項をつくる必要がある．

例8・2　2入力NANDゲートとインバータだけを用いて，図8・2に示す関数を実現する．各関数を個別に最小化した結果は次のようになる．

$$f_1 = b'c' + ab' + a'b \quad f_2 = b'c' + bc + a'b \quad f_3 = a'b'c + ab + bc'$$

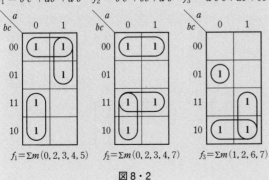

$$f_1 = \Sigma m(0,2,3,4,5) \quad f_2 = \Sigma m(0,2,3,4,7) \quad f_3 = \Sigma m(1,2,6,7)$$

図8・2

各関数には3入力ORゲートが必要なので，ゲート入力の数を減らすために因数分解を行う．

$$f_1 = b'(a+c') + a'b$$
$$f_2 = b(a'+c) + b'c' \quad \text{または} \quad f_2 = (b'+c)(b+c') + a'b$$
$$f_3 = a'b'c + b(a+c')$$

f_2の2番目の式はf_1との共通項$a'b$があるので，この式を選択する．残りの3入力ゲート$a'b'c$は次式のように変換できるためf_3から削除できる．

$$a'b'c = a'(b'c) = a'(b+c')'$$

図8・3(a)は，共通項$a'b$と$a+c'$を用いた回路を示している．各出力ゲートはORなので，図8・3(b)のように簡単にNANDゲートに変換できる．

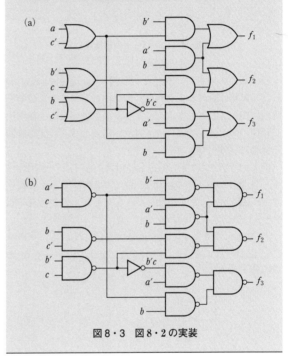

図8・3　図8・2の実装

8・3　ゲート遅延とタイミング図

論理ゲートへの入力が変化しても，出力はすぐには変わらない．ゲート内のトランジスタまたは他のスイッチング素子は入力の変化に反応するのに時間を要するため，ゲート出力は入力変化に対して遅延が生じる．図8・4は，インバータの入出力波形の例を示している．出力が入力変化に対して時間εだけ遅れる場合，このゲートの**伝播遅延**（propagation delay）はεであるという．実際には，0から1への出力変化の伝播遅延は，1から0への変化の遅延とは異なる場合がある．集積回路のゲートの伝播遅延は数ナノ秒（1ナノ秒＝10^{-9}秒）と短いこともあり，多くの場合

はこれらの遅延は無視できる．しかし，ある種の順序回路の解析では，短い遅延でも重要な場合がある．

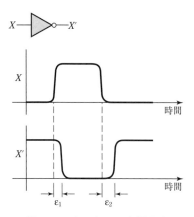

図8・4　インバータの伝播遅延

順序回路の解析に，**タイミング図**（timing diagram）がしばしば用いられる．これは，回路内のさまざまな信号を時間の関数として表すものである．通常は複数の変数が同じ時間のスケールでプロットされ，変数の相互変化の時間を容易に視覚化できる．

図8・5に二つのゲートをもつ回路のタイミング図を示す．各ゲートの伝搬遅延は20 ns（ナノ秒）であると仮定する．このタイミング図は，ゲート入力BとCがそれぞれ1と0に設定され，入力Aが$t=40$ nsで1に変わり，ついで$t=100$ nsで0に戻るときの様子を示している．ゲートG_1の出力はAの変化から20 ns後に変化し，ゲートG_2の出力はG_1の変化から20 ns後に変化している．

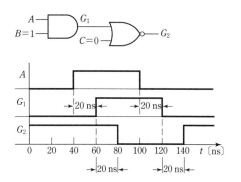

図8・5　AND-NOR回路のタイミング図

図8・6に遅延素子を追加した回路のタイミング図を示す．入力Xは二つのパルスで構成され，最初のパルス幅は2 μs（2×10^{-6}秒），2番目のパルス幅は3 μsである．出力Yは，1 μs遅延することを除いて入力と同じである．つまり，YはXのパルスの立ち上がりエッジから1 μs後に値が1に変わり，Xのパルスの立ち下がりエッジから1 μs後に0に戻る．ANDゲートの出力Zは，XとYの両方が1の間は1となる．ANDゲートの伝搬遅延εが小さいとき，Zは図8・6のようになる．

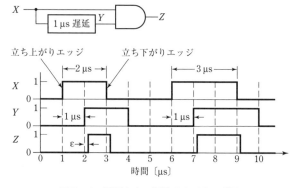

図8・6　遅延をもつ回路のタイミング図

8・4　組合わせ論理のハザード

組合わせ回路の入力が変化すると，意図しないスイッチングの過渡状態が出力に現れることがある．これらの過渡状態は，入力から出力への異なる経路に異なる伝搬遅延がある場合に発生する．一つの入力の信号変化に対して，1を保持するはずの回路出力が，伝搬遅延の組合わせによって一時的に0になる場合，その回路は**静的1ハザード**（static 1-hazard）をもつという．同様に，0を保持するはずの出力が一時的に1になるとき，その回路は**静的0ハザード**（static 0-hazard）をもつという．出力が0から1（または1から0）に変化する過程で値が3回以上変わるならば，その回路は**動的ハザード**（dynamic hazard）をもつという．図8・7は，ハザードをもつ回路の出力を示している．いずれの場合も定常状態での回路の出力は正しいが，入力が変化したときに過渡的なスイッチングが回路の出力に現れている．

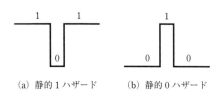
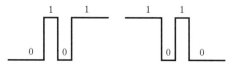

（a）静的1ハザード　　（b）静的0ハザード　　（c）動的ハザード

図8・7　ハザードの種類

図8・8(a) に，静的1ハザードをもつ回路を示す．$A=C=1$ のとき $F=B+B'=1$ なので，B が1から0に変化しても出力 F は1を保持する．しかし，図8・8(b) のように各ゲートに10 ns の伝播遅延があると，D が1になる前に E が0となって，出力 F に瞬間的な0（1ハザードが原因で生じるひげ状のノイズであるグリッチ）が現れる．B が0に変わった直後は，インバータの入力 B と出力 B' は共に0であることに注意する．この期間，式 F の両者の項は0のため，F は一時的に0となる．

(a) 静的1ハザードをもつ回路

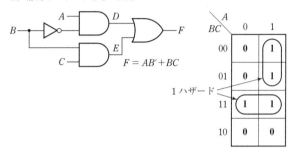

$F = AB' + BC$

1ハザード

(b) タイミング図

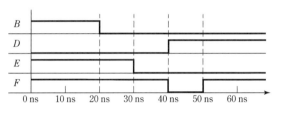

図8・8 1ハザードの検出

ハザードは，回路遅延とは独立した回路特性であることに注意が必要である．回路にハザードがない場合，回路で発生する任意の遅延の組合わせと任意の単一の入力変化に対して，出力に過渡現象は生じない．一方，回路にハザードがある場合，ある遅延の組合わせとある入力変化の場合に出力に過渡現象が生じる．ただし，このような過渡現象をひき起こす遅延の組合わせが生じるかどうかは回路実装に依存する．場合によっては，そのような遅延がほとんど生じないこともある．

過渡現象の発生は，回路の遅延だけでなく，入力変化に対してゲートがどう応答するかにも依存している．ゲートの複数入力が短時間内に変化すると，ゲートがそれに応答しないこともある．たとえば，図8・8でインバータ遅延が10 ns ではなく2 ns であると仮定する．このとき，出力のOR ゲートに到達する D および E の変化は2 ns しか離れていないため，OR ゲートがその変化に応答できずに0グリッチを発生しない可能性がある．このような動作を示すゲートは，**慣性遅延**（inertial delay）をもつという．多くの場合，慣性遅延の値はゲートの伝播遅延と同じであると

見なされ，図8・8の回路ではインバータ遅延が10 ns を超えるときにだけ0グリッチが生じる．それに対して，入力変化がいかに接近してようとゲートが常にそれに応答する場合（伝播遅延はある），ゲートが**理想的な遅延**（ideal delay）または**伝送遅延**（transport delay）をもつという．図8・8の OR ゲートが理想的な遅延をもつ場合，ゼロ以外の値のインバータ遅延に対して0グリッチが生じる．特に明記しない限り，本章の例と演習問題では，ゲートは理想的な遅延をもつと仮定する．

ハザードは，カルノー図から検出できる（図8・8a）．カルノー図上に，ABC と $AB'C$ の両方の最小項を囲むループはない．したがって，$A=C=1$ で B が変化すると二つの項が一時的に0になり，F にグリッチが発生する可能性がある．次の手順で，2段の AND–OR 回路のハザード検出ができる．

1. 回路の積和形の式を書き記す．
2. カルノー図上に各項をプロットしてループをつくる．
3. 隣接する二つの1が同一のループに含まれていないとき，カルノー図上の二つの1の間の遷移にはハザードが存在する．n 変数のカルノー図上で一つの変数が変化し，残りの $n-1$ 変数は保持されるときに，この遷移が生じる．

図8・8(a)のカルノー図にループを追加し，これに対応するゲートを回路に追加すると（図8・9），ハザードが消える．B が変化する間も項 AC は1のままなので，出力にグリッチは現れない．なお，F が最小の積和形ではなくなったことに注意する．

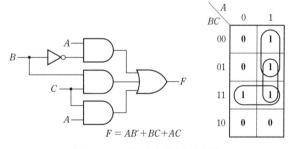

$F = AB' + BC + AC$

図8・9 ハザードを除去した回路

図8・10(a) に複数の0ハザードをもつ回路を示す．回路出力の和積表現は次のようになる．

$$F = (A+C)(A'+D')(B'+C'+D)$$

この関数のカルノー図（図8・10b）に，共通ループに含まれない隣接する0の四つのペアを矢印で示す．これらのペアは0ハザードに対応する．たとえば，$A=0$，$B=1$，$D=0$ で，C が0から1に変化すると，ゲート遅延の組合わせによっては Z 出力にグリッチが現れる．図8・10(c)

のタイミング図はこれを示しており，各インバータには 3 ns，各 AND ゲートと OR ゲートには 5 ns の遅延を想定している.

(a) 静的 0 ハザードの回路

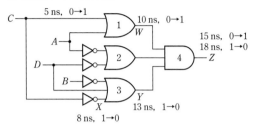

(b) (a) の回路のカルノー図

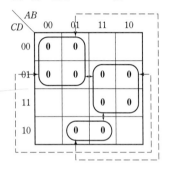

(c) (a) の 0 ハザードを示すタイミング図

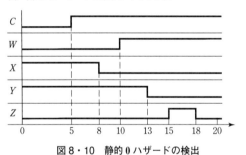

図 8・10　静的 0 ハザードの検出

共通のループで囲まれていない隣接する 0 を，主項を追加してループで囲むことで，0 ハザードを除去できる.図 8・11 に示すように，これには三つのループを追加する必

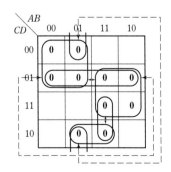

図 8・11　ハザードを除去するカルノー図

要がある.その式は次のようになる.

$$F = (A+C)(A'+D')(B'+C'+D)(C+D')$$
$$(A+B'+D)(A'+B'+C')$$

その結果，インバータに加えて七つのゲートが必要となる.

2 段を超える回路のハザードは，元の回路と同じハザードを含む 2 段の回路を表す積和形または和積形の式の導出により検出できる.積和形や和積形の式は通常の方法で求めるが，相補則 $xx'=0$ と $x+x'=1$ は用いない.その結果，積和形（和積形）の式は，$xx'\alpha$（または $x+x'+\beta$）の形の積（または和）が含まれることがある（α はリテラルの積または空の可能性が，β はリテラルの和または空の可能性がある）.入力変化に伴う回路の動作を解析しているため，相補則は用いない.その入力変化は回路を通じて伝播するため，ある時点で値 x に変化しつつある配線は，値 x' に向かっている配線を否定した値でない場合がある.積和形の式で $xx'\alpha$ の形をした積は，$\alpha=1$ でかつ x が変化したときに，一時的に出力値が 1 になる可能性をもつ疑似ゲートを表す.

積和形の式が与えられると，回路は 2 段 AND-OR 回路と同様に静的 1 ハザードについて解析できる.つまり，カルノー図上に積をプロットした際，二つの 1 がカルノー図上で隣接しており，かつ，その組合わせがどの積にも含まれていないならば，それは静的 1 ハザードを表している.積和形の式に $xx'\alpha$ の形をした項が含まれている場合にだけ，回路は静的 0 ハザードまたは動的ハザードをもつ.カルノー図上に二つの隣接する 0 があり，$\alpha=1$ でかつ二つの入力の組合わせが x についてだけ異なる場合，静的 0 ハザードが存在する.$xx'\alpha$ という形の項があり，次の二つの条件が満たされている場合は動的ハザードが存在する.(1) カルノー図上で隣接する入力の組合わせで，x の値が異なり，$\alpha=1$ かつ関数の値も異なるものが存在する，(2) これらの入力の組合わせで，x の変化が少なくとも三つのパスを通じて回路を伝播する.

例として，図 7・7 の回路を考える.回路出力の式は次のようになる.

$$f = (c'+ad'+bd')(c+a'd+bd)$$
$$= cc'+acd'+bcd'+a'c'd+aa'dd'$$
$$+a'bdd'+bc'd+abdd'+bdd'$$
$$= cc'+acd'+bcd'+a'c'd+aa'dd'+bc'd+bdd'$$

この関数のカルノー図は，図 7・3 のループで囲まれた 1 で表される.このカルノー図は，変数とその否定の両方を含む積項を無視して，通常の方法で得られる.隣接する 1 の各ペアはいずれか一つの積項に含まれるため，この回路に静的 1 ハザードは起こらない.潜在的に，cc' および bdd' 項は，それぞれ c および d の変化によって，静的ハザードまたは動的ハザード，あるいはその両方をひき起こす可能性がある（たとえば，$aa'dd'$ では a が変化しても，積項 dd' が 0 を保持するのでハザードは起こらない）.

$a=0$, $b=0$, $d=0$ のとき c が変化しても，回路の出力はその変化の前後で 0 であるが，項 cc' によって一時的に 1 になる可能性があるため，この遷移は静的 0 ハザードとなる．同様に，$a=1$, $b=0$, $d=1$ のときの c の変化も静的 0 ハザードである．入力 c から回路出力への物理パスは二つしかないため，項 cc' が動的ハザードをひき起こすことはない．

項 bdd' は，$b=1$ のときにだけ静的 0 ハザードまたは動的ハザードをひき起こす可能性がある．カルノー図から，$b=1$ で d が変化するとき，a と c の任意の組合わせで回路出力も変化することから，動的ハザードの可能性だけがある．d から回路出力への四つの物理パスがあるため，d の変化が少なくともその三つのパスに伝播するならば，動的ハザードが存在する．しかし実際にはこれは起こらない．なぜならば，$c=0$ のとき，$c'=1$ が OR ゲートの出力を強制的に 1 にするため，図 7・7 上部の二つの AND ゲートのパスを介した伝搬は上部の OR ゲートでブロックされ，$c=1$ の場合は，下部の二つの AND ゲートのパスを通じた伝搬は下部の OR ゲートでブロックされるからである．したがって，この回路は動的ハザードを含まない．

ハザードを見つける別の方法は次のとおりである．回路出力の元の式を（相補則を使用せずに）因数分解すると，次のようになる．

$$f = (c'+a+b)(c'+d')(c+a'+b)(c+d)$$

この式 f の 0 をカルノー図にプロットすることで，$a=b=d=0$ で c が変化した場合，および $b=0$, $a=d=1$ で c が変化した場合に 0 ハザードが生じることがわかる．また f が $x+x'$ の形の和項をもたないため，1 ハザードや動的ハザードは起こらない．

積和形の式から静的および動的ハザードを見つける別の例として，図 8・12(a) の回路を考える．f の積和形の式は次のようになる．

$$f = (A'C'+B'C)(C+D) = A'CC'+A'C'D+B'C$$

図 8・12(b) のカルノー図において，入力の組合わせ $(A,B,C,D)=(0,0,0,1)$ と $(0,0,1,1)$ に対して $f=1$ となり，かつ，f のいずれの積項もこれら二つの最小項を包含しない．したがって，この二つの組合わせは C の変化に対する静的 1 ハザードとなる．また f の積項 $A'CC'$ は，$A=0$ のとき C の変化に対する静的 0 ハザードと動的ハザードの可能性をもつ．カルノー図では，$f=0$ のとき，二つの入力の組合わせ $(0,1,0,0)$ と $(0,1,1,0)$ が上記の条件を満たすため，これらの入力の組合わせは静的 0 ハザードを起こす．カルノー図で，$A=0$ で C が変化するときに f が変化する入力の組合わせは，$(0,0,0,0)$，$(0,0,1,0)$，と $(0,1,0,1)$，$(0,1,1,1)$ の二つである．これらが動的ハザードを起こすためには，C の変化が三つ以上のパスを通じて出力に伝播する必要がある．図 8・12(a) の回路で三

つのパスの伝播には，三つの NOR ゲートの入力が $A=0$, $B=0$, $D=0$ となる必要があり，したがって動的ハザードは $(0,0,0,0)$ と $(0,0,1,0)$ に対してだけ発生する．$(0,1,0,1)$ と $(0,1,1,1)$ の場合は，C の変化は一つのパスだけに伝播するため，f は 1 回しか変化しない．

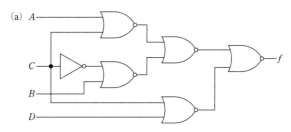

(a)

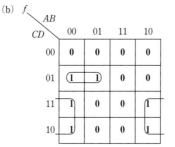

(b)

f \ AB	00	01	11	10
CD				
00	0	0	0	0
01	1	1	0	0
11	1	0	0	1
10	1	0	0	1

図 8・12　ハザードの例

静的および動的ハザードのない回路は，次の手順で設計できる．

1. 出力に対して，隣接する 1 のすべてのペアが単一の積項に包含される積和形の式 F^t を求める（すべての主項の和は常にこの条件を満たす）．この F^t に基づく 2 段の AND–OR 回路には，静的 1 ハザード，静的 0 ハザード，および動的ハザードはない．

2. 回路の別の形式が必要なとき，単純な因数分解やド・モルガンの法則などで F^t を目的の形式に変換する．ハザードの混入を防ぐために，各 x_i と x'_i を独立変数として扱う．

あるいは，隣接する 0 のすべてのペアが単一の和項に含まれる和積形の式から始め，ハザードのない 2 段 OR–AND 回路を設計することもできる．

本節では，ハザードとそれによって発生するグリッチの可能性について，一度に一つの入力しか変化せず，回路が安定するまで他の入力は変わらないことを前提として説明した．一度に複数の入力が変化する可能性があれば，ほぼ全ての回路にハザードが含まれ，回路の実装を変えてもそれを排除することはできない．図 8・11 のカルノー図に対する回路は，これを示している．入力が $(A,B,C,D)=(0,1,0,1)$ から $(0,1,1,0)$ となり，C と D に変化のある場合を考える．出力は変化前が 0 で，回路が安

定した後も0であるが，Cの変化がDの変化の前に回路の中を伝播すると過渡的に1が出力される．実際，回路をどのように実装しても，入力の組合わせが一時的に$(A, B, C, D) = (0, 1, 1, 1)$となるため，出力は一時的に1に変化する．

グリッチは非同期式順序回路で，最も気を配る必要がある．第11章で説明するラッチとフリップフロップは，非同期式順序回路の最も重要な例となる．これらの回路では複数の入力が同時に変化する可能性があるが，一つの入力だけが変化したときのハザード解析が必要なように，入力の変化には制約が課される．本節で行った検討はこのような重要な種類の回路と関連がある．

8・5 論理回路のシミュレーションとテスト

論理設計の過程では，最終的な回路が正しいことを確認し，必要に応じてデバッグすることが重要である．論理回路は，実際に製作するか，あるいはコンピュータ上でシミュレーションすることでテストできる．一般に，シミュレーションの方がより簡単で高速，かつ経済的である．ますます複雑化する論理回路において，設計したものを実際に製作する前に，シミュレーションすることがきわめて重要となる．これは特に，集積回路として実装する場合に当てはまる．集積回路の製造は長い時間を要し，エラーの修正には大きな費用がかかるためである．シミュレーションは，(1) 設計が論理的に正しいことの検証，(2) 論理信号のタイミングが正しいことの検証，(3) 回路のテスト方法を探すための回路内のコンポーネントの故障のシミュレーション，などを含む複数の理由で行われる．

論理回路のシミュレーションにコンピュータプログラムを使用するには，まず回路のコンポーネントと接続関係を指定する必要がある．次に回路の入力を指定し，最後に回路の出力を観察する．

回路記述は，ゲートや論理素子の間の接続関係のリストとしてシミュレータに入力するか，あるいはコンピュータ画面上に描かれた論理回路図の形であってもよい．パーソナルコンピュータで実行される典型的なシミュレータでは，図8・13のようにスイッチや入力ボックスを用いて，入力と論理出力を読み出すためのプローブを指定する．あるいは，入出力は0と1を並べたものや，タイミング図の形式でも指定できる．

組合わせ論理の簡単なシミュレータは次のように機能する．

1. 回路入力が回路内の最初のゲートに適用され，それらのゲートの出力が計算される．
2. 前のステップで変化したゲート出力は，次段のゲートに入力され，そのゲートの出力が計算される．
3. ステップ2はゲート入力の変化がなくなるまで繰返される．その後，回路が定常状態となったならば，出力を読み取る．
4. 手順1〜3は，回路入力が変わる度に繰返される．

二つの論理値0と1だけでは，論理回路のシミュレーションには不十分である．ゲートの入力や出力の値が不明な場合があり，その不明な値をXで表す．また，入力がどの出力にも接続されていない開回路のように入力に論理信号がない場合もある．開回路や電流の流れに対して非常に高い抵抗またはインピーダンスをもつ高インピーダンス（Hi-Z）接続を表すのに，論理値Zを使用する．以下の説明では，論理値0，1，X（不明），Z（Hi-Z）の4値論理シミュレータの使用を前提とする．

(a) スイッチを示すシミュレーション画面

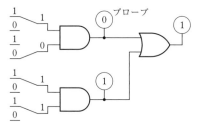

(b) ゲート入力のないシミュレーション画面

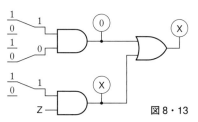

図8・13

図8・13(a) は，パーソナルコンピュータの典型的なシミュレーション画面を示している．各入力のスイッチは，0または1に設定されている．プローブは各ゲート出力の値を示す．図8・13(b) では，一つのゲートにおいて，入力の一つが接続されていない．そのゲートの入力は1とHi-Zとなり，回路の動作が不明なため，ゲート出力も不明である．そのため，プローブ中にXと記される．

表8・1は，4値論理シミュレーションのAND関数とOR関数を示している．これらの関数は，実際のゲートの動作と同様の方法で定義される．ANDゲートでは入力の一つが0ならば，他方の入力に関係なく出力は常に0となる．一方の入力が1で他方がX（入力が不明）の場合，出力はX（出力が不明）となる．一方の入力が1で他方がZ（論理信号がない）の場合，出力はX（ハードウェアの動作が不明）となる．ORゲートでは入力の一つが1の場合，他方の入力に関係なく出力は1となる．一方の入力が0で他方がXまたはZの場合，出力は不明となる．三つ

以上の入力をもつゲートでは，これらの操作は複数回適用される.

表8・1　4値シミュレーションのAND関数とOR関数

·	0	1	X	Z	+	0	1	X	Z
0	0	0	0	0	0	0	1	X	X
1	0	1	X	X	1	1	1	1	1
X	0	X	X	X	X	X	1	X	X
Z	0	X	X	X	Z	X	1	X	X

　入力数が少ない組合わせ論理回路は，入力値の可能な全ての組合わせについて回路出力を調べることで，シミュレータまたは実験室で簡単にテストできる．入力数が多い場合，通常は回路内の考えられるすべてのゲートの故障をテストするために，比較的小さな入力テストパターンの集合を見つけることが可能である.

　一部の入力値の集合で回路出力が間違っている場合，いくつかの原因が考えられる.

1. 設計の誤り
2. ゲートの誤接続
3. 回路への誤った入力信号

　回路が実験室で製作されているならば，次の原因も考えられる.

4. ゲートの欠陥
5. 配線の欠陥

　幸いにも，組合わせ論理回路の出力が間違っている場合，出力から始めて問題が見つかるまで回路全体をたどることで，体系的に容易に問題個所を特定できる．たとえば，ゲートの出力が誤っており，入力は正しい場合，これはゲートの欠陥を示している．一方，入力の一つが間違っている場合は，ゲートが正しく接続されていないか，この入力を駆動しているゲート出力が誤っているか，入力の接続に誤りがあるかのいずれかである.

例8・3　関数 $F=AB(C'D+CD')+A'B'(C+D)$ は，図8・14の回路で実現される.

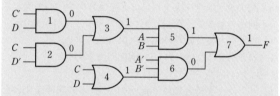

図8・14　出力が誤っている論理回路

　実験室で回路を製作し，$A=B=C=D=1$ のときに出力 F の値が誤っており，ゲート出力は図8・14のようになっているものとする．このとき，F の値が誤っている理由は，次のようにして調べることができる.

1. ゲート7の出力 F が間違っているが，これはゲート7の入力に対して $1+0=1$ と符合した結果である．したがって，ゲート7への入力の一つが間違っているはずである.
2. ゲート7が正しい出力 $F=0$ となるには，両方の入力が0でなければならない．したがって，ゲート5の出力が間違っている．ただし，ゲート5の出力は，$1 \cdot 1 \cdot 1=1$ で，その入力に符合した結果である．したがって，ゲート5の入力の一つが間違っているはずである.
3. ゲート3の出力が間違っているか，ゲート5の入力 A または B が間違っている．$C'D+CD'=0$ なので，ゲート3の出力が間違っている.
4. $0+0 \neq 1$ なので，ゲート3の出力はゲート1および2の出力と合わない．したがって，ゲート3の入力の一つが間違って接続されているか，ゲート3に欠陥があるか，ゲート3の入力接続の一つに欠陥がある.

　この例は，論理回路の故障解析として，出力ゲートから回路をたどりながら，誤った接続や欠陥のあるゲートを見つける方法を示している.

練習問題

8・1　下記の回路のタイミング図を完成させよ．二つのゲートの伝搬遅延は5nsとする.

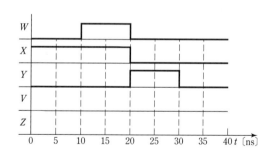

8・2 次の論理関数を考える.

$$F(A, B, C, D) = \Sigma m(0, 4, 5, 10, 11, 13, 14, 15)$$

(a) AND と OR ゲートを用いて F を実装する二つの異なる最小回路を求めよ. 各回路で二つのハザードを特定せよ.

(b) ハザードのない F の AND–OR 回路を求めよ.

(c) ハザードのない F の OR–AND 回路を求めよ.

8・3 次の回路で,

(a) インバータの遅延は 1 ns, 他のゲートの遅延は 2 ns とする. 初期値は $A=0$ および $B=C=D=1$ で, C は時刻 2 ns で 0 に変化する. このタイミング図を描き, 発生する過渡現象を特定せよ.

(b) ハザードが発生しないように回路を修正せよ.

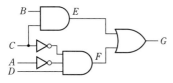

8・4 4 値論理を用いて, 次の回路の A, B, C, D, E, F, G, H の値を定めよ.

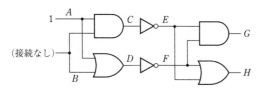

8・5 次の回路で,

(a) インバータの遅延は 1 ns, 他のゲートの遅延は 2 ns とする. 初期値は $A=B=C=0$ および $D=1$ で, C は時刻 2 ns で 1 に変化する. ハザードに起因するグリッチを表すタイミング図を作成せよ.

(b) ハザードが発生しないように回路を変更せよ. (回路は 2 段 OR–AND 回路のままとする.)

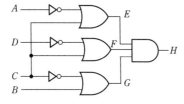

8・6 次の回路の V と Z のタイミングを記入せよ. AND ゲートの遅延は 10 ns, OR ゲートの遅延は 5 ns とする.

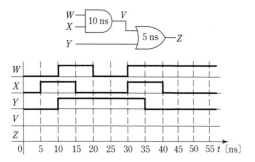

8・7 次の回路のタイミング図を完成させよ. 二つのゲートの遅延は 5 ns とする.

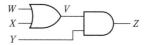

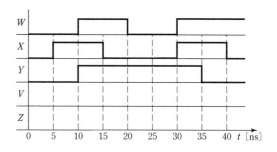

8・8 図 8・10(b) の論理関数について,

(a) 最小の積和形で実装せよ.

(b) 静的ハザードを探し, それらがどの最小項の間で発生するかを示せ.

(c) 同じ論理をもつハザードのない積和形の関数を求めよ.

8・9 4 値論理を用いて, 次の回路の A, B, C, D, E, F, G, H の値を定めよ.

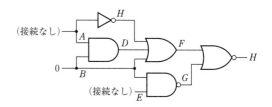

8・10 次の回路は, 論理式

$$F = (A+B'+C')(A'+B+C')(A'+B'+C)$$

を実装するように設計されたが, 正しく機能していない. ゲート 1, 2, 3 への入力配線は非常に密集しているため, すべてをたどって入力が正しいかどうかを確認するには時間がかかる. そこで誤っている方の配線だけをたどるのがよい. $A=B=C=1$ のとき, ゲート 4 の入力と出力は下記に示したとおりである.

(a) ゲート 4 が正常に機能しているか調べよ.

(b) ゲート 4 が正常の場合, 接続が誤っているか, または誤動作しているゲートを特定せよ.

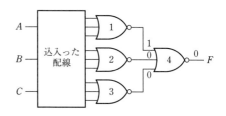

9 マルチプレクサとデコーダ

9・1 はじめに

ここまでは，おもに論理設計の基本原理を扱ってきた．ゲートを基本的なビルディングブロックとして用いて，これらの原理を解説した．本章では，より複雑な**集積回路**（integrated circuit, IC）を論理設計に導入する．集積回路は，パッケージに含まれるゲート数や機能のタイプに応じて，**小規模集積回路**（small-scale integration, SSI），**中規模集積回路**（medium-scale integration, MSI），**大規模集積回路**（large-scale integration, LSI），または**超大規模集積回路**（very-large-scale integration, VLSI）に分類される．小規模集積回路の機能には，NAND ゲート，NOR ゲート，AND ゲート，OR ゲート，インバータ，フリップフロップが含まれる．小規模集積回路パッケージには，通常，一つ〜四つのゲート，六つのインバータ，または一つか二つのフリップフロップが含まれている．中規模集積回路は，加算器，マルチプレクサ（MUX），デコーダ，レジスタ，カウンタなどのより複雑な機能を実行する．これらの集積回路は通常，一つのパッケージに 12〜100 ゲート相当を含む．メモリやマイクロプロセッサなどのより複雑な機能は，大規模集積回路または超大規模集積回路に分類される．一般に，大規模集積回路は一つのパッケージ内に百〜数千のゲートを含み，超大規模集積回路は数千以上のゲートを含む．

一般に，小規模集積回路と中規模集積回路だけを使用してディジタルシステムを設計することは経済的でない．大規模集積回路および超大規模集積回路の機能を用いることで，必要な集積回路パッケージの数が大幅に削減される．集積回路の実装と配線のコスト，およびディジタルシステムの設計と保守のコストは，大規模集積回路および超大規模集積回路の機能を使用することで大幅に削減される*．

本章では，論理設計に，マルチプレクサ，デコーダ，エンコーダ，スリーステートバッファを導入する．

9・2 マルチプレクサ

マルチプレクサ〔multiplexer, MUX, データセレクタ（data selector）ともいう〕には，複数のデータ入力と制御入力があり，制御入力はデータ入力の一つを選択して出力端子に接続するのに用いられる．図 9・1 は，2:1 マルチプレクサ（2:1 MUX）とそのアナログスイッチによる表現を示している．制御入力 A が 0 ならばスイッチは上側で MUX 出力は $Z=I_0$，A が 1 ならばスイッチは下側で MUX 出力は $Z=I_1$ となる．つまり MUX は，データ入力（I_0 または I_1）の一つを選択して出力に転送するスイッチとして機能する．したがって，2:1 MUX の論理式は次のようになる．

$$Z = A'I_0 + AI_1$$

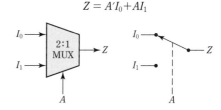

図 9・1　2:1 マルチプレクサとそのアナログスイッチ表現

図 9・2 は，4:1 MUX, 8:1 MUX, および 2^n:1 MUX を示している．4:1 MUX は，四つの入力の一つを出力に転送する 4 ポジションスイッチのように機能する．四つの入力の一つを選択するには，二つの制御入力（A および B）が必要である．制御入力が $AB=00$ のとき出力は I_0，同様に，制御入力 01, 10, 11 のとき出力はそれぞれ I_1, I_2, I_3 となる．4:1 MUX は，次式で表される．

$$Z = A'B'I_0 + A'BI_1 + AB'I_2 + ABI_3 \qquad (9\cdot1)$$

同様に，8:1 MUX は三つの制御入力で八つのデータ入力の一つを選択する．これは次式で表される．

$$Z = A'B'C'I_0 + A'B'CI_1 + A'BC'I_2 + A'BCI_3 \\ + AB'C'I_4 + AB'CI_5 + ABC'I_6 + ABCI_7 \qquad (9\cdot2)$$

---

* 現在の大規模集積回路は億を超えるゲートを含むものもあり，製造コストが増大している．そのため大量生産品以外は，ユーザによるカスタム化が可能な集積回路である FPGA（field-programmable gate array）の利用が主流となっている．

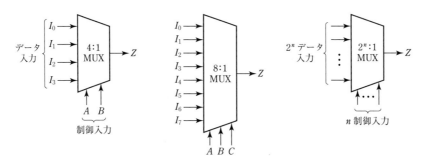

図9・2　マルチプレクサ

制御入力が$ABC=011$のとき出力はI_3で，他の出力も同様に制御入力の値に従って選択される．図9・3は，8:1 MUX内部の論理回路図を示している．一般に，n個の制御入力を備えたマルチプレクサでは，2^n個のデータ入力から任意の一つを選択することができる．n個の制御入力と2個のデータ入力をもつMUXの出力の一般的な式は，次のようになる．

$$Z = \sum_{k=0}^{2^n-1} m_k I_k$$

ここで，m_kはn個の制御変数の最小項で，I_kはそれに対応するデータ入力である．

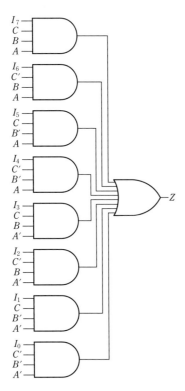

図9・3　8:1 MUXの論理回路図

もちろん，8:1 MUXにはほかにもいくつかの実装の形がある．図9・3の各ゲートは，NANDゲートに置き換え

ることができる．NORゲートの実装が必要な場合，Zの式を次のように和積形で記述する．

$$Z = (A+B+C+I_0)(A+B+C'+I_1)(A+B'+C+I_2)$$
$$(A+B'+C'+I_3)(A'+B+C+I_4)(A'+B+C'+I_5)$$
$$(A'+B'+C+I_6)(A'+B'+C'+I_7) \qquad (9\cdot3)$$

3段以上のゲートを使用した実装は，Zの式を因数分解することで得られる．たとえば，式$(9\cdot2)$を因数分解することで多段NANDゲートの実装が得られ，その因数分解の一つは次式となる．

$$Z = A'B'(C'I_0+CI_1)+A'B(C'I_2+CI_3)$$
$$+AB'(C'I_4+CI_5)+AB(C'I_6+CI_7) \qquad (9\cdot4)$$

この式に対応するNANDゲート回路を，図9・4に示す．

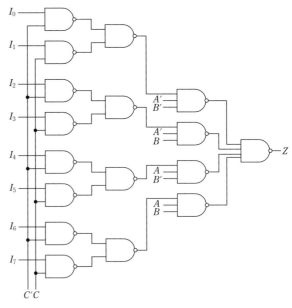

図9・4　8:1 MUXの多段実装

データ入力は選択線Cと共に四つの2:1 MUX（三つの2入力NANDで構成される）に接続され，その出力はAとBを選択線とする4:1 MUX（四つの3入力NANDと一つの4入力NANDで構成される）に接続される．図9・5

に, そのブロック図を示す.

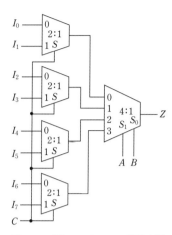

図9・5　図9・4のMUX素子表現

マルチプレクサは, ディジタルシステムの設計で, データの処理や保存時の選択に多用される. 図9・6は, 四つの2:1 MUXで二つの4ビットデータの一方を選択する方法を示している. 制御線が$A=0$ならばx_0, x_1, x_2, x_3が, $A=1$ならばy_0, y_1, y_2, y_3が, z_0, z_1, z_2, z_3出力される.

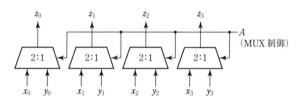

図9・6　データ選択に用いる4ビットマルチプレクサ

同じ機能を実行する複数の論理信号はグループ化することで, バスが形成される. たとえば, 4ビットの2進加算器の和の出力は, 4ビットのバスにグループ化される. バスを構成する個々の配線を描く代わりに, バスを1本の太い線で表すことがある. 図9・7は, バス入力XとY, そしてバス出力Zを用いて, 図9・6の4ビットMUXを描き直したものである. バスXは四つの信号x_0, x_1, x_2, x_3を表しており, バスYとZも同様である. $A=0$の場合, バスXの信号がバスZに出力される. それ以外では, バスYの信号が出力される. バスのビット数は, バス上の斜めの線と数字で指定する.

図9・7　バス入出力をもつ4ビットマルチプレクサ

上記のマルチプレクサの入力データは否定されずにそのまま出力されるが, 一部のマルチプレクサでは入力の否定が行われる. たとえば, 図9・3でORゲートがNORゲートに置き換えられると, 8:1 MUXは選択された入力の否定がとられる. これら二つのタイプのマルチプレクサを区別するため, 否定を伴わないマルチプレクサは**アクティブハイ**(active high) 出力を, 否定を伴うマルチプレクサは**アクティブロー**(active low) 出力をもつという.

別のタイプのマルチプレクサは, **イネーブル**(enable) とよばれる入力が追加されている. 図9・3の8:1 MUXは, ΛNDゲートを5入力ゲートに変更することで, イネーブルをもつように変更できる. イネーブル信号Eは, 各ANDゲートの5番目の入力に接続されている. $E=0$であれば, ゲート入力I_iと選択入力a, b, cに関係なく$Z=0$となる. 一方で$E=1$の場合は, 通常の8:1 MUXとして機能する. MUX出力に用いたアクティブハイとアクティブローの用語は, イネーブルに対しても使用できる. 上記のように, MUXがマルチプレクサとして機能するにはEが1でなければならないので, イネーブルはアクティブハイである. EとANDゲートの間にインバータが挿入されている場合は, MUXがマルチプレクサとして機能するにはEが0でなければならないので, イネーブルはアクティブローである.

マルチプレクサとイネーブルの四つの組合わせが可能である. つまり, 出力はアクティブハイまたはアクティブローにでき, それぞれに対してイネーブルもまたアクティブハイまたはアクティブローに設定できる. MUXのブロック図では, 否定を示すために, アクティブローの線には○を挿入する. 4:1 MUXにおけるこれらの組合わせを, 図9・8に示す.

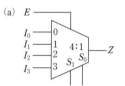 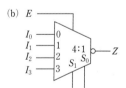
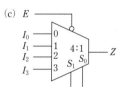 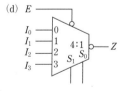

図9・8　アクティブハイ / アクティブロー・イネーブルと出力の組合わせ

MUXは, データセレクタとしての機能に加えて, より一般的な論理関数を実装することができる. 図9・9は, 4:1 MUXを用いて次の関数を実装している.

$$Z = C'D'(A'+B') + C'D(A') + CD'(AB'+A'B) + CD(0)$$
$$= A'C' + A'BD' + AB'D'$$

一般に実装の複雑さは，どの関数出力が MUX の選択入力として用いられるかに依存するため，さまざまな組合わせを試して最も簡単な解を得る必要がある．

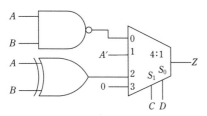

図9・9　4:1 MUX で実装した4入力関数

9・3　スリーステートバッファ

ディジタルシステムのパフォーマンスを低下させないよう，ゲート出力の先に接続されるデバイス入力の数は制限される．そこで単純なバッファを用いて，ゲート出力の駆動能力を高めることができる．図9・10は，ゲート出力と複数のゲート入力の間に挿入されたバッファを示している．出力には○がないため，これは否定を伴わないバッファであり，入力と出力の論理値は同じで，$F=C$ となる．

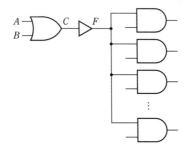

図9・10　バッファが追加されたゲート回路

通常，二つ以上のゲートや他の論理デバイスの出力が互いに直結されている場合，論理回路は正しく動作しない．たとえば，出力が0（低電圧）と1（高電圧）の二つのゲート出力が互いに接続されると，出力電圧は0か1かわからない中間値となる．場合によっては，出力を互いに接続するとゲートが壊れることがある．

スリーステートロジックを用いると，二つ以上のゲートまたはほかの論理デバイスの出力を相互に接続できる．図9・11は，スリーステートバッファ（three-state buffer）とその等価論理を示している．イネーブル入力 B が1ならば出力 C は A に等しくなり，B が0ならば出力 C は開回路のように動作する．つまり B が0ならば，出力 C はバッファ出力から事実上切り離されて電流は流れない．この回路は電流の流れに対して非常に高い抵抗またはインピーダンスをもつため，これはしばしば出力の Hi-Z（高インピーダンス）状態とよばれる．スリーステートバッ

ファは，トライステートバッファ（tri-state buffer）ともよばれる．

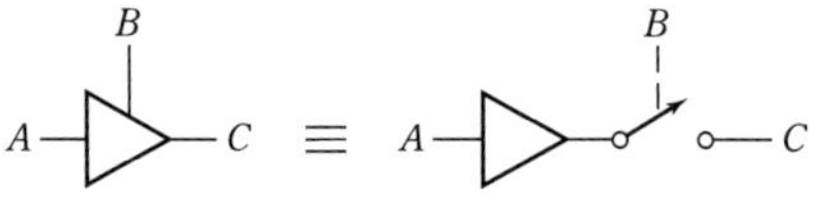

図9・11　スリーステートバッファ

図9・12は，4種類のスリーステートバッファの真理値表を示している．図9・12(a)と(b)ではイネーブル入力 B は否定されず，バッファ出力は $B=1$ のとき有効に，$B=0$ のとき無効となる．つまり，$B=1$ ならばバッファは普通の動作となり，$B=0$ ならばバッファ出力は実質的に開回路となる．この高インピーダンス状態を記号 Z で表す．図9・12(b)ではバッファが有効になると，出力は $C=A'$ と否定がとられる．図9・12(c)と(d)のバッファは，イネーブル入力が否定となっていることを除いて(a)(b)と同じ動作をするため，$B=0$ のときにバッファが有効となる．

(a)

B	A	C
0	0	Z
0	1	Z
1	0	0
1	1	1

(b)

B	A	C
0	0	Z
0	1	Z
1	0	1
1	1	0

(c)

B	A	C
0	0	0
0	1	1
1	0	Z
1	1	Z

(d)

B	A	C
0	0	1
0	1	0
1	0	Z
1	1	Z

図9・12　4種類のスリーステートバッファ

図9・13では，二つのスリーステートバッファの出力が接続されている．$B=0$ ならば上側のバッファが有効化

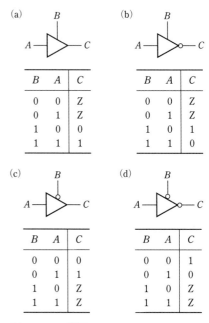

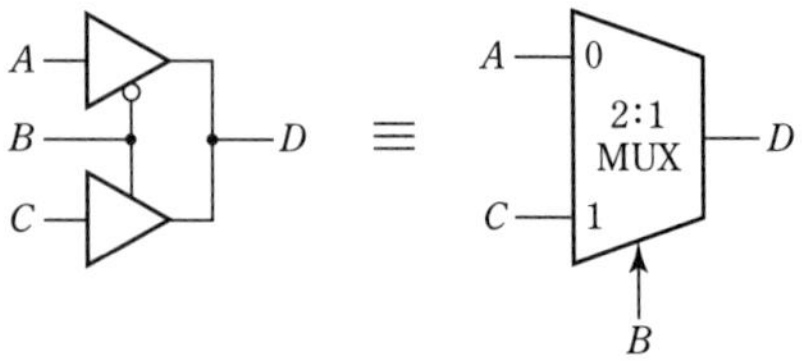

図9・13　スリーステートバッファを用いたデータ選択

されて$D=A$に，$B=1$ならば下側のバッファが有効化されて$D=C$となる．したがって，$D=B'A+BC$である．これは2:1 MUXを用いて，$B=0$のときに入力Aを選択し，$B=1$のときに入力Cを選択するのと論理的に等価である．

図9・14のように二つのスリーステートバッファ出力を接続したとき，バッファの一つが無効（出力$=$Z）ならば，接続された出力Fは他のバッファ出力と同じになる．両方のバッファが無効ならば，出力はZとなる．両方のバッファが有効になると，競合が発生する．$A=0$かつ$C=1$のときはハードウェアの動作が定かでなく，出力Fは不定（X）となる．バッファ入力の一つが不定ならば，出力Fもまた不定となる．図9・14の表は，この回路の動作をまとめたものある．S_1とS_2は，二つのバッファ出力が接続されていないときの，それぞれの出力を表している．スリーステートバッファによって駆動されるバスを，スリーステートバスとよぶ．このバス上の信号は，0，1，Z，または不定値Xとなる．

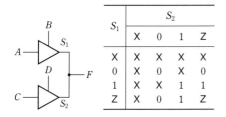

図9・14　二つのスリーステートバッファをもつ回路

マルチプレクサを用いて，複数の信号のうちの一つを選択してデバイス入力に接続することができる．たとえば，加算器入力に四つの異なる信号のうち一つを接続する場合，4:1 MUXで選択を行う．また，図9・15のようにスリーステートバッファを用いて，信号の一つを選択するスリーステートバスを構成する方法もある．この回路の各バッファ記号は，共通のイネーブル信号をもつ四つのスリーステートバッファを表している．

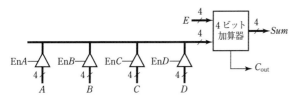

図9・15　一方の入力に四つの候補をもつ4ビット加算器

集積回路はしばしば，入出力に双方向ピンを使用して設計される．双方向とは同じピンを入力と出力に使用できることを意味するが，両方を同時には使用できない．双方向を実現するには，図9・16のように回路出力をスリーステートバッファを通してピンに接続する．バッファが有効になるとピンは出力信号で駆動され，バッファが無効にな

ると外部信号が入力ピンを駆動できる．

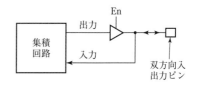

図9・16　双方向入出力ピンをもつ集積回路

9・4　デコーダとエンコーダ

デコーダ（decoder）も，よく使用される型の集積回路である．図9・17は，3:8ラインデコーダの図と真理値表を示している．このデコーダは，三つの入力変数のすべての最小項を生成する．入力変数の各組合わせに対して，出力ラインの1本だけが1となる．

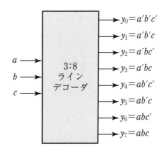

a	b	c	y_0	y_1	y_2	y_3	y_4	y_5	y_6	y_7
0	0	0	1	0	0	0	0	0	0	0
0	0	1	0	1	0	0	0	0	0	0
0	1	0	0	0	1	0	0	0	0	0
0	1	1	0	0	0	1	0	0	0	0
1	0	0	0	0	0	0	1	0	0	0
1	0	1	0	0	0	0	0	1	0	0
1	1	0	0	0	0	0	0	0	1	0
1	1	1	0	0	0	0	0	0	0	1

図9・17　3:8ラインデコーダ

図9・18は，4:10デコーダを示している．このデコーダは小さな円で示される否定出力をもっている．入力の値の各組合わせに応じて，出力ラインの一つだけが0となる．2進化10進数（BCD）がこのデコーダへ入力されると，10本の出力ラインのうちの一つがローとなることで10進数を表す．

一般に$n:2^n$のラインデコーダは，n入力変数のすべての2^n個の最小項（または最大項）を生成する．出力は次式で定義される．

$$y_i=m_i=M_i', \quad i=0\sim 2^{n-1} \quad \text{（出力否定）} \quad (9・5)$$

または

$$y_i=m_i'=M_i, \quad i=0\sim 2^{n-1} \quad \text{（出力否定なし）} \quad (9・6)$$

(a) 論理回路図

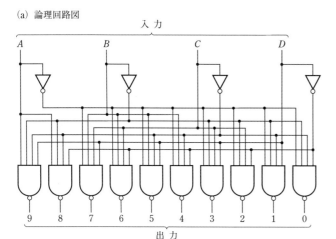

(b) ブロック図

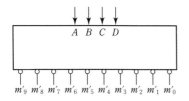

(c) 真理値表

BCD 入力				10 進出力									
A	B	C	D	0	1	2	3	4	5	6	7	8	9
0	0	0	0	0	1	1	1	1	1	1	1	1	1
0	0	0	1	1	0	1	1	1	1	1	1	1	1
0	0	1	0	1	1	0	1	1	1	1	1	1	1
0	0	1	1	1	1	1	0	1	1	1	1	1	1
0	1	0	0	1	1	1	1	0	1	1	1	1	1
0	1	0	1	1	1	1	1	1	0	1	1	1	1
0	1	1	0	1	1	1	1	1	1	0	1	1	1
0	1	1	1	1	1	1	1	1	1	1	0	1	1
1	0	0	0	1	1	1	1	1	1	1	1	0	1
1	0	0	1	1	1	1	1	1	1	1	1	1	0
1	0	1	0	1	1	1	1	1	1	1	1	1	1
1	0	1	1	1	1	1	1	1	1	1	1	1	1
1	1	0	0	1	1	1	1	1	1	1	1	1	1
1	1	0	1	1	1	1	1	1	1	1	1	1	1
1	1	1	0	1	1	1	1	1	1	1	1	1	1
1	1	1	1	1	1	1	1	1	1	1	1	1	1

図 9・18　4 対 10 のラインデコーダ出力

ここで，m_i は n 個の入力変数の最小項，M_i は最大項である．

　n 入力デコーダは n 変数のすべての最小項を生成するので，n 変数関数はデコーダで選択された最小項出力を OR することで実現できる．デコーダが否定出力をもつ場合は，次の例に示すよう，NAND ゲートを用いて関数をつくることができる．図 9・18 のデコーダで次式を実現する．

$$f_1(a,b,c,d) = m_1+m_2+m_4$$
$$および$$
$$f_2(a,b,c,d) = m_4+m_7+m_9$$

　否定信号の OR は NAND ゲートとなるため，図 9・19 に示す f_1 と f_2 は NAND ゲートで生成できる．

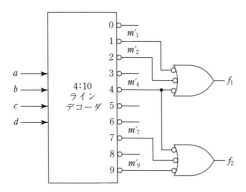

図 9・19　デコーダを使用した多出力回路

　エンコーダ（encoder）はデコーダの逆の動作を行う．図 9・20 は，入力 y_0〜y_7 をもつ 8:3 プライオリティエンコーダを示している．入力 y_i が 1 で他の入力が 0 ならば，出力 abc が i の二進数を出力する．たとえば，$y_3=1$ のとき，$abc=011$ となる．複数の入力が同時に 1 になるような場合には，出力に優先順位を定義することができ

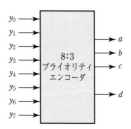

y_0	y_1	y_2	y_3	y_4	y_5	y_6	y_7	a	b	c	d
0	0	0	0	0	0	0	0	0	0	0	0
1	0	0	0	0	0	0	0	0	0	0	1
×	1	0	0	0	0	0	0	0	0	1	1
×	×	1	0	0	0	0	0	0	1	0	1
×	×	×	1	0	0	0	0	0	1	1	1
×	×	×	×	1	0	0	0	1	0	0	1
×	×	×	×	×	1	0	0	1	0	1	1
×	×	×	×	×	×	1	0	1	1	0	1
×	×	×	×	×	×	×	1	1	1	1	1

図 9・20　8:3 プライオリティエンコーダ

る．図9・20の真理値表では，複数の入力が1のとき，最も大きい番号の入力が出力を決定する．たとえば，入力 y_1, y_4, y_5 が1ならば，出力は $abc=101$ となる．表の×はドント・ケアで，たとえば y_5 が1のとき，y_0 から y_4 まで

の入力は無関係となる．入力のいずれかが1のとき出力 d は1，それ以外ならば d は0となる．この信号はすべての入力が0の場合と，y_0 だけが1の場合を区別するのに必要である．

■ 練習問題

9・1 (a) 追加ゲートなしに二つの2:1 MUX だけを使って，3:1 MUX を作成せよ．入力の選択は次のとおりとする．

$AB=00$ で I_0 を選択

$AB=01$ で I_1 を選択

$AB=1\times$ で I_2 を選択 （B はドント・ケア）

(b) 二つの4:1 MUX と一つの2:1 MUX を使って，三つの制御入力をもつ8:1 MUX を作成せよ．

(c) 四つの2:1 MUX と一つの4:1 MUX を使って，三つの制御入力をもつ8:1 MUX を作成せよ．

9・2 A の値に応じて，Y から X の減算，または X から Y の減算を行う回路を設計せよ．$A=1$ のとき出力は $X-Y$，$A=0$ のとき出力は $Y-X$ とする．4ビット減算器と，図9・7のような入出力を備えた二つの4ビット2:1 MUX を使用すること．

9・3 4ビット減算器，四つの4ビットスリーステートバッファ（バス入出力付），一つのインバータを用いて，練習問題9・2と等価な回路を作成せよ．

9・4 3:8 ラインデコーダ（図9・17参照）と下記のゲートを用いて全加算器を作成せよ．

(a) 二つの OR ゲート

(b) 二つの NOR ゲート

9・5 図9・7のようなバス入力をもつ4:1 MUX を用いて，図9・15の等価回路を設計せよ．制御信号の生成には4:2 プライオリティエンコーダを使用すること．

9・6 (a) 2:1 の MUX だけを用いて次の関数を実装せよ．

$$R = ab'h' + bch' + eg'h + fgh$$

(b) トライステートバッファだけを用いて同じ関数を実装せよ．

9・7 二つの16:1 MUX と2:1 MUX を用いて，32:1 MUX を次の二つの方法で作成せよ．

(a) 最上位の選択線を2:1 MUX に接続

(b) 最下位の選択線を2:1 MUX に接続

9・8 次の三つの方法で全加算器を実装せよ．

(a) 二つの8:1 MUX を使用．X, Y, C_{in} を MUX の制御入力に接続し，各データ入力には1または0を接続．

(b) 二つの4:1 MUX と一つのインバータを使用．X と Y を MUX の制御入力に接続し，1, 0, C_{in}, または C'_{in} を各データ入力に接続．

(c) 二つの4:1 MUX を用いるが，C_{in} と Y を MUX の制御入力に接続し，1, 0, X または X' を各データ入力に接続する．この方法では，n 変数の論理関数は $2(n-1)$ から1への MUX を用いて実装できる．

9・9 四つのスリーステートバッファとデコーダを用いて，4:1 MUX を作成せよ．

9・10 否定出力を備えた3:8 ラインデコーダと下記のゲートを用いて，全減算器を実装せよ．

(a) 二つの NAND ゲート

(b) 二つの AND ゲート

10 ラッチとフリップフロップ

10・1 はじめに

　順序回路の出力は，現在の入力だけでなく過去の入力系列にも依存するという性質がある．したがって，現在の出力を生成するために，過去の入力の履歴を"記憶"できなければならない．**ラッチ**（latch）と**フリップフロップ**（flip-flop）は，順序回路で一般的に使用される記憶素子である．それらは基本的に，出力が二つの安定した状態のうちの一つをとり，出力状態を変える一つ以上の入力をもっている．本章では，いくつかの一般的なタイプのラッチとフリップフロップについて説明する．

　第11章～第15章では，同期ディジタルシステムの解析と設計について説明する．このようなシステムでは，すべてのフリップフロップの動作を共通のクロックまたはパルス発生器に同期させるのが一般的である．各フリップフロップはクロック入力をもち，その状態はクロックパルスにだけ応答して変化する．複数のフリップフロップの動作をクロック同期させる方法は，第11章と第12章で示す．クロック入力をもたない記憶素子はしばしばラッチとよばれ，本書でもこの慣例に従う．フリップフロップは，データ入力ではなく，クロック入力に応答して出力を変更する記憶素子である．

　これまでに学んできた論理回路はフィードバック経路をもたなかった．フィードバックとは，ゲート出力の一つが回路内の別のゲート入力に接続され，閉ループを形成することである．ラッチやフリップフロップなどのメモリを備えた論理回路を構成するには，回路にフィードバックを導入する必要がある．たとえば，図10・3(a)のNORゲート回路では，2番目のNORゲートの出力が最初のNORゲートの入力にフィードバックされている．順序回路はフィードバックを含む必要があるが，フィードバックのあるものが全て順序回路とは限らない．組合わせ回路のいくつかはフィードバックを含んでいる．

　単純なケースでは，信号を追跡することでフィードバックのある回路を解析できる．たとえば，図10・1(a)の回路を考える．ある時点でインバータ入力が0のとき，この

0はインバータを通じて伝搬し，インバータによる遅延後に出力が1になる．この1は入力にフィードバックされるため，伝搬遅延の後でインバータ出力は0になる．この0が入力にフィードバックされると，出力は再び1に切替わる，といった動作を続ける．図10・1(b)のように，インバータ出力は0と1の値の変化を繰返して発振し，一方の値に留まることはない．発振回路は，奇数のインバータで構成できる*．この発振回路は，奇数個のインバータの伝搬遅延時間の合計に等しい長さのハイとローの波形をもつ．たとえば，n個のインバータがあり，すべてが同じ遅延をもつ場合，発振波形のハイの時間は，ハイからローへのインバータ伝搬遅延の$(n+1)/2$倍と，ローからハイへのインバータ伝搬遅延の$(n-1)/2$倍を合わせたものである．

(a) フィードバックを含むインバータ

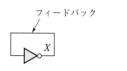

(b) インバータ出力の発振

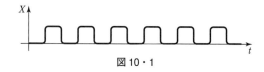

図 10・1

　次に，図10・2(a)のように，二つのインバータを含むフィードバックループについて考える．この場合，回路には安定状態とよばれる二つの状態がある．最初のインバータの入力が0ならば，その出力は1である．ついで2番目のインバータの入力は1，出力は0となる．この0は最初のインバータにフィードバックされるが，その入力はすでに0で変化しない．したがって，回路は安定状態となる．図10・2(b)に示すように，回路の2番目の安定状態は，最初のインバータ入力が1で，2番目インバータ入力が0のときに生じる．この二つのインバータからなる単純な

---

* このような新回路をリング発振回路とよぶ.

ループ回路は，外部から安定状態のどちらかに初期化することができない．§10・2のセットリセットラッチは，その初期化のための入力をもつ．

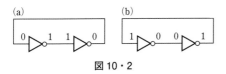

図 10・2

セットリセットラッチ

図 10・3(a)に示すように，NOR ゲート回路にフィードバックを加えることで，単純なラッチを構成できる．入力が $S=R=0$ のとき，回路は $Q=0$ と $P=1$ で安定状態となる．$P=1$ が入力された 2 番目のゲートの出力は $Q=0$，$Q=0$ が入力された最初のゲートの出力は 1 で安定する．ここで S を 1 に変えると P は 0 になる．すると 2 番目のゲートの入力と出力の双方が 0 という不安定な状態になるが，Q が 1 に変わることで図 10・3(b)の安定状態となる．

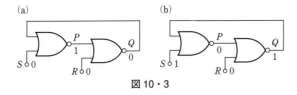

図 10・3

図 10・4(a)のように S が 0 に戻っても，$Q=1$ が最初のゲートにフィードバックされているため，P は 0 のままで回路の状態は変わらない．入力は図 10・3(a)と同様に $S=R=0$ となっているが，出力が異なっていることに注意する．したがって，この回路は特定の入力セットに対して二つの異なる安定状態をもつことがわかる．図 10・4(b)のように R を 1 に変えると Q が 0 となり，P は 1 に戻るが，その後 R を 0 に戻しても回路は変化せず，これは最初の状態である．

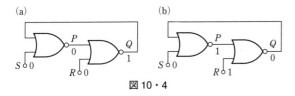

図 10・4

この回路は，出力が現在の入力だけでなく過去の入力系列にも依存するため，メモリ機能を備えていることになる．入力が $R=S=1$ とならないように制限すると，出力 P と Q の安定状態は常に相補，つまり $P=Q'$ となる．二つのゲートの動作の対称性を強調するために，この回路は図 10・5(a)のように配線が交差した形で描かれることが多い．図 10・3(b)のように，入力 $S=1$ は出力を $Q=1$ に

セット，図 10・4(b)のように，入力 $R=1$ は出力を $Q=0$ にリセットする．R と S を同時に 1 にすることは禁止されている．この回路は一般にセットリセット（**S-R**）ラッチ〔set-reset (S-R) latch〕とよばれ，図 10・5(b)の記号が使われる．R を入力とする NOR ゲートから Q は出力されるが，標準の S-R ラッチの記号は入力 S の真上に Q があることに注意する．

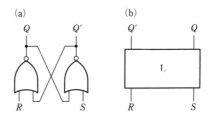

図 10・5　**S-R ラッチ**

図 10・6のように $R=S=1$ のとき，ラッチは正しく動作しない．表記 $1\rightarrow0$ は，入力が 1 から 0 に変化することを示している．S と R が両とも 1 のとき，P と Q が両方とも 0 であることに注意する．したがって，P は Q' に等しくならず，ラッチの出力が相補であるという基本ルールに反している．さらに，S と R を同時に 0 に戻すと，P と Q は両方とも 1 に変化する．$S=R=0$ かつ $P=Q=1$ のとき，1 がゲート中を伝搬した後で P と Q は再び 0 となる．そしてゲート遅延が等しいならば，ラッチは発振し続ける可能性がある．

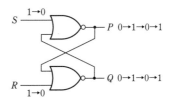

図 10・6　**不適切な S-R ラッチ操作**

図 10・7に，S-R ラッチのタイミング図を示す．時刻 t_1 で S が 1 に変わると，Q は短時間（ε）後に 1 に変わるものとする（ε は，ラッチの応答時間または遅延時間を表す）．時刻 t_2 で S が 0 に戻っても，Q は変化しない．時刻 t_3 で R は 1 に変化し，Q は短時間（ε）後に 0 に戻る．Q

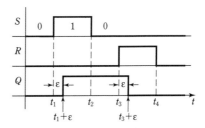

図 10・7　**S-R ラッチのタイミング図**

の状態を変えるためには，S（またはR）の入力パルスの持続時間は少なくともεよりも長くなければならない．$S=1$でε未満の時間の場合，ゲート出力は変化せずラッチの状態も変わらない．

理論的には，図10・2の2インバータ回路と図10・3のS–Rラッチに，第三の安定状態が存在する．それは，二つのインバータまたはゲートの出力の電圧レベルが，論理0と論理1の電圧レベルのほぼ中間にある状態である．これは**準安定状態**（metastable state）とよばれる．準安定状態で回路にノイズが生じると，真に安定した状態の一つに遷移する．ただし，特定の事象によって，ラッチが短時間だけ準安定状態になることがある．S–RラッチでSとRが1から0に同時に変化すると，ラッチが準安定状態になる可能性がある．また$Q=0$から始めて，Qが変化するのに短すぎる幅と丁度の幅の境界のパルスをSに与えると，回路が準安定状態になることがある．

準安定状態の回路がすぐに安定状態に入るとしても，準安定状態になるイベントは回避すべきである．その理由は，第一に，準安定状態からどの安定状態に入るか予測ができないからである．第二に，入力が準安定状態にあるゲートまたはラッチは，入力が論理0とも1とも応答し得るために動作の予測がつかないからである．準安定動作については，§10・3で詳しく説明する．

ラッチとフリップフロップの説明で，現在の状態とは，入力信号が変化しようとしているときのラッチまたはフリップフロップの出力Qの状態を表し，次状態とは，ラッチまたはフリップフロップが入力変化に応答して安定した後の出力Qの状態をさす．$Q(t)$が現在の状態を，$Q(t+\varepsilon)$が次状態を表すとき，Qのフィードバックループを切断したと仮定することで，$Q(t)$を入力としたときの出力$Q(t+\varepsilon)$を求めることができる．図10・3のS–Rラッチの場合，

$$Q(t+\varepsilon)=R(t)'[S(t)+Q(t)]=R(t)'S(t)+R(t)'Q(t) \quad (10\cdot1)$$

出力Pの式は次のようになる．

$$P(t) = S(t)'Q(t)' \quad (10\cdot2)$$

通常は時間を明示せずに，Qをラッチの現在の状態，Q^+を次状態として次のように式を記述する．

$$Q^+ = R'S+R'Q \quad (10\cdot3)$$

$$P = S'Q' \quad (10\cdot4)$$

これらの式から得られる次状態Q^+と現在の出力Pを表10・1に示す．なお，丸で囲まれているのはラッチの安定状態である．$S=R=1$の場合を除き，すべての安定状態で$P=Q'$であることに注意する．前述のように，これが$S=R=1$がS–Rラッチへの入力の組合わせとして禁止されている理由の一つである．図10・8(a)に示すように，$S=R=1$の組み合わせをドント・ケアとすることで，次状態の式を簡単化できる．式(10・3)をカルノー図にプロットし，2箇所をドント・ケアに変更すると，次状態の式は次のように簡単化される．

$$Q^+ = S+R'Q \quad (SR=0) \quad (10\cdot5)$$

つまりこの式は，入力Sが1にセットされているか，現在の状態が1でラッチがリセットされない場合に，ラッチの次状態が1になることを示している．$SR=0$の条件は，SとRを同時に1にすることはできないことを意味する．ラッチの次状態を現在の状態と入力で表す式は，**次状態方程式**（next-state equation）または**特性方程式**（characteristic equation）とよばれる．特性方程式は，回路から導出された次状態方程式と必ずしも同じではないことに注意する．どちらもラッチ（またはフリップフロップ）の機能的な動作を与える．しかし，特性方程式は最小の式で，許可されない入力の組合わせをすべて考慮して得られる．回路から得られる次状態方程式は必ずしも最小ではなく，許可されていない入力の組合わせは考慮されない．式(10・3)と式(10・5)を比較のこと．

(a) Q^+マップ

(b) 真理値表

S	R	Q	Q^+
0	0	0	0
0	0	1	1
0	1	0	0
0	1	1	0
1	0	0	1
1	0	1	1
1	1	0	– } 禁止入力
1	1	1	–

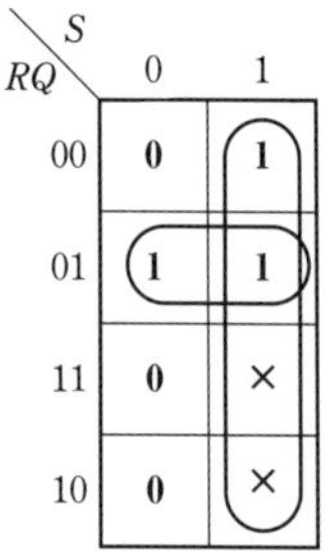

図10・8　S–RラッチのQ^+の導出

S–Rラッチの特性方程式を導出する別の方法は，Qの次状態の真理値表を作成することである．これまでに，ゲート中の信号を追跡することでラッチの動作を説明し

表10・1　S–Rラッチの次状態と出力

現在の状態 Q	次状態 Q^+				現在の出力 P			
	SR 00	SR 01	SR 11	SR 10	SR 00	SR 01	SR 11	SR 10
0	⓪	⓪	⓪	1	1	1	0	0
1	①	0	0	①	0	0	0	0

たが，図10・8(b)の真理値表はこの説明を基に作成した
ものである．カルノー図上にQ^+をプロットすることで，
図10・8(a)と同じ結果が得られる．

S-Rラッチは，より複雑なラッチやフリップフロップ，
そして非同期式システムの部品として多用される．S-R
ラッチのもう一つの有用なアプリケーションは，スイッチ
のデバウンスである．メカニカルスイッチを開閉すると，
スイッチの接点の揺れや跳ね返り（バウンス）で幾度も開
閉した後に，最終的な位置に落ち着く．これはノイズの多
い遷移を生じ，このノイズは論理回路の適切な動作を阻害
する可能性がある．図10・9のスイッチの入力は，論理1
（+V）に接続されている．接点aとbに接続されたプル
ダウン抵抗により，スイッチがaとbの間にあるときラッ
チ入力SとRは常に論理0になり，ラッチ出力の状態は
変わらない．タイミング図は，スイッチをaからbに切替
えるとどうなるかを示している．スイッチがaを離れる
と入力Rでバウンスが生じ，スイッチがbに達すると入
力Sでバウンスが生じる．スイッチがbに達した後にS
は初めて1となり，短い遅延の後でラッチの状態が$Q=1$
に切替わって安定する．したがって，スイッチの接点がバ
ウンスしても，Qはバウンスの影響をまったく受けない．
このデバウンスには，二つの接点を切替える双投スイッチ
が必要で，一つの接点と開放を切替える単投スイッチでは
機能しない．

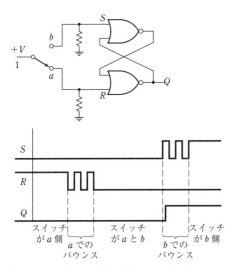

図10・9　S-Rラッチによるスイッチのデバウンス

図10・10に，NANDゲートを用いた別の形のS-R
ラッチを示す．この回路を$\overline{S}$-$\overline{R}$ラッチとよび，表にその
動作を示す．$\overline{S}=0$はQを1にセットし，$\overline{R}=0$はQを0
にリセットするため，このラッチ入力に$\overline{S}$と$\overline{R}$のラベルを
付けている．$\overline{S}$と$\overline{R}$が同時に0のとき，QとQ'の両方に
1が出力される．したがって，このラッチを適切に動作さ
せるには，$\overline{S}=\overline{R}=0$の条件は禁止される．

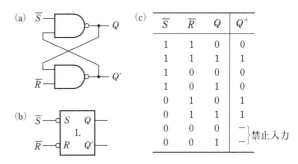

(c) $\overline{S}$	$\overline{R}$	Q	Q^+	
1	1	0	0	
1	1	1	1	
1	0	0	0	
1	0	1	0	
0	1	0	1	
0	1	1	1	
0	0	0	—	禁止入力
0	0	1	—	

図10・10　S-Rラッチ

10・3　ゲート付ラッチ

ゲート付ラッチ（gated latch）には，ゲートまたはイ
ネーブル入力とよばれる追加の入力がある．ゲート入力が
アクティブではない（ハイまたはローのどちらの可能性も
ある）とき，ラッチの状態は変えられない．ゲート入力が
アクティブのとき，ラッチは他の入力によって制御され，
前節で示したように動作する．ゲート付S-Rラッチを
NANDゲートで構成したものを，図10・11に示す．

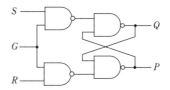

図10・11　ゲート付NANDゲートS-Rラッチ

次状態方程式は，

$$Q^+ = SG + Q(R' + G')$$

そして，出力Pの式は以下となる．

$$P = Q' + RG$$

次状態と出力を表10・2に示す．$G=0$のとき回路は常

表10・2　ゲート付S-Rラッチの次状態と出力

現在の状態 Q	次状態 Q^+							
	$G=0$				$G=1$			
	SR 00	SR 01	SR 11	SR 10	SR 00	SR 01	SR 11	SR 10
0	⓪	⓪	⓪	⓪	⓪	⓪	1	1
1	①	①	①	①	①	0	①	①

現在の状態 Q	現在の出力 P							
	$G=0$				$G=1$			
	SR 00	SR 01	SR 11	SR 10	SR 00	SR 01	SR 11	SR 10
0	1	1	1	1	1	1	1	1
1	0	0	0	0	0	1	1	0

に安定状態で，$G=1$ ならば，$S=1$ でラッチはセット，$R=1$ でラッチはリセットされる．入力の組合わせ $G=S=R=1$ を除いて，ラッチが安定状態にあるならば常に $P=Q'$ であることに注意する．したがって，基本的なラッチと同様に，$S=R=1$ の入力の組合わせは禁止される．

$S=R=1$ の入力の組合わせが禁止されるもう一つの理由は，$S=R=1$ のときの G の 1 から 0 への変化を調べることで明らかになる．図 10・12 のように G が変化すると，S–R ラッチへの両方の入力が 0 から 1 に変化する．これにより，S–R ラッチの両方の NAND ゲートが 1 から 0 に変わろうとする競合状態が発生する．そしてゲートの伝播遅延に応じて，ラッチは $Q=0$ か $Q=1$ どちらかで安定する．これは図 10・6 の単純な NOR ゲートラッチで示した通りである．

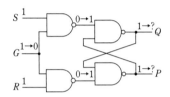

図 10・12　ゲート付 S–R ラッチの競合状態

この問題を別の視点から考察することも有益である．Q^+ の式をカルノー図（図 10・13）にプロットすることで，入力の組合わせ $G=1$，$S=1$，$R=1$，$Q=1$ と $G=0$，$S=1$，$R=1$，$Q=1$ に対して，Q^+ が静的 1 ハザードをもつことが明らかになる．これら二つの入力の組合わせの間で G が 1 から 0 に変化すると，Q が 1 から 0 に変化する可能性があり，変化したならば $Q=0$ はフィードバックによって維持される．これは，上記の競合状態の別の解釈である．もちろん，静的 1 ハザードは G が 0 から 1 に変化する場合にも存在し，Q が 0 に変化する可能性があるが，その場合は $S=R=1$ の入力によって Q は 1 に引き戻される．したがってこの変化によって，ハザードが Q にグリッチを起こすが，$Q=0$ でラッチが安定することはない．

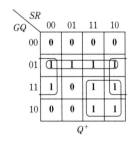

図 10・13　Q^+ のカルノー図

ゲート付 S–R ラッチには別の制約がある．$G=1$ のとき，入力 S と R は変化したり，グリッチを含んではなら

ない．たとえば，G が 0 から 1 に変化し，$S=0$ かつ $R=0$ のとき $Q=0$ であると仮定する．G が 0 に戻るまで S と R が 0 のままであれば，Q は 0 のままとなる．ただし，回路の静的 1 ハザードにより S が 1 グリッチを含む場合は，Q は強制的に 1 となり，G が 0 になった後もそのまま変化しない．G が 1 に変わるまで S が 1 から 0 に変化しない場合も，同様の問題を生じる．これは，1 の捕捉問題とよばれる．ゲート付 S–R ラッチの NOR ゲートによる構成は，0 の捕捉問題がある．

別のゲート付ラッチに，ゲート付 D ラッチがある．これは，ゲート付 S–R ラッチの S を D に，R を D' に接続することで得られる．図 10・14(a)に，基本の S–R ラッチ，二つの AND ゲート，そして一つのインバータを用いた構成を示す．図 10・11 の NAND ゲートによるゲート付 S–R ラッチは，インバータを追加することでゲート付 D ラッチに変換できる．図 10・14(b)のように，G がアクティブでない間は（この場合は $G=0$），ゲート付 D ラッチの Q は変化しない．そして G がアクティブならば，Q は少し遅れて D に等しくなる．遅延は，ゲートの伝播遅延によるものである．このラッチは，G がアクティブなときに Q が D に等しくなるため，透過型ラッチともよばれる．図 10・15 は，ゲート付 D ラッチの真理値表と特性方程式を示している．

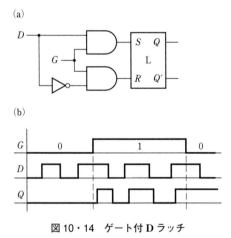

図 10・14　ゲート付 D ラッチ

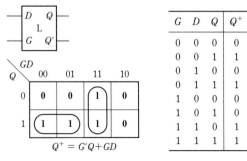

$$Q^+ = G'Q + GD$$

図 10・15　ゲート付ラッチの記号と真理値表

ほとんどのディジタルシステムは，システムのフリップフロップの出力の変化を，クロックの立ち上がり（0から1）または立ち下がり（1から0）のエッジに同期させている．ゲート付ラッチは，クロックがラッチのゲート入力に接続されたフリップフロップとして使用できると思いがちである．しかし，これは実用的な方法ではない．次の例は，その難しさを示している．図10・16の回路では，CLKが1のとき，入力$x=1$ならばQの次の値はQ'，$x=0$ならばQとなるはずである．しかし，CLK=1で$x=1$ならば$D=Q'$となってQを変化させ，CLKが1のままであると，Qの変化がフィードバックしてQを再び変化させる．つまり，CLKが1のままだとQは発振してしまう．したがって，CLKが短い時間だけ1のとき，回路は意図したとおりに動作する．CLKが1である時間は，Qが変化するのに十分な長さで，かつその変化がフィードバックされて2番目の変化をひき起こさないように短くなければならない．ラッチが一つであれば，意図した動作となるようにクロックのハイの時間を制御できるが，複数のラッチをもつシステムでは，ゲート遅延のばらつきにより，すべてのラッチに正しいクロック幅を与えることが不可能となる．

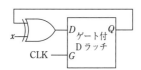

図 10・16　信頼性の低いゲート付 D ラッチ

このタイミングの問題を回避するために，より複雑なフリップフロップでは，クロックエッジだけで出力が変化し，その他の時間では入力が変化しても出力は変化しないように制限されている．フリップフロップへの入力がクロックエッジの前後の短時間だけ安定している必要があるとき，**エッジトリガ型フリップフロップ**（edge-triggered flip-flop）とよぶ（§10・4のセットアップ時間とホールド時間の説明を参照）．**マスタースレーブ型フリップフロップ**（master-slave flip-flop）という用語は，フリップフロップの出力がクロックエッジでだけ変化するように二つのゲート付ラッチを用いる特定の実装をさす．ただし，マスタースレーブ型フリップフロップの入力が安定している時間はクロックエッジの前後に限定されないので，マスタースレーブ型フリップフロップがエッジトリガ型フリップフロップである必要はない．後述の，S–R，J–K，およびTマスタースレーブ型フリップフロップがその例である．次節のマスタースレーブ型 D フリップフロップは，マスタースレーブ型実装でかつエッジトリガ型のため例外である．

10・4　エッジトリガ型 D フリップフロップ

D フリップフロップ（D flip-flop，図10・17）には，D

（データ）および CLK（クロック）の二つの入力がある．フリップフロップの記号の小さな三角は，クロック入力を表している．Dラッチとは異なり，フリップフロップ出力はDの変化ではなく，クロックにだけ応答して変化する．クロック入力の0から1への遷移に応答して出力が変化するとき，フリップフロップはクロックの**立ち上がりエッジ**〔rising edge，**ポジティブエッジ**（positive edge）ともいう〕でトリガされるという．クロック入力の1から0への遷移に応答して出力が変化するとき，フリップフロップはクロックの**立ち下がりエッジ**〔falling edge，**ネガティブエッジ**（negative edge）ともいう〕でトリガされるという．クロック入力の否定の○は立ち下がりエッジのトリガを示し（図10・17b），○がなければ，立ち上がりエッジのトリガを意味する（図10・17a）．**アクティブエッジ**（active edge）という用語は，フリップフロップの状態変化をトリガするクロックエッジ（立ち上がりまたは立ち下がり）をさす．

(a) 立ち上がりエッジトリガ　　(b) 立ち下がりエッジトリガ

(c) 真理値表

D	Q	Q^+
0	0	0
0	1	0
1	0	1
1	1	1

$Q^+ = D$

図 10・17　D フリップフロップ

アクティブクロックエッジの後の D フリップフロップの状態Q^+は，アクティブエッジの前の入力Dと同一の値となる．たとえば，クロックパルスの前に$D=1$ならば，アクティブエッジの後は，前のQの値に関係なく$Q=1$となる．したがって，特性方程式は$Q^+=D$である．Dが各クロックパルスの後に最大で1回しか変化しないならば，図10・18のように出力変化がクロックパルスのアクティ

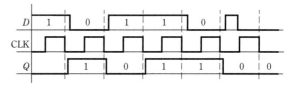

図 10・18　D フリップフロップ（立ち下がりエッジトリガ）のタイミング

ブエッジの後まで遅れることを除き，フリップフロップの出力は入力 D と同じになる．

図 10・19(a)のように，立ち上がりエッジでトリガされる D フリップフロップは，二つのゲート付 D ラッチと一つのインバータで構成できる．タイミング図を図 10・19(b)に示す．CLK＝0で G_1＝1のとき，最初のラッチは透過的であるため，出力 P は入力 D に従って変化する．このとき G_2＝0なので，2番目のラッチは Q の現在の値を保持する．CLK が1になると，G_1 が0に変わって D の現在の値が最初のラッチに保存される．このとき G_2＝1なので，P の値は2番目のラッチを通って Q に出力される．CLK が0に戻ると，2番目のラッチが P の値を受取って保持し，最初のラッチ出力が再び入力 D に従うようになる．2番目のラッチが P の値を受取る前に，最初のラッチ出力が入力 D に従って変化すると，フリップフロップは正しく機能しない．したがって，回路設計者は，エッジトリガフリップフロップを設計するときにタイミングの問題に注意を払う必要がある．この回路で出力状態の変化は，クロックの立ち上がりエッジの後にだけ発生する．クロックの立ち上がりエッジ時の D の値は Q の値を決定し，立ち上がりクロックエッジの間に発生する D の余計な変化は Q に影響を与えない．

(a) 二つのゲート付 D ラッチによる構成

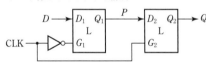

(b) タイミング解析

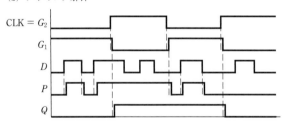

図 10・19　D フリップフロップ（立ち上がりエッジトリガ）

フリップフロップの状態はクロックのアクティブエッジだけで変化するため，その伝搬遅延はクロックのアクティブエッジから出力変化までの時間となる．しかし，入力 D に関連したタイミングの問題もある．正常な動作には，クロックのアクティブエッジの前後の一定期間，エッジトリガフリップフロップの入力 D の値を保持し続ける必要がある．D がアクティブエッジと同時に変化する場合の動作は予測できない．アクティブエッジ前に D が安定していなければならない時間を**セットアップ時間**（setup time, t_{su}），アクティブエッジ後に D に同じ値を安定保持し続ける時間を**ホールド時間**（hold time, t_h）とよぶ．図 10・20のタイミング図では，クロック周期中に D の変化が許される時間に影を付けている．クロックが変化してから出力 Q が変化するまでの伝搬遅延（t_p）も同図に示している．図 10・19(a)では，D の変化がクロックの立ち上がりエッジ前に最初のラッチを通して伝搬されることを，セットアップ時間が許している．そして D が変化する前に最初のラッチに保存するために，ホールド時間が必要となる．

これらのタイミングパラメータを使用して，タイミング制約に違反しない最小クロック周期を決定できる．図 10・21(a)の回路を考える．インバータの伝搬遅延を2 ns，フリップフロップの伝搬遅延を5 ns，セットアップ時間を3 ns と仮定する（ホールド時間はこの計算に影響しない）．図 10・21(b)のように，クロック周期，つまり連続するアクティブエッジ（この図では立ち上がりエッジ）間の時間は9 ns とする．このとき，クロックエッジの5 ns 後にフリップフロップの出力が変化し，2 ns 後にインバータの出力が変化する．したがって，フリップフロップ入力は，立ち上がりエッジの7 ns 後で，次の立ち上がりエッジの2 ns 前に変化する．しかし，フリップフロップのセットアップ時間から，立ち上がりエッジの3 ns 前に入力が安定していなければならない．したがって，フリップフロップは正しい値を取得できない．

代わりに，図 10・21(c)のようにクロック周期が15 ns であると仮定する．ここでも，フリップフロップへの入力は立ち上がりエッジの7 ns 後に変化する．しかし，クロックが遅いため，それは次の立ち上がりエッジの8 ns 前であり，フリップフロップは正しく動作する．図 10・21(c)では，正しい入力 D とセットアップ時間の間に5 ns もの余裕があることに注意する．したがって，より短いクロック周期を用いることで，余計な時間を削減

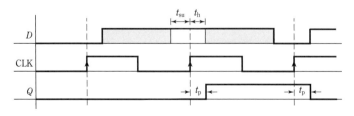

図 10・20　エッジトリガ D フリップフロップのセットアップ時間（t_{su}）とホールド時間（t_h）

(a) 単純なフリップフロップ回路

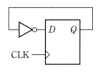

(b) セットアップ時間が満たされない場合

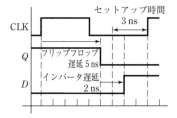

(c) セットアップ時間が満たされた場合

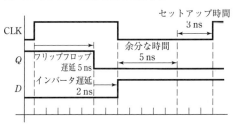

(d) 最小クロック周期

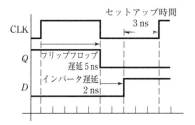

図 10・21　最小クロック周期の決定

することができる. 図 10・21(d)は, この回路が機能する最小のクロック周期は 10 ns である.

10・5　S-R フリップフロップ

S-R フリップフロップ（S-R flip-flop, 図 10・22）は, $S=1$ で出力 Q を 1 にセットし, $R=1$ で出力 Q を 0 にリセットする S-R ラッチに似ている. 本質的な違いはフリップフロップにはクロック入力があり, 出力 Q はアクティブクロックエッジの後にだけ変化することである. フリップフロップの真理値表と特性方程式はラッチの場合と同じであるが, Q^+ の解釈が異なる. ラッチの場合, Q^+ はラッチを通じた伝搬遅延後の Q の値であり, フリップフロップの場合, Q^+ はアクティブクロックエッジの後の Q の値である.

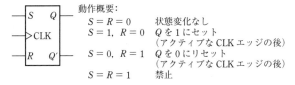

		動作概要:
		$S=R=0$　状態変化なし
		$S=1, R=0$　Q を 1 にセット（アクティブな CLK エッジの後）
		$S=0, R=1$　Q を 0 にリセット（アクティブな CLK エッジの後）
		$S=R=1$　禁止

図 10・22　S-R フリップフロップ

図 10・23(a)は, 二つの S-R ラッチとゲートで構成された S-R フリップフロップを示している. このフリップフロップは, クロックの立ち上がりエッジの後に状態が変化する. この回路は, しばしばマスタースレーブ型フリップフロップとよばれる. CLK=0 のとき, 入力 S と R はマスターラッチの出力を適切な値にセットし, その間スレーブラッチは前の Q の値を保持している. クロックが 0 から 1 に変わると, P の値はマスターラッチに保持され, その値はスレーブラッチに送られる. マスターラッチは CLK=1 の間 P の値を保持するため, Q は変化しない. クロックが 1 から 0 に変化すると, Q の値はスレーブにラッチされ, マスターは新しい入力を処理できるようになる. 図 10・23(b)にタイミング図を示す. 最初は $S=1$ なので時刻 t_1 で Q が 1 に変化し, 次に $R=1$ となって時刻 t_3 で Q が 0 に変わる. 一見すると, このフリップフロップはエッジトリガ型フリップフロップと同様の動作をするように見えるが, 微妙な違いがある. 立ち上がりエッジでトリガされるフリップフロップの場合, 入力の値はク

(a) 二つのラッチを使用した実装

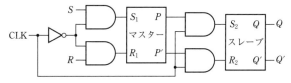

(b) タイミング解析

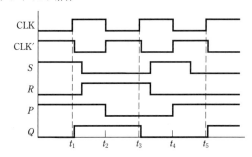

図 10・23　S-R フリップフロップの実装とタイミング

ロックの立ち上がりエッジで検出され，クロックが0の間に入力は変化して構わない．一方でマスタースレーブ型フリップフロップは，クロックが0のときに入力が変化すると，フリップフロップは誤った値を出力することがある．たとえば，図10・23(b)のt_4において，$S=1$および$R=0$なのでPは1に変化する．その後，Sはt_5で0となるがPは変わらないため，CLKの立ち上がりエッジの後のt_5でQは1に変化する．しかし，t_5では$S=R=0$なのでQの状態は本来は変化しないはずである．クロックが1のときにだけ入力SとRの変化を許すことで，この問題は解決できる．

10・6　J-Kフリップフロップ

J-Kフリップフロップ（J-K flip-flop，図10・24）は，S-Rフリップフロップを拡張したものである．J-Kフリップフロップには，J，K，およびクロックCLKの三つの入力がある．入力JはSに対応し，KはRに対応する．つまり，$J=1$かつ$K=0$のとき，アクティブクロックエッジの後にフリップフロップ出力は$Q=1$にセットされ，$K=1$かつ$J=0$のときは，アクティブエッジの後にフリップフロップ出力は$Q=0$にリセットされる．S-Rフリップフロップとは異なり，JとKを同時に1にすることが可能で，アクティブクロックエッジの後で状態が反転する．$J=K=1$のとき，アクティブエッジで，Qは0から1，または1から0に変化する．J-Kフリップフロップの次状態の表と特性方程式は，図10・24(b)のようになる．

図10・24(c)は，J-Kフリップフロップのタイミングを示している．このフリップフロップは，JとKに適切な値が入力されたとき，クロックパルスの立ち上がりエッジの少し後（t_p）で状態が変化する．CLK＝0のときに$J=1$かつ$K=0$ならば，立ち上がりエッジに続いてQに1がセットされる．CLK＝0のときに$K=1$かつ$J=0$ならば，立ち上がりエッジの後にQに0がセットされる．同様に，$J=K=1$のとき，立ち上がりエッジの後にQの状態が反転する．図10・24(c)では，最初の立ち上がりクロックエッジの前に$Q=0$，$J=1$，$K=0$なので，t_1でQが1に変化する．2番目の立ち上がりクロックエッジの前に$Q=1$，$J=0$，$K=1$なので，Qはt_2で0に変化する．3番目の立ち上がりクロックエッジの前は$Q=0$，$J=1$，$K=1$なので，Qはt_3で1に変化する．

J-Kフリップフロップを実現する一つの方法は，図10・25のようにマスタースレーブ構成で二つのS-Rラッチを接続することである．この回路は，SとRがJとKに置き換えられ，QとQ'の出力が入力ゲートにフィードバックされることを除いて，S-Rマスタースレーブフリップフロップと同じである．$S=J \cdot Q' \cdot CLK'$および$R=K \cdot Q \cdot CLK'$なので，最初のラッチの入力SとRのうち常に一つだけが1となる．$Q=0$で$J=1$ならば，Kの値に関係なく$S=1$および$R=0$となる．$Q=1$で$K=1$ならば，Jの値に関係なく$S=0$および$R=1$となる．

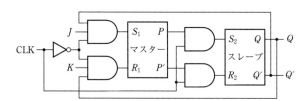

図10・25　マスタースレーブ型J-Kフリップフロップ（Qは立ち上がりエッジで変化）

10・7　Tフリップフロップ

Tフリップフロップ（T flip-flop）は，トグルフリップフロップともよばれ，カウンタの実装によく使用される．図10・26(a)のTフリップフロップには，入力Tとクロック入力がある．$T=1$のとき，フリップフロップはクロックのアクティブエッジの後で状態が変化する．$T=0$のとき，

(a) J-Kフリップフロップ　　　(b) 真理値表と特性方程式

J	K	Q	Q^+
0	0	0	0
0	0	1	1
0	1	0	0
0	1	1	0
1	0	0	1
1	0	1	1
1	1	0	1
1	1	1	0

$$Q^+ = JQ' + K'Q$$

(c) J-Kフリップフロップのタイミング

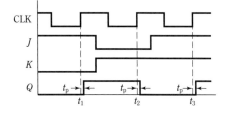

図10・24　J-Kフリップフロップ（Qは立ち上がりエッジで変化）

(a)　　　(b)

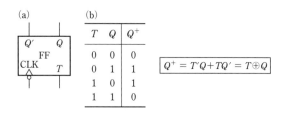

T	Q	Q^+
0	0	0
0	1	1
1	0	1
1	1	0

$$Q^+ = T'Q + TQ' = T \oplus Q$$

図10・26　Tフリップフロップ

状態は変化しない．Tフリップフロップの次状態表と特性方程式を図10・26(b)に示す．特性方程式は，現在の状態 Q が1で $T=0$，あるいは現在の状態が0で $T=1$ のとき，フリップフロップの次状態 Q^+ が1となることを示している．

図10・27に，Tフリップフロップのタイミング図を示す．時刻 t_2 および t_4 で入力 T が1のため，フリップフロップの状態 Q は，クロックパルスの立ち下がりエッジの少し後（t_p）で反転する．時刻 t_1 と t_3 では，入力 T が0のため，クロックエッジで状態は変わらない．

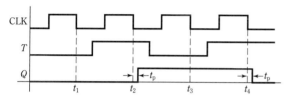

図10・27　Tフリップフロップ（立ち下がりエッジトリガ）のタイミング図

Tフリップフロップを実装する一つの方法は，図10・28(a)のようにJ-Kフリップフロップの入力 J と K を T に接続することである．J-K特性方程式の J と K に T を代入すると，次のTフリップフロップの特性方程式が得られる．

$$Q^+ = JQ' + K'Q = TQ' + T'Q$$

Tフリップフロップを実現する別の方法では，Dフリップフロップと排他的論理和ゲートを使用する（図10・28b）．入力 D は $Q \oplus T$ なので $Q^+ = Q \oplus T = TQ' + T'Q$ となり，Tフリップフロップの特性方程式と同じになる．

(a) J-Kフリップフロップから
　 Tフリップフロップへの変換

(b) Dフリップフロップから
　 Tフリップフロップへの変換

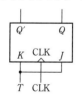 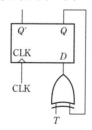

図10・28　Tフリップフロップの実装

10・8　追加入力をもつフリップフロップ

フリップフロップはしばしば，クロックに依存せずに初期設定を行うための追加の入力をもつ．図10・29は，クリア入力とプリセット入力を備えたDフリップフロップを表す．入力の小さな丸（否定記号）は，フリップフロップをクリアまたはセットするために，論理0（1ではない）が必要となることを示している．この種の入力は，

低電圧または論理0がクリアまたはプリセット機能をアクティブにするため，しばしばアクティブローとよばれる．アクティブローのクリアおよびプリセット入力を，ClrN および PreN と表記する．したがって，ClrN を0にするとフリップフロップは $Q=0$ にリセットされ，PreN を0にするとフリップフロップは $Q=1$ にセットされる．これらの入力はクロックおよび入力 D に優先する．つまり，ClrN が0ならば，D とクロックの値に関係なくフリップフロップがリセットされる．通常の動作条件下では，ClrN と PreN を同時に0にしてはならない．ClrN と PreN の両方を論理1にした場合，入力 D とクロック入力は通常の動作を行う．ClrN と PreN は，動作がクロックに依存しないため，しばしば非同期クリア入力や非同期プリセット入力とよばれる．図10・29(b)の表は，このフリップフロップの動作をまとめたものである．表の↑はクロックの立ち上がりエッジを，×はドント・ケアを示す．表の最後の行は，CLK が0を維持しているとき，1を維持しているとき，あるいは立ち下がりエッジで，Q が変化しないことを示している．クリア入力とプリセット入力がクロック同期となる，つまりクリアとセットがクロックのアクティブエッジで動作する実装を行うことも可能である．同期クリアまたはプリセットは他の同期入力に優先する．たとえば，同期クリア入力を備えたDフリップフロップは，クリア入力がアクティブならば D の値に関係なく，クロックのアクティブエッジでクリアされる．

(a)

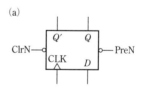

(b)

CLK	D	PreN	ClrN	Q^+
×	×	0	0	（禁止）
×	×	0	1	1
×	×	1	0	0
↑	0	1	1	0
↑	1	1	1	1
0, 1, ↓	×	1	1	Q（変化なし）

図10・29　クリアとプリセットを備えたDフリップフロップ

図10・30は，クリアとプリセット入力の動作を示している．時刻 t_1 で，ClrN=0 は出力 Q を0に保持するため，クロックの立ち上がりエッジは無視される．時刻 t_2 と t_3 では，ClrN と PreN がどちらも1のため，通常の状態変化が生じる．次に，PreN=0 で Q が1にセットされるが，クロックの立ち上がりエッジ t_4 で，$D=0$ により Q はクリ

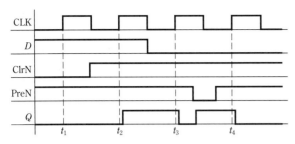

図 10・30　非同期クリアとプリセットを備えた D フリップ
フロップのタイミング図

アされる．同期式ディジタルシステムでは通常，フリップ
フロップは共通のクロックで駆動されるため，すべての状
態変化は同じクロックエッジに応答して同時に発生する．
そのようなシステムを設計するとき，フリップフロップへ
のデータ入力が変化しているときでも，一部のフリップフ
ロップに現在のデータを保持させたいことがよくある．こ
れを実現する一つの方法は，図 10・31(a)のようにクロッ
クをゲーティングすることである．En=0 のとき，フリッ
プフロップへのクロック入力は 0 となり，Q は変化しな
い．この方法には二つの潜在的な問題がある．第一に，
ゲート遅延によってクロックが一部のフリップフロップに
他のフリップフロップとは異なるタイミングで到達し，同
期が失われることである．第二に，En が誤った時間に変
わることで，クロックではなく En の変化でフリップフ
ロップがトリガされ，同期が失われることである．クロッ
クをゲーティングするよりも，クロックイネーブル（CE）
付のフリップフロップを利用した方が良い．

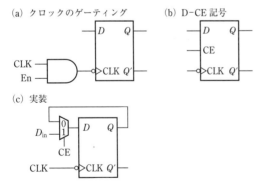

(a) クロックのゲーティング　　(b) D–CE 記号

(c) 実装

図 10・31　クロックイネーブル付 D フリップフロップ

図 10・31(b)はクロックイネーブル付 D フリップフロッ
プで，D–CE フリップフロップとよばれる．CE=0 のとき
クロックは無効になり，状態変化を生じないため $Q^+=Q$
となる．CE=1 のとき，フリップフロップは通常の D フ
リップフロップのように動作し $Q^+=D$ となる．したがっ

て，特性方程式は $Q^+=Q \cdot CE'+D \cdot CE$ となる．D–CE
フリップフロップは，D フリップフロップとマルチプレ
クサを使用して簡単に実装できる．（図 10・31c）．この回
路で MUX 出力は次のようになる．

$$Q^+ = D = Q \cdot CE'+D_{in} \cdot CE$$

クロックラインにゲートはないので，同期の問題が発生す
ることはない．

10・9　非同期式順序回路

　順序回路のフィードバックループの信号は，回路の状態
を決定する．そして非同期式順序回路では，入力が変化す
るたびに回路の状態が変化する．本節では非同期式順序回
路のラッチについて説明する．なお，マスタースレーブま
たはエッジトリガのフリップフロップの出力はクロック入
力のエッジでのみ変化するが，フリップフロップの内部は
非同期式回路である．非同期式回路が明確に定義された動
作を行うためには，いくつかの制約を満たす必要がある．
本書では非同期式回路については詳しく説明していない
が*，本節の例は非同期式回路の正しい動作に必要な制約
の一部を示している．図 10・32(a)の回路を考える．二つ
のフィードバックループがあるため，この回路は四つの状
態をもっている．この回路を解析するために，ゲート 4 と
5 の出力のフィードバックループが切られているとする．
そして，ゲート出力に P^+ の Q^+ のラベルを付けるとき，
次状態方程式は次のようになる．

$$P^+ = x'P+xQ$$
$$Q^+ = x'P'+xQ$$

　どちらの式も静的 1 ハザードを含むことに注意する．
P^+ の静的 1 ハザードは，xPQ が 111 から 011 変化するか，
その逆に変化する場合に発生する．

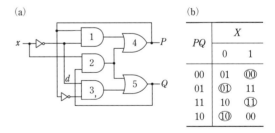

(b)		
		X
PQ	0	1
00	01	⓪⓪
01	⓪①	11
11	10	①①
10	①⓪	00

図 10・32　非同期回路

図 10・32(b)は，安定状態を円で囲った回路の次状態
表である．回路を完全安定状態の xPQ=111 から始め
て，x が 0 に変化する場合を考える．この表は，次状態が
PQ=10 であることを示している（つまり，P は変わらず，
Q は 0 となる）．ただし，x のインバータ遅延はゲート遅

＊　詳細については，M. Morris Mano, Ciletti Michael D., "Digital Design", 4th Ed., Pearson Prentice Hall (2007) 参照．

延に比べて大きいともの仮定する．次に，x が 0 に変わる
と，ゲート 2 の出力が 0 となり，ゲート 4 と 5 の両方の出力
が 0 になる．x のインバータ出力が 1 に変わるとき，$P=0$
がゲート 1 の出力を 1 から変わるのを防ぎ，P は 0 のまま
となる．ただし，ゲート 3 の出力は 1 に変化し，Q が 1 と
なる．そして，回路は状態 $PQ=01$ で安定する．この誤った
状態遷移は，P^+ の静的 1 ハザードによるもので，x のイン
バータ遅延が大きいときに P に 0 グリッチを生じさせる．
そしてフィードバックにより，P が 1 に戻ることはない．

　回路にハザードがない場合でも，回路の "誤った" 場
所での遅延により，誤った状態遷移が発生することがあ
る．図 10・32(a) の回路を考える．回路を完全安定状態
の $xPQ=010$ から始めて，x が 1 に変化する場合を考える．
次状態表は，次状態が $PQ=00$ であることを示している．
ただし，ラベル d が付けられたラインに大きな遅延がある
とき，回路は状態 $PQ=11$ に遷移する．1 から 0 への変化
が x のインバータを通じて伝搬すると，ゲート 1 とゲート
4 は P を 0 に変える．P が 0 に変わると，下側のインバー
タ出力が 1 になり，ゲート 3 のライン d がまだ 1 ならば
ゲート 3 とゲート 5 は 1 に変わる．$Q=1$ のときはゲート
2 が 1 に変わり，ゲート 4 が 1 に戻る．この誤動作は，x
の変化で P が変わって Q のロジックにフィードバックさ
れる前に，x の変化が Q のロジックの一部に到達できない
ために発生する．この誤動作の可能性は，次状態表を調べ
て，1 回の入力変化による次状態が，その入力の 3 回の変
化による次状態と異なるかどうかを調べることで検出でき
る．前の例では，完全安定状態 $xPQ=010$ から始めて x
が 1 に変わると，次状態は $PQ=00$ となる．x を 0 に戻す
と次状態は $PQ=01$ となり，最後に，x が 3 回目の変化
を起こすと次状態は $PQ=11$ となる．この表は，統合状態
$xPQ=010$ で**本質的ハザード**（essential hazard）を含むと
いわれる．

　本質的ハザードは次状態表の特性であり，回路の論理を
変更しても排除することはできない．本質的ハザードによ
る誤動作を防ぐには，回路の遅延を制御する必要がある．
一般に，回路のフィードバックループに遅延の挿入が必要
となる．上記の例では，ゲート 4 と 5 の出力に遅延を挿入
する必要がある．フィードバックループに遅延を挿入する
ことで，状態変数の変化が入力の論理回路にフィードバッ
クされる前に，入力の変化が次状態の論理回路に確実に伝
播するようになる．

　上記の問題はいずれも，どの信号が回路中を最初に伝搬
するかに応じて複数の信号が変化することが原因である．
静的ハザードは，入力の変化が他のパスに伝搬するよりも
速く，回路内のあるパスに伝搬するときにグリッチをひき
起こす．本質的ハザードの場合，変化する二つの信号は外
部入力と状態変数である．どちらの場合も，二つの信号変化
が競合し，その競合結果に回路動作が依存する．非同期回

路においても，二つ（またはそれ以上）の入力が同時に
変化するときに，同様の問題が発生する可能性がある．
表 10・3 の次状態表を検討し，統合状態 $xyPQ=1111$ か
ら始めて，x と y の両方が同時に 0 に変わる場合を考え
る．この表は，次状態が $PQ=11$ であることを示してい
る．y の変化が最初に回路を伝搬すると統合状態は
$xyPQ=1011$ となり，ついで x の変化が回路を伝搬すると
統合状態は $xyPQ=0011$ となる．しかし，x の変化が最初
に回路を伝搬すると統合状態は $xyPQ=0110$ に，ついで
y の変化が回路を伝搬すると統合状態は $xyPQ=0000$ と
なる．このように最終的な状態は，どの入力の変化が最
も速く伝搬するかによって異なり，したがって，次状態表
のように最終状態が $PQ=11$ でない場合がある．

表 10・3　複数の入力が変化する例

PQ	xy			
	00	01	11	10
00	⑩⑩	⑩⑩	01	⑩⑩
01	11	00	⑪①	11
11	⑪①	10	⑪①	⑪①
10	00	⑪⑩	11	00

　複数の状態変数が（ほぼ）同時に変化した場合も，同様
のレース問題が発生する可能性がある．表 10・4 の次状態
表を考える．統合状態 $xPQR=0000$ は，x が 1 に変化す
ると次状態は $PQR=011$ となる．Q が最初に変化すると回路
は状態 $PQR=010$ に遷移し，ついで $PQR=011$ となる．し
かし，R が最初に変化すると回路は状態 $PQR=001$ に遷移
し，そこで安定する．Q と R の変化の間にはレースがあ
り，回路は最初にどの信号が変化するかによって二つの異
なる状態に入るため，この競合はクリティカルレースとよ
ばれる．

表 10・4　複数の状態
変数が変化する例

PQR	x	
	0	1
000	⑩⑩⑩	011
001	101	⑩⑩①
011	101	⑩①①
010	000	011
110	000	①①⑩
111	101	①①①
101	①⑩①	110
100	①⑩⑩	110

　回路が統合状態 $xPQR=1011$ から始まり，x が 0 に変化
すると，信号 P と Q の間にレースが発生する．このとき，
どの状態変数が最初に変化しても回路の状態は $PQR=101$

となるため，レースは問題にならない．一般に，回路に遅延を挿入しても状態変数間のレースの問題を解決することはできない．正しい動作のためには，非同期回路がクリティカルレースを含んでいてはならない．

10·10   ま と め

本章では，数種類のラッチとフリップフロップについて学んだ．フリップフロップにはクロック入力があり，出力はクロックの立ち上がりエッジまたは立ち下がりエッジに応答して変化する．これらすべてのデバイスには，$Q=0$および$Q=1$の二つの出力状態がある．S–Rラッチの場合，$S=1$はQを1にセットし$R=1$はQを0にリセットする．$S=R=1$は禁止されている．S–Rフリップフロップは，Qがクロックのアクティブエッジの後にだけ変化することを除き，S–Rラッチと同じである．ゲート付Dラッチは，$G=1$のときに入力Dを出力Qに転送する．Gが0ならば，Dの現在の値がラッチに保持され，Qは変わらない．Dフリップフロップは，アクティブクロックエッジの後でQがDにセットされる．D–CEフリップフロップは，$CE=1$のときだけクロックが有効になることを除き，Dフリップフロップと同様である．J–Kフリップフロップは，$J=1$のときアクティブクロックエッジでQが1にセットされ，$K=1$のときアクティブエッジでQが0にリセットされるという点で，S–Rフリップフロップに似ている．$J=K=1$ならば，アクティブクロックエッジでQの状態は反転する．Tフリップフロップは，$T=1$のときにアクティブクロックエッジで状態が反転し，それ以外ではQは変化しない．

フリップフロップは非同期のクリアとプリセット入力をもつことができ，クロックに関係なくQを0にクリア，あるいは1にプリセットすることができる．フリップフロップは，フィードバック付のゲート回路を用いて構成できる．このような回路の解析は，ゲートを通じて信号の変化をトレースすることで行える．フローテーブルと非同期式順序回路理論を用いて解析することもできるが，本書の範囲を超えている．タイミング図は，ラッチやフリップフロップの入出力信号間の時間関係を理解するのに役立つ．一般に，入力はアクティブクロックエッジの指定時間（セットアップ時間）より前に与える必要があり，またアクティブエッジの指定時間（ホールド時間）後まで一定に

保つ必要がある．アクティブクロックエッジからQが変化するまでの時間は伝播遅延である．

フリップフロップの特性（次状態）方程式は次のように導かれる．まず，現在の状態Qと入力の関数として次状態Q^+を示す真理値表を作成する．不正な入力の組合わせは，ドント・ケアとして扱う必要がある．次に，Q^+の次状態表をつくり，そこから特性方程式を読み取る．本章で説明したラッチとフリップフロップの特性方程式は以下の通りである．

$$Q^+ = S + R'Q \qquad (SR = 0)$$
$$\text{（S-Rラッチまたはフリップフロップ）} \qquad (10\cdot6)$$
$$Q^+ = GD + G'Q$$
$$\text{（ゲート付Dラッチ）} \qquad (10\cdot7)$$
$$Q^+ = D$$
$$\text{（Dフリップフロップ）} \qquad (10\cdot8)$$
$$Q^+ = D \cdot CE + Q \cdot CE'$$
$$\text{（D-CEフリップフロップ）} \qquad (10\cdot9)$$
$$Q^+ = JQ' + K'Q$$
$$\text{（J-Kフリップフロップ）} \qquad (10\cdot10)$$
$$Q^+ = T \oplus Q = TQ' + TQ$$
$$\text{（Tフリップフロップ）} \qquad (10\cdot11)$$

いずれの場合も，Qはフリップフロップの初期状態または現在の状態を表し，Q^+は最終状態または次状態を表す．これらの式は，フリップフロップ入力に適切な制約が課されているときにだけ有効である．S–Rフリップフロップでは，$S=R=1$は禁止されている．マスタースレーブ型S–Rフリップフロップの場合は，SとRはアクティブエッジの前のクロック周期の半分の時間は変更してはならない．セットアップ時間とホールド時間の制約も満たす必要がある．

上記の特性方程式は，ラッチとフリップフロップの両方に適用されるが，その解釈は二つの場合で異なる．たとえば，ゲート付Dラッチでは，Q^+は入力の一つが変化した直後のラッチの状態を表す．しかし，Dフリップフロップでは，Q^+はアクティブなクロックエッジの少し後のフリップフロップの状態を表す．

ある種のフリップフロップを別のもの変換するには，通常は外部ゲートを追加する．図10·28では，J–KフリップフロップとDフリップフロップをTフリップフロップに変換する方法を示した．

■   練 習 問 題

10·1   右の回路のインバータの伝搬遅延が5 ns，ANDゲートの伝搬遅延が10 nsであると仮定し，X, Yのタイミング図を作成せよ．初期値はXが0，Yが1で，10 nsから80 nsの間はXが1で，その後で0になると仮定する．

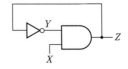

10・2 ラッチは，OR ゲート，AND ゲート，インバータを右図のように接続することで構成できる.

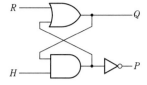

(a) P と Q' が定常状態で常に等しくなるためには，R と H にどのような制約を課す必要があるか.

(b) 次状態表を作成し，ラッチの特性（次状態）方程式を求めよ.

(c) 下記のラッチのタイミング図を完成させよ.

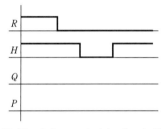

10・3 NAND ゲートと一つのインバータだけを用いて，ゲート付 D ラッチを設計せよ.

10・4 リセット優先のフリップフロップは入力 $S=R=1$ が許可され，このときにフリップフロップがリセットされることを除いて S-R フリップフロップと同様に動作する.

(a) リセット優先のフリップフロップの特性方程式を求めよ.

(b) ゲートを S-R フリップフロップに追加することで，リセット優先のフリップフロップを構成せよ.

10・5 (a) 立ち下がりエッジトリガと非同期の ClrN および PreN 入力を備えた J-K フリップフロップに対して，下記のタイミング図を完成させよ.

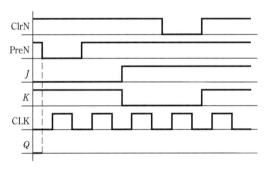

(b) 下記の回路のタイミング図を完成させよ. 二つのフリップフロップの CLK 入力が異なることに注意すること.

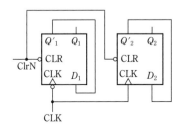

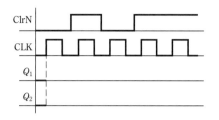

10・6 外部ゲートを追加して次の変換をせよ.

(a) D フリップフロップから J-K フリップフロップ

(b) T フリップフロップから D フリップフロップ

(c) クロックイネーブル付 T フリップフロップから D フリップフロップ

10・7 S-R ラッチの次のタイミング図を完成させよ. Q は 1 から始まるともものとする.

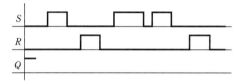

10・8 A-B ラッチは次のように動作する. $A=0$ かつ $B=0$ ならばラッチの状態は $Q=0$ で，$A=1$ または $B=1$ （両方ではない）ならばラッチ出力は変化しない. また，$A=1$ かつ $B=1$ ならばラッチの状態は $Q=1$ となる.

(a) 状態表を作成し，この A-B ラッチの特性方程式を求めよ.

(b) 四つの 2 入力 NAND ゲートと二つのインバータを用いて A-B ラッチの回路を構成せよ.

(c) (b)の回路で，信頼性のない動作をひき起こす可能性のある入力の組合わせの間に遷移があるか確認せよ.

(d) (b)の回路で，信号が Q' となるゲート出力があるか確認せよ.

(e) 四つの 2 入力 NOR ゲートと二つのインバータを用いて，A-B ラッチの回路を構成せよ.

(f) (e)の回路に対して，(c)と(d)と同じ確認をせよ.

10・9 次のラッチとフリップフロップの特性方程式を積和形で求めよ.

(a) S-R ラッチまたはフリップフロップ

(b) ゲート付 D ラッチ   (c) D フリップフロップ

(d) D-CE フリップフロップ   (e) J-K フリップフロップ

(f) T フリップフロップ

10・10 立ち下がりエッジでトリガされる J-K フリップフロップのタイミング図を，次の条件で作成せよ.

(a) Q が 0 から始まるとき

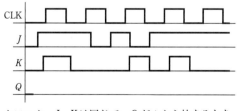

(b) クロック，J, K は同じで，Q が 1 から始まるとき

11 レジスタとカウンタ

レジスタ（register）は，共通のクロック入力をもつ複数のフリップフロップで構成される．レジスタは一般に，データの保管やシフトのために用いられる．**カウンタ**（counter）は，単純な順序回路の一つである．カウンタは通常，入力パルスを受取ると所定の順序で状態が変化する二つ以上のフリップフロップで構成される．本章では，カウンタのフリップフロップ入力の式の導出手順を学ぶ．これらの手順は，後の章でより一般的なタイプの順序回路にも適用する．

11・1 レジスタとレジスタ転送

複数の D フリップフロップをクロックを共通にしてグループ化することでレジスタを構成できる（図 11・1a）.

各フリップフロップは 1 ビットの情報を保持するため，レジスタには 4 ビットの情報が保存できる．このレジスタはクロックと AND されたロード信号（Ld）をもち，$Ld=0$ のときはレジスタにクロックは入らず，現在の値を維持する．

レジスタにデータをロードするには，Ld を 1 クロック周期の間，1 にセットする．$Ld=1$ のとき，クロック信号 CLK がフリップフロップのクロック入力に送られ，入力 D に与えられたデータはクロックの立ち下がりエッジでフリップフロップにロードされる．たとえば，出力 Q が 0000（$Q_3=Q_2=Q_1=Q_0=0$）で，データ入力が 1101（$D_3=1$, $D_2=1$, $D_1=0$, $D_0=1$）のとき，クロックの立ち下がりエッジの後で，Q は 0000 から 1101 に変わる（フリップフロップ出力の 0→1 という表記は，0 から 1 への

(a) ゲート付クロックの使用

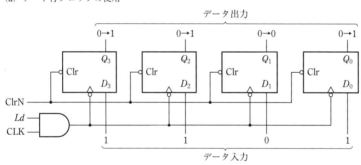

(b) クロックイネーブル付

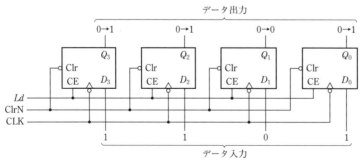

(c) 記 号

図 11・1　データ，ロード，クリア，クロック入力を備えた 4 ビット D フリップフロップレジスタ

変化を意味する).

　レジスタ内のフリップフロップには，共通のクリア信号 ClrN に接続された非同期クリア入力がある．クリア入力の○は，0 でフリップフロップがクリアされることを意味している．ClrN は通常 1 で，一瞬だけ 0 にすることで，四つのフリップフロップすべての出力 Q が 0 となる．

　§11・8 で説明したように，クロックを別の信号でゲーティングすると，タイミングの問題が発生することがある．クロックイネーブル付フリップフロップが使用可能ならば，レジスタは図 11・1(b) のように構成できる．ロード信号は四つの入力 CE のすべてに接続される．$Ld=0$ のときクロックは無効になり，レジスタはデータを保持する．$Ld=1$ ならばクロックが有効になり，クロックの立ち下がりエッジで，入力 D に与えられたデータがフリップフロップにロードされる．図 11・1(c) は，入力 D と出力 Q にバス表記を用いた 4 ビットレジスタの記号を示している．同様の機能をもつワイヤのグループは，しばしばバスとよばれる．太い線はバスを表すために用いられ，横に数字が付いた斜め線はバス内のビット数を示す．

　ディジタルシステムにおいて，レジスタ間のデータ転送は一般的な操作である．図 11・2 は，トライステートバッファを用いて，二つのレジスタの一つの出力から 3 番目のレジスタにデータを転送する方法を示している．$En=1$ で $Ld=1$ のとき，レジスタ A の出力はトライステートバス上で有効になり，そのデータはクロックの立ち上がりエッジの後で Q に保存される．$En=0$ で $Ld=1$ ならば，レジスタ B の出力がトライステートバス上で有効になり，クロックの立ち上がりエッジの後で Q に保存される．

　図 11・3(a) は，フリップフロップ出力にトライステートバッファを備えた八つの D フリップフロップをもつ集積回路レジスタを示している．これらのバッファは，$En=0$ のときに有効となる．この 8 ビットレジスタの記号を図 11・3(b) に示す．

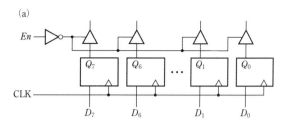

**図 11・3　トライステート出力をもつ 8 ビット
レジスタの論理回路図**

　図 11・4 は，四つの 8 ビットレジスタの一つから，別の二つのレジスタの一つにデータを転送する方法を示している．レジスタ A, B, C, D は，図 11・3 と同じものである．

　これらのレジスタからの出力はすべて並列に，共通のトライステートバスに接続される．レジスタ G と H は図 11・1 のレジスタと，フリップフロップが四つではなく八つある点を除いてよく似ている．レジスタ G と H のフリップフロップ入力もバスに接続されている．$EnA=0$ ならば，レジスタ A のトライステート出力がバス上で有効になる．そして $LdG=1$ ならば，バス上のこれらの信号は，クロックの立ち上がりエッジの後にレジスタ G にロードされる（$LdH=1$ ならばレジスタ H にロードされる）．同様に，$LdG=1$（または $LdH=1$）で，EnB, EnC, EnD のうちの一つが 0 ならば，それに対応したレジスタ B, C, D のうちの一つにデータ G（または H）が転送される．$LdG=LdH=1$ のときは，G と H の両方にバスからデータがロードされる．四つのイネーブル信号は，デコーダで生成することもできる．動作の概要は次のようになる．

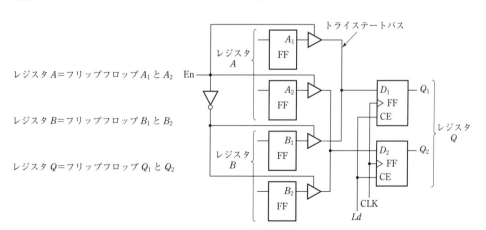

レジスタ $A=$ フリップフロップ A_1 と A_2

レジスタ $B=$ フリップフロップ B_1 と B_2

レジスタ $Q=$ フリップフロップ Q_1 と Q_2

図 11・2　レジスタ間のデータ転送

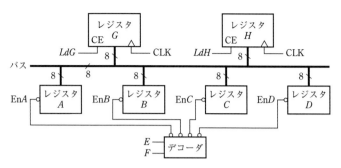

図 11・4　トライステートバスを用いたデータ転送

$EF=00$ のとき, A は G (または H) に格納される.
$EF=01$ のとき, B は G (または H) に格納される.
$EF=10$ のとき, C は G (または H) に格納される.
$EF=11$ のとき, D は G (または H) に格納される.

8 ビットのデータがレジスタ A, B, C, D のうちの一つから, レジスタ G または H に並列に転送されることに注意する. トライステート論理とバスを使用せずに, 八つの 4:1 マルチプレクサを用いてもよいが, より複雑な回路になってしまう.

アキュムレータを備えた並列加算器

コンピュータ回路では, 一つの数値をフリップフロップのレジスタ (アキュムレータとよばれる) に保存し, 2 番目の数値を加算して, 結果をアキュムレータに保存するということがよくある. アキュムレータを用いて並列加算器を構成する一つの方法は, 図 11・5 の回路のように, 図 4・2 の加算器にレジスタを追加することである. 数値 $X=x_n\cdots x_2 x_1$ がアキュムレータに保存されていると仮定する. 次に, 数値 $Y=y_n\cdots y_2 y_1$ が全加算器に入力され, キャリーが加算器内を伝播した後, X と Y の和が出力に現れる. 加算信号 (Ad) は, クロックの立ち上がりエッジでアキュムレータのフリップフロップに加算器出力を読み込むのに用いられる. $s_i=1$ のとき, フリップフロップ x_i の次状態 x_i^+ は 1 となる. $s_i=0$ ならば, フリップフロップ x_i

の次状態 x_i^+ は 0 である. したがって, $x_i^+=s_i$, $Ad=1$ のとき, アキュムレータ内の数 X はクロックの立ち上がりエッジの後, X と Y の和で置き換えられる.

アキュムレータを備えた加算器は, 複数の同一セルによる繰返し構造をしている. 各セルは, 全加算器とそれに対応したアキュムレータ用フリップフロップが含まれる. 入力 c_i と y_i をもち, 出力 c_{i+1} と x_i をもつセル i は, 典型的なセルとみなされる.

加算の前に, アキュムレータに X をロードする必要がある. これは, いくつかの方法で実行できる. 最も簡単な方法は, 最初にフリップフロップの非同期クリア入力を用いてアキュムレータをクリアし, 続いてデータ X を加算器の Y に入力して通常の手順でアキュムレータに加算することである. あるいは, アキュムレータ入力にマルチプレクサを追加して, アキュムレータへの入力を (データ X を入力する) 入力 Y か加算器出力かを選択できるようにしてもよい. これにより, アキュムレータをクリアする手順が不要となるが, ハードウェアは複雑になる. 図 11・6 は, アキュムレータのフリップフロップが加算出力 s_i または y_i から直接ロードできる加算器の典型的なセルである. $Ld=1$ のときマルチプレクサは y_i を選択し, y_i はクロックの立ち上がりエッジでアキュムレータのフリップフロップ x_i にロードされる. $Ad=1$ かつ $Ld=0$ ならば, 加算出力 s_i は x_i にロードされる. 信号 Ad と Ld は OR され, 加算またはロードが発生したときにクロックを有効にす

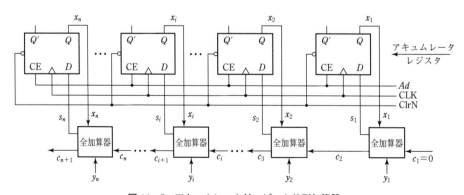

図 11・5　アキュムレータ付 n ビット並列加算器

る．$Ad=Ld=0$ のときクロックは無効になり，アキュムレータ出力は変化しない．

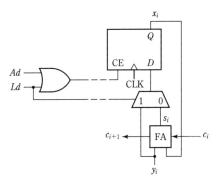

図11・6　加算器のセルとマルチプレクサ

11・2 シフトレジスタ

シフトレジスタ（shift register）は，バイナリデータを保存するレジスタで，シフト信号を入力することでデータを左または右にシフトできる．レジスタの一方の端からシフトアウトされたビットは失われるが，シフトレジスタが巡回型であれば一方の端からシフトアウトされたビットはもう一方の端に戻される．図11・7(a)は，Dフリップフロップで構成されたシリアル入出力を備えた4ビット右シフトレジスタである．シフトイネーブル $Sh=1$ のときクロックが有効になり，クロックの立ち上がりエッジでシフトが発生する．$Sh=0$ ならばシフトは起こらず，レジスタのデータは変更されない．シリアル入力 SI は，クロックの立ち上が

りエッジで最初のフリップフロップ Q_3 にロードされる．それと同時に，最初のフリップフロップの出力が2番目のフリップフロップにロードされ，2番目のフリップフロップの出力が3番目のフリップフロップにロードされ，3番目のフリップフロップの出力が最後のフリップフロップにロードされる．フリップフロップの伝搬遅延のため，各フリップフロップにロードされる出力値は，クロックの立ち上がりエッジの前の値である．図11・7(b)は，シフトレジスタのデータが最初に0101で，シリアル入力 SI の系列が $1,1,0,1$ のときのタイミングを示している．シフトレジスタの状態の系列は，0101, 1010, 1101, 0110, 1011 となる．

破線で示すように，シリアル出力をシリアル入力に接続すると，循環シフトレジスタは，右端から左端へループするシフトを行う．レジスタの初期値が0111のとき，1クロックサイクル後の値は1011となる．2番目のパルスの後で状態は1101，次に1110に，そして4番目のパルスでレジスタが初期状態0111に戻る．

4, 8またはそれ以上のフリップフロップを備えたシフトレジスタは，ICチップなどの集積回路の形で利用できる．図11・8は，8ビットのシリアル入出力のシフトレジスタを示している．シリアル入力とは，データが一度に1ビットずつ最初のフリップフロップからシフト入力されることを意味し，各フリップフロップにデータを並列にロードすることはできない．シリアル出力とは，データを最後のフリップフロップからしか読み出せず，他のフリップフロップの出力は集積回路の端子に接続されていないことを意味する．最初のフリップフロップへの入力は $S=SI$ およ

(a) フリップフロップ接続

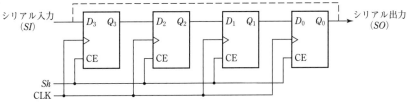

(b) タイミング図

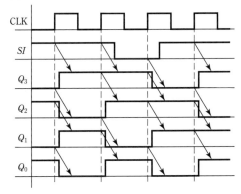

図11・7　右シフトレジスタ

(a) ブロック図

(b) 論理回路図

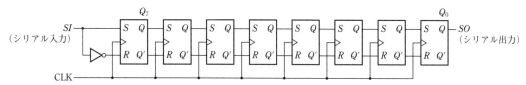

図11·8　8ビットシリアル入出力シフトレジスタ

び $R=SI'$ である．したがってクロックが入ると，$SI=1$ のときレジスタに1が，$SI=0$ ならば0がシフト入力される．図11·9に，典型的なタイミング図を示す．

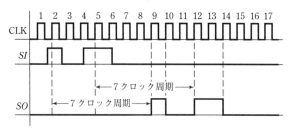

図11·9　図11·8のシフトレジスタの典型的なタイミング図

図11·10(a)は，4ビットのパラレル入出力シフトレジスタである．パラレル入力は四つのビットすべてを同時に

ロードできることを，パラレル出力はすべてのビットを同時に読み出せることを意味する．シフトレジスタは，シフトイネーブル Sh とロードイネーブル Ld の二つの制御入力をもつ．$Sh=1$（および $Ld=1$ または $Ld=0$）のときレジスタにクロックを与えると，シリアル入力 SI が最初のフリップフロップにシフトされ，フリップフロップ Q_3, Q_2, Q_1 のデータは右シフトされる．$Sh=0$ かつ $Ld=1$ のと

表11·1　シフトレジスタの動作

入力		次状態				
Sh（シフト）	Ld（ロード）	Q_3^+	Q_2^+	Q_1^+	Q_0^+	動作
0	0	Q_3	Q_2	Q_1	Q_0	変化なし
0	1	D_3	D_2	D_1	D_0	ロード
1	×	SI	Q_3	Q_2	Q_1	右シフト

(a) ブロック図

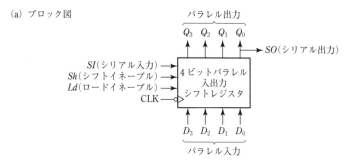

(b) フリップフロップと MUX を用いた実装

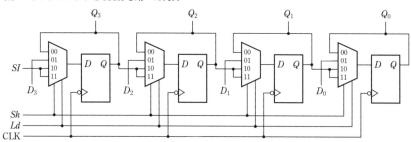

図11·10　パラレル入出力右シフトレジスタ

きシフトレジスタにクロックを与えると，4 ビットデータ入力 D_3, D_2, D_1, D_0 が並列にフリップフロップにロードされる．$S=Ld=0$ ならば，入力を与えてもレジスタの状態は変化しない．表 11・1 に，このシフトレジスタの動作をまとめる．なお，すべての状態変化はクロックの立ち下がりエッジの直後に発生する．

シフトレジスタは図 11・10(b)のように，MUX と D フリップフロップで実装できる．$Sh=Ld=0$ のとき，1 番目のフリップフロップでは出力 Q_3 が MUX によって選択されるため，$Q_3^+=Q_3$ となり状態は変化しない．$Sh=0$ かつ $Ld=1$ ならば，データ入力 D_3 が選択されてフリップフロップにロードされる．$Sh=1$ で $Ld=0$ または 1 のときは，SI が選択されてフリップフロップにロードされる．2 番目の MUX は Q_2, D_2, Q_3，などを選択する．フリップフロップの次状態方程式は以下となる．

$$Q_3^+=Sh'\cdot Ld'\cdot Q_3+Sh'\cdot Ld\cdot D_3+Sh\cdot SI \quad (11\cdot1)$$
$$Q_2^+=Sh'\cdot Ld'\cdot Q_2+Sh'\cdot Ld\cdot D_2+Sh\cdot Q_3$$
$$Q_1^+=Sh'\cdot Ld'\cdot Q_1+Sh'\cdot Ld\cdot D_1+Sh\cdot Q_2$$
$$Q_0^+=Sh'\cdot Ld'\cdot Q_0+Sh'\cdot Ld\cdot D_2+Sh\cdot Q_1$$

このレジスタの一般的な用途は，パラレルデータからシリアルデータへの変換である．最後のフリップフロップ Q_0 からの出力は，シリアル出力およびパラレル出力の一つとなる．図 11・11 に，典型的なタイミング図を示す．最初のクロックパルスで，データが並列にシフトレジスタにロードされる．次の四つのクロックパルスで，このデータはシリアル出力される．最初にレジスタがクリア（$Q_3 Q_2 Q_1 Q_0=0000$）されており，シリアル入力はずっと $SI=0$ で，ロード時間 t_0 にデータ入力 $D_3 D_2 D_1 D_0$ が 1011 と仮定すると，その波形は図 11・11 の通りとなる．シフトは t_1, t_2, t_3 の終わりに発生し，シリアル出力はこれらのクロック間に読み出すことができる．t_4 では $Sh=Ld=0$ なので，状態は変化しない．

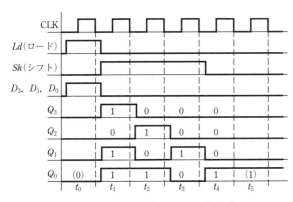

図 11・11　シフトレジスタのタイミング図

図 11・12(a)は，最後のフリップフロップからの出力 Q_1^+ が，最初のフリップフロップの入力 D にフィードバッ

クされる 3 ビットのシフトレジスタである．レジスタの初期状態が 000 ならば，D_3 の初期値は 1 なので，最初のクロックパルスの後でレジスタの状態は 100 となる．図 11・12(b)に遷移図を示す．レジスタが状態 001 のとき D_3 は 0 なので，次のレジスタ状態は 000 に戻る．その後も連続するパルスによって，レジスタの状態はループを繰返す．状態 010 と 101 はメインループにないことに注意する．レジスタの状態が 010 ならばシフトパルスによって 101 に変わり，101 ならば 010 となる．したがって，遷移図には二つ目のループがある．

(a) フリップフロップ接続

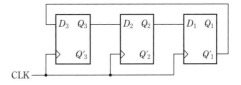

(b) 遷移図

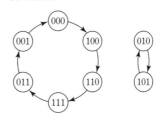

図 11・12　出力の否定がフィードバックされるシフトレジスタ

状態が決まった系列を循環する回路は，カウンタとよばれる．出力の否定がフィードバックされるシフトレジスタ（図 11・12）は，**ジョンソンカウンタ**（Johnson counter）または**ツイストリングカウンタ**（twisted ring counter）とよばれる．出力がそのままフィードバックされる（たとえば，図 11・12 では Q_1 が D_3 に接続されている）シフトレジスタのカウンタは，**リングカウンタ**（ring counter）とよばれる．

図 11・13 はシフトレジスタカウンタの標準的な形を示しており，シフトレジスタの値を変数とする一般的な関数の出力ビットが左端にシフト入力される．ゲート論理に排他的論理和だけが含まれる場合，カウンタは線形（フィードバック）シフトレジスタカウンタとよばれる．各整数 n に対して，0 を除くすべての状態が含まれる長さ 2^n-1

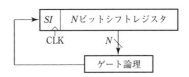

図 11・13　一般的なシフトレジスタカウンタ

の周期をもつ線形nビットシフトレジスタカウンタが存在する. 多くのnに対して, そのようなカウンタに必要な排他的論理和ゲートの数は少数である. シフトレジスタカウンタには, 乱数発生器, 線形誤り訂正符号のエンコーダやデコーダなど, 多くのアプリケーションがある.

11・3　バイナリカウンタの設計

　本節で説明するカウンタは, すべて同期カウンタである. これは, フリップフロップの動作が共通のクロックパルスに同期し, 複数のフリップフロップの状態変化が同時に起こることを意味している. あるフリップフロップの状態変化が, 別のフリップフロップをトリガするリップルカウンタについては詳しく説明しない.

　最初に, 三つのTフリップフロップを用いて, クロックパルスをカウントするバイナリカウンタを構成する (図11・14). なお, 入力パルスの立ち上がりエッジの直後に, すべてのフリップフロップの状態が変化するものと仮定する. カウンタの状態は, 各フリップフロップの状態によって決まる. たとえば, フリップフロップCが状態0, Bが状態1, Aが状態1のとき, カウンタの状態は011である. 最初に, すべてのフリップフロップの状態が0にリセットされているとする. クロックパルスを受取るとカウンタは状態001に, 2番目のパルスが入力されると状態010に, といったように変化する. フリップフロップの状態の系列は, $CBA=000, 001, 010, 011, 100, 101, 110, 111, 000, \cdots$となる. カウンタが状態111に到達すると, 次のパルスで状態が000にリセットされ, 同じ系列が繰返されることに注意する.

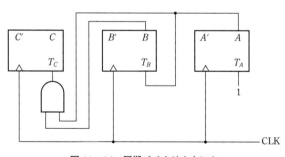

図11・14　同期バイナリカウンタ

　最初に, カウントすべき数の系列を調べてカウンタを設計し, 次に, 他のタイプのカウンタにも一般化できる体系的な手法を用いる. 解くべき問題は, フリップフロップ入力T_C, T_B, T_A, を決定することである. 上述のカウントすべき数の系列から, クロックパルスが入るたびにAの状態が変化していることがわかる. Aは立ち上がりクロックエッジごとに状態を変えるため, T_Aは1でなければならない.

次に, $A=1$のときだけBの状態が変わることがわかる. したがって, $A=1$のときにBの状態がクロックの立ち上がりエッジで変化するように, AがT_Bに接続される. 同様に, BとAが両方とも1のときだけ, Cの状態はクロックの立ち上がりエッジで変化する. したがって, $B=1$かつ$A=1$のときにCの状態がクロックの立ち上がりエッジで変化するように, ANDゲートがT_Cに接続されている.

　ここで, 図11・14の回路が正しくカウントするかを, 回路内の信号を追跡して検証する. 最初のアクティブクロックエッジが入ると, 初期状態が$CBA=000$なのでT_Aだけが1となり, 状態が001に変化する. 2番目のアクティブクロックエッジが入ると, $T_B=T_A=1$なので, 状態が010に変わる. この一連の動作は, 最終的に状態111 ($T_C=T_B=T_A=1$) に到達するまで続き, すべてのフリップフロップが状態0に戻る.

　次に, 遷移表 (表11・2) を用いてバイナリカウンタを再設計する. この表は, フリップフロップC, B, Aの現状態 (クロックパルスを受信する前) と, それぞれに対する次状態 (クロックパルスを受信した後) を示している. たとえば, フリップフロップの状態が$CBA=011$でクロックパルスが入ると, 次状態は$C^+B^+A^+=100$となる. 表ではクロックは明示されていないが, 入力がカウンタを順番に次状態に遷移させるものとする. 表の3列目は, フリップフロップ入力T_C, T_B, T_Aを求めるのに用いる. A列とA^+列の内容が異なる場合は, フリップフロップAは必ず状態を変え, そのときT_Aは1でなければならない. 同様に, BとB^+が異なれば, Bは必ず状態を変え, T_Bは1でなければならない. たとえば, $CBA=011$で$C^+B^+A^+=100$ならば, 三つのフリップフロップすべてが状態を変え, $T_CT_BT_A=111$である.

表11・2　バイナリカウンタの遷移表

現状態			次状態			フリップフロップ入力		
C	B	A	C^+	B^+	A^+	T_C	T_B	T_A
0	0	0	0	0	1	0	0	1
0	0	1	0	1	0	0	1	1
0	1	0	0	1	1	0	0	1
0	1	1	1	0	0	1	1	1
1	0	0	1	0	1	0	0	1
1	0	1	1	1	0	0	1	1
1	1	0	1	1	1	0	0	1
1	1	1	0	0	0	1	1	1

　T_C, T_B, T_AはC, B, Aの関数として, 表から求めることができる. なお, 常に$T_A=1$である. 図11・15はT_CとT_Bのカルノー図で, $T_C=BA$および$T_B=A$となっている. これらの式は, 図11・14と同じ回路を生成する.

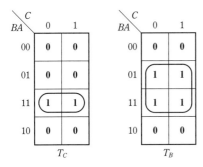

図11・15　バイナリカウンタのカルノー図

次に，Tフリップフロップの代わりにDフリップフロップを用いてバイナリカウンタを再設計する．これを行う最も簡単な方法は，図10・28(b)に示すように，XOR（排他的論理和）ゲートを追加して，各DフリップフロップをTフリップフロップに変換することである．図11・16に，そのカウンタ回路を示す．右端のXORゲートは，$A \oplus 1 = A'$からインバータで置き換えることができる．

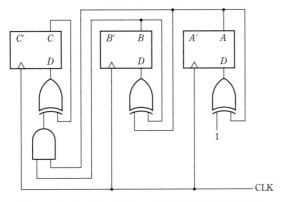

図11・16　Dフリップフロップによるバイナリカウンタ

遷移表（表11・2）から，バイナリカウンタのDフリップフロップ入力を得ることができる．Dフリップフロップでは，$Q^+ = D$となる．表で$Q_A^+ = A'$なので$D_A = A'$であることがわかる．図11・17のカルノー図には，Q_B^+とQ_C^+もプロットしてある．カルノー図から求まる入力Dの

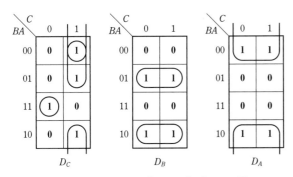

図11・17　Dフリップフロップのカルノー図

式は次の通りとなり，図11・16と同じ論理回路が得られる．

$$D_A = A^+ = A'$$
$$D_B = B^+ = BA' + B'A = B \oplus A$$
$$D_C = C^+ = C'BA + CB' + CA'$$
$$\qquad = C'BA + C(BA)' = C \oplus BA \qquad (11 \cdot 2)$$

次に，アップダウンバイナリカウンタを解析する．図11・18に，アップダウンカウンタの状態遷移図と遷移表を示す．カウンタは，$U=1$のとき000, 001, 010, 011, 100, 101, 110, 111, 000…の順にカウントアップし，$D=1$ならば000, 111, 110, 101, 100, 011, 010, 001, 000…の順にカウントダウンする．$U=D=0$のときはカウンタの状態は変化せず，$U=D=1$は禁止である．

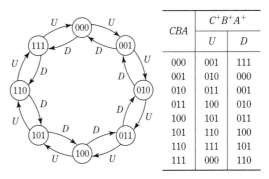

CBA	$C^+B^+A^+$	
	U	D
000	001	111
001	010	000
010	011	001
011	100	010
100	101	011
101	110	100
110	111	101
111	000	110

図11・18　アップダウンカウンタの遷移図と遷移表

図11・19のように，アップダウンカウンタはDフリップフロップとゲートで実装できる．対応する論理式は次のようになる．

$$D_A = A^+ = A \oplus (U+D)$$
$$D_B = B^+ = B \oplus (UA + DA')$$
$$D_C = C^+ = C \oplus (UBA + DB'A')$$

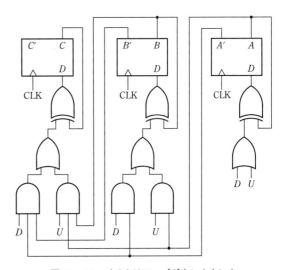

図11・19　バイナリアップダウンカウンタ

U=1 で D=0 のとき，これらの式はバイナリアップカウンタと同じ式（11・2）となる．

U=0 で D=1 ならば，これらの式は次のようになる．

$$D_A = A^+ = A \oplus 1 = A'$$

（A はクロックサイクルごとに状態が変化）

$$D_B = B^+ = B \oplus A'$$

（B は A=0 のときに状態が変化）

$$D_C = C^+ = C \oplus B'A'$$

（C は B=A=0 のときに状態が変化）

図 11・18 の表から，これらがダウンカウンタの正しい式であることが確認できる．表のすべての行で A^+=A' なので，A はクロックサイクルごとに状態が変化する．A=0 の行では B^+=B'，A=0 かつ B=0 の行では C^+=C' となる．

次に，ロード機能付カウンタを設計する（図 11・20a）．このカウンタには，二つの制御信号 Ld（ロード）と Ct（カウント）がある．Ld=1 のとき，立ち上がりクロックエッジでバイナリデータがカウンタにロードされ，Ct=1 のとき，立ち上がりクロックエッジでカウンタがインクリメントされる．Ld=Ct=0 ならば，カウンタは現状態を維持する．Ld=Ct=1 ではロードがカウントよりも優先で，データがカウンタにロードされる．カウンタは，ClrN が 0 のときにカウンタをクリアする非同期クリア入力ももっている．図 11・20(b) に，カウンタの動作をまとめる．すべての状態変化は非同期クリアを除いて，クロックの立ち上がりエッジで発生する．図 11・21 は，フリップフロップ，MUX，およびゲートを用いて実装したロード機能付カウンタである．Ld=1 のとき，各 MUX は D_i 入力を選択し，また各 AND ゲートの出力は 0 となるので，各 XOR ゲート出力は D_i となってフリップフロップに保存される．Ld=0 で Ct=1 ならば，各 MUX はそれぞれのフリップフロップ出力（C，B または A）を選択する．したがって，回路は図 11・16 と等価となり，カウンタはクロックの立ち上がりエッジでインクリメントされる．

図 11・21 のカウンタの次状態方程式は次のようになる．

$$A^+ = D_A = (Ld' \cdot A + Ld \cdot D_{Ain}) \oplus Ld' \cdot Ct$$
$$B^+ = D_B = (Ld' \cdot B + Ld \cdot D_{Bin}) \oplus Ld' \cdot Ct \cdot A$$
$$C^+ = D_C = (Ld' \cdot C + Ld \cdot D_{Cin}) \oplus Ld' \cdot Ct \cdot B \cdot A$$

Ld=0 かつ Ct=1 のとき，これらの式は A^+=A''，B^+=$B \oplus A$ および C^+=$C \oplus BA$ に簡単化でき，これは前に 3 ビットカウンタで求めた式と同じである．

11・4　ほかの系列のカウンタ

アプリケーションによっては，カウンタの状態の系列は 2 進数の順番ではない．図 11・22 は，そのようなカウンタの遷移図を示している．矢印は状態の系列を示している．このカウンタが状態 000 から始まると，最初のクロッ

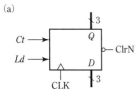
(a)

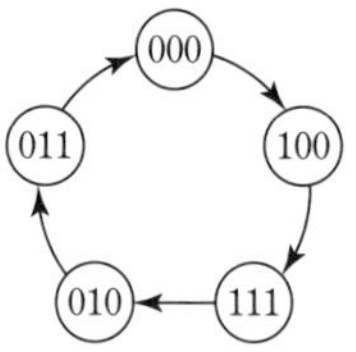

(b)

ClrN	Ld	Ct	C^+	B^+	A^+	
0	×	×	0	0	0	（ロード）
1	1	×	D_C	D_B	D_A	（変化なし）
1	0	0	C	B	A	
1	0	1	現状態＋1			

図 11・20　カウントイネーブルとロード機能付カウンタ

図 11・22　カウンタの遷移図

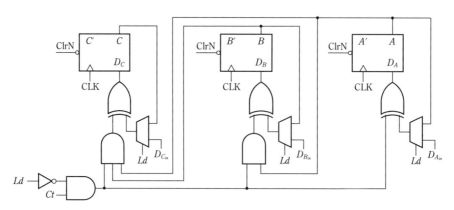

図 11・21　図 11・20 の回路実装

クパルスで状態 100 へ，次のパルスで 111 へ等と進んでいく．クロックパルスは回路入力であるが，暗黙の了解で遷移図には示していない．表 11・3 にこのカウンタの遷移表を示す．現状態 001, 101, 110 に対して，次状態が指定されていないことに注意する．

表 11・3　図 11・22 の遷移表

C	B	A	C^+	B^+	A^+
0	0	0	1	0	0
0	0	1	−	−	−
0	1	0	0	1	1
0	1	1	0	0	0
1	0	0	1	1	1
1	0	1	−	−	−
1	1	0	−	−	−
1	1	1	0	1	0

T フリップフロップを用いて，表 11・3 で定義されたカウンタを設計する．前の例のように，この表から T_C, T_B, T_A を直接求めることができる．しかし，C^+, B^+, A^+ を示す次状態のカルノー図を C, B, A の関数としてプロットし，これらのカルノー図を用いて T_C, T_B, T_A を求めた方が容易な場合がしばしばある．図 11・23(a) の次状態のカルノー図は，表 11・3 を調べることで簡単にプロットできる．表の 1 行目から，$CBA=000$ に対応する C^+, B^+, A^+ カルノー図上のマスは，それぞれ 1, 0, 0 で埋められる．2 行目から，$CBA=001$ に対応する三つのカルノー図上

のマスはすべてドント・ケアで埋められる．3 行目から，$CBA=010$ に対応する C^+, B^+, A^+ カルノー図上のマスは，それぞれ 0, 1, 1 で埋められる．この手順を続けることで，次状態のカルノー図を直ちに完成させることができる．

ここで，次状態のカルノー図から入力 T のカルノー図を導出する．以下の説明では，記号 Q はある一つのフリップフロップ（C, B または A）の現状態を，Q^+ は同じフリップフロップの次状態（C^+, B^+ または A^+）を表す．T フリップフロップの現状態 Q と次状態 Q^+ が与えられ，状態が変化するのであれば，入力 T は常に 1 でなければならない．したがって表 11・4 に示すように，$Q^+ \neq Q$ のときは必ず $T=1$ となる．

表 11・4　T フリップフロップの入力

Q	Q^+	T	
0	0	0	
0	1	1	$T = Q^+ \oplus Q$
1	0	1	
1	1	0	

フリップフロップ Q の次状態のカルノー図は一般に，Q と他の複数の変数の関数として Q^+ を与える．Q の値は行や列の見出しから決まり，Q^+ はカルノー図の各マス内に書かれた値となる．Q^+ のカルノー図が与えられると，T_Q のカルノー図は Q^+ と Q が異なる場所のマスに 1 を置くだけで作成できる．したがって，図 11・23(a) の C^+ のカル

(a)　表 11・3 の次状態のカルノー図

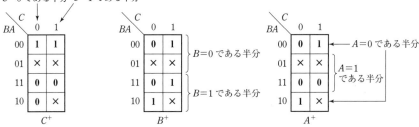

(b)　T 入力の導出

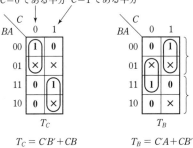

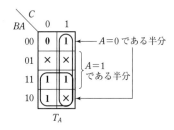

$$T_C = C'B' + CB \qquad T_B = C'A + CB' \qquad T_A = C + B$$

図 11・23

ノー図から図11・23(b)のT_Cのカルノー図を作成するには，$CBA=000$であるT_Cのマスに1を置く．これは，このマスで$C=0$かつ$C^+=1$となるためである．また，$C=1$かつ$C^+=0$である111のT_Cのマスにも1を置く．

変数の組合わせによっては，フリップフロップの次状態を気にする必要がなく，その場合は同じ変数の組合わせに対するフリップフロップ入力を気にする必要もない．したがって，Q^+のカルノー図のあるマスにドント・ケアがあるときは，T_Qのカルノー図にも対応するマスにドント・ケアがある．よって，C^+の対応するマスがドント・ケアとなっている$CBA=001, 101, 110$で，T_Cのカルノー図もドント・ケアとなる．

Q^+のカルノー図からT_Qのカルノー図への変換を一度に一つのマスに対して行う代わりに，Q^+のカルノー図を$Q=0$と$Q=1$に関して二つに分けて，カルノー図の各半分を変換することができる．表11・4から，$Q=0$ならば$T=Q^+$，また$Q=1$ならば$T=(Q^+)'$となる．したがって，Q^+のカルノー図をTのカルノー図に変換するには，カルノー図の半分の$Q=0$でQ^+をコピーし，残り半分の$Q=1$でQ^+の否定をとればよい．またドント・ケアはそのまま残す．

この手法を用いて，図11・23(a)のカウンタのC^+, B^+, A^+のカルノー図をTのカルノー図に変換する．最初のカルノー図では，CはQ（およびC^+はQ^+）に対応するため，C^+のカルノー図からT_Cのカルノー図を求めるには，2番目の列（$C=1$）の否定をとり，残りのカルノー図は変更しない．同様に，B^+からT_Bを求めるにはBのカルノー図の下半分の否定をとり，A^+からT_Aを求めるには中央の2行の否定をとる．これにより，図11・23(b)のカルノー図と式，および図11・24に示す回路が得られる．クロックは各フリップフロップの入力CKに接続されているため，フリップフロップはクロックパルスにだけ応答して状態を変化させる．ゲート入力は破線で示すように，対応するフリップフロップ出力に直接つながれる．本書では可読

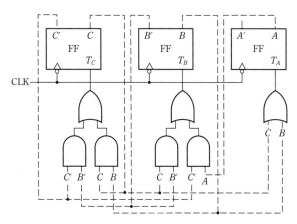

図11・24　Tフリップフロップによるカウンタ

性のため，同様の回路図におけるこのような破線の接続は以後省略する．

回路内の信号を追跡することで得られた図11・25のタイミング図で，カウンタが図11・22の遷移図に従って動作していることを確認する．例として，$CBA=000$，$T_C=1$，$T_B=T_A=0$から始める．クロックパルスが入ると，フリップフロップCだけが状態を変え，新しい状態は100となる．このとき，$T_C=0$と$T_B=T_A=1$なので，クロックパスが入るとフリップフロップBとAが状態を変える．フリップフロップは，クロックの立ち下がりエッジに同期して状態を変えることに注意する．

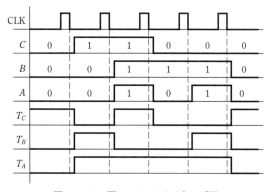

図11・25　図11・24のタイミング図

カウンタの元の遷移表（表11・3）は完全には定義されていないが，回路設計を完了する過程で，状態001, 101, 110の次状態が決定される．たとえば，フリップフロップが最初に$C=0$，$B=0$，$A=1$と設定されているとき，回路内の信号を追跡すると$T_C=T_B=1$および$T_A=0$なので，クロックパルスで状態は111に変わる．この動作を，図11・26に破線で示す．カウンタが状態111になると，連続するクロックパルスに応じて遷移図の通りに本来の系列のカウントを継続する．回路の電源が最初に入ったときは，フリップフロップの初期状態を予測できない．このため，電源投入リセットが用意されていない限り，カウンタ内のすべてのドント・ケア状態を調べ，最終的にメインのカウント系列に入ることを確認する必要がある．このようなカウンタは，セルフスタートとよばれることがある．

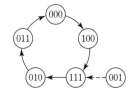

図11・26　カウンタの遷移図

要約すると，次の手順でTフリップフロップを用いたカウンタを設計できる．

1. 現在のフリップフロップの状態の各組合わせに対して，

次のフリップフロップの状態を示す遷移表を作成する.
2. 表から次状態のカルノー図をプロットする.
3. 各フリップフロップの入力Tのカルノー図をプロットする.T_Qのカルノー図では,$Q^+ \neq Q$のときは常にT_Qを1にする必要がある.これはカルノー図の$Q=1$の半分の否定をとり,$Q=0$の半分を変更しないことで,Q^+カルノー図からT_Qカルノー図が生成できることを意味する.
4. カルノー図から入力Tの式を求めて,回路を実装する.

Dフリップフロップによるカウンタ設計

Dフリップフロップの場合,$Q^+ = D$なので,入力Dのカルノー図は次状態のカルノー図と同じである.したがって,Dの式はQ^+のカルノー図から直接読み取ることができる.図11・22のカウンタでは,図11・23(a)の次状態のカルノー図から下記の式となる.

$$D_C = C^+ = B'$$
$$D_B = B^+ = C + BA'$$
$$D_A = A^+ = CA' + BA' = A'(C + B)$$

この式から,Dフリップフロップによる回路は図11・27のようになる.なお可読性のため,フリップフロップ出力とゲート入力の間の接続配線は回路図で省略されている.

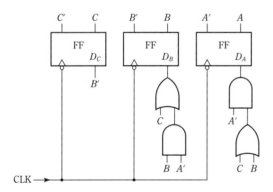

図11・27 Dフリップフロップによる図11・22のカウンタ

非バイナリ系列のカウンタを直接設計する代わりに,バイナリカウンタまたは他のカウンタにデコーダを追加して目的の出力を生成することもできる.この方法で,回路全体が単純になることもある.例として,図11・22の5周期のカウンタは,デコーダを備えた5ステージのリングカウンタとして生成できる.リングカウンタのステージを$Q_5, Q_4, \cdots, Q_1$とすると,デコーダ出力は次式となる.

$$O_C = Q_4 + Q_3$$
$$O_B = Q_3 + Q_2 + Q_1$$
$$O_A = Q_3 + Q_1$$

クリア,プリセットまたは並列ロード機能を備えたカウンタとシフトレジスタを用いて,非バイナリ周期のカウン

タを生成することもできる.図11・28に示すように,クリア入力をもつバイナリカウンタについて考える.バイナリカウンタ($N=4$)は,ゲート論理でカウント値9を0(10ではない)に更新することによって,BCD(10進)カウンタに変換できる.クリアが同期しており,4ビットのカウンタ出力がQ_3, Q_2, Q_1, Q_0のとき,必要な論理は次のようになる.

$$\text{Clr} = Q_3 Q_0$$

カウンタは状態10〜15には決してならないので,これらはClrの関数でドント・ケアとなる.クリアが非同期ならば,必要な論理は次のようになる.

$$\text{Clr} = Q_3 Q_1$$

この場合,状態11〜15はClrに対してドント・ケアとなる.カウンタが状態9のとき,次のクロックのアクティブエッジで一時的に状態10となり,アクティブとなったClrがカウンタを状態0に戻す.このような一時的な状態は,カウンタ出力を用いる他の論理でグリッチをひき起こす可能性がある.

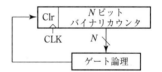

図11・28 クリア付バイナリカウンタ

ほかの例として,並列ロード機能をもつ図11・29($N=4$)のバイナリカウンタを考える.これは,3増し符号によってカウントを行う10進カウンタの作成に用いることができる.カウンタは状態3〜12を循環する必要がある.カウンタが状態12でパラレル入力が0011のとき,論理は次式のLdを生成する必要がある.

$$D_3 = 0, \ D_2 = 0, \ D_1 = 1, \ D_0 = 1$$
$$Ld = Q_3 Q_2$$

なお,状態0, 1, 2, 13, 14, 15はドント・ケアである.

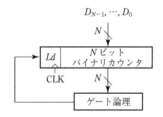

図11・29 並列ロード付バイナリカウンタ

11・5 S−RとJ−Kフリップフロップによるカウンタ設計

S−Rフリップフロップによるカウンタの設計手順は,

§11・3 および §11・4 で説明した方法と同様である。ただし、D または T フリップフロップ毎に入力の式を求めたのとは異なり、入力 S と R の式を導く必要がある。これらフリップフロップ入力 S と R の式を求める方法を説明する。

表 11・5(a) は、S-R フリップフロップの動作を示している。S, R, Q が与えられると、この表から Q^+ を決定できる。しかし、解くべき問題は、現状態 Q と次状態 Q^+ が与えられたときに S と R を決定することである。フリップフロップの現状態が $Q^+=0$ で次状態が $Q^+=1$ のとき、フリップフロップを 1 にセットするために入力 S を 1 にする必要がある。また、現状態が 1 で次状態が 0 ならば、フリップフロップを 0 にリセットするために入力 R を 1 にする必要がある。フリップフロップ入力の制約から、$R=1$ ならば $S=0$、$S=1$ ならば $R=0$ とする必要がある。したがって、表 11・5(b) を作成するときに、$QQ^+=01$ と 10 に対応する行は、それぞれ $SR=10$ および 01 と記述できる。現状態と次状態が両方とも 0 であれば、フリップフロップを 1 に設定しないように S を 0 にする必要がある。ただし、$Q=0$ ならば、$R=1$ はフリップフロップの状態に影響を与えないため、R は 0 と 1 のいずれでもよい。同様に、現状態と次状態が両方とも 1 ならば、R はフリップフロップをリセットしないように 0 にする必要があるが、S は 0 と 1 のいずれでもよい。入力 S と R の条件を表 11・5(b) にまとめる。表 11・5(c) は、R と S の選択肢がドント・ケアとなっていること以外は表 11・5(b) と同じである。

表 11・5　S-R フリップフロップの入力

(a)

S	R	Q	Q^+	
0	0	0	0	
0	0	1	1	
0	1	0	0	
0	1	1	0	
1	0	0	1	
1	0	1	1	
1	1	0	− 禁止
1	1	1	− 入力

(b)

Q	Q^+		S	R
0	0	{	0	0
			0	1
0	1		1	0
1	0		0	1
1	1	{	0	0
			1	0

(c)

Q	Q^+	S	R
0	0	0	×
0	1	1	0
1	0	0	1
1	1	×	0

次に、S-R フリップフロップを用いて図 11・22 のカウンタを再設計する。表 11・3 に S と R のフリップフロップ入力の列を追記したものを、表 11・6 に再掲する。これらの列は、表 11・5(c) を用いて埋めることができる。$CBA=000$ のとき $C=0$ かつ $C^+=1$ なので、$S_C=1$ および $R_C=0$。$CBA=010$ と 011 のとき、$C=0$ かつ $C^+=0$ なので、$S_C=0$ および $R_C=×$。$CBA=100$ のとき、$C=1$ かつ $C^+=1$ なので、$S_C=×$ および $R_C=0$。$CBA=111$ のとき、$C=1$ かつ $C^+=0$ なので、$S_C=0$ および $R_C=1$。

$CBA=001, 101, 110$ の行では、$C^+=×$ なので、$S_C=R_C=×$。同様にして、S_B と R_B の値は B と B^+ の値から、S_A と R_A は A と A^+ から導くことができる。その結果を、フリップフロップの入力関数として表したのが図 11・30(b) のカルノー図である。

表 11・6

C	B	A	C^+	B^+	A^+	S_C	R_C	S_B	R_B	S_A	R_A
0	0	0	1	0	0	1	0	0	×	0	×
0	0	1	−	−	−	×	×	×	×	×	×
0	1	0	0	1	1	0	×	×	0	1	0
0	1	1	0	0	0	0	×	0	1	0	1
1	0	0	1	1	1	×	0	1	0	1	0
1	0	1	−	−	−	×	×	×	×	×	×
1	1	0	−	−	−	×	×	×	×	×	×
1	1	1	0	1	0	0	1	×	0	0	1

一般に、S-R フリップフロップの入力のカルノー図は、表 11・6 の遷移表から導くよりも、次状態のカルノー図から求めた方が早くかつ簡単である。各フリップフロップに対して S と R の値を決めるために、表 11・5(c) を用いて次状態 Q^+ のカルノー図から S と R の入力のカルノー図を求める。T フリップのときと同様に、S-R フリップフロップの入力の式を求めるための開始点として、図 11・23(a) の C^+, B^+, A^+ の次状態のカルノー図を用いる。便宜上、これらのカルノー図を図 11・30(a) に再掲する。入力のカルノー図を求めるのに、それぞれの次状態のカルノー図の半分を一度に検討する。まずフリップフロップ C（$Q=C$ および $Q^+=C^+$）から始め、カルノー図の $C=0$ 列について考える。表 11・5(c) から、$C=0$ かつ $C^+=1$ のとき、$S=1$ かつ $R=0$ である。したがって、$C=0$ 列で $C^+=1$ に対応する入力のカルノー図のすべてのマスに、$S_C=1$ と $R_C=0$（または空白）をプロットする。同様に、$C=0$ 列で $C^+=0$ に対応する入力カルノー図のすべてのマスに、$S_C=0$ と $R_C=×$ をプロットする。$C=1$ 列で、$C^+=0$ ならば $S_C=0$ と $R_C=1$ を、$C^+=1$ ならば $S_C=×$ と $R_C=0$ をプロットする。C^+ のカルノー図のドント・ケアは次状態が何になるかを気にしないという意味なので、入力が何であるかも気にする必要がなく、S_C および R_C のカルノー図もドント・ケアとなる。同様にして、B^+ のカルノー図の $B=0$（上半分）と $B=1$（下半分）から、S_B および R_B のカルノー図が求まる。以前と同様に、フリップフロップがセットまたはリセットされる場合は、S または R のカルノー図に 1 が置かれる。$Q=1$ で状態が変わらなければ $S=×$、$Q=0$ で状態が変わらなければ $R=×$ である。最後に、S_A と R_A は A^+ のカルノー図から導出される。以上の結果から得られた回路を、図 11・30(c) に示す。

J-K フリップフロップによるカウンタの設計手順は、

(a) 次状態のカルノー図

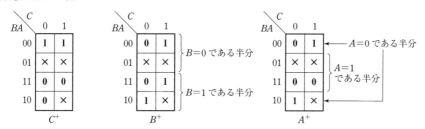

(b) S-Rフリップフロップの式

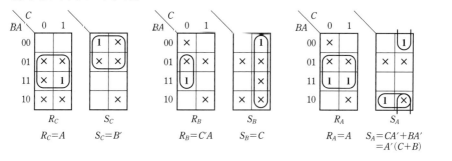

$R_C = A$ $S_C = B'$ $R_B = C'A$ $S_B = C$ $R_A = A$ $S_A = CA' + BA'$
$= A'(C+B)$

(c) 論理回路

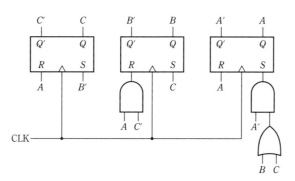

図 11・30 S-R フリップフロップによる図 11・22 のカウンタ

S-R フリップフロップの方法とよく似ている. J-K フリップフロップは, JとKが同時に1のときにフリップフロップの状態が反転すること以外は, S-R フリップフロップと同じである. 表 11・7(a)は次状態Q^+を, J, K, Qの関数として表している. QとQ^+が与えられたときに, この表を用いて入力JとKの条件を導出できる. したがって, $Q=0$から$Q^+=1$への変化には, $J=1$（および$K=0$）を用いてフリップフロップを1に設定するか, $J=K=1$を用いて状態を反転する. つまり, Jは1となる必要があるが, Kはドント・ケアである. 同様に, 1から0への状態の変化は, $K=1$（および$J=0$）でフリップフロップをリセットするか, $J=K=1$でフリップフロップの状態を反転させることで実現できる. 状態を変化させないときの入力は, S-R フリップフロップの対応する入力と同じである. J-K フリップフロップの入力の条件を表 11・7(b)と表 11・7(c)にまとめる*.

次に, J-K フリップフロップを用いて, 図 11・22 の

表 11・7 J-K フリップフロップの入力

(a)

J	K	Q	Q^+
0	0	0	0
0	0	1	1
0	1	0	0
0	1	1	0
1	0	0	1
1	0	1	1
1	1	0	1
1	1	1	0

(b)

Q	Q^+	J	K
0	0	0	0
		0	1
0	1	1	0
		1	1
1	0	0	1
		1	1
1	1	0	0
		1	0

(c)

Q	Q^+	J	K
0	0	0	×
0	1	1	×
1	0	×	1
1	1	×	0

* ［訳注］表 11・7(c)のようにフリップフロップの現状態と次状態の組に対する入力値を示す表を**励起表**（excitation table）という.

カウンタを再設計する．表11・3にJとKのフリップフロップ入力の列を追記したものを，表11・8に再掲する．これらの列は，表11・7(c)を用いて埋めることができる．$CBA=000$のとき$C=0$かつ$C^+=1$なので，$J_C=1$および$K_C=×$．$CBA=010$と011のとき，$C=0$かつ$C^+=0$なので，$J_C=0$および$K_C=×$となる．表の残りも同様に埋めていく．その結果を，J–Kフリップフロップの入力関数としてプロットしたのが図11・31(b)である．J–Kのカルノー図

表 11・8

C	B	A	C^+	B^+	A^+	J_C	K_C	J_B	K_B	J_A	K_A
0	0	0	1	0	0	1	×	0	×	0	×
0	0	1	−	−	−	×	×	×	×	×	×
0	1	0	0	1	1	0	×	×	0	1	×
0	1	1	0	0	0	0	×	×	1	×	1
1	0	0	1	1	1	×	0	1	×	1	×
1	0	1	−	−	−	×	×	×	×	×	×
1	1	0	−	−	−	×	×	×	×	×	×
1	1	1	0	1	0	×	1	×	0	×	1

からフリップフロップ入力の式を求めれば，図11・31(c)の論理回路を描くことができる．

11・6　まとめ：フリップフロップ入力の式の導出

順序回路のフリップフロップ入力は，真理値表またはカルノー図を用いることで，次状態方程式から求めることができる．3～5変数の回路であれば，最初に次状態方程式のカルノー図をプロットしてから，これらのカルノー図をフリップフロップ入力のカルノー図に変換すると便利である．

表11・9はフリップフロップの現状態Qと次状態Q^+が与えられたときの，各種フリップフロップに必要な入力を示している．Dフリップフロップの入力は，次状態と同じ値である．Tフリップフロップで状態が変化するときは，常に入力は1である．S–Rフリップフロップでは，フリップフロップを1にセットするには常にSが1で，0にリセットするにはRが1となる．フリップフロップの状態1を維持するときのSは何でも構わず，フリップフロップの状態0を維持するときのRは何でもよい．J–Kフリッ

(a) 次状態のカルノー図

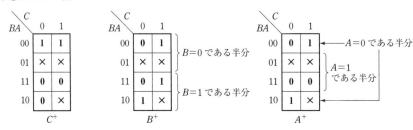

(b) J–Kフリップフロップ入力の式

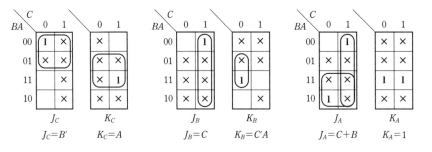

$J_C = B'$　　$K_C = A$　　$J_B = C$　　$K_B = C'A$　　$J_A = C + B$　　$K_A = 1$

(c) 論理回路（フィードバックラインは省略）

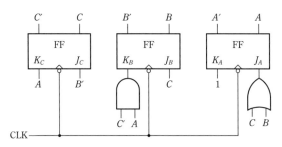

図 11・31　J–Kフリップフロップによる図11・22のカウンタ

表 11・9　カルノー図を用いた次状態の式からのフリップフロップ入力の式の決定[†1, †2]

フリップフロップの種類	入力	$Q=0$		$Q=1$		次状態のカルノー図から入力のカルノー図を生成するルール[†3]	
		$Q^+=0$	$Q^+=1$	$Q^+=0$	$Q^+=1$	$Q=0$ である半分のカルノー図	$Q=1$ である半分のカルノー図
D	D	0	1	0	1	変化なし	変化なし
T	T	0	1	1	0	変化なし	反転
S–R	S	0	1	0	×	変化なし	1 を×に置換[†4]
	R	×	0	1	0	0 を×に置換[†4]	反転
J–K	J	0	1	×	×	変化なし	×で埋める
	K	×	×	1	0	×で埋める	反転

†1　Q^+ は Q の次状態
†2　×はドント・ケア
†3　最初に次状態のカルノー図から入力のカルノー図に×をコピー.
†4　残りのマスを 0 で埋める.

プフロップでは，一方の入力が 1 のときに他方が×であること以外は，入力 J と K はそれぞれ S と R と同じである．この違いは $S=R=1$ が禁止されているのに対して，$J=K=1$ が状態を反転させることに起因している．

表 11・9 に，次状態のカルノー図をフリップフロップ入力のカルノー図に変換するルールをまとめる．これらのルールを適用する前に，次状態のカルノー図からすべてのドント・ケアを入力のカルノー図にコピーする必要がある．次に，各状態のカルノー図を $Q=0$ と $Q=1$ の半分に

分けて扱う．表 11・9 のルールは，Q^+ の値を対応する入力の値と比較することで簡単に得られる．たとえば，表の $Q=0$ 列では J が Q^+ と同じなので，J のカルノー図の半分の $Q=0$ は Q^+ カルノー図と同じとなる．$Q=1$ 列では，$J=×$（Q^+ とは無関係）なので，J のカルノー図の半分を×で埋める．

図 11・32 に 4 変数の入力のカルノー図の導出例を示す．いずれの場合も，Q_i は入力の式が導かれるフリップフロップを，A, B, C は次状態が依存するほかの変数を表す．

例 11・1（表 11・9 の使用例）

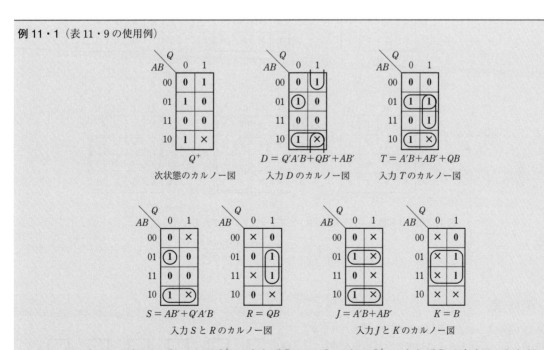

S–R フリップフロップでは，$Q=0$ かつ $Q^+=0$ ならば $R=×$，$Q=1$ かつ $Q^+=0$ ならば $R=1$ となる．したがって，Q^+ のカルノー図から R のカルノー図を作成するには，$Q=0$ である半分のカルノー図の 0 を×に置き換え，$Q=1$ である半分のカルノー図の 0 を 1 に置き換える（残りのマスには 0 を入力する）．同様に，Q^+ のカルノー図から S のカルノー図を生成するには，$Q=0$ である半分のカルノー図に 1 をコピーし，$Q=1$ である半分は 1 を×に置き換える．

図11・32(a)に示すように，Q_1 の状態が変化するときは常に，T_1 のカルノー図に1が置かれる．図11・32(b)では，Q_2 が1にセットされるときは常に，S_2 のカルノー図上で $Q_2 = 0$ の部分に1が置かれ，Q_2 がリセットされる場合は常に，R_2 のカルノー図上で $Q_2 = 1$ の部分に1が置かれる．図11・32(c)は，個別の J および K のカルノー図を用いた J_3 および K_3 の導出を示している．第13章で説明するが，カウンタのフリップフロップ入力の式を求める方法は，一般的な順序回路に簡単に拡張できる．

本章で説明したフリップフロップの入力の式を求める手順は，ほかのタイプのフリップフロップにも拡張できる．異なるタイプのフリップフロップの入力の式を得る最初のステップは，現状態 Q とフリップフロップ入力の関数として次状態 Q^+ を与える表の作成である．この表から，Q と Q^+ の値の四つの可能なペアのそれぞれについて，フリップフロップ入力の組合わせを示す別の表が作成できる．次に，この表を用いて各入力関数のカルノー図をプロットし，そのカルノー図から最小の式を導出する．

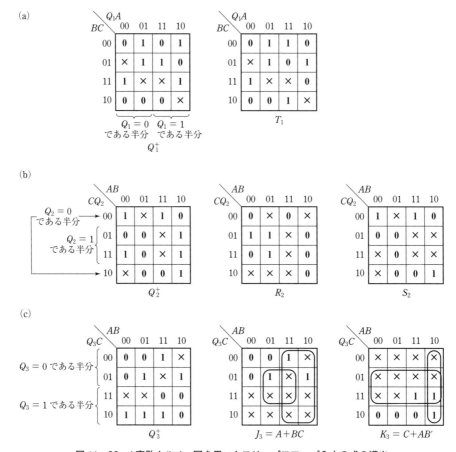

図11・32　4変数カルノー図を用いたフリップフロップ入力の式の導出

練 習 問 題

11・1　図11・5のように，アキュムレータを備えた6ビット加算器を考える．レジスタ X には前の計算の値が残っているが，この値は不要である．代わりに，X に $3 \times Y$ を代入したい（$X = x_5x_4x_3x_2x_1x_0$ および $Y = y_5y_4y_3y_2y_1y_0$）．$X = 3 \times Y$ がアキュムレータに保持されるように，タイミング図に Ad と ClrN の値を記入せよ．

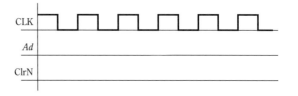

11・2　図 11・10 のシフトレジスタは，出力 Q と入力 D の間に外部接続を追加することで左シフトが可能である．図 11・10(a) のようなブロック図を描き，適切な接続を示せ．このとき，どの入力ラインがシリアル入力として機能するか．左シフトと右シフトにおいて Sh と Ld はどうすべきか答えよ．

11・3　図 11・10 のシフトレジスタの内部回路を変更して，練習問題 11・2 のように外部接続なしで左シフトを可能とする方法を示せ．Sh と Ld を A と B に置き換え，下記の表に従ってレジスタを動作させること．

入力		次状態				動　作
A	B	Q_3^+	Q_2^+	Q_1^+	Q_0^+	
0	0	Q_3	Q_2	Q_1	Q_0	変化なし
0	1	SI	Q_3	Q_2	Q_1	右シフト
1	0	Q_2	Q_1	Q_0	SI	左シフト
1	1	D_3	D_2	D_1	D_0	ロード

11・4　(a) T フリップフロップを用いて 4 ビット同期バイナリカウンタを設計せよ．（ヒント：図 11・14 の左側に，必要なゲートと共にフリップフロップを一つ追加する．ほかの三つのフリップフロップのゲートは変更しない．）

(b) D フリップフロップを用いて (a) と同様の回路を設計せよ．図 11・16 を参照のこと．

11・5　次の系列を出力する (a) と (b) の 3 ビットカウンタを設計せよ．

　　$001, 011, 010, 110, 111, 101, 100,$（繰り返し）$, 001, \cdots$

(a) D フリップフロップを使用

(b) T フリップフロップを使用

　カウンタが状態 000 から始まるとき，(a) と (b) のカウンタはそれぞれどうなるか答えよ．

11・6　図 11・10 と同様の左シフトレジスタを設計せよ．なお，レジスタは，$Sh=1$ で左にシフト，$Sh=0$ かつ $Ld=1$ でロード，$Sh=Ld=0$ で状態保持とする．

(a) 四つの D フリップフロップと四つの 4:1 MUX を用いた回路を描け．

(b) フリップフロップの次状態方程式を求めよ．

11・7　クロックの立ち上がりに同期したシフトレジスタが，下表に示した動作を行うものとする

Sh	Ld	Q_A^+	Q_B^+	Q_C^+	Q_D^+
0	0	Q_A	Q_B	Q_C	Q_D
0	1	D_A	D_B	D_C	D_D
1	×	S_I	Q_A	Q_B	Q_C

シフト入力が次図のように接続されているとき，タイミ

ング図を完成させよ．

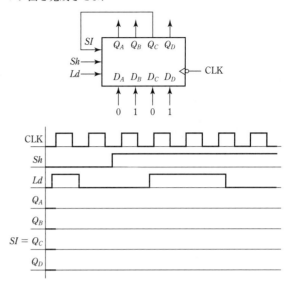

11・8　図 11・18 および図 11・19 のアップダウンカウンタと同じように機能する，3 ビットのバイナリアップダウンカウンタを設計せよ．なお，D フリップフロップの 3 ビットレジスタ，3 ビット加算器，および一つの OR ゲートを用いること（OR ゲートなしでも可能）．（ヒント：1 を引くには，111 を足す．）

11・9　外部クリア制御入力 ClrN がローでない限り，次のバイナリカウンタは各クロックの立ち上がりエッジでインクリメントを行う．

(a) Clr が同期制御入力であるとき，このバイナリカウンタを用いてモジュロ 12（0〜11 を出力）のカウンタを設計せよ．

(b) Clr が非同期制御入力であるとき，(a) と同様のカウンタを設計せよ．

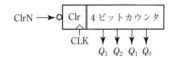

11・10　任意の N に対して，2^N-1 の周期をもつ図 11・13 の線形シフトレジスタカウンタ用の排他的論理和回路が存在する．

(a) $N=3$ のとき，$S_{in}=Q_2 \oplus Q_1$ であるカウンタの状態遷移図を作成せよ．（シフトレジスタのステージは，左から右に Q_0, Q_1, Q_2 の番号が付与されている．）

(b) $N=4$ のとき，15 カウントの周期をもつ排他的論理和回路を求めよ．

(c) (b) のカウンタが 16 カウント周期となるように簡単な変更を加えよ．（カウンタはもはや線形ではない．）

12 クロック式順序回路の解析

第11章で説明した順序回路はシフトやカウントのような単純な関数を実行する．カウンタは決まった状態の系列をもち，状態を変化させるクロックパルス以外の入力をもたない．本章では，クロック（CLK）以外の入力をもつ順序回路について考える．一般に，そのような回路の出力系列とフリップフロップの状態の系列は，回路に印加される入力系列に依存する．順序回路と入力系列が与えられたとき，回路を解析して，内部を流れる0と1の信号を追跡することにより，回路の出力系列とフリップフロップの状態の系列を決定できる．信号の追跡は小さな回路には向いているかもしれないが，より大きな回路の場合は，回路の動作を表す状態図や状態表を作成した方がよい．そして，状態図や状態表から出力と状態の系列を決定する．状態図と状態表は順序回路を設計する際にも有用である．

本章では，タイミング図の作成を通して，順序回路の入力，クロック，出力との間のタイミングの関係についても学ぶ．これらのタイミングの関係は，順序回路がより大きなディジタルシステムの一部として使用される際に大変重要である．さらに，いくつかの特定の順序回路を解析した後に，記憶素子のフリップフロップと組合わせ回路部からなる順序回路の一般的なモデルを説明する．

12・1 逐次パリティ検査器

2値データが送信あるいは保存されるとき，エラー検出のために特別なビット〔**パリティビット**（parity bit）とよばれる〕が追加されることが多い．たとえば，データが7ビットのグループで送られる場合，7ビットのグループごとに8番目のビットが，8ビットのブロック中の1の総数が奇数となるように追加される．ブロック内の1のビット数（パリティビットを含む）が奇数のとき，**奇パリティ**（あるいは奇数パリティ）とよぶ．あるいは，パリティビットはブロック内の1の数が偶数となるように選ぶこともでき，その場合は**偶パリティ**（あるいは偶数パリティ）とよぶ．奇パリティをもつ8ビットのワードの例を次にいくつか示す．

```
7データビット ┌ パリティビット
0000000│1
0000001│0
0110110│1
1010101│1
0111000│0
└ 8ビットワード
```

8ビットのワードの任意の1ビットが0から1，または，1から0へと変化した場合，パリティは奇数ではなくなる．したがって，奇パリティをもつワードの送信時に任意の1ビットのエラーが発生した場合，ワード内の1のビット数が奇数から偶数に変化したことによってエラーの存在を検出できる．

クロックとさらに一つの入力をもつ順序回路の単純な例として，シリアルデータに対するパリティ検査器がある（シリアルとはデータが回路に対して逐次的に，すなわち，1ビットずつ入力されることを意味する）．この回路の構成を図12・1に示す．0と1の系列が入力Xに印加されたとき，1の入力の数が奇数の場合に回路の出力は$Z=1$となる．すなわち，入力のパリティが奇数の場合に出力は1となる．したがって，もともと奇パリティだったデータがこの回路に送信されて$Z=0$の最終出力が得られた場合，送信時にエラーが発生したことを表す．

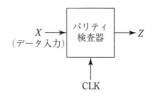

図 12・1　パリティ検査器のブロック図

Xの値はクロックのアクティブエッジで読み込まれる．入力Xはクロックと同期しなければならず，したがって，クロックの次のアクティブエッジの直前の値が次の入力の値とみなされる．入力Xに連続して印加された0あるいは1を区別するためにクロック入力が必要である．典型的な入力波形と出力波形を図12・2に示す．

状態図の作成から設計を始めよう．目的の順序回路は，1の入力の数が偶数か奇数かを"記憶"しなければならな

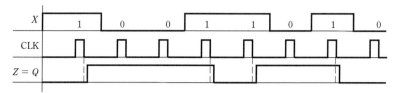

図 12・2　パリティ検査器の波形

い．したがって，二つの状態が必要となる．これらの状態を S_0 と S_1 で表す．二つの状態は，それぞれ，入力された 1 の数が偶数と奇数に対応する．最初は入力された 1 の数が 0 個であり，また，0 は偶数であることから，回路は状態 S_0 から始まるものとする．図 12・3 に示すように，回路が状態 S_0（入力された 1 の数が偶数個）で $X=0$ が入力された場合，それまでに入力された 1 の数は依然として偶数であるから回路は S_0 に留まらなければならない．一方，$X=1$ が入力された場合，それまでに入力された 1 の数が奇数となるため回路は状態 S_1 に遷移する．同様に，回路が状態 S_1（入力された 1 の数が奇数個）の場合，入力 0 は状態の変化を起こさない一方，入力 1 は，それまでに入力された 1 の数が偶数個となったことにより，S_0 への変化を起こす．回路が状態 S_1（入力された 1 の数が奇数個）にある限り，出力 Z は 1 となる．状態図における各状態の下部に出力を示す．

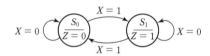

図 12・3　パリティ検査器の状態図

表 12・1(a) は状態図と同じ情報を表の形式で示している．たとえば，この表は，現状態が S_0 の場合は出力が $Z=0$，入力が $X=1$ の場合は次状態が S_1 であることを表している．

必要な状態は二つだけであるため，フリップフロップ（Q）は一つで十分である．$Q=0$ が状態 S_0 に，$Q=1$ が S_1

に対応するものとする．次に，現状態と X の関数として，フリップフロップ Q の次状態を示す表を準備する．T フリップフロップを用いる場合，Q と Q^+ が異なる時は常に T を 1 にしなければならない．表 12・1(b) より，$X=1$ のときは常に入力 T が 1 でなければならない．このようにして設計した回路を図 12・4 に示す．

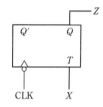

図 12・4　パリティ検査器

図 12・2 はこの回路の出力波形を示している．$X=1$ のとき，フリップフロップはクロックの立ち下がりエッジの後で状態を変更する．偶数個の 1 を受取ったことにより，Z の最終的な値は 0 になることに注意する．受取った 1 の数が奇数の場合，Z の最終的な値は 1 となる．この場合，別の入力系列のパリティを検査する前に，フリップフロップを適切な初期状態（$Q=0$）にリセットする操作が必要となる．

12・2　信号の追跡とタイミング図による解析

本節では，与えられた入力系列から出力系列を求めるために，回路を流れる 0 と 1 の信号を追跡することによってクロック式順序回路を解析する．その基本的な手続きを以下に示す．

1. フリップフロップの初期状態を決める（特に指定がない限り，すべてのフリップフロップは 0 にリセットされる）．
2. 最初の入力に対し，回路の出力とフリップフロップの入力を決定する．
3. クロックの次のアクティブエッジ後のフリップフロップの状態を求める．
4. 新しい状態に対応する出力を求める．
5. 各入力に対して 2〜4 の手続きを繰返す．

解析を行うために，入力信号，クロック（CLK），フリップフロップの状態，そして，回路の出力との間の関係を表

表 12・1　パリティ検査器の状態表

(a)

現状態	次状態		現在の出力
	$X=0$	$X=1$	
S_0	S_0	S_1	0
S_1	S_1	S_0	1

(b)

Q	Q^+		T		Z
	$X=0$	$X=1$	$X=0$	$X=1$	
0	0	1	0	1	0
1	1	0	0	1	1

すタイミング図を作成する．フリップフロップ（第10章）とカウンタ（第11章）のタイミング図の作成法についてはすでに学んだとおりである．

本章では，クロックのアクティブエッジ（立ち上がり，または，立ち下がりエッジ）の後で状態がすぐに変化するエッジトリガ型のフリップフロップを使用する．フリップフロップの入力はクロックのアクティブエッジ前後の十分な時間安定しており，セットアップ時間とホールド時間の制約を満たしているものとする．順序回路の状態が変化する時，その変化は常にクロックのアクティブエッジに応じて発生する．フリップフロップの状態が変化したとき，あるいは，回路の種類によっては入力が変化したとき，回路の出力は変化する可能性がある．

2種類のクロック式順序回路について考えよう．一つは回路の出力がフリップフロップの現状態のみに依存する回路であり，もう一つは出力がフリップフロップの現状態と回路の入力値の両方に依存する回路である．順序回路の出力が現状態のみの関数（図12・4および図12・5）である時，その回路は**ムーア型**（Moore machine）という．ムーア型の状態図では，出力は状態に関連付けられる（図12・3および図12・9参照）．出力が現状態と入力の両方の関数（図12・7参照）であるとき，その回路は**ミーリー型**（Mealy machine）という．ミーリー型の状態図では，出力は状態間を繋ぐ矢印に関連付けられる．

ムーア型回路の例として，入力系列$X=01101$を用いて図12・5を解析する．この回路では，図12・6に示すように，初期状態は$A=B=0$であり，すべての状態変化はクロックの立ち上がりエッジで発生する．入力Xはクロックと同期しており，各立ち上がりエッジの後の値が次の入力となる．Zは現状態のみの関数（この場合$Z=A \oplus B$）であるから，回路の出力は，状態が変化したときのみ変化する．最初は$X=0$であるから，$D_A=1$かつ$D_B=0$となり，回路の状態は，クロックの最初の立ち上がりエッジ後に$A=1$かつ$B=0$へ変化する．次にXが1に変化すると，$D_A=0$かつ$D_B=1$となり，クロックの2番目の立ち上がりエッジ後に状態が$AB=01$へと変化する．状態が変化

した後もXは1のままなので，$D_A=D_B=1$となり，次の立ち上がりエッジで状態は11に変化する．Xが0に変化したとき，$D_A=0$かつ$D_B=1$となり，4番目の立ち上がりエッジで状態は$AB=01$に変化する．そして$X=1$で$D_A=D_B=1$となり，5番目の立ち上がりエッジで状態は$AB=11$へ変化する．入力，状態，出力の各系列を図12・6のタイミング図と以下に示す．

$$X = 0\ 1\ 1\ 0\ 1$$
$$A = 0\ 1\ 0\ 1\ 0\ 1$$
$$B = 0\ 0\ 1\ 1\ 1\ 1$$
$$Z = (0)\ 1\ 1\ 0\ 1\ 0$$

回路が初期状態（$A=B=0$）にリセットされるとき，最初の出力は$Z=0$となる．この最初の0は入力Xのいずれかの値に対する応答ではないため無視する．その結果，出力系列は$Z=11010$となる．ムーア型回路では，ある入力に対する処理結果はクロックのアクティブエッジの後まで出力には現れないことに注意する．そのため，出力系列は入力系列に対して遅れている．

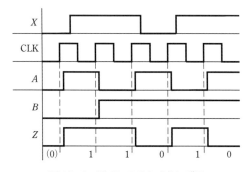

図12・6　図12・5のタイミング図

ミーリー型回路の例として，入力系列$X=10101$を用いて図12・7を解析し，タイミング図を作成する．図12・8

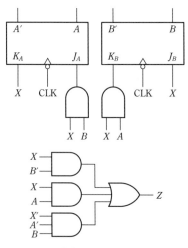

図12・7　解析対象のミーリー型順序回路

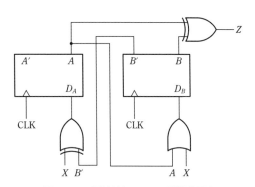

図12・5　解析対象のムーア型順序回路

に示すように，入力はクロックに同期しており，立ち下がりエッジ後に入力の変化は発生するものとする．この例では，出力は入力 (X) とフリップフロップの状態 (A と B) の両方に依存している．そのため，入力，あるいは，フリップフロップの状態のどちらか一方が変化したとき Z は変化する可能性がある．フリップフロップの初期状態は $A=0$ かつ $B=0$ とする．$X=1$ の場合，出力は $Z=1$ となり，$J_B=K_A=1$ となる．最初のクロックパルスの立ち下りエッジの後で B は 1 に変化し，その結果 Z は 0 へと変化する．入力が $X=0$ に変化すると，Z は再び 1 に戻る．すべてのフリップフロップ入力はそのとき 0 となり，その結果，2 番目の立ち下がりエッジでは状態は変化しない．X が 1 に変化するとき，Z は 0 となり，$J_A=K_A=J_B=1$ となる．クロックの 3 番目の立ち下がりエッジで，A は 1 に，Z は 1 に変化する．次に X が 0 に変化すると，Z は 0 になる．4 番目のクロックパルスでは状態は変化しない．そして X が 1 に変化すると Z は 1 になる．$J_A=K_A=J_B=K_B=1$ であるから，5 番目のクロックパルスで回路は初期状態に戻る．入力，状態，出力の各系列を図 12・8 のタイミング図と以下に示す．

$$
\begin{array}{llllll}
X=1 & \quad 0 & 1 & \quad 0 & 1 \\
A=0 & \quad 0 & 0 & \quad 1 & 1 & 0 \\
B=0 & \quad 1 & 1 & \quad 1 & 1 & 0 \\
Z=1(0) & \quad 1 & 0(1) & \quad 0 & 1 & \text{（カッコ内は誤った出力）}
\end{array}
$$

ミーリー型回路の出力波形 (Z) の理解は注意を要する．回路の状態が変化してから入力が変化するまでの間，回路の出力は，一時的に，**誤った出力**（false output）とよばれる不正な値になる可能性がある．図 12・8 のタイミング図に示したように，回路が新しい状態になった一方で，前の状態への古い入力がまだ残っているときに，誤った出力が生じる．

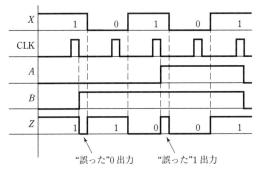

図 12・8　図 12・7 の回路のタイミング図

クロック式順序回路では，クロックのアクティブエッジの直前の入力の値がフリップフロップの次状態を決定す

る．クロックのアクティブエッジ間に発生する余計な入力変化はフリップフロップの状態に影響しない．同様に，ミーリー型回路の出力は，クロックのアクティブエッジの直前の値のみが意味をもつ．クロックのアクティブエッジ間に発生する余計な出力変化（誤った出力）は無視される．

図 12・8 に示したように，誤った出力は 2 種類ある．一つは，出力 Z が瞬間的に 0 へ遷移し，クロックの次のアクティブエッジまでに 1 に戻る場合である．もう一つは，出力 Z が瞬間的に 1 へ遷移し，次のアクティブエッジまでに 0 に戻る場合である．これらの誤った出力は**グリッチ**，あるいは，**スパイク**とよばれることがある．どちらの場合も，出力の変化が期待されていないときに二つの変化が発生する．クロックの立ち下がりエッジの直前の出力を見ることによって誤った出力を無視すれば，この回路の出力系列は $Z=11001$ となる．回路遅延が無視できる場合は，入力 X の変化をクロックの立ち下がりエッジと同じタイミングに限定することで誤った出力は除去できる．回路の出力が同じクロックを使用する 2 番目の順序回路に入力される場合は，誤った出力は何も問題ない．なぜなら，2 番目の順序回路の入力は，クロックの立ち下がりエッジでのみ状態を変化させるからである．ムーア型回路では，フリップフロップの状態が変化するときのみ出力が変化し，入力が変化するときは出力が変化しないため，誤った出力は生じない．

ミーリー型回路では，入力に対する処理が行われた直後に結果が出力される．正確な出力がクロックのアクティブエッジの前に現れるため，ムーア型回路のように出力系列が入力系列に対して遅れることはない．出力が入力系列に対して遅れないムーア型回路（すなわち，出力が現状態のみに依存する回路）も少数ではあるが存在する．

12・3　状 態 表 と 状 態 図

§12・2 では，信号の追跡とタイミング図の作成によってクロック式順序回路を解析した．この方法は回路が小さくて入力系列が短い場合には申し分ない．一方，より大きな回路の解析にも有用で，かつ，順序回路の一般的な論理設計にもつながるより規則正しい方法として，**状態表**（state table）と**状態図**（state graph）の作成がある．

順序回路の**遷移表**（transition table）と状態表は，現状態と入力の組合わせに対する次状態と回路の出力を定義する[1]*．遷移表の状態は，その状態に対応するフリップフロップ出力の値である．一方，状態表の状態は記号で表される．順序回路を解析するときは，後述するように，回路から遷移表をまず求める．そして遷移表が与えられると，

---

* ［訳注］論理回路に関する書籍の多くは状態表と遷移表を区別することなくどちらも状態遷移表として記載しているが，本書は原著にしたがい状態表と遷移表を区別する．また，状態遷移図に関しても原著に従い状態図と**遷移図**（transition graph）を区別する．

それらの状態に記号を割り当てることにより, その回路の状態表が求められる. 順序回路の設計手順はこの手順の逆となる. 通常は状態表をまず決定し, 次に各状態に2進数の組合わせを割り当てることで遷移表を求める.

遷移表の作成には次の方法を利用する.

1. 回路からフリップフロップ入力の式と回路出力の式を決定する.

2. 以下の関係の1つを用いて, フリップフロップ入力の式からそのフリップフロップの次状態方程式を求める.

> D フリップフロップ
> $$Q^+ = D \qquad\qquad (12 \cdot 1)$$
> D–CE フリップフロップ
> $$Q^+ = D \cdot CE + Q \cdot CE' \qquad (12 \cdot 2)$$
> T フリップフロップ
> $$Q^+ = T \oplus Q \qquad\qquad (12 \cdot 3)$$
> S–R フリップフロップ
> $$Q^+ = S + R'Q \qquad\qquad (12 \cdot 4)$$
> J–K フリップフロップ
> $$Q^+ = JQ' + K'Q \qquad\qquad (12 \cdot 5)$$

3. 各フリップフロップの次状態のカルノー図を書く.

4. これらの図を統合し, 遷移表を作成する. そのような遷移表では, 現状態と回路の入力の関数として, フリップフロップの次状態が表される.

この方法の例として, 図12・5の回路の遷移表を求めてみよう.

1. フリップフロップ入力の式と回路出力の式は以下のようになる.

$$D_A = X \oplus B' \qquad D_B = X + A \qquad Z = A \oplus B$$

2. これらのフリップフロップの次状態の式は以下のようになる.

$$A^+ = X \oplus B' \qquad B^+ = X + A$$

3. 上記の式に対応する次状態のカルノー図は以下のようになる.

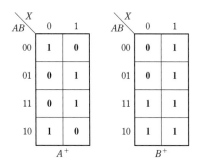

4. これらの図を結合することによって表12・2(a)の遷移表を作成する. この表は, 現状態と入力の関数として,

両方のフリップフロップ (A^+B^+) の次状態を表している. また, 出力関数 Z が表に追加される. この例では, 出力はフリップフロップの現状態のみに依存しており, 入力には依存しない. そのため, 出力を表す列は一つだけとなる.

表 12・2　図 12・5 に対するムーア型の遷移表と状態表

(a) 遷移表

| | A^+B^+ | | |
AB	X=0	X=1	Z
00	10	01	0
01	00	11	1
11	01	11	0
10	11	01	1

(b) 状態表

| | 次状態 | | |
現状態	X=0	X=1	現在の出力 (Z)
S_0	S_3	S_1	0
S_1	S_0	S_2	1
S_2	S_1	S_2	0
S_3	S_2	S_1	1

表12・2(a)を用いて, 図12・6のタイミング図, あるいは, ある入力系列と特定の初期状態に対する任意のタイミング図を作成できる. 表より, 初期状態 $AB=00$ において $X=0$ が入力されると, $Z=0$ かつ $A^+B^+=10$ となる. すなわち, クロックの立ち上がりエッジ後にフリップフロップの状態は $AB=10$ となる. 次に, 状態 $AB=10$ で出力が $Z=1$ となる. 次の入力は $X=1$ であるから, $A^+B^+=01$ となり, クロックの次の立ち上がりエッジ後に状態が変化する. この方法を続けることにより, 図12・6のタイミング図を完成させることができる.

状態に対応するフリップフロップ出力の値に関心を置かない場合, フリップフロップの状態の各組合わせを回路の状態を表す一つの記号で置き換えることができる. 表12・2(a)において00を S_0 に, 01を S_1 に, 11を S_2 に,

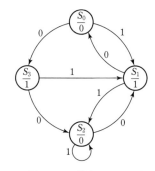

図 12・9　図 12・5 に対するムーア型の状態図

10を S_3 に置き換えれば，表12・2(b)の状態表が得られる．Z の列は"現状態"に関する出力であるため，"現在の出力"とラベル付けされている．図12・9の状態図は表12・2(b)を表している．図の各ノードは回路の状態を表し，ノード内の状態記号の下には対応する出力が記されている．二つのノードを繋ぐ矢印は，これらのノード間の状態遷移を発生させる X の値でラベル付けされている．したがって，たとえば，回路が状態 S_0 で $X=1$ ならば，クロックのエッジで状態 S_1 へ遷移することになる．

次に，図12・7のミーリー型回路の状態表と状態図を作成する．次状態と出力の式は以下のようになる．

$$A^+ = JAA' + KA'A = XBA' + X'A$$
$$B^+ = JBB' + KB'B = XB' + (AX)'B$$
$$= XB' + X'B + A'B$$
$$Z = X'A'B + XB' + XA$$

次状態と出力のカルノー図（図12・10）を結合して遷移表を作成すると表12・3(a)のようになる．A, B, X に対して値が与えられると，この表の Z 列から出力の現在の値が決定され，$A^+ B^+$ 列からクロックのアクティブエッジの後のフリップフロップの状態は決まる．

表12・3(a)を用いて図12・8のタイミング図を作成できる．初期状態 $A=B=0$ において $X=1$ が入力されると，表より，$Z=1$ かつ $A^+ B^+ = 01$ になる．そのため，図12・8に示したように，クロックの立ち下がりエッジ後にフリップフロップ B の状態は1に変化する．そして，表の01行から，X がまだ1のときは，$X=0$ に変化するまで出力は0になる．その後，出力は $Z=1$ となり，クロックの次の立ち下がりエッジで状態は変化しない．この状態表を用いたステップを最後まで行い，A, B, Z が図12・8のようになることを確認せよ．

$AB=00$ を状態 S_0 に，01を S_1 に，11を S_2 に，10を S_3 に対応させると，表12・3(b)の状態表と図12・11の状態図が得られる．表12・3(b)において，"現在の出力"列は現状態と現在の入力に関する出力を表している．したがって，現状態が S_0 で入力が0から1に変化する場合，出力は直ちに0から1へと変化する．一方，状態は，クロックパルスの後までは次状態（S_1）に変化しない．図12・11で状態間をつなぐ矢印の上のラベル X/Z は，スラッシュ（/）の前と後の記号が，それぞれ入力と対応する出力を表す．したがって，状態 S_0 で0が入力されると出力は0となり，1が入力されると出力は1となる．この状態図を用いて，任意の入力系列に対し，その状態の系列と出力系列を簡単に追跡できる．入力系列 $X=10101$ に対応する出力系列が11001となることを確認せよ．これは，誤った出力を無視すれば，図12・8から明らかである．入力はクロックのアクティブエッジで読み込まれ，アクティブエッジ間の余計な入力変化は無視されるため，状態図上では誤った出力が現れない点に注意する．

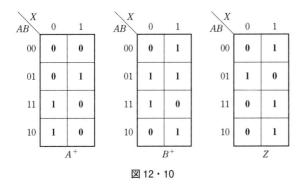

図12・10

表12・3 図12・7に対するミーリー型の遷移表と状態表

(a)

	$A^+ B^+$		Z	
AB	$X=0$	1	$X=0$	1
00	00	01	0	1
01	01	11	1	0
11	11	00	0	1
10	10	01	0	1

(b)

	次状態		現在の出力	
現状態	$X=0$	1	$X=0$	1
S_0	S_0	S_1	0	1
S_1	S_1	S_2	1	0
S_2	S_2	S_0	0	1
S_3	S_3	S_1	0	1

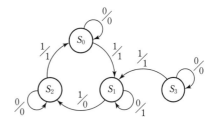

図12・11 図12・7に対するミーリー型の状態図

次に，n ビット2進数 $X=x_{n-1}...x_1 x_0$ と $Y=y_{n-1}...y_1 y_0$ の二つを加算する逐次加算器（図12・12a）の処理を解析する．逐次加算器の処理は図4・2の並列加算器とほぼ同じであるが，2進数を逐次的に（ビットの組が一つずつ）入力する点と，和を逐次的に（1ビットずつ）出力する点が異なる．まず x_0 と y_0 を入力すると，和 s_0 を生成し，桁上げ c_1 が保存する．次のクロックで，x_1 と y_1 が入力されると，c_1 との加算により次の和 s_1 の生成と，新しい桁上げ c_2 の保存が行われる．この処理を全ビットの加算が完了するまで繰返す．三つのビット x_i, y_i, c_i を加算して

c_{i+1} と s_i を生成するために全加算器を使用する．クロックの立ち上がりエッジで桁上げ（c_{i+1}）を保存するためにDフリップフロップを使用する．入力 x_i と y_i はクロックに同期させる必要がある．

(a) Dフリップフロップを用いた回路　(b) 真理値表

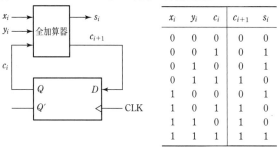

x_i	y_i	c_i	c_{i+1}	s_i
0	0	0	0	0
0	0	1	0	1
0	1	0	0	1
0	1	1	1	0
1	0	0	0	1
1	0	1	1	0
1	1	0	1	0
1	1	1	1	1

図 12・12　逐次加算器

図 12・13 は逐次加算器のタイミング図である．この例では，10011＋00110 を行い，和 11001 と最後の桁上げ 0 を出力している．桁上げを保存するフリップフロップは最初にクリアされていなければならないため，$c_0=0$ である．各ワードの最下位（右端の）ビットの加算から開始する．1＋0＋0 を行うことで $s_0=1$ かつ $c_1=0$ なる．c_1 はクロックの立ち上がりエッジでフリップフロップに保存される．y_1 は 1 であるから，1＋1＋0 を行った結果，$s_1=0$ かつ $c_2=1$ となり，c_2 はクロックの立ち上がりエッジでフリップフロップに保存される．この処理を加算が完了するまで繰り返す．クロックの立ち上がりエッジの直前の和の出力が正しい結果となる．

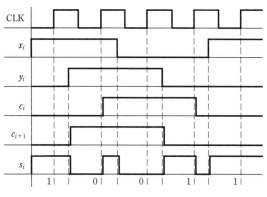

図 12・13　逐次加算器のタイミング図

全加算器の真理値表（図 4・4）を，変数名を修正した上で図 12・12(b) に再掲する．逐次加算器の状態図（図 12・14）はこの表を用いて作成できる．逐次加算器は入力 x_i と y_i，および，出力 s_i をもつミーリー型回路とする．二つの状態は，それぞれ，桁上げ（c_i）が 0 と 1 を表す．この表

において，c_i は順序回路の現状態を，$c_{i}+1$ は次状態を表す．たとえば，S_0（桁上げがない状態）において $x_i y_i=11$ が入力されると，出力は $s_i=0$ となり，次状態は S_1 となる．これは状態 S_0 から S_1 へ向かう矢印により表される．

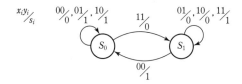

図 12・14　逐次加算器の状態図

表 12・4 は 2 入力 2 出力のミーリー型順序回路の状態表である．これに対応する状態図を図 12・15 に示す．S_3 から S_2 へ向かう矢印上の 00，01/00 という表記は，$X_1 X_2=00$，または，$X_1 X_2=01$ のとき，$Z_1 Z_2=00$ となることを表している．

表 12・4　複数入出力の状態表

現状態	次状態				現在の出力（$Z_1 Z_2$）			
	$X_1 X_2=00$	01	10	11	$X_1 X_2=00$	01	10	11
S_0	S_3	S_2	S_1	S_0	00	10	11	01
S_1	S_0	S_1	S_2	S_3	10	10	11	11
S_2	S_3	S_0	S_1	S_1	00	10	11	01
S_3	S_2	S_2	S_1	S_0	00	00	01	01

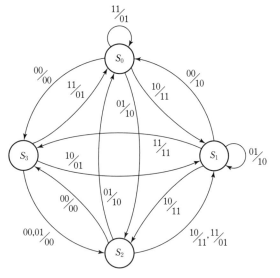

図 12・15　表 12・4 の状態図

タイミング図の作成と解釈

タイミング図の作成と解釈に関する重要な点を次にまとめる．

1. タイミング図を作成するときは，使用するフリップフロップの種類によるが，クロックの立ち上がり（または立ち下がり）エッジ後においてのみ状態が変化できる点に注意する．

2. 入力は，通常，アクティブクロックエッジの直前および直後で安定している．

3. ムーア型回路では，状態が変化したときのみ出力は変化する．一方，ミーリー型回路では，状態が変化したときだけでなく入力が変化したときにも出力は変化できる．誤った出力は，状態が変化してから入力が新しい値に変化するまでの間に発生する可能性がある（別の言い方をすれば，状態が次の値に変化したが古い入力が印加され続けている場合，出力は一時的に不正な値となる可能性がある）．

4. 誤った出力は状態図から求めることは難しい．そのため，ミーリー型回路のタイミング図を作成する際は，回路の信号を追跡するか，状態表を使用するとよい．

5. タイミング図の作成にミーリー型の状態表を使用する場合の手続きを以下に示す．

   (a) 状態表から最初の入力に対する現在の出力を読み，それをタイミング図に記入する．

   (b) 次状態を読み，それをタイミング図（のクロックパルスのアクティブエッジの後）に記入する．

   (c) 次状態に対応する表の行へ移動し，古い入力の列の出力を読み，それを記入する（これは誤った出力となる可能性がある）．

   (d) 次の入力に対してステップ(a), (b), (c)を繰返す（注意：表から正しい出力系列のみを求めたい場合はステップ(c)を省略する）．

6. ミーリー型回路では，出力を読む最良のタイミングはクロックのアクティブエッジの直前である．なぜなら，そのときに入力は安定していなければならず，そのときの出力は正しいと考えられるからである．

状態図，状態表，回路実装，タイミング図の例を図12・16に示す．状態がS_0で入力が$X=0$のとき，状態図，状態表，回路，タイミング図から出力は$Z=1$である（図ではAとラベル付けされている）．この出力はクロック（CLK）の立ち上がりエッジ前に発生する点に注意する．ミーリー型回路では，出力は現状態と入力の関数である．したがって，状態を変化させるクロックエッジの直前で出力を読むとよい．

この例の学習を続けるために，入力Xが変化する各時刻において，状態図，状態表，回路，タイミング図上でそれらの変化を追跡する．クロックの最初の立ち上がりエッジの前で入力は0であるので，クロックの最初の立ち上がりエッジ後に状態はS_1へと変化する．状態が変化したため，出力も変化する（タイミング図上のB）．一方，入力は新しい値にまだ変化していないため，出力は正しくない可能性がある．これを誤った出力，または，グリッチである．入力が正しい値になるまで複数回変化する場合は，出力も複数回変化する可能性がある（C）．クロックの立ち上がりエッジの前で入力は正しい値でなければならず，このときに出力を読むとよい（D）．この例では，クロックの立ち上がりエッジ後に状態も出力も変化しない．一般には，クロックの立ち上がりエッジ後に状態は変化する可能性があり，その状態変化によって出力も変化する可能性がある．その後，入力はまだ古い値のため，出力値は再び誤った値になる可能性がある（E）．入力が新しい値に変化したとき，出力は新しい値に変化し（F），この値がク

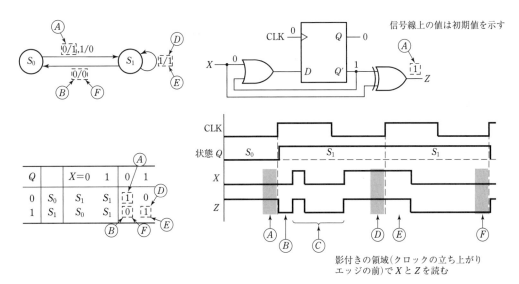

図 12・16

ロックの次の立ち上がりエッジ前に読み出される.

　クロックの各立ち上がりエッジの直前の入力と出力に着目すると，以下の系列が得られる.

$$X = 0\,1\,0$$
$$Z = 1\,1\,0$$

上記の Z の系列が正しいことは状態図，状態表，回路図を用いて確認できる.

　第 13 章から第 15 章で詳細に述べる順序回路の設計手続きは，解析手続きの真逆である. 合成する順序回路の仕様から始めて，まずは状態図を作成する. ついでこの状態図を状態表に変換し，各状態にフリップフロップ出力の値を割り当てる. そしてフリップフロップ入力の式を導出し，最後に回路の論理図を描く. たとえば，図 12・7 の回路を合成する場合，図 12・11 の状態図から始める. そして，表 12・3(a)と(b)の状態表，次状態と出力の式，最後に図 12・7 の回路を求める.

12・4　順序回路の一般的なモデル

　順序回路は便宜上二つの部分に分けることができる. 回路の記憶を担うフリップフロップと，フリップフロップに対する入力関数および回路の出力関数を実現する組合わせ回路部である. 図 12・17 は，m 個の入力，n 個の出力，k 個のクロック入力付き D フリップフロップを記憶素子として使用する，クロック式のミーリー型順序回路の一般的なモデルである. フリップフロップ出力が組合わせ回路部の入力としてフィードバックされることから，このようにモデルを描くことで順序回路におけるフィードバックの存在が強調される. 組合わせ回路部は n 個の出力関数と k 個の次状態関数を実現する. 次状態関数は D フリップフロップの入力となる.

$$
\left.
\begin{aligned}
Z_1 &= f_1(X_1, X_2, \cdots, X_m, Q_1, Q_2, \cdots, Q_k)\\
Z_2 &= f_2(X_1, X_2, \cdots, X_m, Q_1, Q_2, \cdots, Q_k)\\
&\ \ \vdots\\
Z_n &= f_1(X_1, X_2, \cdots, X_m, Q_1, Q_2, \cdots, Q_k)
\end{aligned}
\right\} n\ \text{個の出力関数}
$$

$$
\left.
\begin{aligned}
Q_1^+ &= D_1 = g_1(X_1, X_2, \cdots, X_m, Q_1, Q_2, \cdots, Q_k)\\
Q_2^+ &= D_2 = g_2(X_1, X_2, \cdots, X_m, Q_1, Q_2, \cdots, Q_k)\\
&\ \ \vdots\\
Q_k^+ &= D_k = g_k(X_1, X_2, \cdots, X_m, Q_1, Q_2, \cdots, Q_k)
\end{aligned}
\right\}
\begin{aligned}
&k\ \text{個の}\\
&\text{次状態関数}
\end{aligned}
$$

回路にある入力が印加されたとき，組合わせ回路部が出力 $(Z_1, Z_2, \cdots, Z_n)$ とフリップフロップ入力 $(D_1, D_2, \cdots, D_k)$ を生成する. そしてクロックパルスが入力されると，フリップフロップが適切な次状態に遷移する. この処理を各入力に対して繰返す. ある時点においてフリップフロップの出力が回路の現状態 $(Q_1, Q_2, \cdots, Q_k)$ を表す点に注意する. これらの Q_i は組合わせ回路部にフィードバックされ，

組合わせ回路部は Q_i と入力 X を用いてフリップフロップ入力を生成する. D フリップフロップを使用するときは $D_i = Q_i^+$ となる. したがって，組合わせ回路部の出力は Q_1^+，Q_2^+ のようにラベル付けされている. 図 12・17 のモデルは D フリップフロップを使用しているが，ほかの種類のクロック入力付きフリップフロップに対して同様のモデルを用いる可能性がある. その場合，組合わせ回路部は，次状態関数に対応する適切なフリップフロップ入力を生成しなければならない.

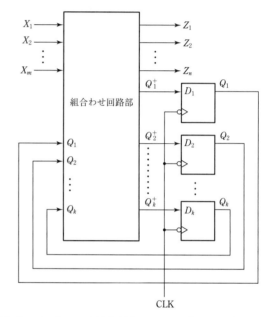

図 12・17　クロック入力付き D フリップフロップを用いたミーリー型回路の一般的なモデル

　フリップフロップの動作はクロックに同期しており，タイミングの問題を回避している. 組合わせ回路部のゲート（あるいは他の論理）は有限の伝搬遅延をもつため，回路の入力が変化したとき，フリップフロップ入力が最終的な値に達するまで有限の時間が必要となる. ゲート遅延はすべて同じとは限らないため，フリップフロップ入力の信号は過渡状態を含む可能性があり，しかもそれらの過渡状態は異なる時刻に変化する可能性がある. すべてのフリップフロップ入力の信号が最終的な安定状態の値に達するまでにクロックの次のアクティブエッジが発生しなければ，不均一なゲート遅延によってタイミングの問題は発生しない. すべてのフリップフロップはクロックのアクティブエッジに応じて一斉に状態を変更しなければならない. フリップフロップが状態を変更すると，新しいフリップフロップ出力が組合わせ回路部にフィードバックされる. しかし，次のクロックパルスまでは，フリップフロップの状態がそれ以上変化することはない.

図12・17のミーリー型回路の一般的なモデルから最速のクロック速度（最小クロック時間）を決定できる．最小クロック時間の計算は，入力Xの効果を考慮しなければならない点を除き，図10・21の計算と同様である．1クロック時間内のイベントの系列を図12・18に示す．クロックのアクティブエッジに続いて，フリップフロップが状態を変更し，伝搬遅延（t_p）後にフリップフロップ出力は安定する．その後，Qの新しい値が組み合わせ回路部を伝搬し，組み合わせ回路部の遅延（t_c）後にDの値は安定する．そして，クロックの次のアクティブエッジの前にフリップフロップのセットアップ時間（t_{su}）が必要である．したがって，フリップフロップの伝搬遅延，組合わせ回路部の伝搬遅延，フリップフロップのセットアップ時間の合計によって順序回路の処理速度は決まる．すなわち，最小クロック時間は以下の式によって与えられる．

$$t_{CLK}(\min) = t_p + t_c + t_{su}$$

上述の議論は入力Xが，クロックの次のアクティブエッジの$t_c + t_{su}$前までに安定することを前提にしている．そうでない場合は，最小クロック時間は以下の式によって計算しなければならない．

$$t_{CLK}(\min) = t_x + t_c + t_{su}$$

ここでt_xは，クロックのアクティブエッジ後から入力Xが安定するまでの時間である．

最小クロック時間に影響する回路の別の特性に**クロックスキュー**（clock skew）がある．フリップフロップの状態を変更するクロックエッジは，必ずしもすべてのフリップフロップのクロック入力に同時に到達するわけではない．クロックエッジの到達時刻が二つのフリップフロップで異なることを，これら二つのフリップフロップに対するクロックスキューという．クロックスキューは，クロック線の伝搬遅延の違いおよび，クロックバッファの伝搬遅延の違いにより発生する．図12・18において，二つのフリップフロップ間のクロックスキューがt_{sk}であると仮定する．さらに，最初のフリップフロップよりも先に2番目のフリップフロップがクロックエッジを受取るクロックスキューを仮定する．このとき，クロックスキューはクロック時間の一部としてセットアップ時間に加算される．最小

クロック時間は以下のようになる．

$$t_{CLK}(\min) = t_p + t_c + t_{su} + t_{sk}$$

2番目のフリップフロップが最初のフリップフロップよりも後にクロックエッジを受取るクロックスキューの場合は制約が異なる．この場合，2番目のフリップフロップへの入力は，クロックスキュー時間とフリップフロップのホールド時間t_hの合計時間後まで変化してはならない．すなわち，以下の式を満たす必要がある．

$$t_p + t_c > t_{sk} + t_h$$

最悪の場合，二つのフリップフロップ間には組合わせ回路がまったくない可能性もある（たとえば，シフトレジスタはフリップフロップ間の論理がまったくない）．この場合は以下のようになる．

$$t_p > t_{sk} + t_h$$

この制約を満たすには，1番目のフリップフロップよりも先に2番目のフリップフロップがクロック信号を受取れるように，クロック線の配置を工夫しなければならない可能性がある．

クロック式のムーア型回路（図12・19）の一般的なモデルはクロック式のミーリー型回路と似ている．ムーア型回路では出力がフリップフロップの現状態のみの関数であり，回路入力の関数ではないため，出力回路部が分けて記述される．ムーア型回路の動作も，クロックがフリップフロップの状態を変更するまではある入力に対する処理結果が出力に現れない点を除き，ミーリー型回路と同様である．

複数入出力をもつ順序回路の学習を促すために，入力値の各組合わせと出力値の各組合わせを表す記号を導入すると便利である．たとえば，$X=0$が入力の組合わせ$X_1 X_2 = 00$，$X = 1$が$X_1 X_2 = 01$，…，また，$Z = 0$が出力の組合わせ$Z_1 Z_2 = 00$，$Z = 1$が$Z_1 Z_2 = 01$，…を表すものとすると，表12・4は表12・5で置き換えることができる．この方法では，任意の順序回路の動作を単一の入力変数Xと単一の出力変数Zにより記述できる．

表12・5に次状態関数と出力関数を示す．δで表される次状態関数は，現状態（S）と現在の入力（X）から回路

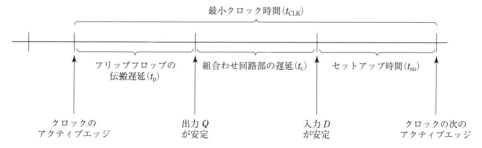

最小クロック時間(t_{CLK})

| フリップフロップの伝搬遅延(t_p) | 組合わせ回路部の遅延(t_c) | セットアップ時間(t_{su}) |

クロックのアクティブエッジ　　　出力Qが安定　　　入力Dが安定　　　クロックの次のアクティブエッジ

図12・18　順序回路の最小クロック時間

図 12・19　クロック入力付きDフリップフロップを用いたムーア型回路の一般的なモデル

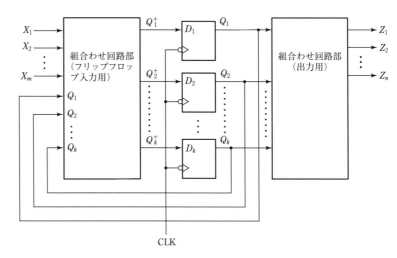

表 12・5　複数入出力をもつ状態表

現状態	次状態				現在の出力（Z）			
	$X=0$	1	2	3	$X=0$	1	2	3
S_0	S_3	S_2	S_1	S_0	0	2	3	1
S_1	S_0	S_1	S_2	S_3	2	2	3	3
S_2	S_3	S_0	S_1	S_1	0	2	3	1
S_3	S_2	S_2	S_1	S_0	0	0	1	1

の次状態（クロックパルス後の状態）を計算する.

$$S^+ = \delta(S, X) \tag{12・6}$$

λ で表される出力関数は，現状態（S）と入力（X）から回路の出力（Z）を計算する.

$$Z = \lambda(S, X) \tag{12・7}$$

S^+ と Z の値は状態表から求めることができる．表 12・5 から，$\delta(S_0, 1) = S_2$, $\delta(S_2, 3) = S_1$, $\lambda(S_0, 1) = 2$, $\lambda(S_2, 3) = 1$ である．λ と δ の表記は，第 14 章で等価な順序回路を議論する際にも使用する.

演習 12・1（解答を紙で隠して問題を解き，解答後に紙を下にずらして答え合わせせよ.）

（a）この演習では，状態表とタイミング図を用いて下記の順序回路を解析する.

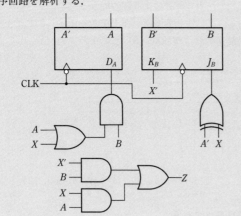

次状態と出力の式を求めよ.

$A^+ = $ ＿＿＿＿＿＿＿＿＿＿＿＿＿

$B^+ = $ ＿＿＿＿＿＿＿＿＿＿＿＿＿

$Z = $ ＿＿＿＿＿＿＿＿＿＿＿＿＿

［解答］　$Z = XA + X'B$

$B^+ = (A' \oplus X)B' + XB = A'B'X' + AB'X + XB$

$A^+ = B(A + X)$

（b）上記の式からカルノー図を描いたうえで，遷移表を完成させよ.

AB\\X	0	1
00		
01		
11		
10		

A^+

AB\\X	0	1
00		
01		
11		
10		

B^+

AB\\X	0	1
00		
01		
11		
10		

Z

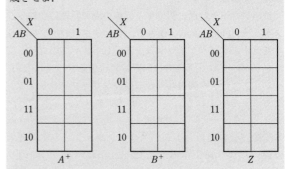

AB	A^+B^+		Z	
	$X=0$	1	0	1
00				
01				
11				
10				

［解答］

	AB	A^+B^+		Z	
		$X=0$	1	0	1
S_0	00	01	00	0	0
S_1	01	00	11	1	0
S_2	11	10	11	1	1
S_3	10	00	01	0	1

(c) 上記の状態割り当てを用いて遷移表を状態表に変換せよ.

	次状態		出力	
	$X=0$	1	0	1
S_0				
S_1				
S_2				
S_3				

［解答］

	$X=0$	1	0	1
S_0	S_1	S_0	0	0
S_1	S_0	S_2	1	0
S_2	S_3	S_2	1	1
S_3	S_0	S_1	0	1

(d) 対応する状態図を完成させよ.

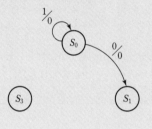

［解答］

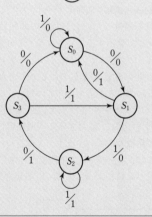

(e) この状態図を用いて, 初期状態が S_0, 入力系列が $X=0101$ のときの状態の系列と出力系列を求めよ.

(1) 状態 S_0 で X に 0 が入力されたときの最初の出力は, $Z=$_____, 次状態は_____である.

(2) 次の入力 (1) が印加されたときのこの状態の出力は, $Z=$_____, 次状態は_____である.

(3) 3 番目の入力 (0) が印加されたとき, 出力は, $Z=$_____, 次状態は_____となる.

(4) 最後の入力が印加されたとき, $Z=$_____, 次状

態は_____となる. 以上まとめると, 状態の系列は $S_0,$ _____, _____, _____, _____, 出力系列は $Z=$_____である.

［解答］　S_0, S_1, S_2, S_3, S_1　　$Z=0011$

(f) 上記の Z の系列は正しい出力系列である. 次に, Z に対して任意の誤った出力を含むタイミング図を求めよう. X がクロックの立ち下がりエッジと立ち上がりエッジの中間で変化するものとして, X $(X=0, 1, 0, 1)$ の波形を描け.

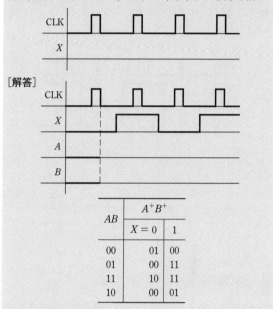

［解答］

	A^+B^+	
AB	$X=0$	1
00	01	00
01	00	11
11	10	11
10	00	01

(g) 遷移表を参照し, 初期状態を $A=B=0$ として A と B の波形を描け. また, 状態の系列を示せ.

　　$AB=00,$ _____, _____, _____, _____

［解答］（A と B はクロックの立ち下がりエッジの直後に変化する点に注意.）

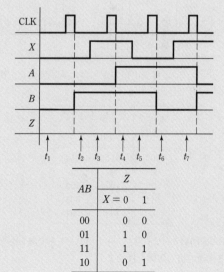

	Z	
AB	$X=0$	1
00	0	0
01	1	0
11	1	1
10	0	1

求めた状態の系列が（e）の答えと一致するか確認すること．ただし，$S_0=00$, $S_1=01$, $S_2=11$, $S_3=10$である．

（h）出力表を用いて，Zの波形を描け．時刻t_1では$X=A=B=0$なので$Z=$_____である．時刻t_2では，$X=$_____かつ$AB=$_____なので$Z=$_____である．時刻t_3では$X=$_____かつ$AB=$_____なので$Z=$_____である．時刻t_4, t_5, …における出力を求め，Zの波形を完成させよ．

[解答]　（ZはXの変化の直後，あるいは，クロックの立ち下がりエッジの直後に変化する点に注意．）

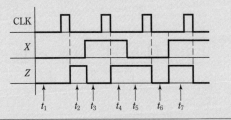

（i）（1）これはミーリー型回路なので，出力を読む正しいタイミングは区間t_1, _____, _____, _____からクロックの次の立ち下がりエッジまでの間である．

（2）したがって，正しい出力系列は$Z=$_____である．

（3）誤った出力は時刻_____, _____, _____に発生する可能性がある．

（4）上記の時刻のうちの二つで実際に誤った出力が発生する．これらの時刻は_____と_____である．

[解答]　（1）t_1, t_3, t_5, t_7
（2）求めたZの系列が（e）の答えと一致するか確認せよ．
（3）t_2, t_4, t_6
（4）t_2, t_6（時刻t_4の出力はt_5と同じであるため誤った出力ではない）

（j）最後に，元の回路〔（a）の回路図〕上で信号を追跡することによりタイミング図の一部を検証する．

（1）最初は$A=B=0$かつ$X=0$なので，$D_A=$_____，$J_B=$_____，$K_B=$_____，$Z=$_____である．

（2）クロックパルスの後に，$A=$_____，$B=$_____，$Z=$_____となる．

（3）Xが1に変化した後に，$D_A=$_____，$J_B=$_____，$K_B=$_____，$Z=$_____となる．

（4）クロックパルスの後に，$A=$_____，$B=$_____，$Z=$_____となる．

[解答]　求めた答えがタイミング図と一致するか確認せよ．（1）の答えはt_1に，（2）の答えはt_2に，（3）の答えはt_3に，（4）の答えはt_4に対応する．

■ 練習問題

12・1 以下に示すシフトレジスタの遷移図を作成せよ（Xは入力，Zは出力である）．また，この回路はミーリー型，ムーア型のどちらであるか答えよ．

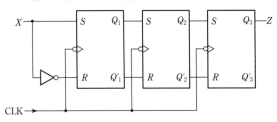

12・2 次の表は遷移表の出力が欠けた状態である．出力は$Z=X'B'+XB$で与えられる．

現状態 ABC	次状態 $A^+B^+C^+$	
	$X=0$	$X=1$
000	011	010
001	000	100
010	100	100
011	010	000
100	100	001

（a）この回路はミーリー型，ムーア型のどちらであるか答えよ．
（b）遷移表の出力の欄を埋めよ．
（c）遷移図を描け．

（d） 入力系列$X=10101$に対し，クロック，X, A, B, C, Zのタイミング図を描け．ただし，状態の変化はクロックの立ち上がりエッジで発生するものとする．Zの正しい出力系列は何か答えよ．Xはクロックの立ち上がりエッジと立ち下がりエッジの間に変化するものとし，したがって誤った出力が発生する．誤った出力も図中に示せ．

12・3 （a）以下の回路の遷移表と状態図を作成せよ．

（b）入力系列$X=10111$に対するこの回路のタイミング図を作成せよ（最初は$Q_1=Q_2=0$とし，Xはクロックの立ち上がりエッジと立ち下がりエッジの中間で変化するものとせよ）．

（c）上記の入力系列によって生成される出力値を列挙せよ．

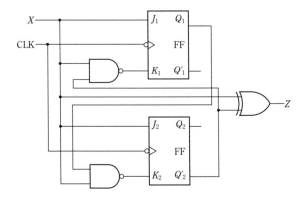

12・4　(a) 次の回路の遷移表と状態図を作成せよ.

(b) 入力系列 $X=10011$ に対するこの回路のタイミング図を作成せよ. また, Z がいつ正しい値となるかを示し, 正しい出力系列を明記せよ (X はクロックの立ち下がりエッジと立ち上がりエッジの中間で変化するものとする). 初期状態は $Q_1=Q_2=0$ である.

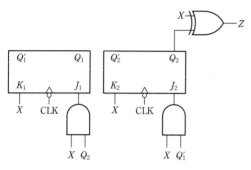

12・5　一つの入力 X, 一つの出力 Z, 三つのフリップフロップ Q_1, Q_2, Q_3 からなる順序回路がある. この回路の遷移表を以下に示す.

現状態 Q_1Q_2	次状態 $Q_1^+Q_2^+$		出力 Z	
	$X=0$	$X=1$	$X=0$	$X=1$
000	100	101	1	0
001	100	101	0	1
010	000	000	1	0
011	000	000	0	1
100	111	110	1	0
101	110	110	0	1
110	011	010	1	0
111	011	011	0	1

(a) 初期状態を $Q_1Q_2Q_3=000$ とし, 入力系列 $X=0101$ に対するタイミング図を作成せよ. また, 誤った出力を明らかにせよ (フリップフロップは立ち上がりエッジで駆動し, 入力はクロックの立ち上がりエッジと立ち下がりエッジの中間で変化するものとする).

(b) 上記の入力系列によって生成される出力値を列挙せよ.

12・6　以下の手順にしたがい次のクロック式順序回路を解析せよ.

(a) フリップフロップ入力の式と回路出力の式を書け.

(b) 遷移表を作成せよ.

(c) 遷移図を作成せよ.

(d) 回路が 0 を出力する状況を簡単に説明せよ.

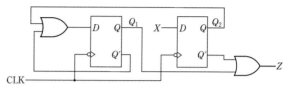

12・7　一つの入力, 一つの出力, 二つのフリップフロップからなるミーリー型順序回路がある. この回路のタイミング図を以下に示す. この回路の遷移表と状態図を作成せよ.

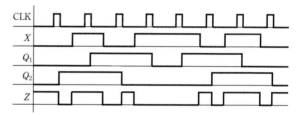

12・8　以下の状態図に対する遷移表を作成せよ. 次に, 入力系列 $X=101001$ に対するタイミング図を示せ. ただし, X はクロックの立ち下がりエッジと立ち上がりエッジの中間で変化し, フリップフロップは立ち下がりエッジで駆動するものとする. さらに, 正しい出力系列は何か答えよ.

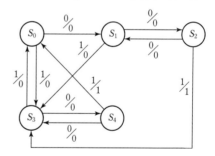

13 状態図と状態表の導出

第12章では，タイミング図と状態図を用いて順序回路の解析を行った．本章では，入力系列と出力系列間の関係を明記した問題文から順序回路を設計する場合を考える．設計における最初のステップは，回路の動作を明示する状態表，または，状態図を作成することである．フリップフロップ入力の式と回路出力の式は上記の表から導出できる．本章で詳しく述べる状態表または状態図の作成は，順序回路設計において最も重要で難しい部分である．

13・1 系列検出器の設計

クロック式のミーリー型順序回路の設計方法を示すため，系列検出器を設計しよう．その回路は図13・1のような形となる．

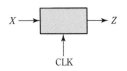

図13・1 設計する系列検出回路

この回路は，Xに入力された0と1の列を検査し，規定の入力系列が発生した時のみ出力$Z=1$を生成する．入力Xはクロックパルスの間でのみ変化するものとする．特に，101で終わる任意の入力系列の最後の1が入力されたときに，$Z=1$を出力する回路を設計することを考える．この回路は1を出力したときにリセットされないものとする．この回路の典型的な入力系列と出力系列は以下のようなものである．

$$X = \quad 0\ 0\ 1\ 1\ 0\ 1\ 1\ 0\ 0\ 1\ 0\ 1\ 0\ 1\ 0\ 0$$
$$Z = \quad 0\ 0\ 0\ 0\ 0\ 1\ 0\ 0\ 0\ 0\ 0\ 1\ 0\ 1\ 0\ 0$$
（時刻：0 1 2 3 4 5 6 7 8 9 10 11 12 13 14 15）
$$(14 \cdot 1)$$

何個のフリップフロップが必要かわからないため，まず回路の状態を$S_0, S_1, \cdots$のように記号で表し，後でフリップフロップの状態を回路の状態に割り当てる．異なる入力

に対する出力と状態の系列を示すため，状態図を作成する．最初に，回路はS_0で表されるリセット状態にあるものとする．入力0を受取ると，探している入力系列は0から始まるものではないため，回路はS_0に留まる．一方，1を受取ると，所望の系列の最初の入力を受取ったことを"記憶"するために，回路は新しい状態（S_1）に移る（図13・2）．状態図上のラベルはX/Zの形をしており，スラッシュの前の記号が入力，スラッシュの後の記号が対応する出力を表している．

状態S_1で0が入力されると，所望の系列の最初の二つ（10）が入力されたことを記憶するため，回路は新しい状態（S_2）に遷移しなければならない．S_2で1が入力されると，入力系列（101）が完成し，出力は1となる．次にこの回路は新規の状態に遷移すべきか，それともS_0またはS_1へ戻るべきかが問題となる．出力1が発生したときに回路はリセットされないことになっているため，S_0には戻らない．一方，上記の系列の最後の1は新しい系列の最初の1の可能性があるため，図13・3に示すように，S_1に戻ることになる．

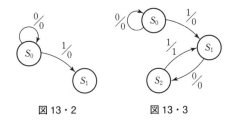

図13・2　　　　　**図13・3**

図13・3の状態図はまだ不完全である．状態S_1で入力1が発生した場合，次の系列の最初の入力の検査が開始されたため，S_1に留まらなければならない．状態S_2で入力0が発生した場合，二つの0を連続で受取った（00は所望の入力系列の一部ではない）ので回路を状態S_0にリセットしなければならない（他の状態に遷移すると誤った出力をすることになる）．最終的な状態図は図13・4のようになる．一つの入力変数に対して，出口は状態ごとに（入力変数の各値に対応する）二つであるが，入口は任意の数

となる可能性があり，回路の仕様に依存する．

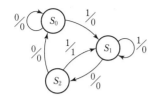

図 13・4　系列検出器のミーリー型状態図

状態 S_0 は初期状態，状態 S_1 は 1 で終わる系列が入力された状態，状態 S_1 は 10 で終わる系列が入力された状態である．別の解法として，このように状態を最初に定義し，次に状態図を作成する方法がある．状態図から状態表に変換すると，表 13・1 が得られる．たとえば，S_2 から S_1 へ向かう矢印は 1/1 でラベル付けされている．これは，現状態が S_2 で $X=1$ が入力されたとき，現在の出力が 1 であることを意味する．この出力 1 は X が 1 になるとすぐに，つまり，状態が変化する前に生じる．したがって，この 1 は，状態表の S_2 の行に記される．

表 13・1

現状態	次状態		現在の出力	
	$X=0$	$X=1$	$X=0$	$X=1$
S_0	S_0	S_1	0	0
S_1	S_2	S_1	0	0
S_2	S_0	S_1	0	1

ここまでで，状態表に記述された動作を行う回路を設計する準備が整った．一つのフリップフロップは二つの状態のみをもつため，三つの状態を表すためには二つのフリップフロップが必要である．二つのフリップフロップを A，B とする．フリップフロップの状態 $A=0$，$B=0$ が回路の状態 S_0，$A=0$，$B=1$ が S_1，$A=1$，$B=0$ が S_2 に対応するものとする．その結果，各回路の状態はフリップフロップの状態の唯一の組合わせで表される．状態表の S_0，S_1，S_2 をフリップフロップの状態で置き換えることにより遷移表（表 13・2）が得られる．

表 13・2

AB	A^+B^+		Z	
	$X=0$	$X=1$	$X=0$	$X=1$
00	00	01	0	0
01	10	01	0	0
10	00	01	0	1

この表からフリップフロップの次状態のカルノー図と出力関数 Z のカルノー図を描くと，以下のようになる．

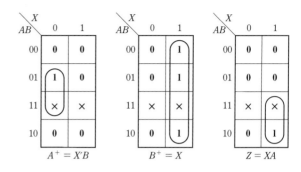

次に，カウンタの設計に用いた方法（§11・4 を参照）と同じ方法を用いて次状態のカルノー図からフリップフロップ入力を導出する．D フリップフロップを用いる場合，$DA=A^+=X'B$ かつ $DB=B^+=X$ となる．その結果，図 13・5 に示す回路が得られる．最初に二つのフリップフロップを状態 0 にリセットする．回路内を流れる信号を追跡すると，101 で終わる入力系列が発生した時に出力 $Z=1$ となることが確認できる．Z の値は，つねに入力が変化してからクロックのアクティブエッジの前までの値を取得することとし，誤った出力を読むことを避けなければならない．

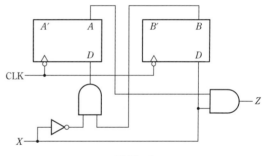

図 13・5

ムーア型回路の状態図を求める手続きは，出力を状態遷移の矢印に対して記述するのではなく状態に対して記述する点を除き，ミーリー型回路と同様である．この手続きを説明するために，先ほどの例をムーア型回路として設計する．すなわち，求める回路は，101 で終わる入力系列が生じた場合のみ 1 を出力する．その設計は，入力系列 10 が発生するまでは，出力 0 が状態 S_0，S_1，S_2 に関連付けられる点を除き，ミーリー型回路の設計と同様である．

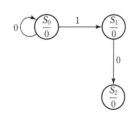

ここで入力1が生じて入力系列が101になると，出力は1にならなければならない．そのため，状態 S_1 には戻らず，1を出力する新しい状態 S_3 をつくる必要がある．

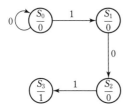

このようにして図13・6に示す状態図が完成する．系列100は回路を S_0 にリセットする点に注意する．系列1010は，もう一つの1が入力されると Z が再び1となるため，回路を S_2 に戻す．

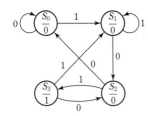

図13・6　系列検出器のムーア型状態図

この回路に対応する状態表は表13・3のようになる．出力は，入力 X には依存せず現状態のみで決定されるため，1列となる点に注意する．また，このムーア型回路は，同じ入力系列を検出するミーリー型回路よりも状態が一つ多く必要な点にも注意する．

表13・3

現状態	次状態		現在の出力
	$X=0$	$X=1$	
S_0	S_0	S_1	0
S_1	S_2	S_1	0
S_2	S_0	S_3	0
S_3	S_2	S_1	1

状態は四つであるため，この回路を実現するには二つのフリップフロップが必要である． S_0 に $AB=00$ ， S_1 に $AB=01$ ， S_2 に $AB=11$ ， S_3 に $AB=10$ の状態割り当てを行うと，次の遷移表（表13・4）が得られる．

表13・4

AB	A^+B^+		Z
	$X=0$	$X=1$	
00	00	01	0
01	11	01	0
11	00	10	0
10	11	01	1

出力関数は $Z=AB'$ である． Z が X の関数であるミーリー型回路とは異なり， Z はフリップフロップの状態のみに依存し， X とは独立である点に注意する．フリップフロップ入力の式の導出は複雑ではないため，ここでは省略する．

上述の101系列検出器は，検出対象の系列が入力系列中の任意の場所に発生してよいため，スライディングウインドウ式の系列検出器とよばれる．ウインドウはオーバーラップできるが，オーバーラップしないように制限されることもある．図13・7の最初の二つの出力 Z の系列は，ある入力系列例を処理する101系列検出器におけるオーバーラップしたウインドウとオーバーラップしないウインドウの差を示したものである（図13・4と図13・6に対応する回路はウインドウがオーバーラップしている）．また，これらの例では，101の完全な系列が時刻0よりも後に生じるものと仮定する．これは，初期状態ですでに0が入力されているかのような回路の応答を仮定するのと等価である．また，初期状態ですでに1が入力されているかのような回路の応答を仮定することもできる．図13・7の3番目と4番目の出力 Z の系列はその例である．図13・4と図13・6で状態 S_1 を初期状態とすれば，初期状態ですでに1が入力されているかのように回路は応答する．

スライディングウインドウ式の系列検出器に対し，分離ウインドウ式の系列検出器は入力系列を固定長（通常は検

異なる101系列検出器	X	0	1	0		1	0	1		0	1	1		1	0	1		0	1	0		1	0	1
スライディングウインドウ，オーバーラップあり	Z	0	0	0		1	0	1		0	1	0		0	0	1		0	1	0		1	0	1
スライディングウインドウ，オーバーラップなし	Z	0	0	0		1	0	0		0	1	0		0	0	1		0	0	0		1	0	0
スライディングウインドウ，オーバーラップあり，初期入力1	Z	0	1	0		0	0	1		0	0	0		0	1	0		1	0	1		0	1	0 1
スライディングウインドウ，オーバーラップなし，初期入力1	Z	0	1	0		0	0	1		0	0	0		0	1	0		0	0	0		1	0	0
分離ウインドウ	Z	0	0	0		0	0	1		0	0	0		0	1	0		0	0	0		0	0	1

図13・7　異なる種類の系列検出器

出対象の系列の長さ）のウインドウに分割し，ウインドウ内の閉じた入力系列のみを認識する．図13・7の最後の出力 Z の系列は長さ3の分離ウインドウをもつ101系列検出器である（ウインドウを検出対象の系列よりも長くすることは検出対象の系列を変更することと等価である．たとえば，長さ4の分離ウインドウ内の任意の場所に出現する101を検出することは0101，1101，1010，1011のいずれかの系列を検出することと等価である）．分離ウインドウ式の系列検出器は，系列の検出に加えてウインドウ内のビットの位置を記録しなければならないため，スライディングウインドウ式の系列検出器よりも通常は複雑である．

分離ウインドウ式の系列検出器の自然な応用例がある．たとえば，入力系列が連続する2進化10進数を含む場合，入力系列を長さ4のウインドウに分割する．そして，系列検出器により，有効な2進化10進数を含むか決定するために各ウインドウを検査することがある．また，別の検出器の例として，各2進化10進数のパリティを決定する場合がある．

13・2　より複雑な設計上の問題点

本節では，これまでの例よりもやや複雑な順序回路の状態図を導出する．図13・1に示す形の回路を再設計する．入力系列が010または1001で終わる場合に出力 Z は1となり，それ以外の場合に0となる．状態図を描く前に，問題文を正しく理解していることを確認するためにいくつかの典型的な入出力系列を求めてみよう．次の入力系列に対する所望の出力系列を決定する．

$$X = 0\ 0\ 1\ 0\ 1\ 0\ 0\ 1\ 0\ 0\ 0\ 1\ 0\ 0\ 1\ 1\ 0$$
$$\uparrow\ \ \uparrow\ \ \uparrow\ \uparrow\ \ \ \ \ \ \ \ \ \uparrow\ \ \ \uparrow$$
$$a\ \ \ b\ \ \ c\ d\ \ \ \ \ \ \ \ e\ \ \ f$$
$$Z = 0\ 0\ 0\ 1\ 0\ 1\ 0\ 1\ 1\ 0\ 0\ 0\ 1\ 0\ 1\ 0\ 0$$

a 点は入力系列が010（探している系列の一つ）で終わるため，出力が $Z=1$ となる．b 点は入力が再び010で終わるため，$Z=1$ となる．問題文は1を出力したときに回路をリセットすることについて何も言及していないため，系列はオーバーラップしてよい点に注意する．c 点は入力系列が1001で終わるため，Z は再び1となる．d,e,f ではなぜ出力が1になるのか？　この例は数ある入力系列の一つに過ぎない．この系列に対して正しく出力するある状態機械は，ほかのすべての入力系列に対して正しく出力するとは限らない．

まず，1を出力する二つの系列を用いて状態図の作成を開始する．その後で，他の場合について出力が正しいことを確認するために，必要に応じて矢印と状態を追加する．何も入力を受取っていないことに対応するリセット状態

S_0 から始める．入力がある探索系列の一部に対応しているならば，これを"記憶"するために回路を新しい状態に遷移させる．図13・8は系列010に対して1を出力する状態図である．この状態図において，S_1 は0で終わる系列，S_2 は01で終わる系列，S_3 は010で終わる系列が入力されたことに対応する．ここで状態 S_3 において1が入力されると，系列は再び01で終わることになる．これは探索系列の一部である．そのため，01で終わる系列が入力されたことに対応する S_2 に戻る（矢印 a）．そして，状態 S_2 でさらに0が入力されると，1を出力して S_3 に遷移する．0が入力されると系列は再び010で終わるため，この遷移は正しい．

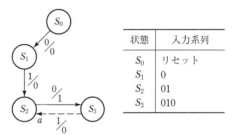

状態	入力系列
S_0	リセット
S_1	0
S_2	01
S_3	010

図13・8

次に系列1001に対応する状態図の一部を作成する．再びリセット状態 S_0 から始めて，1が入力されたときに，系列1001の最初の入力1を記憶するために S_4 に遷移する（図13・9の矢印 b）．系列の次の入力は0であり，この0を入力されたときに次の問が頭に浮かぶ．10で終わる系列に対応する新しい状態をつくるべきか？　あるいは，状態図にすでにある状態の一つに遷移できるか？　この場合，S_3 が10で終わる系列に対応するため S_3 に遷移できる（矢印 c）．今回は最初の0が入力されていないが，10が探索系列の始まりであるため問題ない．S_3 で0が入力されると，S_3 に至る経路によらず，入力系列は100で終わる．系列100に対応する状態はこれまでに存在しないため，100で終わる系列が入力されたことを示す新しい状態 S_5 を作成する．

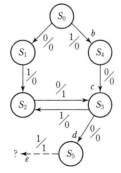

状態	系列の末尾
S_0	リセット
S_1	0（ただし10ではない）
S_2	01
S_3	10
S_4	1（ただし01ではない）
S_5	100

図13・9

状態 S_5 で入力 1 を受取ると系列 1001 が完成し, 矢印 e で示すように 1 を出力する. ここで再び疑問がわく. すでにある状態の一つに戻ることができるか？ それとも新しい状態をつくる必要があるか？ 系列 1001 の末尾は 01 であり, S_2 が 01 で終わる系列に対応するため, S_2 に戻ることができる（図 13・10）. S_2 でさらに 001 が入力されると系列 1001 が再び完成し, 1 がもう一つ出力される.

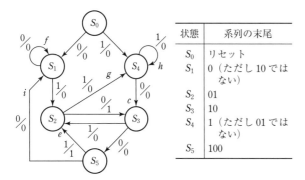

状態	系列の末尾
S_0	リセット
S_1	0（ただし 10 ではない）
S_2	01
S_3	10
S_4	1（ただし 01 ではない）
S_5	100

図 13・10

ここまで, 系列 010 または 1001 のどちらか一方が完成したときに 1 を出力する場合を処理してきた. ここからは, 最初に戻って, まだ示されていない他の入力系列を処理するために状態図を完成させる. 状態 S_1 で入力 1 の場合は説明したが, 入力 0 はまだ考慮していない. S_1 で 0 が入力されたとき, どの状態に遷移すればよいか？ S_1 で 0 が入力されると, 00 で終わる系列が入力されたことになる. 00 は探している二つの入力系列の一部ではないため, 余計な 0 を無視して S_1 に留まるのがよい（矢印 f）. 余計な 0 がいくつ発生しても, 依然として 0 で終わる系列が入力された状態であるため, 1 が入力されるまでは S_1 に留まる. また, S_2 で入力 0 の場合は説明したが, 入力 1 の場合を考慮していない. S_2 で 1 が入力されると系列は 11 で終わる. 11 は系列 010 または 1001 のどちらの一部でもないため, 11 で終わる系列に対応する状態は必要ない. S_2 は 01 で終わる系列に対応するため, S_2 に留まることはできない. そのため, 1 で終わる入力系列に対応する S_4 に遷移する（矢印 g）. S_3 にはすでに入力 0 と 1 に対応する矢印があるため, 次は S_4 を調べる. S_4 で 1 が入力されると, 系列は 11 で終わる. 11 は探している系列の一部ではないため, S_4 に留まり, 余計な 1 は無視する（矢印 h）. S_5 で 0 が入力されると, 系列は 000 で終わる. 000 は 010, 1001 のどちらにも含まれていないため, 一つ以上の 0 で終わる系列が入力されたことに対応する S_1 に戻る. すべての状態が入力 0 と 1 の両方に対応する矢印をもつことになったため, これで状態図は完成である. 初期状態に戻って最初の入力系列に対して状態図をチェックし, 010 または 1001 で終わる系列に対して常に 1 を出力すること

と, また, それ以外の系列に対して 1 が出力されないことを確認するとよい.

次に, 一つの入力 X と一つの出力 Z をもつムーア型順序回路の状態図を導出する. 入力された 1 の総数が奇数で, かつ, 少なくとも二つの連続する 0 が入力された場合に, 出力 Z は 1 となる. この回路の典型的な入出力系列を以下に示す.

$$
\begin{array}{l}
X = \ 1\ 0\ 1\ 1\ 0\ 0\ 1\ 1 \\
\quad\quad\ \ \uparrow\ \ \ \ \ \ \ \ \ \uparrow\ \ \ \ \uparrow\uparrow\ \uparrow \\
\quad\quad\ \ a\ \ \ \ \ \ \ \ \ b\ \ \ \ c\ d\ e \\
Z = (0)\ 0\ 0\ 0\ 0\ 0\ 1\ 0\ 1
\end{array}
$$

ムーア型回路では入力の変化が出力 Z にすぐには影響せず, Z はクロックの次のアクティブエッジ後に変化する. これを強調するため, 上の例では系列 Z を少し右にずらして示している. 括弧付きの最初の 0 はリセット状態に関連付けられた出力である. 上述の系列の a 点と b 点では, 奇数個の 1 が入力されているが, 連続する 0 がまだ入力されていないため, 出力は 0 のままである. c 点と e 点は, 奇数個の 1 と二つの連続する 0 が入力されたため $Z=1$ となる. d 点は 1 の数が偶数のため $Z=0$ となる.

リセット状態 S_0（この状態での出力は 0 とする）をもつムーア型の状態図（図 13・11）を作成する. まず, 1 の数が偶数か奇数かを追跡することを考える. S_0 で 1 が入力されると, 1 が奇数個であることを表すために状態 S_1 へ遷移する. 二つの連続する 0 はまだ入力されていないため, S_1 の出力は 0 である. 2 番目の 1 が入力されたとき, 新しい状態に遷移すべきか？ それとも S_0 に戻るべきか？ この疑問に関して, 偶数個の 1 が入力された状態と初期状態を区別する必要はないため, S_0 に戻ることができる. そして, 3 番目の 1 が入力されると S_1（奇数個の 1）に遷移し, 4 番目の 1 で S_0（偶数個の 1）に戻る, … のように遷移する.

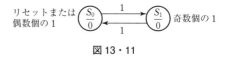

リセットまたは　　奇数個の 1
偶数個の 1

図 13・11

S_0 で 0 が一つ入力されると, これにより二つの連続する 0 の系列の検査が開始されるため, 図 13・12 の S_2（出力は 0）に遷移する. そして, S_2 で別の 0 が入力されると, 二つの連続する 0 が入力されたことを表すために S_3 へと遷移する. 1 の個数が偶数であるため, S_3 の出力はまだ 0 である. ここで 1 が入力されると, 奇数個の 1 が入力されたため S_4 に遷移する（なぜ S_1 へ遷移することができないのか？）. S_4 では二つの連続する 0 と奇数個の 1 が入力されたため, 出力は 1 になる.

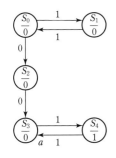

状態	入力系列
S_0	リセットまたは偶数個の 1
S_1	奇数個の 1
S_2	偶数個の 1 かつ末尾が 0
S_3	偶数個の 1 かつ 00 が発生
S_4	00 が発生かつ奇数個の 1

図 13・12

S_4 で 1 が入力されると系列は偶数個の 1 と二つの連続する 0 になるため，S_3 に戻ることができる（矢印 a）．S_3 の出力は 0 である．また，S_3 で別の 1 が入力されるときに 1 の個数は奇数となるため，S_4 に再び遷移して 1 を出力する．ここで，S_1（奇数個の 1 が入力された状態）で 0 が入力される場合を考えてみよう．S_2 には遷移できないため（なぜか？），奇数個の 1 の後に一つの 0 が続くことに対応する新しい状態 S_5 に遷移する（図 13・13 の矢印 b）．S_5 で別の 0 が入力されると二つの連続する 0 となり，1 を出力する S_4 へ遷移できる（矢印 c）．

ここで，初期状態に戻り，各状態を出発する二つの矢印があることを確認することで状態図を完成させる．S_2 で 1 が入力されると，1 が奇数個となったことを意味する．このとき，連続する二つの 0 はまだ入力されていないため，S_1 に遷移して（矢印 d）再び 0 の数を数え始めなければならない．同様に，S_5 で 1 が入力されると S_0 に遷移する（なぜか？）．S_3 で 0 が入力された場合はどうするべきか？ 元の問題文によれば，連続する二つの 0 が入力された後は，追加の 0 は無視できる．そのため，S_3 に留まることができる（矢印 f）．同様に，S_4 で余計な入力 0 は無

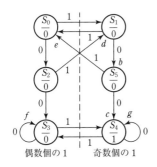

状態	入力系列
S_0	リセットまたは偶数個の 1
S_1	奇数個の 1
S_2	偶数個の 1 かつ末尾が 0
S_3	偶数個の 1 かつ 00 が発生
S_4	奇数個の 1 かつ 00 が発生
S_5	奇数個の 1 かつ末尾が 0

図 13・13

視できる（矢印 g）．これでムーア型の状態図は完成である．最後に，初期状態に戻り，さまざまな入力系列に対して正しい出力系列が得られることを確認するとよい．

13・3 状態図作成の手引き

すべての問題に対して状態図または状態表の導出に利用できる明確な手続きはないが，以下の手引きが役に立つであろう．

1. 問題文を理解していることを確認するため，入出力系列のいくつかのサンプルをまず作成する．
2. 回路を初期状態にリセットする必要があるなら，どのような状況でそれを行うべきか決定する．
3. 一つまたは二つの系列のみが非 0 を出力する場合，手始めにこれらの系列に対して部分的な状態遷移図を作成するとよい．
4. 別の方法として，どのような系列または系列のグループを回路が記憶し，状態として保持する必要があるかを決めるとよい．
5. 状態図に矢印を追加する際は，定義済みの状態の一つに遷移可能か，あるいは，新しい状態を追加しなければならないかを決定する．
6. 作成した状態図において，入力変数の値の各組合わせに対して各状態を出発する経路がただ一つ存在することを確認する．
7. 状態遷移図が完成したら，ステップ 1 で作成した入力系列を用いて正しい出力系列が得られることを確認する．

状態図または状態表を導出するいくつかの例を以下に示す．

例 13・1 一つの入力（X）と一つの出力（Z）からなる順序回路がある．この回路は連続する四つの入力系列を検査し，入力系列 0101 または 1001 が入力された場合に $Z=1$ を出力する．また，四つの入力が行われるたびに回路はリセットされる．この回路のミーリー型の状態図を求めよ．

[解答] 典型的な入力系列と出力系列は以下のようなものである．

$$X = 0101 \mid 0010 \mid 1001 \mid 0100$$
$$Z = 0001 \mid 0000 \mid 0001 \mid 0000$$

縦線は回路が初期状態にリセットされる時点を表す．01 または 10 の後に 01 が続く入力系列は $Z=1$ を出力する点に注意する．そのため，01 または 10 が入力された場合，回路は同じ状態に遷移できる．1 を出力する二つの系列に

対する状態図を図 13・14 に示す.

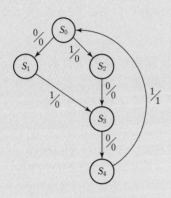

状態	入力系列
S_0	リセット
S_1	0
S_2	1
S_3	01 または 10
S_4	010 または 100

図 13・14　例 1 の部分的な状態図

　4 番目の入力で回路は S_0 にリセットされる点に注意する. 次に, 1 を出力しない系列を処理する矢印とラベルを状態遷移図に追加すると, 図 13・15 のようになる.

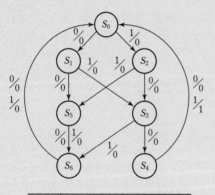

状態	入力系列
S_0	リセット
S_1	0
S_2	1
S_3	01 または 10
S_4	010 または 100
S_5	二つの入力を受取り, かつ, 1 を出力する可能性がない
S_6	三つの入力を受取り, かつ, 1 を出力する可能性がない

図 13・15　例 1 の完全な状態図

　四つの入力を受取るまでは回路は S_0 にリセットされないため, 状態 S_5 と S_6 を追加する必要がある. 系列 00 または 11 が入力されると (状態 S_5), 回路がリセットされるまでは 1 を出力する可能性がない点に注意する.

例 13・2　　一つの入力 (X) と二つの出力 (Z_1 と Z_2) からなる順序回路がある. この回路は, 系列 010 が生じることなく系列 100 が入力された際は毎回 $Z_1=1$ を出力する. また, 入力系列 010 が入力された際は毎回 $Z_2=1$ を出力する. $Z_2=1$ を出力すると $Z_1=1$ は決して出力されないが, その逆は成り立たないことに注意する. この回路のミーリー型の状態図と状態表を求めよ.

[**解答**]　典型的な入力系列と出力系列は以下のようなものである.

$$X = 1001100101 \,\vdots\, 010010110100$$
$$Z_1 = 0010001000 \,\vdots\, 000000000000$$
$$Z_2 = 0000000010 \,\vdots\, 101001000010$$

010 の前に系列 100 が 2 回入力され, そのたびに $Z_1=1$ となることに注意する. しかし, いったん 010 が入力されて $Z_2=1$ となると, 100 が再び入力された場合でも $Z_1=0$ となる. 010 が入力される 5 回すべてにおいて $Z_2=1$ となる. 問題文では回路のリセットについて何も言及されていないため, 01010 は 010 が 2 回入力されたことを意味する.

　系列 100 と 010 に対して正しい出力を行う状態図を作成することから始める. 図 13・16(a) はその状態図である.

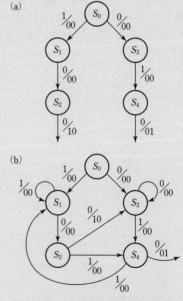

図 13・16　例 2 の部分的な状態図

　この時点における重要な疑問は, 正しい出力を行うために回路は何を記憶する必要があるか? ということである.

$Z_2=1$ をいつ出力するかを知るために，系列 010 の検査過程がどの程度進行したかを回路は記憶する必要がある．また，$Z_1=1$ をいつ出力するかを知るために，系列 100 の検査過程がどの程度行われたか，および，010 がこれまでに入力されたかを回路は記憶する必要があるだろう．

各状態で記憶する内容を追跡することは，正しい状態図を作成するうえで役に立つ．表 13・5 はその手助けとなる．状態 S_0 は回路の初期状態であるため，どちらの系列の検査も行われておらず，010 は生じていない．状態 S_1 は S_0 で 1 が入力されたときに遷移する状態であるため，系列 100 の検査が行われている．状態 S_2 は，10 が入力されることによって系列 100 の検査が行われている．同様に，状態 S_3 と S_4 は，それぞれ，010 の検査において 0 と 01 が検出されたことを表す．S_1 では系列 010 の検査は行われておらず，S_3 では系列 100 の検査は行われていない．しかし，S_2 では 10 が入力されたため，次の二つの入力が 1 と 0 の場合は系列 010 が完成する．そのため，S_2 は 100 の検査において 10 が検出だけでなく，010 の検査において 0 も検出されている．同様に，S_4 は 100 の検査の 1 に加えて，010 の検査では 01 も検出されている．

表 13・5 例 2 の状態の解説

状態	解説		
S_0	100 未検出	010 未検出	
S_1	100 の 1 を検出	010 未検出	
S_2	100 の 10 を検出	010 の 0 を検出	010 未検出
S_3	100 未検出	010 の 0 を検出	
S_4	100 の 1 を検出	010 の 01 を検出	
S_5		010 の 0 を検出	
S_6		010 の 01 を検出	010 検出済
S_7		010 未検出	

この情報を用いて状態図をさらに埋めると，図 13・16(b) が得られる．回路が状態 S_1 で 1 が入力されると，直近の入力系列が 11 となる．最初の入力 1 は系列 100 の検出に使用しない．一方，次の入力 1 は系列 100 の 1 の検出に必要であり，回路はこの新しい 1 を記憶する必要がある．また，系列 010 の検出はまだ始まっておらず，これまでに 010 は発生してもいない．これは状態 S_1 と同じ状態のため，回路は状態 S_1 に戻る．同様に，状態 S_3 で 0 が入力されると，直近の入力が 00 となる．これは系列 010 の最初の 0 のみが検出されており，系列 100 の検出はまだ始まっておらず，010 も生じていないため，回路は状態 S_3 に戻るのがよい．状態 S_2 で 0 が入力されると系列 100 が完成し，回路は $Z_1=1$ を出力する．このとき，別の 100 の検出はまだ始まっておらず，また，010 はまだ生じていない．一方，最後の入力は 0 なので，系列 010 の最初の 0 が検出されている．表 13・5 より，これは S_3 と同じ状況であるため，回路は状態 S_3 に戻る．状態 S_2 で 1 が入力されると，010 の 01，および，100 の 1 が検出され，010 はまだ生じていない

状況になる．表 13・5 より，回路は状態 S_4 に遷移する．

状態 S_4 で 0 が入力されると入力系列 010 が完成し，$Z_2=1$ を出力する．このとき，010 が入力されたことを記憶するために新しい状態(S_5)に遷移する．その結果，$Z_1=1$ は二度と起こらない．S_5 に到達したとき，回路は 100 を探すのを中止し，010 のみを検査するようになる．入力系列が 010 で終わるときに $Z_2=1$ を出力する状態図を図 13・17(a) に示す．S_5 では 010 の最初の 0 が検出され，追加で入力された 0 は S_5 に戻ることによって無視される．S_6 では 010 の 01 が検出される．S_6 で 0 が入力されると系列は完成し，$Z_2=1$ となる．また，この 0 は新しい 010 の始まりであるため，S_5 に戻る．

(a) 010 の部分グラフ

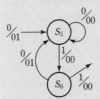

(b) 完全な状態図

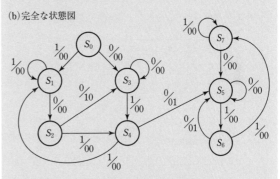

図 13・17 例 2 の状態図

状態 S_6 で 1 が入力されると系列 010 は壊れる．そこで，010 を再び探し始めるために新しい状態(S_7)を追加する必要がある．状態 S_7 では追加で入力された 1 は無視され，0 が入力されたときに(この 0 は系列 010 の再開に相当するため)S_5 へ戻る．完全な状態図を図 13・17(b) に示す．また，表 13・6 はこれに対応する状態表である．

表 13・6

現状態	次状態		出力 (Z_1Z_2)	
	$X=0$	$X=1$	$X=0$	$X=1$
S_0	S_3	S_1	00	00
S_1	S_2	S_1	00	00
S_2	S_3	S_4	10	00
S_3	S_3	S_4	00	00
S_4	S_5	S_1	01	00
S_5	S_5	S_6	00	00
S_6	S_5	S_7	01	00
S_7	S_5	S_7	00	00

例13・3　　二つの入力（X_1, X_2）と一つの出力（Z）からなる順序回路がある．出力は，以下の入力系列の一つが生じるまで一定の値を保つ．

　（a）入力系列 $X_1X_2=01, 11$ は出力を 0 にする．
　（b）入力系列 $X_1X_2=10, 11$ は出力を 1 にする．
　（c）入力系列 $X_1X_2=10, 01$ は出力を変更する．
　　（$X_1X_2=01, 11$ という表記は，$X_1=0$，$X_2=1$ に続いて $X_1=1$，$X_2=1$ となることを意味する．）

　　この回路のムーア型の状態図を導出せよ．

[解答]　出力に影響する入力の組の系列は長さが 2 の系列のみである．そのため，直前の入力と現在の入力が出力を決定する．また，回路は直前の入力の組のみを記憶する必要がある．まず，最後に受取った入力の組が $X_1X_2=01$，$X_1X_2=10$，それ以外（00 または 11）であることに対応するため，三つの状態が必要である．00 と 11 はどちらも出力を変更する系列の始まりではないため，これらの入力の組に対して別の状態を使用する必要はない点に注意する．一方，これら三つの状態のそれぞれにおいて出力は 0 または 1 のどちらかとなる可能性があるため，以下の六つの状態が最初に定義される．

直前の入力 （X_1X_2）	出　力 （Z）	状態名
00 または 11	0	S_0
00 または 11	1	S_1
01	0	S_2
01	1	S_3
10	0	S_4
10	1	S_5

　この状態名を用いて状態表（表13・7）が作成できる．ここに示した表の六つの行は，第 14 章で述べる方法を用いることで 5 行に減らすことができる．

表13・7

現状態	Z	次状態 $X_1X_2=00$	01	11	10
S_0	0	S_0	S_2	S_0	S_4
S_1	1	S_1	S_3	S_1	S_5
S_2	0	S_0	S_2	S_0	S_4
S_3	1	S_1	S_3	S_0	S_5
S_4	0	S_0	S_3	S_1	S_4
S_5	1	S_1	S_2	S_1	S_5

　この表の行 S_4 は以下のようにして導出される．00 が入力されると入力系列は 10, 00 となるため，出力は変化しない．
また，最後の入力が 00 であることを記憶するために S_0 へ遷移する．01 が入力されると系列は 10, 01 となるため，出力は 1 に変化しなければならない．また，最後の入力が 01 であることを記憶するために S_3 へ遷移する．11 が入力されると系列は 10, 11 となるため，出力は 1 になり S_1 に遷移する．10 が入力されると系列は 10, 10 となるため，出力は変化せず S_4 に留まる．表の各行が正しいことを自身で確認せよ．状態図を図 13・18 に示す．

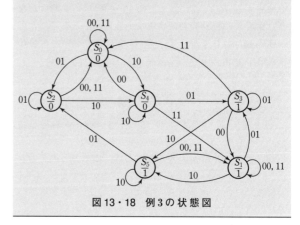

図13・18　例3の状態図

13・4　シリアルデータの符号変換

　状態図を作成する最後の例として，シリアルデータの変換器を設計する．2 値データはしばしばシリアルのビット列としてコンピュータ間を転送される．図 13・19(a) に示すように，データと一緒にクロック信号も転送されることが多いため，受信機は適切な時刻にデータを読むことができる．代わりに，シリアルデータのみを転送し，受信機でクロック信号を再生するために（ディジタルフェーズロックループとよばれる）クロック復元回路を利用する方法（図 13・19b）がある．

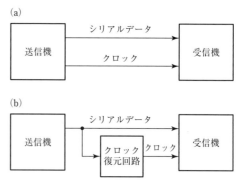

図13・19　シリアルデータ転送

　同期のためにクロックを一緒に転送する方式における，シリアルデータの四つの異なる符号化方法を図 13・20 に示す．この例はビット列 0, 1, 1, 1, 0, 0, 1, 0 を転送する場合

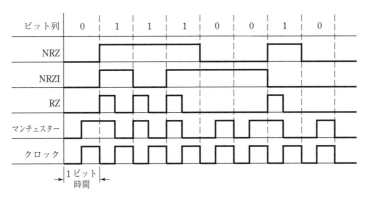

図13・20　シリアルデータ転送の符号化法

を表している．**非ゼロ復帰**（non-return-to-zero, NRZ）**符号**では，各ビットが何も変更されることなく1ビット時間転送される．**非ゼロ復帰反転**（non-return-to-zero-inverted, NRZI）**符号**では，出力信号内の変化の有無によってデータが符号化される．元の系列の各0に対しては，直前に転送したビットと同じビットが転送される．元の系列の各1に対しては，直前に転送したビットを反転したビットが転送される．したがって，前述の系列は0,1,0,1,1,1,0,0のように符号化される．別の言い方をすると，転送される値を変更しないことで0を符号化し，直前に転送した値を反転することで1を符号化する．**ゼロ復帰**（return-to-zero, RZ）**符号**では，0は1ビット時間内のすべての時間に0を転送する．一方，1は最初の半分のビット時間に1を転送し，残りの半分は0に戻る．**マンチェスター符号**では，0は最初の半分のビット時間に0，残りの半分に1を転送する．一方，1は最初の半分に1，残りの半分に0を転送する．したがって，符号化されたビットはビット時間の中間で常に変化する．元の（1と0の）ビット列が長いときは，マンチェスター符号では信号の変化がより多くなる．これによりクロック信号の復元が容易となる．

　非ゼロ復帰符号によって符号化されたビット列をマンチェスター符号によって符号化されたビット列に変換する順序回路を設計する（図13・21a）．このために，基本クロックの2倍の周波数をもつクロックであるCLK2を使用する．この方法では，すべての出力変化はCLK2の同じエッジで発生する．また，本章でこれまでに使用した標準的な同期式回路の設計法を利用できる．最初に上記のコード変換を行うミーリー型回路を設計する．非ゼロ復帰符号のビットが0の場合，CLK2の2周期分で0となることに注意する．同様に，非ゼロ復帰符号のビットが1の場合，CLK2の2周期分で1となる．したがって，リセット状態（図13・21cのS_0）から開始すると，入力系列として可能性があるのは00と11の二つのみである．系列00に対しては，最初の0が入力されると出力は0である．CLK2の最初の周期の最後に回路はS_1に遷移する．入力は依然と

して0であるため，出力は1になる．この1がCLK2の1周期分続いた後で，回路はS_0にリセットされる．系列11に対しては，最初の1が入力されたときにCLK2の1周期分で出力が1となり，その後，回路はS_2に遷移する．そして，CLK2の1周期分で出力が0になり，回路はS_0にリセットされる．

(a) 変換回路

(b) タイミング図

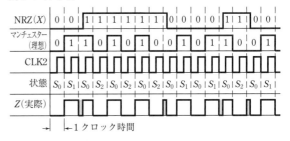

(c) 状態図　　　　　　　(d) 状態表

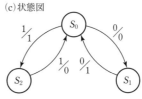

	次状態		出力（Z）	
現状態	$X=0$	$X=1$	$X=0$	$X=1$
S_0	S_1	S_2	0	1
S_1	S_0	–	1	–
S_2	–	S_0	–	0

図13・21　非ゼロ復帰（NRZ）符号をマンチェスター符号に変換するミーリー型回路

　このミーリー型の状態図を状態表（図13・21d）に変換すると，S_1で1が入力された場合の次状態が定義されておらず，–によって表されている．同様に，S_2で0が入力された場合の次状態も定義されていない．–はドント・ケアのようなものである．すなわち，対応する入力が生じな

いため，次状態が何であるかを気にしない．このミーリー型回路を注意深くタイミング解析すると，出力波形にいくつかのグリッチ（誤った出力）が発生する可能性がある（図13・21b）．入力波形はクロックと正確に同期しない可能性がある．図では入力波形を右にシフトすることによってこの状況を誇張して表現してあり，その結果，入力の変化はクロックエッジと揃っていない．この状況に対して，出力 Z におけるグリッチの発生を分析するために状態表を使用する．タイミング図に示した最初のグリッチは，状態 S_1 で $X=0$ が入力されたときに発生する．状態図は出力が $Z=1$ となることを示しており，クロックが下がると状態は S_0 に変化する．このとき，入力は依然として $X=0$ であるため，Z は0になる．その後，X が1に変化すると Z は再び1となる．そのため，クロックの変化と入力の変化の間に，出力にグリッチが発生したことになる．次のグリッチは S_2 で $X=1$ が入力されると発生する．所望の出力は $Z=0$ であるが，クロックが下がった際，X が0に変化するまで出力は一時的に1になる．

ミーリー型回路で発生する可能性のあるグリッチの問題に対処するため，この回路をムーア型で再設計する（図13・22）．ムーア型回路の出力はクロックのアクティブエッジ後までは変化できないため，出力は1クロック時間遅れる．S_0 から開始して，入力系列 00 はまず状態 S_1 に遷移して0を出力し，次に S_2 に遷移して1を出力する．S_0 から開始して，11はまず S_3 に遷移して1を出力し，2番目の1で S_0（0を出力する）に戻る．状態図を完成させるために S_2 を出発する二つの矢印を追加する．S_1 で入力1，S_3 で入力0は生じない点に注意する．そのため，対応する状態表は二つのドント・ケアをもつ．

(a)タイミング図

(b)状態図

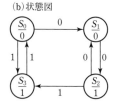

(c)状態表

	次状態		現在の出力
現状態	$X=0$	$X=1$	(Z)
S_0	S_1	S_3	0
S_1	S_2	–	0
S_2	S_1	S_3	1
S_3	–	S_0	1

図13・22　非ゼロ復帰（**NRZ**）符号をマンチェスター符号に変換するムーア型回路

13・5　アルファベットと数字を組合わせた状態図の表記法

順序回路が複数の入力をもつとき，0と1の代わりにアルファベットと数字を組合わせた入力変数名を用いて状態図の矢印をラベル付けすると便利なことがある．これにより，状態図の理解が容易となる．また，より簡単な状態図の導出に繋がることもある．次の例を考えてみる．二つの入力（$F=$順方向，$R=$逆方向）と三つの出力（Z_1, Z_2, Z_3）からなる順序回路がある．入力系列がすべて F の場合，出力系列は $Z_1 Z_2 Z_3 Z_1 Z_2 Z_3\cdots$ となる．入力系列がすべて R の場合，出力系列は $Z_3 Z_2 Z_1 Z_3 Z_2 Z_1\cdots$ となる．明示された出力系列を出力する準備段階のムーア型の状態図を図13・23(a)に示す．矢印のラベル F は，$F=1$ のときに対応する状態遷移が発生することを意味する．状態内の表記 Z_1 は，出力 Z_1 が1であり，それ以外の出力（Z_2 と Z_3）は0であることを意味する．F が1である限り，この状態図は，出力系列 $Z_1 Z_2 Z_3 Z_1\cdots$ を出力する状態 $S_0, S_1, S_2, S_0, \cdots$ を循環する．$R=1$ のとき，状態の系列と出力系列は上記の順序とは逆順になる．

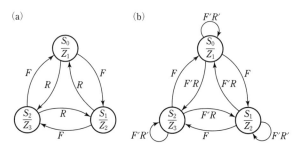

図13・23　矢印のラベルに変数名を使用した状態図

この時点では，状態図は完全定義ではない．両方の入力が0の場合に何が起こるだろうか？　また，両方の入力が同時に1になった場合に何が起こるだろうか？　たとえば，状態 S_0 で $F=R=1$ の場合，回路は S_1 または S_2 に遷移するのだろうか？　回路は一度に一つの状態のみをとることができるため，優先順位を割り当てなければならない．入力 F が入力 R に優先されると仮定しよう．そして，この優先順位を実装するために状態図を変更する．R を $F'R$ で置き換えると，$R=1$ かつ $F=0$ の場合にのみ対応する状態遷移が発生することを意味する．$F'R'$ のラベルをもつ

表13・8　図13・23の状態表

	次状態				出　力		
現状態	$FR=00$	01	10	11	Z_1	Z_2	Z_3
S_0	S_0	S_2	S_1	S_1	1	0	0
S_1	S_1	S_0	S_2	S_2	0	1	0
S_2	S_2	S_1	S_0	S_0	0	0	1

自己ループを各状態に追加することで状態図は完成する．その結果，状態図（図13・23b）はFとRのすべての値の組合わせ（両方の入力が1の場合も含む）に対して完全に定義される．FはRに優先する．この状態図を状態表に変換すると表13・8が得られる．

矢印に入力変数名を用いて状態図を作成するときは，状態図が適切に定義されているかを注意深く確認した方がよい．このために，各状態を出発するすべての矢印上のラベルを確認する．たとえば，状態S_0に対してすべての矢印のラベルの論理和を計算すると，以下の結果が得られる．

$$F + F'R + F'R' = F + F' = 1$$

これは，入力変数の値の任意の組合わせに対してラベルの一つが1でなければならないことを表している．

S_0を出発する各組の矢印のラベルの論理積を計算すると，以下が得られる．

$$F \cdot F'R = 0, \qquad F \cdot F'R' = 0, \qquad F'R \cdot F'R' = 0$$

これは，入力値の任意の組合わせに対して，一つの矢印のラベルのみ値が1になることを表す．

一般に，完全定義の状態図は以下の性質をもつ．(1) ある状態を出発するすべての矢印の入力ラベルの論理和を計算すると結果が1になる．(2) ある状態を出発する任意の組の矢印の入力ラベルの論理積を計算すると結果が0になる．性質(1)は，どの入力の組合わせに対しても，少なくとも一つの次状態が定義されていることを保証する．性質(2)は，どの入力の組合わせに対しても，高々一つの次状態が定義されていることを保証する．両方の性質が真ならば，どの入力の組合わせに対しても一つの次状態が確実に定義されており，状態図が適切に定義されている．一方，ある入力の組合わせが生じない場合は，不完全定義の状態図が容認される可能性がある．

ミーリー型順序回路の状態図では以下の表記を用いる．$X_i X_j / Z_p Z_q$は入力，X_iとX_jが1（他の入力値が何かは気にしない）の場合に出力Z_pとZ_qが1（他の出力は0）になることを意味する．すなわち，4入力（X_1, X_2, X_3, X_4）4出力（Z_1, Z_2, Z_3, Z_4）の回路に対して，$X_1 X_4 / Z_2 Z_3$は1--0/0110と等価である．この種の表記は，多数の入出力をもつ巨大な順序回路において大変有用である．

すべての入力がドント・ケアであることを表すのに–を使用する．たとえば，矢印のラベル$-/Z_1$は，入力値の任意の組合わせに対してこの矢印の状態遷移が発生し，出力Z_1が1になることを意味する．

13・6 不完全定義状態表

ある状況では，順序回路の入力として特定の入力系列が決して発生しない．別のある状況では，順序回路からの出力が各クロック時刻ではなく特定の時刻にのみ観測される．これらの状況は，状態表では，未定義の次状態や未定

義の出力となる．そのようなドント・ケアを含む状態表は**不完全定義状態表**（incompletely specified state table）とよばれる．組合わせ論理の簡単化にドント・ケアを利用したのと同様，状態表におけるドント・ケアは順序回路の簡単化に利用できる．

制限された入力系列の例として，入力系列が連続する2進化10進数を含む（各値の最上位ビットが最初に生じる）場合を考える．ミーリー型の順序回路（分離ウインドウ式の系列検出器）が入力系列を検査し，数値のパリティが偶，かつ，2進化10進数の最後のビットが入力されたときに出力1を生成する．それ以外の場合は，順序回路の出力は0である（2進化10進数が偶数個の1（つまり0個または2個の1）を含む場合，そのパリティは偶である）．この順序回路の状態図を図13・24に，状態表を表13・9に示す．

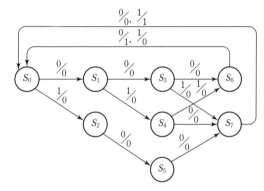

図13・24　2進化10進パリティ検出器の状態図

表13・9　図13・24の状態表

現状態	次状態		出 力	
	$X=0$	$X=1$	$X=0$	$X=1$
S_0	S_1	S_2	0	0
S_1	S_3	S_4	0	0
S_2	S_5	–	0	–
S_3	S_6	S_7	0	0
S_4	S_7	S_6	0	0
S_5	S_7	–	0	–
S_6	S_0	S_0	1	0
S_7	S_0	S_0	0	1

状態S_0は回路の初期状態であり，各2進化10進数の最初の状態でもある．状態S_1（S_2）は2進化10進数の最初のビットが0（1）の状態である．二つの入力後にとりうる状態はS_3, S_4, S_5，三つの入力後にとりうる状態はS_6, S_7である．最初のビット（最上位ビット）が1の場合，次の二つのビットは0でなければならない点（1から始まる2進化10進数は1000と1001のみ）に注意する．結果として，入力1に対する状態S_2とS_5の次状態は定義されな

い．これらはドント・ケアである．状態表（状態図）の簡単化におけるドント・ケアの利用は§14・5で説明する．

順序回路の出力が稼働時間の一部でのみ観測される例として，分離ウインドウ式の101系列検出器においてウインドウの最後の出力のみを利用する場合を考える（入力が最初，2番目または3番目の入力かどうかを決定するために別々のカウンタを利用できるだろう）．ウインドウの最初と2番目の入力に対しては，順序回路の出力は不定義のままにできる．この回路の状態図を図13・25に示す．表13・10は対応する状態表である．繰返しになるが，ドント・ケアは状態図（状態表）の簡単化を可能にする．これについては§14・5で説明する．

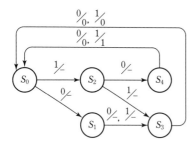

図13・25　分離ウインドウ式の101検出器

表13・10　図13・25の状態表

現状態	次状態		出　力	
	$X=0$	$X=1$	$X=0$	$X=1$
S_0	S_1	S_2	–	–
S_1	S_3	S_3	–	–
S_2	S_4	S_3	–	–
S_3	S_0	S_0	0	0
S_4	S_0	S_0	0	1

演習13・1（解答を紙で隠して問題を解き，解答後に紙を下にずらして答え合わせせよ．正解を見る前に空欄に解答を記入せよ．）

（a）入力0が二つのみ続いた後に入力が1，ついで0になるまでは，出力は0である．

問題文を理解していることを確認するため，以下の入力系列それぞれに対する出力系列を示せ．

(i) $X=0010$　　　$Z=$＿＿＿＿

(ii) $X=\cdots10010$（…は00では終わらない任意の入力系列を意味する）

　　　$Z=\cdots$＿＿＿＿

(iii) $X=\cdots00010$　　　$Z=\cdots$＿＿＿＿

(iv) $X=001001000010$　　　$Z=$＿＿＿＿＿＿＿＿

(v) 出力1が発生した後に回路はリセットされるだろうか？

［解答］　(i) $Z=0001$　　　(ii) $Z=\cdots00001$

(iii) $Z=\cdots00000$　　　(iv) $Z=00010010000$

(v) リセットされない．

入力0が三つ並んでいるため(iii)の解答では出力1が生じない点に注意する．

（b）以下の状態図に矢印を追加し，系列$X=0010$に対して正しい出力を行うようにせよ（他の状態を追加してはならない）．

［解答］

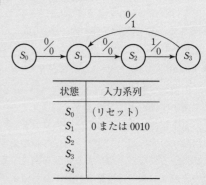

状態	入力系列
S_0	（リセット）
S_1	0 または 0010
S_2	
S_3	
S_4	

S_3からの矢印はS_1に戻る点に注意する．したがって，010が追加で入力されると別の1が出力される．

（c）三つ以上の0が連続して入力されたときの状態を上記の状態図に追加せよ．また，各状態に対応する入力系列を記入して，上の状態表を完成させよ．

［解答］

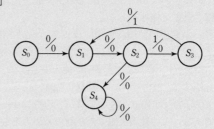

状態	入力状態
S_0	（リセット）
S_1	0 または 0010
S_2	00
S_3	001
S_4	三つ（以上）の連続する0

（d）多くの状態においてその状態から出る矢印は一つだけであるため，上記の状態図は完成していない．必要な矢印を追加して状態図を完成させよ．可能な場合はすでに使用した状態の一つに戻ること．

［解答］

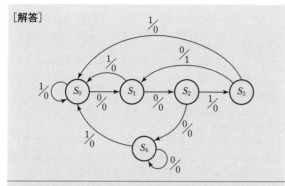

（e）この例題 の最初に列挙した入力系列に対して，この状態図が適切な系列を出力することを確認せよ．また，上記の状態図に対応するミーリー型の状態表を書け．

［解答］

現状態	次状態		出力	
	0	1	0	1
S_0	S_1	S_0	0	0
S_1	S_2	S_0	0	0
S_2	S_4	S_3	0	0
S_3	S_1	S_0	1	0
S_4	S_4	S_0	0	0

演習 13・2 二つの連続する1がこれまで入力されておらず，入力された0の総数が0よりも大きな偶数の場合に，$Z=1$を出力するクロック式のムーア型順序回路がある．

（a）問題文を理解していることを確認するために，次の入力系列に対する出力系列を示せ．

$X = 0\ 0\ 0\ 0\ 1\ 0\ 1\ 0\ 1\ 0\ 1\ 1\ 0\ 0\ 0\ 0$
$Z = (0)$
　　　└この0は，任意の入力を受取る前の最初の出力である．

［解答］　$Z=$ (0)01011001100000

　いったん二つの連続する1が入力されると，出力は二度と1にならない点に注意する．

（b）まず入力0のみを考える．入力された0の総数が0よりも大きな偶数である場合に，1を出力するムーア型の状態図を作成せよ．

［解答］

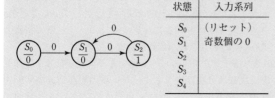

状態	入力系列
S_0	（リセット）
S_1	奇数個の0
S_2	
S_3	
S_4	

（c）S_0を出発し，二つの連続する1が入力された後にほかの任意の系列が続くとき，出力が0を維持するように（b）の状態図に状態を追記せよ．また，各状態に対応する入力系列を記入して，上述の状態表を完成させよ．

［解答］

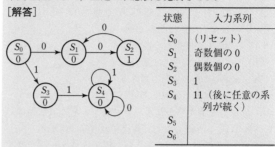

状態	入力系列
S_0	（リセット）
S_1	奇数個の0
S_2	偶数個の0
S_3	1
S_4	11（後に任意の系列が続く）
S_5	
S_6	

（d）各状態にそこから出る0と1の両方の矢印をもたせて，状態図を完成させよ．このとき追加する状態は可能な限り少なくせよ．また，上の状態表を完成させよ．

［解答］

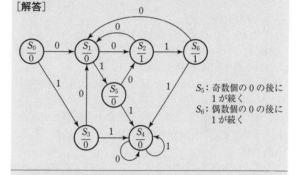

S_5：奇数個の0の後に1が続く
S_6：偶数個の0の後に1が続く

（e）この例題 の最初に示した入力系列に対して，この状態図が適切な系列を出力することを確認せよ．また，（d）の状態図に対応するムーア型の状態表を書け（ムーア型の状態表は出力の列が一つである点に注意する）．

［解答］

現状態	次状態		出力
	0	1	
S_0	S_1	S_3	0
S_1	S_2	S_5	0
S_2	S_1	S_6	1
S_3	S_1	S_4	0
S_4	S_4	S_4	0
S_5	S_2	S_4	0
S_6	S_1	S_4	1

演習 13・3 次の場合に限り1を出力するムーア型順序回路の状態図と状態表を導出せよ．（1）入力系列が偶数個の0をもち，かつ，（2）奇数個の（オーバーラップしない）1の組をもつ．この問題を補足すると，ある1の組は二つの連続する1からなる．三つの連続する1が生じた後に0が続いた場合，三つ目の1は無視される．四つの連続

する1が生じた場合，これは二つの組として数える．

(a)　(i)　最初のステップは，問題を分析して正しく理解しているかを確認することである．1を出力するためには条件(1)と条件(2)の両方が満たされなければならない点に注意する．条件(1)について考える．0個の0が発生した場合，条件(1)は満たされるか？　＿＿＿＿＿

　　(ii)　一つの0が発生した場合は？　＿＿＿＿＿

　　(iii)　二つの0が発生した場合は？　＿＿＿＿＿

　　(iv)　三つの0が発生した場合は？　＿＿＿＿＿

　　(v)　（ヒント：0は偶数か奇数か？）

(b)　条件(1)を満たすかどうかを決定するために状態はいくつあればよいか？　また，各状態の意味は何か？

(c)　次に条件(2)について考える．以下のパターンそれぞれに対し，条件(2)が満たされるかどうかを決定せよ．

　　(i)　010＿＿＿＿＿　　　　(ii)　0110＿＿＿＿＿

　　(iii)　01110＿＿＿＿＿　　(iv)　011110＿＿＿＿＿

　　(v)　01010＿＿＿＿＿　　(vi)　011010＿＿＿＿＿

　　(vii)　0110110＿＿＿＿＿

ここで (a)，(b)，(c) の解答を確認せよ．

[解答]　(a)　(i) 満たされる，(ii) 満たされない，(iii) 満たされる，(iv) 満たされない，(v) 偶数

(b)　二つの状態．それぞれの状態は偶数個の0と奇数個の0に対応する．

(c)　(i) 満たされない，(ii) 満たされる，(iii) 満たされる，(iv) 満たされない，(v) 満たされない，(vi) 満たされる，(vii) 満たされない

(d)　条件(2)，および，連続する1の入力系列について考える．条件(2)が満たされたときに1を出力するムーア型の状態図（入力は一つのみ）を描け．また，状態図内の四つの状態それぞれの意味（たとえば，1の組が奇数個）を述べよ．

[解答]

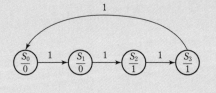

$S_0＝1$の組が偶数個，$S_1＝1$の組が偶数個＋1つの1，$S_2＝1$の組が奇数個，$S_3＝1$の組が奇数個＋1つの1

(e)　元の問題に対し，以下の入力Xに対する出力Zの系列を決定せよ．

[解答]　$X=$　110011111100011110
　　　　$Z=$　001011001101000001

(f)　偶数個または奇数個の0，および，1の組が偶数個または奇数個の両方を追跡しなければならないことを考えると，最終的な状態図は状態がいくつあるとよいか？

(g)　最終的なムーア型の状態図を作成せよ．偶数個の0に対応する状態を上部に，奇数個の0に対応する状態を下部に配置して，対称な図を描け．また，以下のように状態の意味を列挙せよ．

$S_0＝$偶数個の0かつ1の組が偶数個

(h)　(e)のテスト系列を用いて解答を確認せよ．その後，以下をみて解答を確認せよ．

[解答]　(f)　8状態

(g)　$S_0＝$偶数個の0かつ1の組が偶数個，$S_1＝$偶数個の0かつ1の組が偶数個＋一つの1

$S_2＝$偶数個の0かつ1の組が奇数個，$S_3＝$偶数個の0かつ1の組が奇数個＋一つの1

$S_4＝$奇数個の0かつ1の組が偶数個，$S_5＝$奇数個の0かつ1の組が偶数個＋一つの1

$S_6＝$奇数個の0かつ1の組が奇数個，$S_8＝$奇数個の0かつ1の組が奇数個＋一つの1

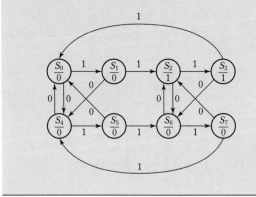

練 習 問 題

13・1　一つの入力と一つの出力からなる順序回路がある．少なくとも二つの0と少なくとも二つの1の両方が入力として発生（順序は問わない）したときに出力は1となり，その後は1を維持する．この回路（9状態あれば十分である）の状態図（ムーア型）を描け．最終的な状態図は線が交わらないようにきれいに描くとよい．

13・2　一つの入力（X）と二つの出力（Z_1, Z_2）からなる順序回路がある．系列100が今までに入力されておらず系列

010が入力されたときはいつでも，$Z_1＝1$が出力される．系列100が入力されたときはいつでも$Z_2＝1$が出力される．いったん$Z_2＝1$が出力されると$Z_1＝1$は決して生じないが，その逆は成り立たない点に注意する．ミーリー型の状態図と状態表を求めよ（最小の状態数は8である）．

13・3　(a) シリアルのビット列を非ゼロ復帰符号から非ゼロ復帰反転符号に変換するミーリー型の順序回路の状態図と状態表を導出せよ．図13・20のようにクロック時間と

ビット時間は同じものとする.

(b) ムーア型の順序回路に対して(a)と同様のことを行え.

(c) 図13・20の非ゼロ復帰符号の波形を入力波形として, (a) の回路のタイミング図を描け. クロックエッジのわずかに後に入力の変化が発生する場合は, グリッチ (誤った出力) が発生する可能性のある場所を出力波形に示せ.

(d) (c) と同じ入力波形を用いて(b)の回路のタイミング図を描け.

13・4 (a) 一つの入力 (x) と一つの出力 (z) からなるミーリー型の順序回路がある. 4番目, 8番目, 12番目, …の入力が現れたときに z は1になることができる. また, 現在の入力と前三つの入力を連結した系列が有効な2進化10進符号でない場合に限り $z=1$ であり, それ以外の場合は $z=0$ である. 2進化10進数は最上位ビットから順に入力されるものとする. この回路の状態表を導出せよ (8状態あれば十分である).

(b) ムーア型回路 (すなわち, 4番目, 8番目, 12番目, …の入力を受取った後, 四つの入力が有効な2進化10進数でない場合に限り, $z=1$ となる) に対して同様のことを行え (9状態あれば十分である).

(c) 4番目の入力ビットを受取った後ではなく, それが現れている間にムーア型回路が正しい出力を生成することは可能か? 理由とともに述べよ.

13・5 二つの入力と一つの出力からなるミーリー型の順序回路がある. 入力された0の総数が4以上, かつ, 入力の組が少なくとも三つ生じた場合に, 系列の最後の入力の組と同時に出力は1になる. 1が出力されたときは常に, 回路はリセットされる. 状態図と状態表を導出せよ. また, 各状態の意味を明記せよ. たとえば, S_0 はリセットを意味する, S_1 は入力が1組で, まだ0が入力されていないことを意味する, などである.

例:

入力系列: $X=$　0 1 0 1 0 1 0 0 1 0 1 0 1 1 0 1 0

出力系列: $Z=$ (0)0 0 0 0 1 1 1 1 1 0 0 0 0 0 0 1 1

13・6 25セントの製品を販売する自動販売機の制御用の順序回路がある. この回路は三つの入力 (N, D, Q) と二つの出力 (R, C) からなる. 自動販売機における硬貨検出器は, 設計する順序回路のクロックと同期している. コイン検出器は, 客が5セント, 10セント, 25セント硬貨を投入するたびに, それぞれ, 入力 N, D, Q の一つに1を出力する. 1度に一つの入力のみが1となる. 5セント, 10セント, 25セント硬貨の組合わせによらず客が少なくとも25セントを投入したときに, 自動販売機は釣り銭と製品を出力

する. 硬貨返却機は釣り銭を5セント硬貨で客に支払う. C の出力が1になるたびに, 硬貨返却機は客に5セント硬貨を1枚返す. 回路が出力 R に1を一つ出力すると製品が出力される. 製品を出力した後に回路はリセットされる.

例: 客が5セント硬貨を1枚, 10セント硬貨を1枚, 25セント硬貨を1枚投入する. 回路の入力と出力は次のようになる.

入力: $N=0\,0\,0\,1\,0\,0\,0\,0\,0\,0\,0\,0\,0\,0\,0\,0\,0$

$D=0\,0\,0\,0\,0\,0\,0\,1\,0\,0\,0\,0\,0\,0\,0\,0\,0$

$Q=0\,0\,0\,0\,0\,0\,0\,0\,0\,0\,1\,0\,0\,0\,0\,0\,0$

出力: $R=0\,0\,0\,0\,0\,0\,0\,0\,0\,0\,0\,0\,0\,1\,0\,0$

$C=0\,0\,0\,0\,0\,0\,0\,0\,0\,0\,0\,1\,1\,1\,0\,0\,0$

入力1の間に任意の数の0が発生してもよい点に注意する.

この順序回路のムーア型の状態表を導出せよ. また, 各状態に対して, 客がお金をいくら投入したか, あるいは, 釣り銭をいくら支払うべきかを示せ.

13・7 電話応答機を制御するための順序回路を設計する. この回路には三つの入力 (R, A, S) と一つの出力 (Z) がある. 電話が鳴るたびに, その最後で1クロックサイクル分 $R=1$ になる. 電話に応答したときに $A=1$ になる. S は, 電話が2回鳴った ($S=0$), または, 4回鳴った ($S=1$) 後に応答するかを選択する. レコーダに電話応答させるため, 2回 ($S=0$) または4回 ($S=1$) 電話が鳴った後にこの回路は $Z=1$ を出力し, レコーダ回路が電話に応答する (すなわち, A が1に遷移する) まで $Z=1$ を維持する. 人はいつでも電話に応答する. その場合は A が1となり, 回路がリセットされる. 電話が鳴り続けている間は S は変化しないものとする. §13・5で述べた, アルファベットと数字を組合わせた状態図の表記法を用いて, この回路のムーア型の状態図を示せ.

13・8 2進化10進数の最下位ビットを最初に受取るように表13・9の2進化10進パリティ検出器を修正し, 不完全定義のミーリー型の状態表を作成せよ (ヒント: 2進化10進数の最初の3ビットを記憶する状態を定義することによって作成できる. ただし, 長さ3のすべての系列を区別する必要はない. 高々11状態が必要である).

13・9 0から5の10進数を3ビットの2進数に符号化する. 符号化された数は最下位ビットから順に長さ3の分離ウインドウによって転送され, あるミーリー型回路に入力される. この回路は, 3番目のビットが入力されたとき, 3ビットが偶 (奇) パリティの場合に出力1 (0) を生成する. 最初の2ビットに対するこの回路の出力はドント・ケアである. この回路の不完全定義状態表を作成せよ.

14 状態表の削減と状態割り当て

ある順序回路の所望の入出力動作に関する記述が与えられた際，その回路を設計する最初のステップは，前章で述べた手法と同様の手法を用いて状態表を導出することである．この状態表をフリップフロップや論理ゲートを用いて実現する前に，状態数が最少となるように状態表を削減することが望ましい．一般に，状態表の状態数を削減すると回路の実現に必要な論理の量が減少する．また，フリップフロップ数も削減される可能性がある．たとえば，9状態をもつ状態表が8状態に削減されれば，必要なフリップフロップ数は4個から3個に削減され，対応するフリップフロップの入力論理の量も削減される．状態表がさらに6状態に削減されれば，フリップフロップは依然として3個必要であるが，フリップフロップ入力の式により多くのドント・ケアが現れることになり，必要なロジックがさらに削減されるだろう．

削減された状態表が与えられた際，回路を合成する次のステップは，回路の状態に対応する2値のフリップフロップ状態を割り当てることである．この割り当て方法は回路に必要な論理の量を決定する．低コストな回路となる良い状態割り当てを見つけることは難しい問題であるが，これを達成するためのいくつかの手引きについて§14・7，§14・8で議論する．

順序回路を設計する次のステップはフリップフロップ入力の式を導出することである．これは，第11章においてカウンタに対してすでに行った．本章では，これらの方法をより一般的な順序回路に適用する方法を示す．

14・1 冗長な状態の除去

第13章では，状態図や状態表を作成する際に，不必要な状態を導入しないように気をつけた．ここでは，状態図を導出する問題に対して少し異なるアプローチを行う．まず，最初に状態表を作成する際，余分な状態が含まれることに関して過度に気にしない．そして，状態表が完成した後で，状態表から任意の冗長な状態を除去する．前章では，順序回路の状態を表すために$S_0, S_1, S_2, \ldots$

という表記を用いた．本章では，しばしば，これらの状態を表すために$A, B, C, \ldots$（または$a, b, c, \ldots$）を用いる．

§13・3の例13・1をもう一度見ていく．最初に，可能性のあるあらゆる入力系列の最初の3ビットを記憶するのに十分な状態を用意する．そして，4番目のビットが入力されたときに，正しい出力を決定し，回路を初期状態にリセットする．表14・1に示すように，状態Aをリセット状態とする．状態Aで0が入力されると状態Bに遷移し，1が入力されると状態Cに遷移する．同様に，状態Bでは，0が入力されると，系列00が入力されたことを表すために状態Dに遷移する．1が入力されると，01が入力されたことを表すために状態Eに遷移する．同様の方法により，残りの状態は定義される．4番目のビットが入力されたとき，リセット状態に戻る．状態JまたはL（0101または1001が入力されたことに対応する）で1が入力されない限り，出力は0である．

表14・1 系列検出器の状態表

入力系列	現状態	次状態		現在の出力	
		$X=0$	$X=1$	$X=0$	$X=1$
リセット	A	B	C	0	0
0	B	D	E	0	0
1	C	F	G	0	0
00	D	H	I	0	0
01	E	J	K	0	0
10	F	L	M	0	0
11	G	N	P	0	0
000	H	A	A	0	0
001	I	A	A	0	0
010	J	A	A	0	1
011	K	A	A	0	0
100	L	A	A	0	1
101	M	A	A	0	0
110	N	A	A	0	0
111	P	A	A	0	0

次に，この表から冗長な状態の除去を試みる．入力系列の情報は状態表の作成に使用しただけであり，ここでは無視する．表を見ると，状態 H と I を区別する理由はないことがわかる．すなわち，状態 H はどの入力に対しても次状態が A で出力が 0 である．同様に，状態 I はどの入力に対しても次状態が A で出力が 0 である．そのため，状態 H と I を区別する理由はなく，表の次状態の場所に記載されている I を H で置き換えることができる．上記の作業が完了すると，状態 I に至る手段がなくなるため，行 I を表から削除できる．H は I と**等価**（equivalent）である（$H \equiv I$）という．同様に，行 K, M, N, P は H と同じ次状態と出力をもつため，K, M, N, P は H で置き換えることができ，これらの行は削除できる．同様に，行 J と L は次状態と出力が同じであるため，$J \equiv L$ である．したがって，L は J で置き換えて表から取除くことができる．この結果を表 14・2 に示す．

表 14・2　系列検出器の状態表

現状態	次状態		現在の出力	
	$X=0$	$X=1$	$X=0$	$X=1$
A	B	C	0	0
B	D	E	0	0
C	FE	GD	0	0
D	H	IH	0	0
E	J	KH	0	0
F	LJ	MH	0	0
G	NH	PH	0	0
H	A	A	0	0
I	A	A	0	0
J	A	A	0	1
K	A	A	0	0
L	A	A	0	1
M	A	A	0	0
N	A	A	0	0
P	A	A	0	0

状態表にこれらの変更を行うと，行 D と G，および，行 E と F が同一となる．そのため，$D \equiv G$ かつ $E \equiv F$ であり，その結果として状態 F と G が除去できる．図 14・1 は最終的に削減された状態表とそれに対応する状態図である．この状態図は，状態の名称を除いて図 13・15 の状態図と同一である点に注意する．この例で等価な状態を見つけるために使用した手続きを**行マッチング**（row matching）という．一般的には，行マッチングはすべての等価な状態を発見するのに十分ではない．行マッチングですべての等価な状態を発見できるのは特別な場合（固定長の入力を受取った後に初期状態にリセットする回路）に限られる．

(a)

現状態	次状態		現在の出力	
	$X=0$	$X=1$	$X=0$	$X=1$
A	B	C	0	0
B	D	E	0	0
C	E	D	0	0
D	H	H	0	0
E	J	H	0	0
H	A	A	0	0
J	A	A	0	1

(b)

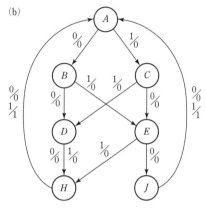

図 14・1　系列検出器の削減された状態表と状態図

14・2　等 価 な 状 態

先の例で見たように，等価な状態を除去することによって状態表を削減できる．より少ない行からなる状態表は，多くの場合，回路の実現に必要なフリップフロップと論理ゲートがより少なくなる．したがって，順序回路の安価な実装を得るためには，等価な状態の決定が重要である．

ここで状態の等価性の一般的な問題について考える．基本的には，回路入力と出力の観測を通して区別する理由がない場合，二つの状態は等価である．次の二つの順序回路を考える（これらは異なる回路かもしれないし，同じ回路のコピーかもしれない）．一つは状態 p から始まり，もう一つは状態 q から始まる（図 14・2）．X は入力 $X_1, X_2, \cdots, X_n$ の系列を表すものとする．同じ入力系列 X を二つの回路に印加し，それぞれの出力系列 Z_1 と Z_2 を観測する．これらの出力系列が同じならば，ここまでは順調である．そして，二つの回路を状態 p と q にリセットし，X として異なる入力系列を試して出力系列を再び比較する．あらゆる可能な入力系列 X に対してこれらの出力系列が

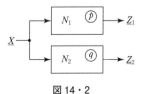

図 14・2

同じならば，回路の末端の動作の観測により，状態 p と q を区別する理由はない．このとき，p は q と等価である（$p \equiv q$）という．一方，いくつかの入力系列 $\underline{X}$ に対して出力系列 Z_1 と Z_2 が異なる場合，状態 p と q は区別可能であり，これらは等価ではない．出力系列は初期状態と入力系列の関数であるから，Z_1 と Z_2 をそれぞれ以下のように表すことにする．

$$Z_1 = \lambda_1(p, \underline{X}) \qquad Z_2 = \lambda_2(q, \underline{X})$$

このとき，状態の等価性の定義は以下のようになる．

定義 14・1　　N_1 と N_2 を順序回路とする（異なった回路である必要はない）．また，$\underline{X}$ は任意の長さの入力系列を表すものとする．このとき，あらゆる可能な入力系列 $\underline{X}$ に対して $\lambda_1(p, \underline{X}) = \lambda_2(q, \underline{X})$ が成り立つならば，またそのときに限り，N_1 の状態 p は N_2 の状態 q と等価である．

定義 14・1 を直接適用するために，まず $\underline{X}=0$ と $\underline{X}=1$ を用いて回路をテストする．その後，長さ 2 のすべての入力系列，すなわち，$\underline{X}=00, 01, 10, 11$ を用いて回路をテストする．次に，長さ 3 のすべての入力系列，すなわち，$\underline{X}=000, 001, 010, 011, 100, 101, 110, 111$ を用いて回路をテストする．その後，長さ $4, 5, \cdots$ のすべての入力系列を用いてこの処理を続ける．定義 14・1 は，二つの状態が等価なことを証明するために，無限の数の入力系列を用いて回路をテストする必要がある．そのため，この定義を直接適用するのは実用的ではない．状態の等価性をテストするより実用的な方法では以下の定理を利用する．

定理 14・1[*]　　ある順序回路の二つの状態 p と q において，あらゆる単一入力 X に対して出力が同じ，かつ，次状態が等価，すなわち，

$$\lambda(p, X) = \lambda(q, X) \quad \text{かつ} \quad \delta(p, X) \equiv \delta(q, X)$$

が成り立つ場合，またそのときに限り，これらの状態は等価であるという．ただし，$\lambda(p, X)$ は現状態 p と入力 X に対する出力，$\delta(p, X)$ は現状態 p と入力 X に対する次状態である．次状態が等しい必要はなく，等価でよい点に注意する．たとえば，表 14・1 において $D \equiv G$ だが，次状態（$X=0$ に対する H と N，また，$X=1$ に対する I と P）は等しくない．

前述の行マッチング法は，次状態が等価でよいとする代わりに実際に同じものとした，定理 14・1 の特別な場合である．表 12・4 が等価な状態をもたないことを示すために，この定理を利用する．表の出力部分を点検すると，等価な状態となりうる組は S_0 と S_2 のみである．表より，

$$(S_3 \equiv S_3, \quad S_2 \equiv S_0, \quad S_1 \equiv S_1, \quad S_0 \equiv S_1)$$
ならば，またそのときに限り，
$$S_0 \equiv S_2$$

しかし，$S_0 \not\equiv S_1$（これらの状態の出力は異なるため）なので，定理 14・1 の最後の条件を満たさない．よって，$S_0 \not\equiv S_2$ である．

14・3　含意表を用いた状態の等価性の決定

本節では，状態表からすべての等価な状態を見つける手続きを説明する．この方法によって見つかった等価な状態を除去すると，状態表を最も少ない状態数に削減できる．状態の各対に対して等価性を検査するために**含意表**〔implication table, **状態対表**（pair chart）とよばれることもある〕を利用する．この方法では，等価な状態対のみが残るまで不等価な状態対は規則的に除去される．

含意表を用いる方法を説明するために表 14・3 の例を使用する．最初のステップは図 14・3 に示す形の表を作成す

表 14・3

現状態	次状態		現在の出力
	$X=0$	$X=1$	
a	d	c	0
b	f	h	0
c	e	d	1
d	a	e	0
e	c	a	1
f	f	b	1
g	b	h	0
h	c	g	1

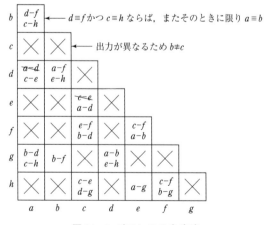

図 14・3　表 14・3 の含意表

---

[*]　証明は付録 B を参照．

ることである．この表はあらゆる状態対を表すためのマスからなる．列 i 行 j のマスは状態対 i–j に対応する．したがって，最初の列のマスは状態対 a–b, a–$c, \cdots$ に対応する．$i \equiv j$ ならば $j \equiv i$ であり，検査には状態対 i–j と j–i の一つのみがあればよいため，対角線よりも上のマスは表に含まれない点に注意する．また，状態対 a–a, b–$b, \cdots$ に対応するマスも省略される．表の最初の列を埋めるため，表 14・3 の行 a を他の各行と比較する．行 a の出力は行 c の出力と異なることから，$a \not\equiv c$ を示すために表のマス a–c に×を書く．同様に，出力が異なることから，$a \not\equiv e$, $a \not\equiv f$, $a \not\equiv h$ を示すためにマス a–e, a–f, a–h に×を書く．状態 a と b は同じ出力をもつ．したがって，定理 14・1 より，

　　　$d \equiv f$ かつ $c \equiv h$ ならば，またそのときに限り，$a \equiv b$

これを示すため，**含意される状態対**（implied pair）d–f と c–h をマス a–b に書く．同様に，a と d は同じ出力をもつことから，

　　　$a \equiv d$ かつ $c \equiv e$ ならば，またそのときに限り，$a \equiv d$

を示すために a–d と c–e をマス a–d に書く．また，マス a–g の b–d と c–h は以下を表している．

　　　$b \equiv d$ かつ $c \equiv h$ ならば，またそのときに限り，$a \equiv g$

次に，状態表の行 b を残りの各行と比較し，含意表の列 b を埋める．同様に，図 14・3 を完成させるために表の残りの列を埋める．自身に含意される状態対は冗長である．そのため，a–d はマス a–d から，c–e はマス c–e から除去される．

　この時点では，含意表の各マスは，対応する状態対が（出力が異なるため）不等価であることを示す×，または，含意される状態対のどちらかによって埋められている．ここで，含意される各状態対を検査する．マス i–j において含意される状態対が一つでも不等価ならば，定理 14・1 に

より $i \not\equiv j$ である．図 14・3 のマス a–b は含意される状態対が二つ（d–f と c–h）ある．$d \not\equiv f$ である（マス d–f には×が入っている）ため，$a \not\equiv b$ である．そこで，図 14・4 に示すように，マス a–b に×を書く．最初の列の検査を続けると，マス a–d は含意される状態対 c–e を含んでいる．マス c–e は×を含んでいないため，この時点では $a \not\equiv d$ か否かを決定できない．同様に，マス b–d と c–h のどちらも×を含んでいないため，$a \not\equiv g$ か否かを直ちに決定できない．2 列目に進むと，$a \not\equiv f$ かつ $b \not\equiv f$ がすでに示されているため，マス b–d と b–g に×を書く．同様に，残りの各列を検査し，マス c–f, d–g, e–f, f–h に×を書く．その結果，含意表は図 14・4 のようになる．

　図 14・3 から図 14・4 にかけて，いくつかの不等価な状態対が追加で見つかった．そのため，追加された×が他の状態対を不等価にするかを確認するために，含意表をもう一度検査しなければならない．列 a を再検査すると，マス b–d に×が入っているためマス a–g に×が書ける．残りの列を検査すると，d–g と a–g が×をもつため，マス c–h と e–h に×を書く．これで 2 回目の手続きは完了し，含意表は図 14・5 のようになる．2 回目の手続きで×をいくつか追加したため，3 回目の手続きが必要となる．

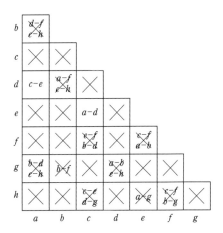

図 14・5　2 回目の手続き終了後の含意表

　3 回目の手続きでは新しい×が追加されない．そのため，不等価な状態対に対応するすべてのマスに×が入った．このとき，残りのマスの座標は等価な状態対に必ず対応する．マス a–d（列 a 行 d）は×を含んでいないため $a \equiv d$ である．同様にマス c–e は×を含んでいないため $c \equiv e$ である．他のマスはすべて×を含むため，他に等価な状態対はない．×がないマスの含意された状態対を読むことによってではなく，当該マスの行と列の座標から等価な状態を決定する点に注意する．

　表 14・3 において d を a，e を c で置き換えると，行 d と e を除去できる．その結果，表 14・4 に示すように，状

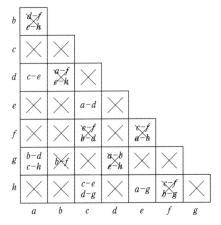

図 14・4　1 回目の手続き終了後の含意表

態表は 6 行に削減される.

表 14・4

現状態	次状態		現在の出力
	$X=0$	$X=1$	
a	a	c	0
b	f	h	0
c	c	a	1
f	f	b	1
g	b	h	0
h	c	g	1

状態の等価性の決定に含意表を用いる方法は,以下のようにまとめることができる.

1. 各状態対に対応するマスからなる表を作成する.
2. 状態表の行の各組を比較する.状態 i と j に関する出力が異なる場合,$i \not\equiv j$ を示すためにマス i-j に×を書く.出力が同じ場合は,マス i-j に含意される状態対を書く(ある入力 x に対する i と j の次状態が m と n ならば,m-n が含意される状態対である).出力と次状態が同じ(または i-j が自身のみを含意する)場合は,$i \equiv j$ を示すためにマス i-j にチェック(✓)を入れる.
3. 含意表を 1 マスずつ検査する.マス i-j が含意される状態対 m-n を含んでおり,マス m-n に×が入っていれば,$i \not\equiv j$ である.そこで,マス i-j に×を書く.
4. ステップ 3 で×がいくつか追加された場合は,×が追加されなくなるまでステップ 3 を繰返す.
5. ×を含まない各マス i-j に対し,$i \equiv j$ となる.

なお,状態表を部分的に削減するために,含意表を作成する前に行マッチングを利用してもよい.ムーア型の状態表に対してこの手続きを説明してきたが,同じ方法をミーリー型の状態表にも適用できる.

14・4　等価な順序回路

前節では,一つの状態表に含まれる等価な状態を発見し,それにより状態表の行数を削減した.状態表の行数の削減は,通常,より少ないゲート数とフリップフロップ数からなる順序回路を実現する.本節では,順序回路間の等価性について考える.本質的には,二つの順序回路が同じ"仕事"を行うことができる場合,それらの回路は等価である.順序回路間の等価性は以下のように定義される.

定義 14・2　順序回路 N_1 の各状態 p に対して $p \equiv q$ となる順序回路 N_2 の状態 q が存在し,かつ,N_2 の各状態 s に対して $s \equiv t$ となる N_1 の状態 t が存在するとき,N_1 と N_2 は等価である.

したがって,$N_1 \equiv N_2$ ならば,N_1 のあらゆる状態 p に対して,すべての入力系列 $\underline{X}$ について $\lambda_1(p, \underline{X}) = \lambda_2(q, \underline{X})$ を満たす(すなわち,同じ入力系列に対して出力系列が同じになる),N_2 の対応する状態 q が存在する.このとき,N_1 は等価な回路 N_2 で置き換えてよい.

N_1 と N_2 の状態数が少ない場合,$N_1 \equiv N_2$ を示す方法の一つは,検査によって等価な状態の対を作成し,その後,等価な状態の各対が定理 14・1 を満たすことを示すことである.N_1 と N_2 の両方において状態数が最少,かつ,$N_1 \equiv N_2$ ならば,N_1 と N_2 の状態数は必ず同じになる.さもなければ,一方の回路のどの状態とも不等価な状態がもう一方の回路に残り,定義 14・2 は満たされない.

図 14・6 は二つの削減された状態表とそれらに対応する状態図である.状態図を検査することにより,これらの回路が等価ならば A は S_2 あるいは S_3 のどちらかと等価でなければならないことがわかる.なぜなら,N_2 ではこれらの状態のみが自己ループをもつからである.A と S_2 の出力が一致しているため,$A \equiv S_2$ のみ可能性がある.$A \equiv S_2$ を仮定すると,これは $B \equiv S_0$ でなければならないことを

(a)

	N_1			
	$X=0$	$X=1$	$X=0$	$X=1$
A	B	A	0	0
B	C	D	0	1
C	A	C	0	1
D	C	B	0	0

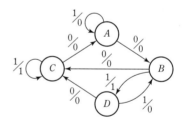

(b)

	N_2			
	$X=0$	$X=1$	$X=0$	$X=1$
S_0	S_3	S_1	0	1
S_1	S_3	S_0	0	0
S_2	S_0	S_2	0	0
S_3	S_2	S_3	0	1

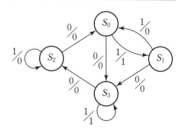

図 14・6　等価な回路の状態表と状態図

含意する. 同様に，$B \equiv S_0$ は $D \equiv S_1$ と $C \equiv S_3$ でなければ
ならないことを含意する. 状態表を用いて，これらの仮定
が正しいことを確認できる. なぜなら，仮定した等価な状
態の各対に対して次状態は等価であり，$X=0$ および $X=1$
のときの出力が等しいからである. これにより $N_1 \equiv N_2$ が
確認された.

　順序回路の等価性を決定するために，含意表は簡単に拡
張できる. 一方の回路の状態ともう一方の回路の状態に対
して等価性を検査しなければならないことから，一方の回
路の状態に対応する行ともう一方の回路の状態に対応する
列からなる含意表を作成する. たとえば，図 14・6 の回路
に対し，図 14・7(a) の含意表が作成できる. 図 14・6(a)
の状態表の行 A と図 14・6(b) の各行を比較することによ
り，図 14・7(a) の最初の列を埋める. 状態 A と S_0 は異な
る出力をもつため，マス A–S_0 には×が入る. 状態 A と S_1
は同じ出力をもつため，マス A–S_1 には含意された次状態
の対（B–S_3 と A–S_0）が入る. 同様に，表の残りの部分を
埋める.

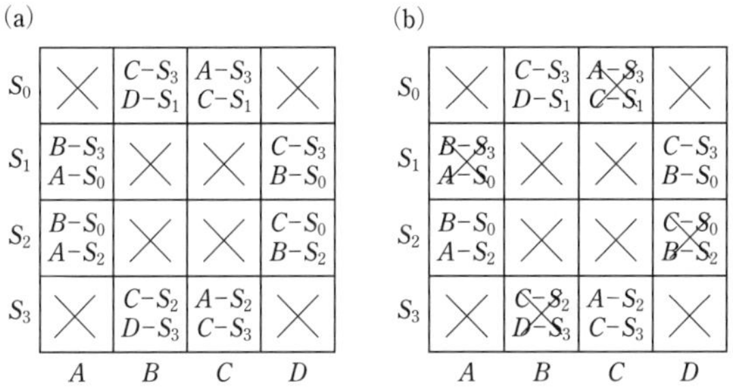

(a)

S_0	✕	C-S_3 D-S_1	A-S_3 C-S_1	✕
S_1	B-S_3 A-S_0	✕	✕	C-S_3 B-S_0
S_2	B-S_0 A-S_2	✕	✕	C-S_0 B-S_2
S_3	✕	C-S_2 D-S_3	A-S_2 C-S_3	✕
	A	B	C	D

(b)

S_0	✕	C-S_3 D-S_1	A-S_3 C-S_1	✕
S_1	B-S_3 A-S_0	✕	✕	C-S_3 B-S_0
S_2	B-S_0 A-S_2	✕	✕	C-S_0 B-S_2
S_3	✕	C-S_2 D-S_3	A-S_2 C-S_3	✕
	A	B	C	D

図 14・7　回路の等価性を決定する含意表

　次のステップ（図 14・7b）では，追加で不等価な状態
対となるマスを削除する. $A \neq S_0$ であるため，マス A–S_1
は削除される. 同様に，$C \neq S_2$ であるためマス B–S_3 が，
$A \neq S_3$ であるためマス C–S_0 が，$B \neq S_2$ であるためマス
D–S_2 が削除される. もう一度状態表を検査すると不等
価な状態対はこれ以上追加されないことがわかる. した
がって，残った等価な状態対は以下となる.

$$A \equiv S_2, \qquad B \equiv S_0, \qquad C \equiv S_3, \qquad D \equiv S_1$$

N_1 の各状態が N_2 の等価な状態をもっており，逆も成り立
つため，$N_1 \equiv N_2$ である.

14・5　不完全定義状態表の削減

　不完全定義状態表の削減は完全定義状態表の削減よりも
複雑である. ここでは簡単な紹介のみを行う*. 初期の頃
は，ドント・ケアに対して異なる値を試すことにより完全

表 14・5　不完全定義状態表の例

(a)

現状態	次状態		現在の出力	
	$X=0$	$X=1$	$X=0$	$X=1$
S_0	S_1	S_3	0	–[2]
S_1	S_2	S_3	–[1]	0
S_2	S_1	S_0	1	0
S_3	S_2	S_3	0	1

(b)

現状態	次状態		現在の出力	
	$X=0$	$X=1$	$X=0$	$X=1$
S_0	S_2	S_1	0	1
S_1	S_1	S_0	–	1
S_2	S_2	S_1	1	1

定義状態表に変換し，変換された状態表を削減することに
よって最小の状態表が生成されると考えられていた. しか
し，この方法は，多数のドント・ケアをもつ状態表にとっ
ては大変複雑であり，事実，最小の状態表が生成されない
こともある. これを示す二つの例を紹介する. 表 14・5
(a) は–[1] および–[2] とラベル付けされた二つのドント・ケア
を含んでいる. そこで，これらのドント・ケアの値の四つ
の組合わせを試すことにより，この状態表の削減を試み
る. 以下では，–[1] および–[2] の値をそれぞれ DC1 および
DC2 とする. 図 14・8 は四つの組合わせ（DC1=0, 1 お
よび DC2=0, 1）に対する含意表である. この状態表は
両方のドント・ケアが 1 のときのみ削減される. この場合
は，得られた 2 状態の状態表が最小である. しかし，多数
のドント・ケアがある場合はすべての可能性を試すのが大
変複雑である. また，表 14・5(b) が示すように，最小の

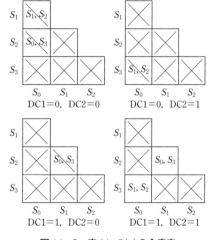

図 14・8　表 14・5(a) の含意表

＊　より詳しくは McCluskey, Edward J., "Logic Design Principles", Upper Saddle River, NJ, Prentice Hall（1986）参照.

状態表を常に生成するわけではない.

表14・5(b)のドント・ケアを0で置き換えると,出力の列より,S_0とS_2およびS_1とS_2は不等価である.この時,S_0とS_1は$X=0$に対する次状態S_1とS_2をもつため,これらも不等価である.同様に,ドント・ケアを1で置き換えた場合も等価な状態はない.しかし,この状態表は2状態に削減できる.表14・6に示すように,一つはS_0と,もう一つはS_2と等価になるようにS_1を複製すれば,S_0がS_1^1とS_2がS_1^2と等価になり,状態表を2状態に削減できる.

表14・6　表14・5(b)を修正したもの

現状態	次状態		現在の出力	
	$X=0$	$X=1$	$X=0$	$X=1$
S_0	S_2	S_1^1	0	1
S_1^1	S_1^2	S_0	0	1
S_1^2	S_1^2	S_0	1	1
S_2	S_2	S_1^1	1	1

完全定義状態表においては,$S_0 \equiv S_1$かつ$S_1 \equiv S_2$ならば$S_0 \equiv S_2$である(等価性は推移則を満たす).先の例では,S_0とS_1は,任意の入力系列に対して,両方の出力系列が値を定義している場合はいつでも同じ出力系列を生成する.この時,S_0とS_1は**両立**(compatible)するという(両立性を表すために記号~を使用する).同様に,S_1とS_2は両立する(すなわち,これらの状態は,任意の入力系列に対して両方の出力系列が定義されている場合はいつでも同じ出力系列を生成する).しかし,この性質はS_0とS_2については成り立たない.単一入力$X=0$に対し,これらの状態は異なる出力をもつ.両立性は推移則を満たさない.$S_0 \sim S_1$かつ$S_1 \sim S_2$は$S_0 \sim S_2$を意味しない.

完全定義状態表の削減においては,等価な状態対を含む状態の極大集合をすべて求める.等価性は推移的であるため,状態表の一つの状態は上記の極大集合の一つのみに含まれる.削減された状態表の状態はこれらの極大集合に対応する.不完全定義状態表を削減する最初のステップは,両立する状態対の極大集合(極大両立集合)をすべて求めることである.しかし,両立性は推移則を満たさないため,ある状態は一つ以上の極大両立集合に含まれる可能性がある.不完全定義状態表の削減においては,最小の極大両立集合を選択する.すなわち,以下の二つの条件を満たす極大両立集合$C_1, C_2, ..., C_k$を選択する.

(1) 状態表の各状態が少なくともC_iの一つに現れる.
(2) 入力の各組み合わせxと各C_iに対し,C_i内の状態の次状態がC_jに含まれる($j=i$でもよい).

2番目の条件により,選択した極大両立集合に対応する状態からなる状態表が作成される.削減された状態表はk状態をもつ(この方法は多くの不完全定義状態表に対して有効である.削減された状態表の状態は極大両立集合の部分集合に対応する場合もある).

例として,長さ3の分離ウィンドウ方式で,10進数0,1,2,3,4,5を符号化した2進数を受取る回路を考える.ビット列は最上位ビットを最初に受取るものとする.また,この回路は,3ビットが偶(奇)パリティのとき,3番目の入力ビットに対して1(0)を出力する.最初の2ビットに対する出力はドント・ケアである.この回路の状態表を表14・7に示す.表の最左列はそれまでに入力された入力系列である.図14・9は表14・7の含意表である.

表14・7　0から5の偶パリティ検出器

現状態		次状態		現在の出力	
		$X=0$	$X=1$	$X=0$	$X=1$
0	S_0	S_1	S_2	–	–
1	S_1	S_3	S_4	–	–
00	S_2	S_4	–	–	–
01, 10	S_3	S_0	S_0	1	0
	S_4	S_0	S_0	0	1

S_1とS_2およびS_3とS_4を除き,すべての状態対は両立する.$S_0 \sim S_1$,$S_0 \sim S_3$,$S_1 \sim S_3$は$(S_0 S_1 S_3)$が両立集合であることを意味する.同様に,$(S_0 S_2 S_3)$,$(S_0 S_1 S_4)$,$(S_0 S_2 S_4)$は両立集合である.$(S_0 S_1 S_3)$と$(S_0 S_2 S_3)$は,S_1とS_2が両立しないため,より大きな集合に結合できない.上記の両立集合はいずれも結合できないことから,$(S_0 S_1 S_3)$,$(S_0 S_2 S_3)$,$(S_0 S_1 S_4)$,$(S_0 S_2 S_4)$が極大両立集合である.

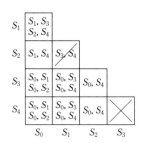

図14・9　表14・7の含意表

$(S_0 S_1 S_3)$の$X=1$に対する次状態は$(S_0 S_2 S_4)$である.そのため,$(S_0 S_1 S_3)$が削減された状態表の状態の一つならば,$(S_0 S_2 S_4)$が別の状態の一つでなければならない.さらに,$(S_0 S_2 S_4)$の$X=0$に対する次状態は$(S_0 S_1 S_4)$である.そのため,$(S_0 S_2 S_4)$が削減された状態表の状態の一つならば,$(S_0 S_1 S_4)$が別の状態の一つでなければならない.$X=0$と$X=1$に対する次状態を調査すると,$(S_0 S_1 S_3)$,$(S_0 S_1 S_4)$,$(S_0 S_2 S_4)$を用いて状態表を構成できることがわかる.その結果,状態表は表14・8のようになる.$(S_0 S_2 S_3)$は$X=0$に対して次状態$(S_0 S_1 S_4)$をもつ.そのため,$(S_0 S_2 S_3)$を含めると状態表は4状態になってしまう.よっ

て，表 14・8 は表 14・7 に対する最小の状態表となる．

表 14・8　表 14・7 の削減された状態表

現状態		次状態		現在の出力	
		$X=0$	$X=1$	$X=0$	$X=1$
$S_0 S_1 S_3$	A	A	B	1	0
$S_0 S_2 S_4$	B	C	B	0	1
$S_0 S_1 S_4$	C	A	B	0	1

表 14・9

(a) 状態表

	$X=0$	$X=1$	0	1
S_0	S_1	S_2	0	0
S_1	S_3	S_2	0	0
S_2	S_1	S_4	0	0
S_3	S_5	S_2	0	0
S_4	S_1	S_6	0	0
S_5	S_5	S_2	1	0
S_6	S_1	S_6	0	1

(b) 遷移表

	$A^+ B^+ C^+$		Z	
ABC	$X=0$	$X=1$	0	1
000	110	001	0	0
110	111	001	0	0
001	110	011	0	0
111	101	001	0	0
011	110	010	0	0
101	101	001	1	0
010	110	010	0	1

14・6　フリップフロップ入力の式の導出

　状態表の状態数が削減された後は，フリップフロップ入力の式を導出するために以下の手続きが利用できる．

1. 削減された状態表の状態に対応するフリップフロップの状態の値を割り当てる．
2. 現状態と入力の関数としてフリップフロップの次状態を定義した遷移表を作成する．
3. 遷移表から次状態のカルノー図を導出する．
4. 第 11 章で述べた方法を用いて次状態のカルノー図からフリップフロップ入力のカルノー図を求め，求めたカルノー図からフリップフロップ入力の式を求める．

　例として，表 14・9(a) の動作を行う順序回路を設計する．状態は 7 個なので，3 個のフリップフロップが必要である．これらのフリップフロップの出力を A, B, C とする．
　状態には 2 進数をそのまま割り当てることができるだろう．その場合，$S_0, S_1, S_2, \cdots$ はフリップフロップの状態 $ABC=000, 001, 010, \cdots$ によって表される．しかし，フリッ

プフロップの状態と状態名の対応関係は任意であるため，多くの異なる状態割り当てを利用できる．異なる状態割り当てを用いると，フリップフロップ入力の式はより簡単にもより複雑にもなる．例として，フリップフロップ $A, B,$ C の状態に以下の割り当てを使用する．

$$S_0=000, \quad S_1=110, \quad S_2=001, \quad S_3=111,$$
$$S_4=011, \quad S_5=101, \quad S_6=010 \qquad (15・1)$$

　この状態割り当ては §14・7 で導出するものであり，これが低コストな解である理由も同節にて述べる．表 14・9(a) において，S_0 を 000，S_1 を 110，S_2 を 001，…のように置き換える．その結果，表 14・9(b) の遷移表が得られる．この表は，現状態と入力 X によってフリップフロップ A, B, C の次状態を与える．この表から，直接，次状態のカルノー図（図 14・10a）を埋めることができる．$XABC=0000$ に対する次状態は 110 なので，$A^+=1$，$B^+=1$，$C^+=0$ が入る．$XABC=1000$ に対する次状態は

(a) D フリップフロップ入力の式の導出

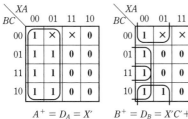

$$A^+ = D_A = X'$$

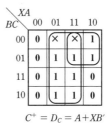

$$B^+ = D_B = X'C' + A'C + A'B \qquad C^+ = D_C = A + XB'$$

(b) J–K フリップフロップ入力の式の導出

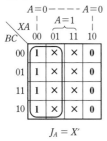

$$J_A = X' \qquad K_A = X$$

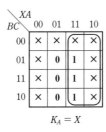

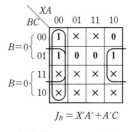

$$J_B = X'A' + A'C \qquad K_B = AC + XA$$

図 14・10　表 14・9 の次状態のカルノー図

001 なので，$A^+=0$，$B^+=0$，$C^+=1$ が入る．状態割り当て ABC＝100 は使用しないため，$XABC=0100$ と 1100 に対応するマスにはドント・ケアが入る．

遷移表から次状態のカルノー図が描かれると，第 12 章で述べた方法を用いてフリップフロップ入力の式を導出できる．図 14・10(a) に示すように，$D_A=A^+$，$D_B=B^+$，$D_C=C^+$ であるため，D フリップフロップ入力の式は次状態のカルノー図から直接導出できる．J-K フリップフロップを使用する場合は，図 14・10(b) に示すように，次状態のカルノー図から J と K の入力の式を導出できる．§12・5 で示したように，J_A のカルノー図において $A=0$ となる半分は A^+ のカルノー図と同じであり，$A=1$ となる半分はすべてドント・ケアである．K_A のカルノー図において $A=1$ となる半分は A^+ のカルノー図において $A=1$ となる半分の否定であり，$A=0$ となる半分はすべてドント・ケアである．同様に，B^+ のカルノー図における $B=0$ および $B=1$ の半分を見ることによって J_B と K_B のカルノー図を描くことができる．C^+ のカルノー図から J_C と K_C のカルノー図を導出する部分は練習問題とする．

表 14・10(a) は 2 入力（X_1, X_2）2 出力（Z_1, Z_2）のある順序回路を表している．フリップフロップ入力の式の導出を容易にするため，列のラベルがカルノー図の順序で並んでいる点に注意する．表には状態が 4 個あるため，この回路の実現には 2 個のフリップフロップ（A と B）が必要である．S_0 に対して $AB=00$，S_1 に対して $AB=01$，S_2 に対して $AB=11$，S_3 に対して $AB=10$ という状態割り当てを使用する．状態名を対応する AB の値で置き換えると，表 14・10(b) の遷移表が得られる．次に，この遷移表から次状態と出力のカルノー図（図 14・11）を埋めることができる．たとえば，$X_1X_2AB=0011$ のとき，$A^+B^+=10$

表 14・10

(a) 状態表

現状態	次状態 $X_1X_2=$				現在の出力 (Z_1Z_2) $X_1X_2=$			
	00	01	11	10	00	01	11	10
S_0	S_0	S_0	S_1	S_1	00	00	01	01
S_1	S_1	S_3	S_2	S_1	00	10	10	00
S_2	S_3	S_3	S_2	S_2	11	11	00	00
S_3	S_0	S_3	S_2	S_0	00	00	00	00

(b) 遷移表

AB	A^+B^+ $X_1X_2=$				現在の出力 (Z_1Z_2) $X_1X_2=$			
	00	01	11	10	00	01	11	10
00	00	00	01	01	00	00	01	01
01	01	10	11	01	00	10	10	00
11	10	10	11	11	11	11	00	00
10	00	10	11	00	00	00	00	00

かつ $Z_1Z_2=11$ である．したがって，A^+, B^+, Z_1, Z_2 のカルノー図のマス 0011 には，それぞれ，1, 0, 1, 1 が入る．この次状態のカルノー図から D フリップフロップ入力の式は直接読み取ることができる．

J-K, T, S-R フリップフロップを使用する場合は，§12・6 で述べた方法を用いて次状態のカルノー図からフリップフロップ入力のカルノー図を導出できる．例として，図 14・12 では，表 14・10 に対する S-R フリップフロップ入力の式を導出している．A^+ のカルノー図の $A=0$ および $A=1$ の半分に対して表 12・5(c) を適用することにより，S_A と R_A のカルノー図を導出する．S_B と R_B も同様にして導出する．

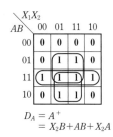

$D_A = A^+$
$= X_2B+AB+X_2A$

$D_B = B^+$
$= X_1A'+X_2'A'B+X_1B+X_1X_2$

$Z_1 = X_2A'B+X_1'AB$

$Z_2 = X_1A'B'+X_1'AB$

図 14・11　表 14・10 の次状態のカルノー図

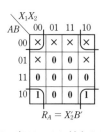

$S_A = X_2B$

$R_A = X_2'B'$

$S_B = X_1X_2+X_1A'$

$R_B = X_1'X_2+X_1'A$

図 14・12　表 14・10 に対する S-R フリップフロップ入力の式の導出

14・7 等価な状態割り当て

状態表の状態数が削減された後，その回路を実現する次のステップは表の状態に対応するフリップフロップの状態を割り当てることである．順序回路の実現に必要なロジックのコストは，この状態割り当ての方法に強く依存する．本章では，低コストな回路を得るための状態割り当ての選び方をいくつか述べる．次に述べる試行錯誤法は状態数が少ない場合のみ有用である．§14・8で述べる手引きはいくつかの問題に対して良い解を生成するが，場合によってはまったく満足のいかない結果になることもある．

状態数が少ない場合，ありとあらゆる状態割り当てを試して各割り当ての実装コストを評価し，最も少ないコストの割り当てを選ぶことが可能かもしれない．表13・1に示す3状態 (S_0, S_1, S_2) の状態表を考える．この回路の実現には2個のフリップフロップ（A と B）が必要である．状態 S_0 に対する割り当ては $AB=00$，$AB=01$，$AB=10$，$AB=11$ の4通りの可能性がある．各状態は唯一の割り当てでなければならないため，上記の割り当ての一つを選ぶと状態 S_1 に対しては3通りの割り当ての可能性が残る．次に，状態 S_1 の割り当てが行われると，状態 S_2 に対して2通りの割り当ての可能性がある．したがって，表14・11に示すように，3状態の対する状態割り当ては $4 \times 3 \times 2 = 24$ 通りの可能性がある．たとえば，割り当て7の行 S_0 の01は，フリップフロップ A と B にそれぞれ0と1を割り当てることを意味する．

表 14・11 3 行の状態表に対する状態割り当て

	1	2	3	4	5	6	7		19	20	21	22	23	24
S_0	00	00	00	00	00	00	01		11	11	11	11	11	11
S_1	01	01	10	10	11	11	00	...	00	00	01	01	10	10
S_2	10	11	01	11	01	10	10		01	10	00	10	00	01

実際にはこれら24通りの割り当てを試す必要はない．ある割り当てにおいて二つの列を入替えても，フリップフロップの変数名を付け直しているだけなので実装コストは変わらない．たとえば，表14・11の割り当て1について考える．この割り当ての最初の列は，状態 S_0, S_1, S_2 に対してそれぞれフリップフロップ A の値 $0, 0, 1$ を割り当てることを示している．同様に，2列目は B の値 $0, 1, 0$ を割り当てることを示している．この二つの列を交換すると，A が値 $0, 1, 0$，B が値 $0, 0, 1$ となり，割り当て3が得られる．これは，二つのフリップフロップに対して変数 AB の代わりに BA とラベル付けし，割り当て1を使用することと同じである．割り当て2の列を交換すると割り当て4が得られるため，割り当て2と4は同じコストである．同様に，割り当て5と6は同じコストである．一方，行を交換すると普通は実装コストが変化する．たとえば，割り当て4と6は多くの状態表において異なるコストとなる．

T，J-K，S-Rのような対称なフリップフロップを使用する場合，状態割り当ての列を1列以上否定をしても実装コストに影響はない．図14・13(a)のような，回路にJ-Kフリップフロップが埋め込まれた場合を考える．回路をそのままにして，入力 J と K および出力 Q_k と Q_k' の接続を交換すると，図14・13(b)のようになる．回路 A が $Q_k=p$，回路 B が $Q_k=p'$ から動作を開始すると，（前者の回路で J が1の時は常に後者の回路で K が1であり，またその逆であるため）後者の回路では Q_k の値が常に否定される点を除いて，二つの回路の動作は同じになる．したがって，後者の回路の状態表は，Q_k の値が否定される点を除き，前者の回路と同じである．これは，J-Kフリップフロップを使用する場合，状態割り当ての列を1列以上否定しても実装コストに影響しないことを意味する．同じ理由はTフリップフロップとS-Rフリップフロップにも当てはまる．したがって，表14・11において，割り当て2と7，割り当て6と19は同じコストである．

(a) 回路 A

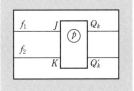

(b) 回路 B（フリップフロップ Q_k の入出力が交差している点を除いて A と同じ）

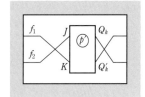

図 14・13 Q_k の否定によって得られる等価回路

Dフリップフロップのような非対称のフリップフロップを使用する場合でも，状態割り当ての列の入替え（順序の並び替え）がコストに影響しない．しかし，列を否定すると，図14・14のように回路にインバータを追加しなければならない可能性がある．異なる種類のゲートが利用できる場合は，一般に，このインバータを除去して元の回路と同じゲート数となるように回路を再設計できる．図14・14の回路 A が $Q_k=p$，回路 B が $Q_k=p'$ から動作を開始すると，（二つの回路において f は同じであり，回路 B では $D=f'$ であるため）回路 B では Q_k の値が常に否定さ

(a) 回路 A

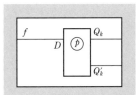

(b) 回路 B（フリップフロップの Q_k 接続以外は A と同じ）

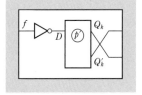

図 14・14 Q_k の否定によって得られる等価回路

れる点を除いて，二つの回路の動作は同じになる．

　状態割り当ての列の交換，または，否定が回路の式に及ぼす影響を，表 14・12 を用いて説明する．

表 14・12

割り当て			現状態	次状態		現在の出力	
A_3	B_3	C_3		$X=0$	1	0	1
00	00	11	S_1	S_1	S_3	0	0
01	10	10	S_2	S_2	S_1	0	1
10	01	01	S_3	S_3	S_3	1	0

　第 11 章および §14・6 で説明したように，カルノー図を用いて，この 3 通りの割り当てに対する J-K フリップフロップ入力と D フリップフロップ入力の式を導出できる．入力 J と K の式は以下のようになる．

割り当て A	割り当て B	割り当て C
$J_1 = XQ_2'$	$J_2 = XQ_1'$	$K_1 = XQ_2$
$K_1 = X'$	$K_2 = X'$	$J_1 = X'$
$J_2 = X'Q_1$	$J_1 = X'Q_2$	$K_2 = X'Q_1'$
$K_2 = X$	$K_1 = X$	$J_2 = X$
$Z = X'Q_1 + XQ_2$	$Z = X'Q_2 + XQ_1$	$Z = X'Q_1' + XQ_2'$
$D_1 = XQ_2'$	$D_2 = XQ_1'$	$D_1 = X' + Q_2'$
$D_2 = X'(Q_1 + Q_2)$	$D_1 = X'(Q_2 + Q_1)$	$D_2 = X + Q_1Q_2$

　表 14・12 の割り当て B は A の列を交換することにより得られる点に注意する．割り当て B に対応する式は，添え字の 1 と 2 が入替わっている点を除き，A と同じである．C における Z の式は，Q_1 と Q_2 が否定されている点を除き，A と同じである．C における K と J の式は，それぞれ，A における J と K の式の Q を否定した場合と同じである．C における D の式は，A における D の式全体を否定し，さらに Q を否定することによって得られる．したがって，J-K フリップフロップと任意の種類の論理ゲートを用いて表 14・12 の回路を実現するコストは，3 通りの状態割り当てでまったく同じである．AND と OR（あるいは NAND と NOR）ゲートの両方が利用可能ならば，3 通りの D の式の組を実現するコストは同じである．一方，たとえば，NOR ゲートのみが利用可能な場合，割り当て C における D_1 と D_2 の実装には A や B と比べて二つのインバータが追加で必要となる．

　1 列以上を否定することによって，任意の状態割り当ては 1 番目の状態にすべて 0 が割り当てられた割り当てに変換できる．別の状態割り当ての列を交換，あるいは，否定することによって得られた割り当てを取除くと，表 14・11 は 3 通りの割り当て（表 14・13）に削減できる．したがって，対称なフリップフロップを使用する 3 状態の順序回路の実装においては，実装コストが最小である

ことを保証するために 3 通りの異なる状態割り当てのみを試せばよい．同様に，4 状態の回路に対しては，3 通りの異なる状態割り当てのみを試す必要がある．

表 14・13　3 状態および 4 状態の回路に対する不等価な割り当て

状態	3 状態の割り当て			4 状態の割り当て		
	1	2	3	1	2	3
a	00	00	00	00	00	00
b	01	01	11	01	01	11
c	10	11	01	10	11	01
d	—	—	—	11	10	10

　ある状態割り当ての列を交換および否定することによって別の状態割り当てが導出できる場合，二つの状態割り当ては等価（equivalent）であるという．等価ではない二つの状態割り当ては相異なる（distinct）という．したがって，4 行の状態表は三つの相異なる状態割り当てをもっており，これら以外の割り当ては三つの割り当てのいずれかと等価である．残念ながら，表 14・14 に示すように，相異なる割り当ての数は状態数に対して急激に増加する．2〜4 状態ならば手作業，5〜7 状態ならばコンピュータで解くことができる．しかし，高速なコンピュータを使用した場合でも，9 個以上の状態に対してすべての割り当てを試すのは現実的ではない．

表 14・14　相異なる状態割り当ての数

状態数	最小の状態変数の数	相違なる割り当ての数
2	1	1
3	2	3
4	2	3
5	3	140
6	3	420
7	3	840
8	3	840
9	4	10,810,800
⋮	⋮	⋮
16	4	$\approx 5.5 \times 10^{10}$

14・8　状態割り当ての手引き

　多くの場合，相異なる状態割り当てをすべて試すのは現実的ではない．そのため，状態割り当てに関する他の方法が必要である．次の方法として，フリップフロップ入力のカルノー図上で 1 のマスが隣接するような割り当てを選ぶことを試みる．この方法はすべての問題には適用できないうえ，たとえ適用できたとしても最小解を保証しない．

　二つの状態に対する割り当てが 1 変数のみ異なるとき，

これらの割り当ては**隣接**（adjacent）するという．したがって，010 と 011 は隣接しているが，010 と 001 は隣接していない．次状態のカルノー図において 1（あるいは 0）が隣接する割り当てを作成する際に，以下の手引きが役に立つ．

1. ある入力に対して同じ次状態をもつ状態には隣接した割り当てを行う．

2. 同じ状態の次状態である状態には隣接した割り当てを行う．

出力関数の簡単化には 3 番目の手引きを利用する．

3. ある入力に対して同じ出力をもつ状態には隣接した割り当てを行う．

手引き 3 の適用により，出力のカルノー図上で 1 が隣接する．

状態割り当ての手引きを使用する際の最初のステップは，手引きにしたがって隣接した割り当てを行う状態の集合をすべて書き出すことである．そして，カルノー図を利用して，これらの隣接関係をできる限り満たすことを試す．最大の隣接関係を得るためには，カルノー図の作成にかなりの量の試行錯誤を必要とする可能性がある．カルノー図を作成する際は以下を念頭におく．

(a) カルノー図のマス"0"に初期状態（リセット状態）を割り当てる（このルールの例外に関しては，§14・9 のワンホット状態割り当てを参照）．初期状態をどこに配置しても同じ隣接数の解を求めることができるため，カルノー図上で別のマスに初期状態を配置する利点はない．通常は，マス"0"を初期状態に割り当てると，フリップフロップのクリア入力を用いて回路の初期化が簡単に行える．

(b) まず，手引き 1 の隣接条件および手引き 2 の隣接条件が 2 回以上適用される状態に対して，その隣接条件を満たすことを考える．

(c) 手引きにより 3 または 4 個の状態を隣接する必要が生じたときは，カルノー図上で 4 個の隣接するマスのグループ内にこれらの状態を配置する．

(d) 出力表を考える際は手引き 3 を適用する．一般に，単一の出力関数を導出する場合は，手引き 3 の隣接条件よりも手引き 1 と 2 が優先される．二つ以上の出力関数の場合は，手引き 3 を優先した方がよい可能性がある．

以下の例を用いて，手引き 1 と 2 を適用する様子を説明する．図 14・15(a) では表 14・9 の状態表を再利用することにより，状態割り当ての導出を示す．手引き 1 より，S_0, S_2, S_4, S_6 はすべて S_1 を（入力 0 に対する）次状態としてもつため隣接した割り当てを行うのがよい．同様に，S_0, S_1, S_3, S_5 は S_2 を（入力 1 に対する）次状態としてもつ

ため隣接した割り当てを行うのがよい．また，S_3 と S_5 および S_4 と S_6 に対しても隣接した割り当てを行うのがよい．手引き 2 を適用すると，S_1 と S_2 はどちらも S_0 の次状態であるため隣接した割り当てを行うのがよい．同様に，S_2 と S_3 はどちらも S_1 の次状態であるため隣接した割り当てを行うのがよい．さらに，手引き 2 より，S_1 と S_4，S_2 と S_5（2 回），S_1 と S_6（2 回）に対しても隣接した割り当てを行うのがよい．まとめると，手引き 1 と 2 によって示される隣接状態の集合は以下のようになる．

1. (S_0, S_1, S_3, S_5) (S_3, S_5) (S_4, S_6) (S_0, S_2, S_4, S_6)
2. (S_1, S_2) (S_2, S_3) (S_1, S_4) $(S_2, S_5) \times 2$ $(S_1, S_6) \times 2$

これらの隣接条件をできる限り多く満たすことを試みる．割り当てを求めるためにカルノー図を使用すると，隣接した割り当てはカルノー図上の隣接したマスに現れる．手引きより 3 または 4 個の状態を隣接する必要がある場合は，状態割り当てのカルノー図上では，これらの状態を 4 個の隣接するマスのグループ内に配置する．上記の例では，状態割り当てのカルノー図を埋める方法として図 14・15(b) に示す二つの可能性がある．これらのカルノー図は，上述の隣接条件をできる限り多く満たすことを試みながら，試行錯誤により埋める．手引き 1 の条件は手引き 2 の条件よりも優先される．2 回必要な条件（S_2 と S_5 および S_1 と S_6 の隣接）は 1 回のみ必要な条件（S_1 と S_2 および S_2 と S_3 の隣接）よりも優先される．

(a) 状態表

ABC		$X=0$	1	0	1
000	S_0	S_1	S_2	0	0
110	S_1	S_3	S_2	0	0
001	S_2	S_1	S_4	0	0
111	S_3	S_5	S_2	0	0
011	S_4	S_1	S_6	0	0
101	S_5	S_5	S_2	1	0
010	S_6	S_1	S_6	0	1

(b) 状態割り当てのカルノー図

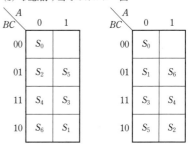

図 14・15

図 14・15(b) 左に示した状態割り当てのカルノー図は，図 14・15(a) の状態表の左に列挙したフリップフロップ A, B, C の状態割り当てに対応している．また，この割り

当ては式(14・1)の割り当てと同じである. この割り当てに対するDフリップフロップ入力の式とJ-Kフリップフロップ入力の式は§14・6で導出した. 図14・10(a)に示したDフリップフロップ入力の式の実現コストは6個のゲートと13個の入力である. この割り当ての代わりに単純な2進割り当て ($S_0=000$, $S_1=001$, $S_2=010$, …) を用いた場合は, フリップフロップ入力の式の実現コストは10個のゲートと39個の入力になる. この例では手引きを適用することによって良い結果が得られたが, 常にそのような結果が得られるわけではない.

次に, 手引きにより導出された図14・15(a)の割り当てを用いたときにフリップフロップの式が簡単化される理由を説明する. 図14・16はこの割り当てを用いて作成した次状態のカルノー図である. $X=0$ かつ $ABC=000$ の場合の次状態は S_1, $X=1$ かつ $ABC=000$ の場合の次状態は S_2 であることに注意する. 状態割り当てに手引き1を用いたため, S_1 は次状態表の4個の隣接するマスに, S_5 は2個の隣接するマスに, …のように現れる.

個々のフリップフロップの次状態のカルノー図 (図14・16b) は, 遷移表から通常の方法によって, あるいは, 図14・16(a)から直接導出できる. 後者の方法を用いて図14・16(a)において S1 が現れる場所をすべて110で置き換えると, A^+, B^+, C^+ のカルノー図の対応するマスに

それぞれ 1, 1, 0 が配置される. 次状態のカルノー図の他のマスも同様にして埋める.

図14・16(a)では4個の S_1 が隣接しているため, A^+, B^+, C^+ のカルノー図の対応するマスは, 網掛けで示すうに, 4個の1または0が隣接する. これが, フリップフロップの式の簡単化に手引き1が役立つ理由である. 手引き2を適用するたびに, 三つの次状態のカルノー図のうちの二つにおいて隣接する1または0の組が追加される. これは, 隣接した割り当てでは, 三つの状態変数のうちの二つが同じになるためである.

続いて, 図14・17(a)に対して状態割り当ての手引きを適用する. まず, 各手引きによって求めた隣接する状態の集合を列挙する.

1. (b,d)　(c,f)　(b,e)
2. $(a,c)×2$　(d,f)　(b,d)　(b,f)　(c,e)
3. (a,c)　(b,d)　(e,f)

次に, 重複する組 (b,d) と (a,c) を優先しつつ, これらの組をできる限り多く満たすようにカルノー図上に状態を配置する. そのような割り当ては二つあり, それらを図14・17(b)と(c)に示す. 図14・17(c)では $(b,f), (c,e), (e,f)$ 以外のすべての隣接条件が満たされている. この割り当てに対してDフリップフロップ入力の式を導出す

(a) 図14・15に対する次状態のカルノー図

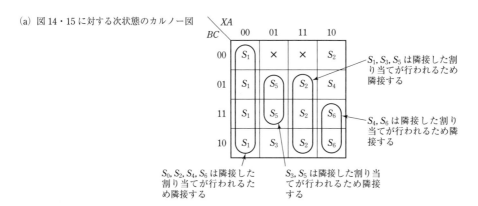

(b) 図14・15に対する次状態のカルノー図 (つづき)

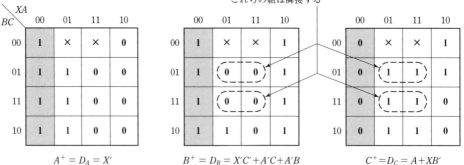

$$A^+ = D_A = X'$$

$$B^+ = D_B = X'C' + A'C + A'B$$

$$C^+ = D_C = A + XB'$$

図14・16 図14・15に対する次状態のカルノー図

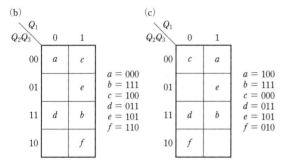

(a)

	$X=0$	$X=1$	$X=0$	$X=1$
a	a	c	0	0
b	d	f	0	1
c	c	a	0	0
d	d	b	0	1
e	b	f	1	0
f	c	e	1	0

(b)

Q_1 Q_2Q_3	0	1
00	a	c
01		e
11	d	b
10		f

$a = 000$
$b = 111$
$c = 100$
$d = 011$
$e = 101$
$f = 110$

(c)

Q_1 Q_2Q_3	0	1
00	c	a
01		e
11	d	b
10	f	

$a = 100$
$b = 111$
$c = 000$
$d = 011$
$e = 101$
$f = 010$

図 14・17　状態表と状態割り当て

る．まず，a を 100，b を 111，c を 000，…に置き換えることにより，状態表（図 14・17a）から遷移表（表 14・15）を作成する．その後，遷移表から次状態と出力のカルノー図（図 14・18）を作成する．D フリップフロップ入力の式はこれらの表から直接読み取ることができる．

$$D_1 = Q_1^+ = X'Q_1Q_2' + XQ_1'$$
$$D_2 = Q_2^+ = Q_3$$
$$D_3 = Q_3^+ = XQ_1'Q_2 + X'Q_3$$

また，出力の式は次のようになる．

表 14・15　図 14・17(a) の遷移表

現状態 $Q_1Q_2Q_3$	次状態（$Q_1^+Q_2^+Q_3^+$）		現在の出力（Z）	
	$X=0$	$X=1$	$X=0$	$X=1$
1 0 0	100	000	0	0
1 1 1	011	010	0	1
0 0 0	000	100	0	0
0 1 1	011	111	0	1
1 0 1	111	010	1	0
0 1 0	000	101	1	0

$$Z = XQ_2Q_3 + X'Q_2'Q_3 + XQ_2Q_3'$$

これらの式の実現コストは 10 個のゲートと 26 個のゲート入力である．

図 14・17(b) の割り当ては (d, f) と (e, f) 以外の隣接条件をすべて満たしている．この割り当てを用いると，D フリップフロップを用いてこの状態表を実現するコストは 13 個のゲートと 35 個のゲート入力である．この割り当ては図 14・17(c) よりも隣接関係を一つ多く満たしているため，図 14・17(c) よりも良い結果が得られることを期待したが，実際はその逆の結果となった．この例が示すように，ほとんどの隣接条件を満たす割り当てが最も良い割り当てであるとは限らない．一般には，多くの隣接条件を満たすいくつかの割り当てを試したうえで，コストが最も少ない割り当てを選ぶとよい．

状態割り当ての手引きは D フリップフロップと J-K フリップフロップに対して機能する．T フリップフロップと S-R フリップフロップに対してはうまくいかない．一般には，ある種類のフリップフロップに対して最も良い割り当てが，別の種類に対して最も良いとは限らない．

14・9　ワンホット状態割り当ての利用

ある種の回路ではワンホット状態割り当てが役に立つ．ワンホット状態割り当ては各状態に 1 個のフリップフロップを使用するため，N 状態の状態機械には N 個のフリップフロップが必要である．正確には，各状態においてフリップフロップの 1 個が 1 となるようにする．たとえば，四つの状態 (S_0, S_1, S_2, S_3) をもつシステムは，4 個のフリップフロップを用いて以下の状態割り当てを行う．

$$S_0: Q_0Q_1Q_2Q_3 = 1000,$$
$$S_1: 0100, \quad S_2: 0010, \quad S_3: 0001 \qquad (14・2)$$

ほかの 12 通りの組合わせは使用しない．

この状態図を点検することにより，次状態と出力の式が書ける．図 14・19 に示す部分的な状態図を考える．4 本の矢印が S_3 に向かっているため，次状態が S_3 となる条件は四つある．これらの条件は，現状態（PS）$= S_0$ かつ $X_1 = 1$，PS $= S_1$ かつ $X_2 = 1$，PS $= S_2$ かつ $X_3 = 1$，PS $= S_3$ かつ $X_4 = 1$ である．これら四つの条件下ではフリップフロッ

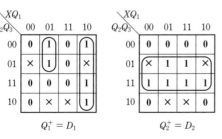

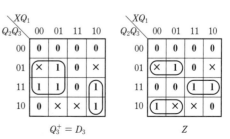

図 14・18　表 14・15 に対する次状態と出力のカルノー図

プ Q_3 の次状態が 1 になる（そうでない場合は 0 になる）．したがって，Q_3 の次状態の式は次のように書ける．

$$Q_3^+ = X_1(Q_0Q_1'Q_2'Q_3') + X_2(Q_0'Q_1Q_2'Q_3')$$
$$+ X_3(Q_0'Q_1'Q_2Q_3') + X_4(Q_0'Q_1'Q_2'Q_3)$$

しかしながら，$Q_0=1$ は $Q_1=Q_2=Q_3=0$ を意味するため，項 $Q_1'Q_2'Q_3'$ は冗長である．したがって，この項は除去できる．同様に，他の項からダッシュ記号（ ′ ）が付いた状態変数をすべて除去できるため，次状態の式は次のように削減される．

$$Q_3^+ = X_1Q_0 + X_2Q_1 + X_3Q_2 + X_4Q_3$$

一般に，ワンホット状態割り当てを用いると，各フリップフロップに対する次状態の式の各項は状態変数を一つだけ含む．そのため，状態図を調べることで，式を削減できる．

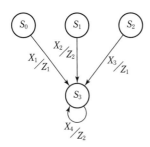

図 14・19　部分的な状態図

同様に，削減された出力の各式の各項は状態変数を一つだけ含む．$PS=S_0$ かつ $X_1=1$ のとき，および，$PS=S_2$ かつ $X_3=1$ のときに $Z_1=1$ であるため，$Z_1=X_1Q_0+X_3Q_2$ と書ける．状態図を調べることで，$Z_2=X_2Q_1+X_4Q_3$ も書ける．

ワンホット状態割り当てを用いると，システムのリセットの際，すべてのフリップフロップを 0 にリセットする代わりに，1 個のフリップフロップを 1 にセットする必要がある．使用するフリップフロップがプリセット入力をもたない場合は，Q_0 を Q_0' に置き換えることによってワンホット状態割り当てを修正できる．割り当ての式(14・2)に対してこの修正を行うと，以下のようになる．

$$S_0: Q_0Q_1Q_2Q_3 = 0000,$$
$$S_1: 1100, \quad S_2: 1010, \quad S_3: 1001 \qquad (14 \cdot 3)$$

また，修正された式は以下のようになる．

$$Q_3^+ = X_1Q_0' + X_2Q_1 + X_3Q_2 + X_4Q_3$$
$$Z_1 = X_1Q_0' + X_3Q_2, \quad Z_2 = X_2Q_1 + X_4Q_3$$

図 13・23(b)のムーア型回路において，フリップフロップ $Q_0Q_1Q_2$ に対して次のワンホット状態割り当てを行う．$S_0=100$, $S_1=010$, $S_2=001$. $Q_0=1$ のときの状態は S_0，$Q_1=1$ のときの状態は S_1，$Q_2=1$ のときの状態は S_2 である．状態図を点検すると，3 本の矢印が各状態に向かっているため，次状態の式は次のようになる．

$$Q_0^+ = F'R'Q_0 + FQ_2 + F'RQ_1$$
$$Q_1^+ = F'R'Q_1 + FQ_0 + F'RQ_2$$
$$Q_2^+ = F'R'Q_2 + FQ_1 + F'RQ_0$$

各出力は一つの状態においてのみ発生するため，出力の式は自明である．

$$Z_1 = Q_0, \quad Z_2 = Q_1, \quad Z_3 = Q_2$$

別の例として図 14・20 の状態図を考える．この状態図は 2 進乗算器を制御する順序回路を表す．この回路は三つの入力（St, M, K）と四つの出力（Load, Ad, Sh, Done）をもつ．状態 S_0 から開始して $St=0$ の場合，回路は S_0 に留まる．$St=1$ の場合，回路は Load=1 を出力し（他の出力は 0），次状態は S_1 である．S_1 では，$M=1$ の場合に $Ad=1$ を出力し，次状態は S_2 である．$M=0$ かつ $K=0$ の場合，出力は $Sh=1$，次状態は S_1 である．$M=0$ かつ $K=1$ の場合，出力は $Sh=1$，次状態は S_3 である．S_2 では，$K=0$, $K=1$ の両方に対して出力は $Sh=1$ である．$K=0$ の場合の次状態は S_1，$K=1$ の場合の次状態は S_3 である．S_3 では，出力は Done=1，次状態は S_0 である．

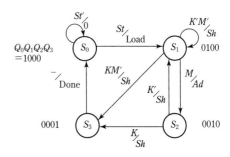

図 14・20　乗算器制御回路の状態図

四つの状態があるため，ワンホット状態割り当てのためには 4 個のフリップフロップが必要である．各状態に対するワンホット状態割り当てを状態図に示す．S_0 では Q_0 のみが 1 であり，ほかの Q は 0 である．同様に，S_1 では Q_1 のみが 1 でほかの Q は 0 である．Q_0 に対する次状態の式を決定する．2 本の矢印が状態 S_0 に向かう点に注意する．状態 S_0 から自身に戻るループは，$Q_0=1$ かつ $St=0$ の場合に $Q_0^+=1$ であることを示している．S_3 から S_0 への矢印は $Q_3=1$ の場合に $Q_0^+=1$ であることを示している．したがって，

$$Q_0^+ = Q_0St' + Q_3$$

3 本の矢印が S_1 に向かっているため，Q_1^+ は三つの項からなる．

$$Q_1^+ = Q_0St + Q_1K'M' + Q_2K'$$

この状態図を調べることで，出力関数も決定できる．S_0 で $St=1$ のときに Load=1，他の状態と入力に対しては Load=0 である．したがって，Load=Q_0St である．出力 Sh は状態図の 4 箇所に現れている．$K'M_1'=1$ または

$KM'=1$ の場合に S_1 で $Sh=1$，また，$K'=1$ または $K=1$ の場合に S_2 で $Sh=1$ である．したがって，次式を得る．

$$Sh = Q_1(K'M'+KM')+Q_2(K'+K)$$
$$= Q_1M'+Q_2$$

練習問題

14・1 状態数が最少となるように次の状態表を削減せよ．

現状態	次状態 X=0	次状態 X=1	現在の出力 (Z)
a	e	e	1
b	c	e	1
c	i	h	0
d	h	a	1
e	i	f	0
f	e	g	0
g	h	b	1
h	c	d	0
i	f	b	1

14・2 状態数が最少となるように次の各状態表を削減せよ．

(a)

現状態	XY=00	XY=01	XY=11	XY=10	現在の出力 (Z)
a	a	c	e	d	0
b	d	e	e	a	0
c	e	a	f	b	1
d	b	c	c	b	0
e	c	d	f	a	1
f	f	b	a	d	1

(b)

現状態	X=0	X=1	0	1
a	b	c	1	0
b	e	d	1	0
c	g	d	1	1
d	e	b	1	0
e	f	g	1	0
f	h	b	1	1
g	h	i	0	1
h	g	i	0	1
i	a	a	0	1

14・3 次の状態表をもつ回路 M と回路 N がある．

M

	X=0	X=1	
S_0	S_3	S_1	0
S_1	S_0	S_1	0
S_2	S_0	S_2	1
S_3	S_0	S_3	1

N

	X=0	X=1	
A	E	A	1
B	F	B	1
C	E	D	0
D	E	C	0
E	B	D	0
F	B	C	0

(a) 最初に，状態表を削減せずに，回路 M と回路 N が等価か否かを求めよ．

(b) 状態数が最少となるように各状態表を削減し，削減された状態表を点検することにより回路 M と回路 N が等価であることを示せ．

14・4 次の状態表をもつ1入力1出力の順序回路がある．

現状態	次状態 X=0	次状態 X=1	現在の出力 (Z)
A	D	G	1
B	E	H	0
C	B	F	1
D	F	G	0
E	C	A	1
F	H	C	0
G	E	A	1
H	D	B	0

(a) この問題ではフリップフロップ入力の式は考えない（これは状態表の次状態の部分を無視できることを意味する）．出力の式を最小化する状態割り当てを行い，その割り当てにおける出力の最小の式を求めよ．

(b) この問題では(a)の解答を忘れよ．000 を A に割り当てたうえで，状態割り当てに手引き1と2を適用せよ．また，この割り当てを用いて D フリップフロップ入力の式を求めよ．

14・5 次のムーア型順序回路を考える．

現状態	次状態 X=0	次状態 X=1	現在の出力 (Z)
A	B	A	0
B	C	A	0
C	E	D	0
D	B	A	1
E	E	A	0

(a) ワンホット状態割り当てに対する式を求めよ．

(b) 手引き1と2を使用して，三つの状態変数を用いた"良い"状態割り当てを求めよ．また，D フリップフロップを使用する場合の次状態の式を求めよ．

14・6 次のミーリー型順序回路を考える．

現状態	次状態 X=0	次状態 X=1	現在の出力 (Z) X=0	現在の出力 (Z) X=1
A	B	A	0	0
B	C	A	0	0
C	D	A	0	1
D	D	A	0	0

(a) ワンホット状態割り当てとDフリップフロップを用いてこの回路を実装せよ.

(b) 状態割り当て $A=00$, $B=01$, $C=11$, $D=10$ とDフリップフロップを用いてこの回路を実装せよ.

(c) フリップフロップの代わりに4ビット並列ロード付カウンタを記憶素子に使用して, この回路を実装せよ. 同期式カウンタの制御は以下を仮定せよ.

s_1	s_0	機能
0	0	ホールド
0	1	インクリメント
1	0	並列ロード
1	1	クリア

$Q_3Q_2Q_1Q_0$ は出力, $P_3P_2P_1P_0$ は並列入力, Q_0 はカウンタの最下位ビットとする (適切な状態割り当てを行うと, この回路はカウンタの並列ロード機能を用いずに実装できる).

(d) フリップフロップの代わりに4ビット並列ロードシフトレジスタを記憶素子に使用して, この回路を実装せよ. 同期式シフトレジスタの制御は以下を仮定せよ.

S_1	S_0	機能
0	0	ホールド
0	1	右シフト
1	0	並列ロード
1	1	クリア

S_{in} はシフト入力, $Q_3Q_2Q_1Q_0$ は出力, $P_3P_2P_1P_0$ は並列入力とする. シフトが行われるときは, $S_{in} \rightarrow Q_3$, $Q_3 \rightarrow Q_2$, $Q_2 \rightarrow Q_1$, $Q_1 \rightarrow Q_0$ となる (適切な状態割り当てを行うと, この回路はシフトレジスタの並列ロード機能を用いずに実装できる).

14・7 2個のDフリップフロップをもつ順序回路がある. フリップフロップを励起する式は, $D_1=XQ_1+X_2$ と $D_2=XQ_1+XQ_2'$ である.

(a) この回路を, 各DフリップフロップをTフリップフロップに置き換えた等価回路に変換せよ. 回路の変換は, 次状態の式をTフリップフロップの形式に変換することにより行え.

〔ヒント: $MQ+NQ'=(M'Q+NQ')'Q+(M'Q+NQ')Q'$〕

(b) (a)で行った回路の変換を, 今度はTフリップフロップの励起表 (すなわち, X, Q_1, Q_2 の関数である T_1 と T_2 の真理値表) を作成することにより行え.

(c) この回路を, 各DフリップフロップをJ-Kフリップフロップに置き換えた等価回路に変換せよ. 回路の変換は, 次状態の式をJ-Kフリップフロップの形式に変換することにより行え.

(d) (c)で行った回路の変換を, 今度はJ-Kフリップフロッ

プの励起表 (すなわち, X, Q_1, Q_2 の関数であるフリップフロップ入力 J と K の真理値表) を作成することにより行え.

14・8 2個のJ-Kフリップフロップをもつ順序回路がある. フリップフロップを励起する式は $J_1=Q_2$, $K_1=Q_1$, $J_2=X+Q_1'$, $K_2=1$ である.

(a) この回路を, 各J-KフリップフロップをTフリップフロップに置き換えた等価回路に変換せよ. 回路の変換は, 次状態の式をTフリップフロップの形式に変換することにより行え.

〔ヒント: $MQ+NQ'=(M'Q+NQ')'Q+(M'Q+NQ')Q'$〕

(b) (a)で行った回路の変換を, 今度はTフリップフロップの励起表 (すなわち, X, Q_1, Q_2 の関数であるT1とT2の真理値表) を作成することにより行え.

(c) この回路を, 各J-KフリップフロップをS-Rフリップフロップに置き換えた等価回路に変換せよ. 回路の変換は, 次状態の式をS-Rフリップフロップの形式に変換することにより行え.

(d) (c)で行った回路の変換を, 今度はS-Rフリップフロップの励起表 (すなわち, X, Q_1, Q_2 の関数であるフリップフロップ入力 S と R の真理値表) を作成することにより行え.

14・9 次の不完全定義状態表が7状態の状態表に削減できることを示せ (ヒント: ドント・ケアが任意の値に"マッチ"するという行マッチングを適用すれば, この状態表は削減できる).

現状態	次状態		現在の出力 (Z)	
	$X=0$	$X=1$	$X=0$	$X=1$
S_0	S_1	S_2	0	0
S_1	S_3	S_4	0	0
S_2	S_5	S_6	0	0
S_3	S_7	S_8	0	0
S_4	S_8	S_9	0	0
S_5	S_{10}	S_9	0	0
S_6	S_9	S_8	0	0
S_7	S_0	S_0	1	0
S_8	S_0	—	0	—
S_9	S_0	—	1	—
S_{10}	S_0	S_0	0	1

14・10 (a) 次の不完全定義状態表における極大両立集合をすべて求めよ.

(b) 状態数が最少となるように状態表を削減せよ.

	現状態	次状態		現在の出力	
		$X=0$	$X=1$	$X=0$	$X=1$
	S_0	S_1	S_2	—	—
0	S_1	S_3	S_4	—	—
1	S_2	S_5	S_6	—	—
00	S_3	S_0	S_0	1	0
01	S_4	S_0	—	0	—
10	S_5	S_0	S_0	0	1
11	S_6	S_0	—	1	—

15 順序回路の設計

状態表の導出（第13章），状態表の削減（第14章），状態割り当て（第14章），フリップフロップ入力の式の導出（第11章および第14章）などの順序回路設計のさまざまなステップはすでに学習した．本章ではそれらの設計手法をまとめ，包括的な設計例を示し，実験室で回路をテストするための手順を述べる．

15・1 順序回路の設計手順の要約

1. 与えられた問題に対して，入力系列と出力系列の間の必要な関係を決定し，状態表を導出する．多くの問題では，最初に状態図を作成するのが最も簡単である．
2. 最も少ない状態数となるように状態表を削減する．まず行マッチングによって重複する行を削除し，次に含意表を作成して§14・3の手順に従う．
3. 削減された状態表に m 個の状態（$2^{n-1}<m\leq2^n$）がある場合，n 個のフリップフロップが必要である．削減された状態表の各状態に対応するフリップフロップ状態の一意な組合わせを割り当てる．§14・8に記載した手引きは，低コストな回路の割り当てを探すのに有用なことがある．
4. 削減された状態表の各状態を，割り当てたフリップフロップ状態で置き換えることによって遷移表を作成する．得られた遷移表は，フリップフロップの現状態と入力に対するフリップフロップの次状態と出力を表す．
5. 各フリップフロップに対して次状態のカルノー図と入力のカルノー図を作成し，フリップフロップ入力の式を導出する（使用するゲートの種類に応じて，カルノー図上の1から積和形，または，0から和積形のどちらかを決定する）．出力関数を導出する．
6. 使用可能な論理ゲートを用いてフリップフロップ入力の式と出力の式を実現する．
7. 信号追跡，コンピュータシミュレーション，あるいは実験室での動作試験により設計を確認する．

15・2 設計例：符号変換器

BCD符号を3増し符号に変換する順序回路を設計する．

この回路は0から9の範囲の2進化10進数に3を加算する．入力 X と出力 Z は最下位ビットから順に並ぶものとする．許可された入力系列と出力系列の一覧を表15・1に示す．

表15・1では，時刻 t_0, t_1, t_2, t_3 における入出力を列挙してある．四つの入力を受取った後，別の四つの入力を受取るための準備として，回路は初期状態にリセットする．この時点では，表15・1に示した出力系列を生成する順序回路が，出力を遅延させることなく実現できるか否かは明らかでない．

表15・1

入力 (X)（BCD）				出力 (Z)（3増し）			
t_3	t_2	t_1	t_0	t_3	t_2	t_1	t_0
0	0	0	0	0	0	1	1
0	0	0	1	0	1	0	0
0	0	1	0	0	1	0	1
0	0	1	1	0	1	1	0
0	1	0	0	0	1	1	1
0	1	0	1	1	0	0	0
0	1	1	0	1	0	0	1
0	1	1	1	1	0	1	0
1	0	0	0	1	0	1	1
1	0	0	1	1	1	0	0

たとえば，t_0 でいくつかの系列が $X=0$ に対して出力 $Z=0$ を要求し，他の系列が $X=0$ に対して $Z=1$ を要求したとすると，出力を遅延させることなくこの回路を設計するのは不可能である．表15・1を確認すると，t_0 で入力が0の場合は出力が常に1であり，入力が1の場合は出力が常に0であることがわかる．そのため，t_0 において衝突はない．時刻 t_1 では，回路は t_1 と t_0 において受取った入力のみが利用できる．t_1 の出力が t_1 と t_0 において受取った入力のみで決まる場合は，t_1 において衝突はない．t_1 と t_0 において00を受取った場合は，表で00が発生する三つの場合すべてにおいて，出力は t_1 において1となる．01を受取った場合は，01が発生する三つの場合すべてにお

表15・2　符号変換器の状態表

時刻	受取った入力系列 (最下位ビットが先)	現状態	次状態		現在の出力 (Z)	
			$X=0$	$X=1$	$X=0$	$X=1$
t_0	リセット	A	B	C	1	0
t_1	0	B	D	F	1	0
	1	C	E	G	0	1
t_2	00	D	H	L	0	1
	01	E	I	M	1	0
	10	F	J	N	1	0
	11	G	K	P	1	0
t_3	000	H	A	A	0	1
	001	I	A	A	0	1
	010	J	A	–	0	–
	011	K	A	–	0	–
	100	L	A	–	0	–
	101	M	A	–	1	–
	110	N	A	–	1	–
	111	P	A	–	1	–

いて，出力はt_1において0となる．系列10と11に対して，出力はt_1においてそれぞれ0と1となる．そのため，t_1において出力の衝突はない．同様にして，t_2および4個の入力がすべて利用可能なt_3においても衝突はないことが確認できる．よって，問題は生じない．

　ここで，§14・1と同様の手順を用いて，状態表（表15・2）の準備に移る．この例では入力系列を最下位ビットから順に受取るのに対し，表14・1では最初に受取った入力ビットが系列の最初に並ぶため，状態表における次状態の配置は表14・1の配置と異なる．4ビットの系列として可能性のある16種類のうちの10種類のみが符号変換器の入力として発生するため，この表には–（ハイフン）記号（ドント・ケア）が現れる．前段落で議論した理由により，表の出力部分が埋められる．たとえば，回路がt_1において状態B，かつ，1を受取った場合，これは系列10を受取り，かつ，出力が0となることを意味する．

　次に，行マッチングを用いて状態表を削減する．–

記号を含む行をマッチングする際は，–記号は任意の状態，または，任意の出力にマッチする．この方法で行をマッチングすることにより，$H \equiv I \equiv J \equiv K \equiv L$および$M \equiv N \equiv P$が得られる．$I, J, K, L, N, P$を除去すると$E \equiv F \equiv G$が発見でき，表は7行（表15・3）に削減される．

　表15・2を導出する別の方法として，状態図から開始する方法がある．この回路の状態図（図15・1）は木構造である．リセット状態を始点とする各パスは，10種類のとりうる入力系列の一つを表す．入力系列に対するパスを作成した後は，各パスを後ろ向きに辿ることによって出力を埋めることができる．たとえば，t_3から開始し，パス0000は出力0011，パス1000は出力1011となる．表15・2がこの状態図に対応することを確認せよ．

表15・3　符号変換器の削減された状態表

時刻	現状態	次状態		現在の出力 (Z)	
		$X=0$	$X=1$	$X=0$	$X=1$
t_0	A	B	C	1	0
t_1	B	D	E	1	0
	C	E	E	0	1
t_2	D	H	H	0	1
	E	H	M	1	0
t_3	H	A	A	0	1
	M	A	–	1	–

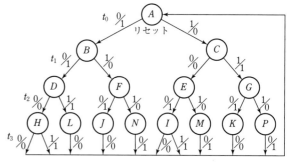

図15・1　符号変換器の状態図

　削減された状態表は七つの状態をもつため，この回路の実現には三つのフリップフロップが必要である．各状態にはフリップフロップ状態の一意な組合わせを割り当てなけ

(a) 状態割り当てのカルノー図

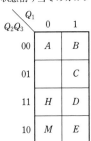

(b) 遷移表

	現状態 $Q_1Q_2Q_3$	次状態 $(Q_1^+Q_2^+Q_3^+)$		現在の出力 (Z)	
		$X=0$	$X=1$	$X=0$	$X=1$
A	0 0 0	1 0 0	1 0 1	1	0
B	1 0 0	1 1 1	1 1 0	1	0
C	1 0 1	1 1 0	1 1 0	0	1
D	1 1 1	0 1 1	0 1 1	0	1
E	1 1 0	0 1 1	0 1 0	1	0
H	0 1 1	0 0 0	0 0 0	0	1
M	0 1 0	0 0 0	×××	1	×
–	0 0 1	×××	×××	×	×

図15・2　フリップフロップの状態割り当てのカルノー図と遷移表

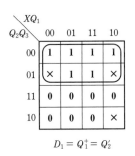

$D_1 = Q_1^+ = Q_2'$

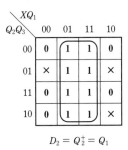

$D_2 = Q_2^+ = Q_1$

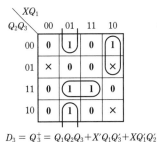

$D_3 = Q_3^+ = Q_1Q_2Q_3 + X'Q_1Q_3' + XQ_1'Q_2'$

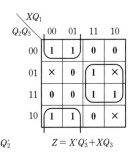

$Z = X'Q_3' + XQ_3$

図15・3　符号変換器設計のためのカルノー図

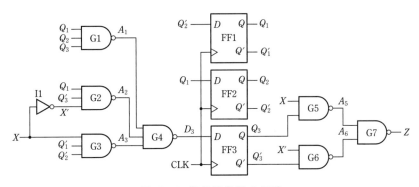

図15・4　符号変換器の回路

れればならない．いくつかの割り当ては少ないゲート数の低コストな回路を導き，他の割り当てはより多くのゲート数を必要とする．§14・8で示した手引きを用いて，次状態関数を簡単化するために状態 B と C，D と E，H と M に隣接する割り当てを行う．出力関数を簡単化するために，状態 (A, B, E, M) と (C, D, H) に隣接する割り当てを行う．この例における良い割り当てを図15・2のカルノー図と遷移表に示す．状態の割り当てを行った後は，その割り当てに従って遷移表を埋め，図15・3に示すように次状態のカルノー図を作成する．その後，図に示されているように，Q^+ のカルノー図から D 入力の式を読み取る．その結果得られた順序回路を図15・4に示す．

15・3　反復回路の設計

　順序回路の設計手順の多くは反復回路の設計に適用可能である．反復回路は規則正しく接続された大量の同じセルからなる．2進数の加算のようないくつかの処理は入力ビットの各組に対して同じ処理が行われるため，反復回路を用いた実装に自然となりがちである．反復回路の規則正しい構造は，規則正しい構造が少ない回路よりも集積回路としての製造が簡単である．

　反復回路の最も簡単な形式として，一方向に組合わせセルを流れる信号をもつリニアアレイ型の回路がある（図15・5）．各セルは一つ以上の主要な入力 (x_i) と，都合により一つ以上の主要な出力 (z_i) をもつ組合わせ回路であ

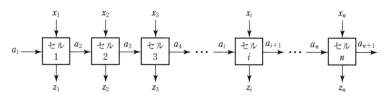

図15・5　横一方向の反復回路

る．また，各セルは一つ以上の二次的な入力（a_i）と一つ以上の二次的な出力（a_{i+1}）をもつ．信号 a_i は一つのセルの "状態" に関する情報を次のセルへ運ぶ．

　セルへの主要な入力（$x_1, x_2, \cdots, x_n$）は並列に，すべて同時に印加される．その後，信号 a_i がセルの列を伝搬する．各セルは組合わせ回路であるため，回路が安定状態に達するまでに必要な時間はセル内のゲートの遅延時間のみによって決まる．安定状態に達すると直ちに，出力が読み出される可能性がある．したがって，入力と出力が順番に行われる順序回路とは対照的に，反復回路は並列入力，並列出力の装置として機能する．入力を時間の系列として受取る順序回路に対し，反復回路は入力を空間の系列として受取る回路と考えることもできる．図4・3の並列加算器は四つの同じセルをもつ反復回路の例であるが，入力を順番に受取り，桁上げ信号をセルからセルへ伝搬する代わりにフリップフロップに格納している．

比較器の設計

　例として，二つの n ビットの2進数を比較してそれらが等しいか，また，等しくない場合はどちらが大きいかを決定する回路を設計する．この回路を素直に設計すると $2n$ 入力の組合わせ回路となるが，このような回路は4または5よりも大きい n に対して現実的ではないため，反復的な方法を試す．比較対象の二つの2進数を以下のように表すことにする．

$$X = x_1 x_2 \ldots x_n \qquad Y = y_1 y_2 \ldots y_n$$

比較を左から右に向かって行うために，最上位ビット x_1 から順に，ビットを左から右に向かって番号付けした．

　セルの各組間の導線の数はまだ不明であるが，この反復回路の構成を図15・6に示す．比較処理は左から右に向かって進む．最初のセルが x_1 と y_1 を比較し，比較結果を次のセルに渡す．そして2番目のセルが x_2 と y_2 を比較し，…のように処理が行われる．最後に，セル n によって x_n と y_n が比較され，$X=Y$ または $X>Y$ または $X<Y$ を示す

信号を出力回路が生成する．

　ここで比較器の典型的なセルを設計する．セル i の左側は，ここまでの状況として $X=Y$（$x_1 x_2 \cdots x_{i-1} = y_1 y_2 \cdots y_{i-1}$），$X>Y$，$X<Y$ の三つの可能性がある．これら3通りの入力が行われる状況をそれぞれ状態 S_0, S_1, S_2 で表す．入力 x_i，y_i に対するセルの右側の出力状態（S_{i+1}），および，セルの左側の入力状態（S_i）を表15・4に示す．セル i の左側において二つの数値が等しく，かつ，$x_i = y_i$ のとき，これらの数値はセル i においてもまだ等しいため $S_{i+1} = S_0$ である．一方，$S_i = S_0$ かつ $x_i y_i = 10$ ならば，$x_1 x_2 \cdots x_i > y_1 y_2 \cdots y_i$ かつ $S_{i+1} = S_1$ である．セル i の左側において $X > Y$ ならば，x_i と y_i の値によらず $x_1 x_2 \cdots x_i > y_1 y_2 \cdots y_i$ かつ $S_{i+1} = S_1$ である．同様に，セル i の左側において $X < Y$ ならば，セル i への入力も含めて $X < Y$ であり，したがって $S_{i+1} = S_2$ である．

表15・4　比較器の状態表

		S_{i+1}				
	S_i	$x_i y_i = 00$	01	11	10	$Z_1 Z_2 Z_3$
$X=Y$	S_0	S_0	S_2	S_0	S_1	0 1 0
$X>Y$	S_1	S_1	S_1	S_1	S_1	0 0 1
$X<Y$	S_2	S_2	S_2	S_2	S_2	1 0 0

　典型的なセルの論理はこの状態表から容易に導出される．三つの状態があるため，セル間の信号は二つ必要である．§14・8の手引きを用いて，S_0 に $a_i b_i = 00$，S_1 に 01，S_2 に 10 の状態割り当てを行う．状態表をこの割り当てで置き換えると表15・5が得られる．カルノー図，次

表15・5　比較器の遷移表

		$a_{i+1} b_{i+1}$				
$a_i b_i$	$x_i y_i = 00$	01	11	10	$Z_1 Z_2 Z_3$
0 0	00	10	00	01	0 1 0
0 1	01	01	01	01	0 0 1
1 0	10	10	10	10	1 0 0

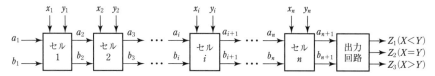

図15・6　2進数を比較する反復回路の構成

状態の式，NANDゲートを用いた典型的なセルの実装を図15・7に示す．セル間はa_iとb_iのみが伝達し，それらの否定は伝達しないため，インバータをセルに含める必要がある．

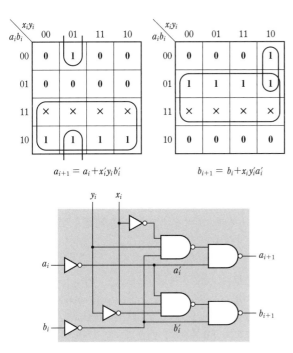

$$a_{i+1} = a_i + x_i'y_ib_i' \qquad b_{i+1} = b_i + x_iy_i'a_i'$$

図15・7 比較器の典型的なセル

最上位ビットの左側では二つの数値が等しい（すべて0）ことを想定しなければならないため，左端のセルの入力a_1b_1は00でなければならない．その結果，最初のセルの式を次のように簡単化することもできる．

$$a_2 = a_1 + x_1'y_1b_1' = x_1'y_1$$
$$b_2 = b_1 + x_1y_1'a_1' = x_1y_1'$$

出力回路として，$X<Y$の場合に$Z_1=1$，$X=Y$の場合に$Z_2=1$，$X>Y$の場合に$Z_3=1$とする．出力のカルノー図，式，回路を図15・8に示す．

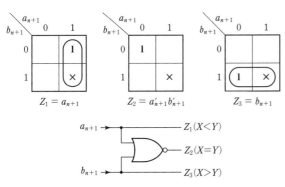

$$Z_1 = a_{n+1} \qquad Z_2 = a_{n+1}'b_{n+1}' \qquad Z_3 = b_{n+1}$$

図15・8 比較器の出力回路

順序回路への変換は簡単である．入力x_iとy_iを並列ではなく順番に受取る場合，表15・4は順序回路の状態表として解釈され，次状態の式は図15・7と同じになる．Dフリップフロップを使用する場合，図15・7の典型的なセルは順序回路の組合わせ回路部として使用できる．その結果，図15・9に示す回路が得られる．この回路は，すべての入力を読み込んだ後に，二つのフリップフロップの状態から出力を決定する．

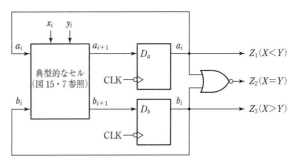

図15・9 2進数の順序比較器

この例は，横一方向の反復回路の設計が順序回路の設計と非常によく似ていることを示している．主要な違いは，反復回路では空間上の系列として入力を並列に受取るのに対し，順序回路では時間上の系列として入力を順番に受け取ることである．反復回路では状態表が入力状態と主要な入力に対する典型的なセルの出力状態を指定するのに対し，順序回路では同じ表が現状態と入力に対する次状態を（遅れずに）指定する．Dフリップフロップを使用する場合，反復回路の典型的なセルは対応する順序回路の組合わせ回路として機能する．他の種類のフリップフロップを使用する場合，入力の式は通常の方法によって導出できる．

15・4 順序回路のシミュレーションとテスト

ディジタルシステムのシミュレーションは細かさに応じていくつかのレベルで行われる．機能レベルでは，レジスタ，加算器，メモリ，そしてその他の機能ユニット間のデータ転送系列としてシステムの処理を記述する．このレベルのシミュレーションは高位のシステム設計の検証に利用される．論理レベルでは，ゲートやフリップフロップの論理素子とそれらを結ぶ配線によってシステムを記述する．論理レベルシミュレーションは論理設計の正しさの検証やタイミング解析に利用される．回路レベルでは，トランジスタ，抵抗，コンデンサなどの回路素子によって各ゲートを記述する．回路レベルシミュレーションは電圧レベルとスイッチング速度に関する詳細な情報を提供する．本書では論理レベルシミュレーションについて考える．

順序回路のシミュレーションは，§8・5で述べた組合

わせ回路のシミュレーションと同様である．しかしながら，順序回路では各論理素子の伝搬遅延を考慮しなければならず，フィードバックの存在が問題を複雑にする可能性がある．シミュレータは，通常，回路内の各信号が変化した時刻を表すタイミング図を出力する．ゲートとフリップフロップの遅延はさまざまな方法でモデル化される．最も簡単な方法は，各要素が1単位時間の遅延を有すると仮定することである．この単位遅延モデルは，論理的に正しい設計を検証する上では一般に十分である．より詳細なタイミング解析が必要な場合は，各論理素子に標準遅延の値を割り当ててもよい．素子の標準あるいは典型的な遅延は，通常，素子の製造業者が仕様書で提供している．

実際には，ある種の2個のゲートがまったく同じ遅延になることはない．遅延の値は温度や電圧レベルによって変化する可能性がある．このため，製造業者は，しばしば，論理素子の種類ごとに最小および最大遅延を明示している．いくつかのシミュレータはこの最小遅延および最大遅延の値を考慮できる．そのようなシミュレータは，信号が変化する正確な時刻を示す代わりに，信号が変化する可能性がある時間の範囲を出力する．標準遅延が10 ns，最小遅延が5 ns，最大遅延が15 nsのインバータの出力を図15・10に示す．網掛けの領域はこの間の任意の時刻にイ

ンバータの出力が変化する可能性があることを示している．最小/最大遅延シミュレータは，各素子の遅延が指定された範囲内である限り正しく動作するディジタルシステムを検証するために利用できる．

順序回路のテストは，一般に，組合わせ回路のテストよりも複雑である．フリップフロップの出力を観察できれば状態表を1行ずつ直接検証できる．シミュレータを用いる場合，あるいは，実験室では以下の方法によって状態表を確認できる．

1. セット入力とクリア入力を用いて，フリップフロップの状態を状態表の現状態の一つに対応させる．
2. ムーア型回路の場合，そのときの出力が正しいことを確認する．ミーリー型回路の場合，各入力の組合わせに対して出力が正しいことを確認する．
3. 各入力の組合わせに対し，回路を1クロック動作させてフリップフロップの次状態が正しいことを確認する（各入力の組合わせを印加する前に回路を適切な状態にリセットする）．
4. 状態表の各現状態に対してステップ1, 2, 3を繰返す．

多くの場合，順序回路は集積回路の一部として実装される．その場合，ICピンの入力と出力のみが利用可能であり，内部のフリップフロップの状態を観察することはできない．このような場合は，回路に入力系列を印加し，その出力系列を観察することによってテストを行わなければならない．回路を完全にテストする入力系列の最小集合の決定は一般に難しい問題であり，本書の範囲を超える．テスト系列の集合は状態図上ですべての矢印を通過する必要があるが，通常はこれだけではテストとして不十分である．

図12・7のミーリー型順序回路のテストを行うシミュレータの画面を図15・11に示す．各時刻において回路の

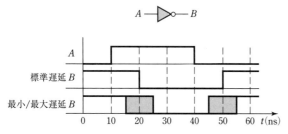

図15・10　インバータに対するシミュレータの出力

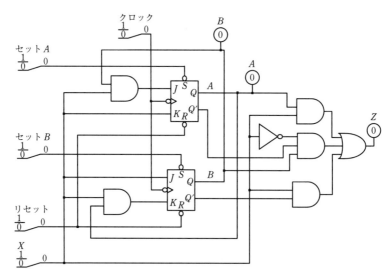

図15・11　図12・7のシミュレーション画面

一つの入力を検証するため，クロックと入力Xにスイッチを使用する．また，両方のフリップフロップをリセットするためにスイッチをもう一つ使用し，フリップフロップAとBをセットするために2個のスイッチを使用する．プローブは出力Zとフリップフロップの状態を観察するために使用する．Xが所望の値に設定された後で，クロックスイッチをまず1に変更し，その後0に戻すことによりクロックサイクルをシミュレートする．ミーリー型回路では，クロックのアクティブエッジの直前で出力を読むのがよい．

状態表の検証過程において不正な出力Zが見つかった場合，§8・5で述べた方法を用いて出力回路を確認できる．次状態の一つが間違っている場合，フリップフロップ入力が不正確なことがその理由である可能性がある．間違った状態に遷移するフリップフロップを特定した後に，回路を適切な現状態にリセットし，別のクロックパルスを印加する前にフリップフロップの入力を確認するとよい．

例 15・1　図15・2の状態表を実装するために図15・4の回路を作成したとする．フリップフロップの状態を100，$X=1$にしてクロックパルスを印加したとき，回路は状態110の代わりに111に遷移したとする．これはフリップフロップQ_3が間違った状態に遷移したことを表している．このフリップフロップは状態0に留まることが想定されているため，D_3は0になるべきである．$D_3=1$の場合は，D_3が間違って導出されたか，あるいは，D_3の回路に問題があるかのどちらかである．$X=1$かつ$Q_1Q_2Q_3=100$のときに$D_3=0$であることを確認するため，D_3のカルノー図と式を確認する．カルノー図と式が正しい場合は，§8・5で述べた方法を用いてD_3の回路を確認する．

状態表にしたがって回路が動作することを検証した後は，設計のとおりに回路が動作することを検証しなければならない．このため，回路に適切な入力系列を印加し，結果の出力系列を観察する必要がある．ミーリー型回路をテストするときは，誤った出力（§12・2を参照）を読むのを避けるために適切な時刻で出力を読まなければならない点に注意する．出力はクロックのアクティブエッジの直前で読むのがよい．クロックのアクティブエッジの直後で出

力を読むと，誤った出力を読んでしまう可能性がある．図12・8はその一例である．

入力系列を手動で逐次的に印加する代わりに，Xとクロックに対してシミュレーションの入力波形を定義することもある．テスト系列$X=10101$を用いたときの，図15・11の例に対するシミュレータの入力波形を図15・12に示す．シミュレータが実行されると，A,B,Zに対して図に示すタイミング図が生成される．シミュレータの出力は図12・8のタイミング図と非常によく似ている点に注意する．図15・12(a)のシミュレータ出力は単位遅延モデル，すなわち，各ゲートとフリップフロップが1単位時間の遅延をもつと仮定している．各ゲートとフリップフロップが10 nsの標準遅延をもつとした場合のシミュレーション結果を図15・12(b)に示す．

(a) 単位遅延モデルを使用した場合のシミュレータ出力

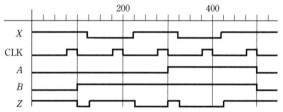

(b) 10 nsの標準遅延を使用した場合のシミュレータ出力

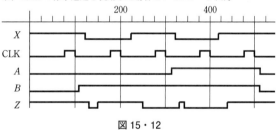

図 15・12

順序回路に関するこれまでの議論では，入力はクロックと適切に同期していることを想定していた．これは，各クロックサイクルにおいて系列中の一つの入力が発生し，すべての入力変化がセットアップ時間とホールド時間の仕様を満たすことを意味する．手動のクロックを使用する場合はクロックのアクティブエッジ間で入力を容易に変化させることができるため，実験室では同期が問題となることはない．しかしながら，回路を高クロックレートで動作させ

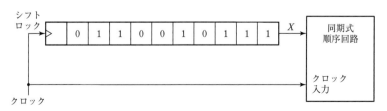

図 15・13　同期入力の生成にシフトレジスタを使用する方法

る場合は同期が問題となる．クロックに同期して入力系列を生成するか，クロックと入力を同期させる特別な回路を使用しなければならない．前者は，図 15・13 に示すように，入力をシフトレジスタにいったんロードしたうえで，回路のクロックを用いてレジスタを一つずつシフトして入力を回路に印加することにより実現できる．

入力の変化がクロックに同期しない場合は，図 15・14(a)に示すように，それらを同期させるためにエッジトリガ型 D フリップフロップを利用できる．この回路では，図 15・14(b)に示すように，クロックに対して X_1 と X_2 は任意の時刻に変化するが，X_1S と X_2S はクロックの立ち上がりエッジ後に変化し，その結果，順序回路は適切に同期する．しかしながら，この設計はある問題を内在しており，時折，適切に動作しないことがある．入力 D がクロックの立ち上がりエッジの近傍で変化した結果，セットアップ時間とホールド時間が満たされない場合は（図10・20 を参照），フリップフロップの一つが誤動作することがある．

1 個の非同期入力 X を同期させるために 2 個の D フリップフロップを使用した，より信頼度の高い同期回路* を図15・15 に示す．セットアップ時間またはホールド時間が満たされない致命的な領域で X が 0 から 1 に変化した場合は，いくつかのことが起こる．具体的には，フリップフロップ Q_1 の出力が 1 に変化する可能性，0 に留まる可能性，1 に変化し始めた後に元に戻る可能性，短期間に 0と 1 の間を発振して最終的に 0 または 1 に落ち着く可能性がある．Q_1 の波形を網掛けにすることにより，この領域

の不明確さを表す．クロック周期を選択すると，Q_1 は t_2までに状態 0 または 1 に落ち着くものとする．$Q_1 = 1$ の場合は，t_2 の直後に Q_2 が 1 に変化する．X は非同期入力であるため，X_1S が 1 または 2 クロック周期遅れることは，通常は問題ない．X_1S がクロックに同期した綺麗な信号であることが重要である．

(a) 同期回路

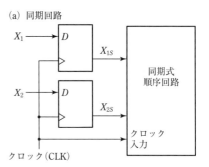

(b) 同期回路の入力と出力

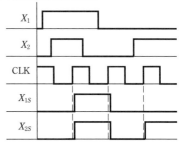

図 15・14

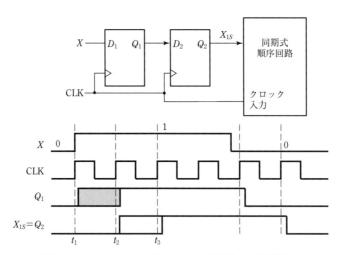

図 15・15　二つの D フリップフロップを用いた同期回路

＊　同期回路の設計に関するより詳細な議論は巻末の文献 10 を参照．

■ 練 習 問 題

設計に関する練習問題

以下の問題では図15・16に示す形式のミーリー型順序回路を設計する．テストの際は，入力Xはトグルスイッチから入力され，クロックパルスはプッシュボタンまたはスイッチによって手動で供給されるものとする．

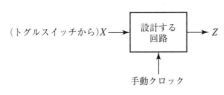

（トグルスイッチから）X → 設計する回路 → Z

手動クロック

図 15・16

15・1 入力系列を検査し，1101 または 011 で終わる任意の入力系列に対して$Z=1$を出力するミーリー型順序回路（図15・16）を設計する．

$$例：X = 1 1 0 0 1 0 0 1 0 1 0 0 1 0 1$$
$$Z = 0 0 0 1 0 1 1 0 1 0 0 1 0 1 0$$

この回路は$Z=1$を出力したときにフリップフロップを開始状態にリセットしない点に注意する．しかしながら，回路には一つの開始状態があり，手動でリセットする手段がある．最小解は6状態である．NANDゲート，NORゲート，および，三つのDフリップフロップを用いてこの回路を設計せよ．状態割り当てに対して最小，かつ，九つ以下のゲートとインバータを使用していればどのような解でもよい（000を開始状態に割り当てよ）．

テスト手順：まず，各状態から開始し，各入力に対して現在の出力と次状態が正しいことを確かめることにより，状態表を検査せよ．次に，適切な初期状態から開始し，以下の各入力系列に対する出力系列を決定せよ．

(1) 0 0 1 1 0 1 0 0 1 0 1 0 1 0 0 0 1 0 0 1 0 0 1 0
(2) 1 1 0 0 1 1 0 0 1 0 1 0 1 0 0 1 0 1 0 1 0 0 1 0

15・2 $8,4,-2,-1$ BCD符号は，下位2ビットの重みが負である点を除き，8-4-2-1 BCD符号と同じである．たとえば，$8,4,-2,-1$符号における0111は以下を表す．

$$8 \times 0 + 4 \times 1 + (-2) \times 1 + (-1) \times 1 = 1$$

$8,4,-2,-1$符号を8-4-2-1符号に変換するミーリー型順序回路を設計せよ．入力と出力は最下位ビットから順に並んでいる．入力Xは$8,4,-2,-1$符号の10進数値，出力Zは対応する8-4-2-1 BCD符号を表す．入力系列によらず，4タイムステップ後に回路は開始状態にリセットする．三つのDフリップフロップ，NANDゲート，および，NORゲートを用いてこの回路を設計せよ．状態割り当てに対して最小，かつ，八つ以下のゲートを使用していればどのような解でもよい（000をリセット状態に割り当てよ）．

テスト手順：まず，各状態から開始し，各入力に対する現在の出力と次状態が正しいことを確かめることにより，状態表を検査せよ．次に，リセット状態から開始し，10から始まるすべての入力系列に対して各出力系列を求め，表を作成せよ．

15・3 0000 から 1010 の範囲の2進数に5を加算するミーリー型順序回路（図15・16）を設計せよ．入力と出力は最下位ビットから順に並んでいる．状態数が最も少ない状態表を求めよ．NANDゲート，NORゲート，および，三つのDフリップフロップを用いてこの回路を設計せよ．状態割り当てに対して最小，かつ，九つ以下のゲートとインバータを使用していればどのような解でもよい（000をリセット状態に割り当てよ）．

テスト手順：まず，各状態から開始し，各入力に対する現在の出力と次状態が正しいことを確かめることにより，状態表を検査せよ．次に，リセット状態から開始し，11から始まるすべての入力系列に対して各出力系列を求め，表を作成せよ．

15・4 0000 から 1010 の範囲の4ビットの2進数を10の補数（ある数Nの10の補数は$10-N$で定義される）に変換するミーリー型順序回路（図15・16）を設計せよ．入力と出力は最下位ビットから順に並んでいる．入力Xは4ビットの2進数，出力Zは対応する10の補数を表す．入力系列によらず，4タイムステップ後に回路は開始状態にリセットする．状態数が最も少ない状態表を求めよ．NANDゲート，NORゲート，および，三つのDフリップフロップを用いてこの回路を設計せよ．状態割り当てに対して最小，かつ，九つ以下のゲートとインバータを使用していればどのような解でもよい（000をリセット状態に割り当てよ）．

テスト手順：まず，各状態から開始し，各入力に対する現在の出力と次状態が正しいことを確かめることにより，状態表を検査せよ．次に，リセット状態から開始し，11から始まるすべての入力系列に対して各出力系列を求め，表を作成せよ．

追加の練習問題

15・5 以下は2階層のエレベータの制御回路のブロック図である．入力FB_1とFB_2は，それぞれ，エレベータ内で誰かが1階と2階のボタンを押したときに1になる．入力$CALL_1$と$CALL_2$は，それぞれ，1階と2階で誰かがエレベータを呼ぶボタンを押したときに1になる．入力FS_1とFS_2は，それぞれ，エレベータが1階と2階に着いた時に1になる．出力UPはエレベータを上昇するモーターを駆動し，$DOWN$はエレベータを下降するモーターを駆動する．UPと$DOWN$のどちらも1ではない場合，エレベータは動かない．R_1とR_2は（以下で述べる）ラッチをリセットす

る. DO が1になったとき, エレベータのドアが開く. ドア
が開いて（ドア制御機構により決定される）適当な時間が
経過した後, ドア制御機構はドアを閉じて $DC=1$ をセット
する. すべての入力信号はシステムクロックに適切に同期
しているものとする.

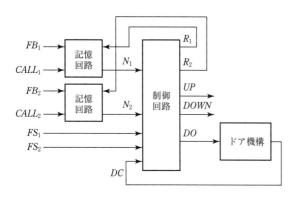

(a) 入力 FB_1, FB_2, $CALL_1$, $CALL_2$, FS_1, FS_2, DC のすべ
てに応答する制御回路を実現する場合は, 九つ以上の変数
（七つの入力変数に加えて少なくとも2個の状態変数）から
なる論理式を実装する必要がある. しかしながら, 信号 FB_i
と $CALL_i$ を, エレベータが指定された階で必要とされてい
ることを表す信号 N_i ($i=1$ または2) にまとめると, 制御回
路の入力数を減らすことができる. また, FB_i または $CALL_i$
で単一パルスが入力された後, 制御回路がクリアするまで
N_i に1を記憶するようにすれば, 制御回路はさらに簡単に
なる. 1個のDフリップフロップを用いて, 追加ゲート数
が最も少なくなるように, どちらかの入力（FB_i または
$CALL_i$）が1になったときに出力が1となり, 信号 R_i に
よってリセットされるまで1を保持する記憶回路を設計せ
よ.
(b) （客を運ぶ, 迎えに行く, あるいはその両方のために）
1階と2階でエレベータが必要とされていることを示す信号
N_1 と N_2 を用いて, エレベータ制御回路の状態図を導出せ
よ（4状態のみ必要）.
(c) N_1 と N_2 に対する記憶回路とその状態図を作成せよ.
15・6 旧モデルのサンダーバード車は, 左折と右折を示す
ための独特なパターンで点滅するテールランプを左右三つ
ずつもっている.

左折パターン

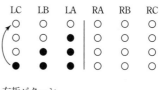

右折パターン

これらのランプを制御するムーア型順序回路を設計せよ.
この回路は LEFT, RIGHT, HAZ の三つの入力をもつ.
LEFT と RIGHT は運転者の方向指示器から入力され, 同時
に1になることはない. $LEFT=1$ のとき, 上で示したよう
に, ランプはまずパターン LA が点滅し, 次に LA, LB が点滅
し, 次にパターン LA, LB, LC が点滅し, 最後にすべてオフ
になる, という系列を繰返す. $RIGHT=1$ のときのランプ
の系列は（LA, LB, LC が RA, RB, RC になる点を除いて）同
様である. 点滅の系列の途中で LEFT から RIGHT（あるい
はその逆）にスイッチした場合は, 回路はただちに IDLE
状態（ランプがオフ）に遷移し, その後で新しい系列を開
始する. HAZ はハザードスイッチから入力され, $HAZ=1$
のときは六つすべてのランプが同調して点滅する. LEFT ま
たは RIGHT もオンの場合は HAZ が優先される. 所望の
点滅レートに等しい周波数のクロック信号が利用可能であ
るとする.
(a) 状態図（8状態）を描け.
(b) 六つのDフリップフロップを用いて回路を実現せよ.
各フリップフロップの出力が六つのランプの一つを直接駆
動するような状態割り当てを行え.
(c) 3個のDフリップフロップと適切な状態割り当てを決
定するための手引きを用いて回路を実現せよ. (b)と(c)に
関して, より多くのフリップフロップを使用することと,
より多くのゲートを使用することとのトレードオフを記せ.
15・7 図15・17の回路は正の符号なし2進数をBCD 10進
数に変換する. 2進数は最上位ビットから順番に1ビットず
つ入力される. 各入力ビットが入力されると, レジスタ内
のBCD数に2を乗じて入力ビットを加算する.

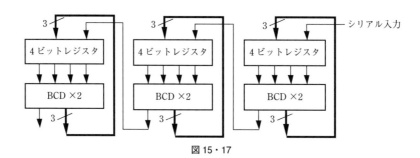

図 15・17

(a) 2進数 110110111 の各入力ビット後のレジスタの中身を示せ.

(b) この回路が BCD に正しく変換できる最大の 2 進数は何か?

(c) BCD 数に 2 を乗じる回路の出力の最小積和形の式を導出せよ. x_3, x_2, x_1, x_0 を入力, y_3, y_2, y_1, y_0 を出力とせよ.

付　　　録

A MOS 論理 と CMOS 論理

昨今の集積回路のほとんどは MOS 論理または CMOS 論理を使用する. **MOS 論理**は, スイッチング素子として **MOSFET** (metal-oxide-semiconductor field-effect transistor)* を利用する. MOSFET を表すために使用される記号を図 A・1 に示す. 基板はシリコン薄膜である. ゲートは基板上に付着した薄いメタル層であり, 基板とはシリコン酸化膜によって絶縁されている. ゲートに印加される電圧はドレインとソース間の電流の流れを制御するために使用される.

(a) n チャネル MOSFET

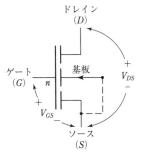

(b) p チャネル MOSFET

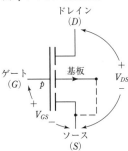

(c) 一般的な MOSFET 記号

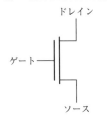

図 A・1 MOSFET 記号

図 A・1(a) に示す n チャネル MOSFET の通常の動作では, 正の電圧 (V_{DS}) がドレインとソースの間に印加される. ゲート電圧 (V_{GS}) が 0 の場合, ドレインとソース間にチャネルは存在せず, 電流は流れない. V_{GS} が正のある閾値を超えたとき, n タイプのチャネルがドレインとソースの間に形成され, D から S に向かって電流が流れる. p チャネル MOSFET の動作は, V_{DS} と V_{GS} が負になる点を

除き, n チャネル MOSFET と同様である. すなわち, V_{GS} が閾値よりも小さな負の値になったとき, p タイプのチャネルがドレインとソース間に形成され, S から D に向かって電流が流れる.

p または n チャネル MOSFET のどちらか一方を表すために図 A・1(c) の記号が使用されることもある. この記号を使用するときは, 一般に, p チャネル MOSFET において基板が回路内で最大の正の電圧 (あるいは n チャネル MOSFET において最小の負の電圧) に接続されているものと理解される. 電源電圧を V_{DD} とした場合, n チャネル MOS 回路に対しては正論理 (0 V＝論理 0, V_{DD} V＝論理 1), p チャネル MOS 回路に対しては負論理 (V_{DD} V＝論理 0, 0 V＝論理 1) を使用する. この約束に従うと, ゲートに印加される論理 1 が MOSFET をオン状態 (ドレインとソース間が低抵抗) にスイッチし, 論理 0 がオフ状態 (ドレインとソース間が高抵抗) にスイッチする.

MOS インバータを図 A・2(a) に示す. ゲートに論理 0 を印加したとき, MOSFET は高抵抗またはオフ状態であ

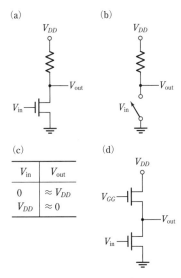

図 A・2 MOS インバータ

---

* ［訳注］FET を電界効果トランジスタとよぶ.

り，出力電圧はほぼ V_{DD} である．ゲートに論理 1 を印加したとき，MOSFET は低抵抗またはオン状態にスイッチし，出力が接地され，出力電圧がほぼ 0 になる．

したがって，MOSFET の動作は，V_{in} が論理 0 のときに開き，V_{in} が論理 1 のときに閉じる，図 A・2(b) のスイッチの動作に類似している．図 A・2(d) では，二つ目の MOSFET が負荷抵抗の役割を果たす．この MOSFET の構造とゲート電圧 V_{GG} は，図 A・2(d) のスイッチング動作を図 A・2(a) と本質的に同じにするために，下部の MOSFET のオン抵抗に比べて高抵抗となるように選択される．

図 A・3 に示すように，NOR ゲートまたは NAND ゲートを形成するために，MOSFET は並列または直列に接続される．図 A・3(a) では，A または B に論理 1 が印加されると，対応するトランジスタと F が 0 になる．したがって，$F' = A + B$ かつ $F = (A + B)'$ であり，これは NOR 関数である．図 A・3(c) では，入力 A と B に論理 1

が印加されると，両方のトランジスタと F が 0 になる．この場合，$F' = AB$ かつ $F = (AB)'$ であり，これは NAND 関数である．MOSFET の直列/並列な組合わせを使用することによって，より複雑な関数を実現できる．たとえば，図 A・3(e) の回路は XOR 関数を実現する．この回路の出力は接地パスをもっており，A と B がともに 1，または，A' と B' がともに 1 の場合に F = 0 となる．したがって，$F' = AB + A'B'$ かつ $F = A'B + AB' = A \oplus B$ である．A' と B' は図 A・2(d) に示したインバータによって生成される．

CMOS（complementary MOS, 相補型 MOS, シーモスと読む）回路は p チャネルと n チャネルの MOSFET の組合わせを用いて論理関数を実現する．TTL（transistor-transistor logic）あるいはほかのバイポーラトランジスタ技術と比較して，CMOS はより省電力な点が優れている．図 A・4(a) は，p チャネルと n チャネルの MOSFET を用いて構成される CMOS インバータである．ゲート入力に 0 V（論理 0）が印加されると，p チャネルトランジスタ（Q_1）がオン，n チャネルトランジスタ（Q_2）がオフになるため，出力は $+V$（論理 1）になる．ゲート入力に $+V$（論理 1）が印加されると，Q_1 はオフ，Q_2 はオンになるため，出力は 0 V（論理 0）になる．

(a) MOS NOR ゲート

(b) (a) のスイッチ回路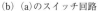

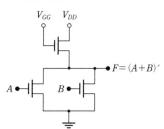

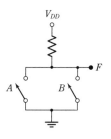

(c) MOS NAND ゲート

(d) (c) のスイッチ回路

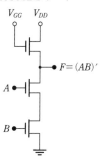

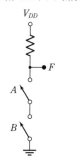

(e) MOS XOR ゲート

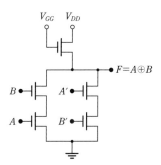

図 A・3 MOS ゲート

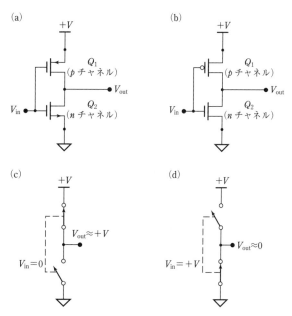

図 A・4 CMOS インバータとそのスイッチ回路

以降の説明では，論理 0 によりオン状態となる p チャネルトランジスタを表すために，MOSFET ゲート入力に丸印を使用する．ゲート入力に丸印がない場合は，論理 1 によりオン状態となる n チャネルトランジスタを表す．図 A・4(b) はこの丸印の表記法を用いたインバータを表す．図 A・4(c) のスイッチ回路は，インバータ入力が 0 のときのインバータの動作を示している．閉じたスイッチと開い

たスイッチによって示されているように，Q_1 がオン，Q_2 がオフである．入力が $+V$（論理 1）のときは，図 A・4(d) で開いたスイッチと閉じたスイッチが示しているように，Q_1 はオフ，Q_2 はオンである．これらの動作をまとめると以下の表のようになる．

V_{in}	V_{out}	Q_1	Q_2
0	$+V$	オン	オフ
$+V$	0	オフ	オン

CMOS NAND ゲートを図 A・5 に示す．A または B が 0 V の場合，Q_3 または Q_4 がオフであるのに対して Q_1 または Q_2 がオンとなり，出力は $+V$ となる．A と B がともに $+V$ の場合，Q_1 と Q_2 がオフであるのに対して Q_3 と Q_4 がともにオンとなり，出力は 0 V になる．0 V が論理 0，$+V$ が論理 1 を表すものとすると，このゲートは図 A・5(b) の真理値表に示すような NAND 関数を実現する．

(a) 回路図

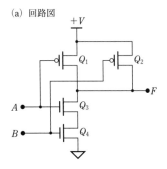

(b) 真理値表

A	B	F	Q_1	Q_2	Q_3	Q_4
0	0	$+V$	オン	オン	オフ	オフ
0	$+V$	$+V$	オン	オフ	オフ	オン
$+V$	0	$+V$	オフ	オン	オン	オフ
$+V$	$+V$	0	オフ	オフ	オン	オン

図 A・5　CMOS NAND ゲート

CMOS NOR ゲートを図 A・6 に示す．$A=1$（$+V$）の場合，Q_1 はオフ，Q_4 はオンであり，$F=0$ である．同様に，

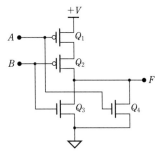

図 A・6　CMOS NOR ゲート

$B=1$ の場合，Q_2 はオフ，Q_3 はオンとなるため，$F=0$ である．A または B が 1 のときは $F=0$ であるため，$F'=A+B$ かつ $F=(A+B)'$ であり，これは NOR 関数である．

p チャネルと n チャネルのトランジスタの組をつなぎ合わせることで，図 A・7 に示すような CMOS トランスミッションゲートが作成できる．二つのイネーブル入力は，通常，相補的である．$En=1$ のとき，両方のトランジスタがオンとなり，A と B を結ぶ低インピーダンスなパスができる．$En=0$ のときは，A 点と B 点が切り離される．別の言い方をすると，トランスミッションゲートは，$En=1$ のときは閉じたスイッチのように，$En=0$ のときは開いたスイッチのように振舞う．

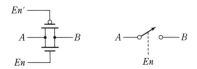

図 A・7　CMOS トランスミッションゲートとそのスイッチ回路

図 9・1 の 2:1 マルチプレクサは，図 A・8 に示すように，2 個のトランスミッションゲートと 1 個のインバータを用いて作成できる．$A=0$ のときは，I_0 と F を結ぶために上部のトランスミッションゲートがオンになる．$A=1$ のときは，I_1 と F を結ぶために下部のトランスミッションゲートがオンになる．

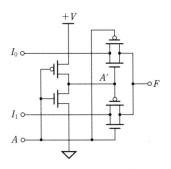

図 A・8　CMOS マルチプレクサ

図 A・9(a) に示すように，CMOS ゲート付き D ラッチは 2 個のトランスミッションゲートと 2 個のインバータを用いて容易に作成できる．図 A・9(b) と (c) のスイッチ回路はトランスミッションゲートをスイッチによって表している．$G=1$ のときは，$CLK=1$ となり TG1 が閉じる．そのため，ラッチは透過し，D はインバータを介して出力 Q に伝わる．$G=0$ の時は TG2 が閉じ，ラッチのデータは 2 個のインバータのループ内に格納される．すなわち，$Q=0$ の場合は 2 個のインバータを通過した後の信号が 0

(a)

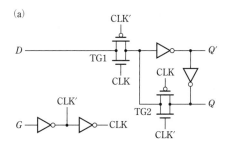

(b)

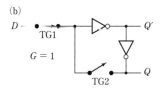

(c)

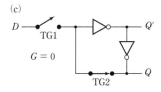

図 A・9　CMOS ラッチとそのスイッチ回路

のままであり，$Q=1$ の場合は 2 個のインバータを通過した後の信号が 1 のままである．TG1 は開いており，D が変化してもラッチのデータは変化しないため，ラッチは Q の値を保持する．

図 10・19 に示したタイプと同じ CMOS 立ち下がりエッジトリガ型 D フリップフロップは，2 個の CMOS ラッチを用いて作成できる（図 A・10a）．図 A・10(b) と (c) のスイッチ回路はフリップフロップの動作を表している．CLK が 1 のときは，入力ラッチが透過し，出力ラッチが Q の現在の値を保持する．CLK が 0 に遷移すると，入力ラッチが値を保持し，その値が出力ラッチを介して Q に伝わる．したがって，Q は CLK の立ち下がりエッジ後にのみ状態を変更する．

CMOS 集積回路の実装技術は改良が続けられており，その結果，より小さなトランジスタ，より低い電圧レベル，より高速な動作，非常に高密度な論理が実現されている．入力が変化しないときは，静的消費電力が非常に低い[*]．CMOS ゲートがスイッチングするときは，消費電力がスイッチング周波数に比例する．したがって，100 MHz のスイッチング周波数における消費電力は 10 MHz における消費電力の 10 倍になる．

(a) 2 個のラッチによる構成

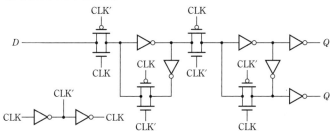

(b) CLK=1 のときのスイッチ回路

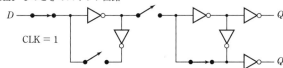

(c) CLK=0 のときのスイッチ回路

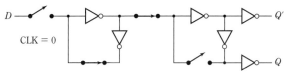

図 A・10　立ち下がりエッジトリガ型 D フリップフロップ

---

[*]　［訳注］静的消費電力はトランジスタの微細化によって増加し，現在ではトランジスタの消費電力のおよそ半分を占める場合もある．トランジスタの動的消費電力（スイッチングに伴って消費される電力）が周波数に比例するのは現在も同じであるが，トランジスタの消費電力に占める静的消費電力の割合の増大により，現在のトランジスタの消費電力は周波数に比例しなくなっている．

定理の証明

必須項の発見

すべての必須項を発見する方法として，カルノー図上で隣接する1を探す方法を§5・4で示した．この方法は以下の定理に基づいている．

> **定理** Fのある最小項m_jとその隣接するすべての最小項が一つの項p_jによって包含される場合，p_jはFの必須項である．

[証明]

1. p_jは主項ではないと仮定する．このとき，p_jはある変数x_iを除去するために別の項p_kと結合することができ，x_iを含まない別の項を生成できる．したがって，p_jで$x_i=0$かつp_kで$x_i=1$，またはその逆が成り立つ．このとき，p_kは，最小項m_jとは変数x_iのみが異なる最小項m_kを包含する．これは，m_kがm_jと隣合っているが，m_kはp_jに包含されていないことを意味する．これは，m_jに隣接するすべての最小項がp_jに包含されているとする元の仮定に反する．したがって，p_jは主項である．

2. p_jは必須ではないと仮定する．このとき，m_jを包含する別の主項p_hが存在する．p_hはp_jに含まれていないため，p_hはm_jに隣接し，かつ，p_jに包含されない最小項を少なくとも一つ含まなければならない．これは上記の命題と矛盾するため，p_jは必須でなければならない．

状態の等価性の定理

第14章で示した状態の等価性を決定する方法は定理14・1に基づいている．

> **定理** ある順序回路の二つの状態pとqは，あらゆる単一入力xに対して出力が同じ，かつ，次状態が等価な場合，またそのときに限り，等価である．

[証明] 定理の必要条件部分（部分1）と十分条件部分（部分2）の両方を証明する必要がある．

1. あらゆる入力xに対して，$\lambda(p,x)=\lambda(q,x)$ かつ $\delta(p,x)\equiv\delta(q,x)$ が成り立つと仮定する．このとき，定義14・1より，あらゆる入力系列$\underline{X}$に対して，以下が成り立つ．

$$\lambda[\delta(p,x),\underline{X}] = \lambda[\delta(q,x),\underline{X}]$$

xの後に$\underline{X}$が続く入力系列$\underline{Y}$について，以下が得られる．

$$\lambda(p,\underline{Y})=\lambda(p,x)\text{の後に}\lambda[\delta(p,x),\underline{X}]\text{が続く}$$
$$\lambda(q,\underline{Y})=\lambda(q,x)\text{の後に}\lambda[\delta(q,x),\underline{X}]\text{が続く}$$

したがって，あらゆる入力系列$\underline{Y}$に対して$\lambda(p,\underline{Y})=\lambda(q,\underline{Y})$ となり，定義14・1より$p\equiv q$である．

2. $p\equiv q$が成り立つと仮定する．このとき，定義14・1より，あらゆる入力系列$\underline{Y}$に対して$\lambda(p,\underline{Y})=\lambda(q,\underline{Y})$ となる．$\underline{Y}$はxの後に$\underline{X}$が続くものとする．このとき，あらゆる系列$\underline{X}$に対して，

$$\lambda(p,x) = \lambda(q,x) \quad \text{かつ} \quad \lambda[\delta(p,x),\underline{X}] = \lambda[\delta(q,x),\underline{X}]$$

したがって，定義14・1より，$\delta(p,x)\equiv\delta(q,x)$ である．

C 練習問題の解答

第1章

1・1

(a) $727.25_{10} = 2F5.40_{16} = 0010\ 1111\ 0101.0100\ 0000_2$

(b) $123.17_{10} = 7B.2B_{16} = 0111\ 1011.0010\ 1011_2$

(c) $356.89_{10} = 164.E3_{16} = 0001\ 0110\ 0100.1110\ 0011_2$

(d) $1063.5_{10} = 427.8_{16} = 0100\ 0010\ 0111.1000_2$

1・2 (a) $7261.3_8 = 3761.375_{10}$, $B1.6_{16} = 3761.375_{10}$

(b) $2635.6_8 = 1437.75_{10}$, $59D.C_{16} = 1437.75_{10}$

1・3 $3BA.25_{14} = 752.1684_{10} = 3252.1002_6$

1・4 (a) $1457.11_{10} = 5B1.1C_{16}$

(b) $5B1.1C_{16} = 010110110001.00011100_2 = 2661.070_8$

(c) $5B1.1C_{16} = 11\ 23\ 01.01\ 30_4$

($16 = 4^2$ なので，16 進数 1 桁を 4 進数 2 桁に変換)

(d) $DCE.A_{16} = 3564.625_{10}$

1・5 (a) 和 11001，差 0101，積 10010110

(b) 和 1010011，差 011001，積 11000011110

(c) 和 111010，差 001110，積 1100011000

1・6 (a)
```
      1111
  11110100
−  1000111
  10101101
```
(b)
```
  111  1
  1110110
−  111101
  0111001
```

(c)
```
  11111 1
  10110010
−   111101
  01110101
```

1・7

2 の補数：(a)
```
   010101
  +001011
   100000
```
オーバフロー

(b)
```
   110010
  +100000
 (1)010010
```
オーバフロー

(c)
```
   100111
  +010010
   111001
```

(d)
```
   110100
  +001101
 (1)000001
```

(e)
```
   110101
  +101011
 (1)100000
```

1 の補数：(a)
```
   010101
  +001011
   100000
```
オーバフロー

(b) −32 を 6 ビットで表せない

(c)
```
   100110
  +010010
   111000
```

(d)
```
   110011
  +001101
 (1)000000
  +     1
   000001
```
オーバフロー

(e)
```
   110100
  +101010
 (1)011110
  +     1
   011111
```

1・8 2 の補数：$-128 \sim +127$

1 の補数：$-127 \sim +127$

1・9

Dec.7-3-2-1		3	6	5	9
0	0000	0011	0111	0110	1010
1	0001	または			
2	0010	0100			
3	0011 または 0100				
4	0101				
5	0110				
6	0111				
7	1000				
8	1001				
9	1010				

1・10

(a) $1305.375_{10} = 519.60_{16} = 0101\ 0001\ 1001.0110\ 0000_2$

(b) $111.33_{10} = 6F.54_{16} = 0110\ 1111.0101\ 0100_2$

(c) $301.12_{10} = 12D.1E_{16} = 0001\ 0010\ 1101.0001\ 1110_2$

(d) $1644.875_{10} = 66C.E0_{16} = 0101\ 0001\ 1001.0110\ 0000_2$

第2章

2・1 (a) $X(X'+Y) = XX'+XY = 0+XY = XY$

(b) $X+XY = X(1+Y) = X(1) = X$

(c) $XY+XY'=X(Y+Y')=X(1)=X$

(d) $(A+B)(A+B')=AA+AB'+AB+BB'$
$$=A+AB'+AB+BB'$$
$$=A(1+B+B')+0$$
$$=A(1)=A$$

2・2 (a) 両辺のスイッチ回路は, $X=1$ のとき短絡, $X=0$ のとき開放となる.

(b) 両辺のスイッチ回路は, $X=1$ のとき短絡, $X=0$ かつ $Y=Z=1$ で短絡, $X=0$ かつ Y または $Z=0$ で開放となる.

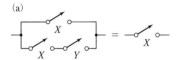

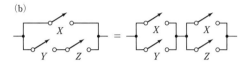

2・3

(a) 1 （相補則 5) 　　(b) $CD+AB'E$ （分配則 8D)

(c) AF （併合 $(2・15)$) 　(d) $C+D'B+A'$ （消去 $(2・17)$)

(e) $A'B+D$ （吸収 $(2・16D)$)

(f) $A+BC+DE+F$ （消去 $(2・17)$)

2・4

(a) $F=[(A1)+(A1)]+E+BCD$
$$=A+E+BCD$$

(b) $Y=(AB'+(AB+B))B+A$
$$=(AB'+B)B+A$$
$$=(A+B)B+A$$
$$=AB+B+A$$
$$=A+B$$

2・5

(a) $(A+B)(C+B)(D'+B)(ACD'+E)$
$$=(AC+B)(D'+B)(ACD'+E)$$
$$=(ACD'+B)(ACD'+E)$$
$$=ACD'+BE$$

(b) $(A'+B+C')(A'+C'+D)(B'+D')$
$$=(A'+C'+BD)(B'+D')$$
$$=A'B'+B'C'+B'BD+A'D'+C'D'+BDD'$$
$$=A'B'+A'D'+C'B'+C'D'$$

2・6

(a) $AB+C'D'=(AB+C')(AB+D')$
$$=(A+C')(B+C')(A+D')(B+D')$$

(b) $WX+WY'X+ZYX=X(W+WY'+ZY)$
$$=X(W+ZY)$$
$$=X(W+Z)(W+Y)$$

(c) $A'BC+EF+DEF'=A'BC+E(F+DF')$
$$=A'BC+E(F+D)=(A'BC+E)(A'BC+F+D)$$
$$=(A'+E)(B+E)(C+E)(A'+F+D)(B+F+D)(C+F+D)$$

(d) $XYZ+W'Z+XQ'Z=Z(XY+W'+XQ')$
$$=Z[W'+X(Y+Q')]$$
$$=Z(W'+X)(W'+Y+Q')$$

(e) $ACD'+C'D'+A'C=D'(AC+C')+A'C$
$$=D'(A+C')+A'C$$
$$=(D'+A'C)(A+C'+A'C)$$
$$=(D'+A')(D'+C)(A+C'+A')$$
$$=(A'+D')(C+D')$$

(f) $A+BC+DE=(A+BC+D)(A+BC+E)$
$$=(A+B+D)(A+C+D)(A+B+E)(A+C+E)$$

2・7 (a) 第二分配則を 2 回適用. (b) 第一分配則を 1 回適用.

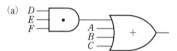

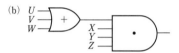

2・8

(a) $[(AB)'+C'D]'=AB(C'D)'$
$$=AB(C+D')$$
$$=ABC+ABD'$$

(b) $[A+B(C'+D)]'=A'(B(C'+D))'$
$$=A'(B'+(C'+D)')$$
$$=A'(B'+CD')$$
$$=A'B'+A'CD'$$

(c) $((A+B')C)'(A+B)(C+A)'=(A'B+C')(A+B)C'A'$
$$=(A'B+C')A'BC'$$
$$=A'BC'$$

2・9

(a) $F=[(A+B)'+(A+(A+B)')'](A+(A+B)')'$
$$=(A+(A+B)')'$$
$$=A'(A+B)=A'B$$

(b) $G=\{[(R+S+T)'PT(R+S)']'T\}'$
$$=(R+S+T)'PT(R+S)'+T'$$
$$=T'+(R'S'T')P(R'S')T$$
$$=T'+PR'S'T'T$$
$$=T'$$

2・10

(a) $(A'+B'+C)(A'+B'+C)'=0$ 　　　　（相補則)

(b) $AB(C'+D)+B(C'+D)=B(C'+D)$ 　　　（吸収則)

(c) $AB+(C'+D)(AB)'=AB+C'+D$ 　（消去の定理)

(d) $(A'BF+CD')(A'BF+CEG)=A'BF+CD'EG$
　　　　　　　　　　　　　　　　　　　（分配則)

(e) $[AB'+(C+D)'+E'F](C+D)=AB'(C+D)+E'F(C+D)$
　　　　　　　　　　　　　　　　　　　（分配則)

(f) $A'(B+C)(D'E+F)'+(D'E+F)=A'(B+C)+D'E+F$
　　　　　　　　　　　　　　　　　　（消去の定理)

第3章

3・1

(a) $(W+X'+Z')(W'+Y')(W'+X+Z')(W+X')(W+Y+Z)$
$= (W+X')(W'+Y')(W'+X+Z')(W+Y+Z)$
$= (W+X')[W'+Y'(X+Z')](W+Y+Z)$
$= [W+X'(Y+Z)][W'+Y'(X+Z')]$
$= WY'(X+Z')+W'X'(Y+Z)$
$= WY'X+WY'Z'+W'X'Y+W'X'Z$

(b)
$(A+B+C+D)(A'+B'+C+D')(A'+C)(A+D)(B+C+D)$
$= (B+C+D)(A'+C)(A+D)$
$= (B+C+D)(A'D+AC)$
$= A'DB+A'DC+A'D+ABC+AC+ACD$
$= A'D+AC$

3・2

(a) $BCD+C'D'+B'C'D+CD$
$= CD+C'(D'+B'D)$
$= (C'+D)[C+(D'+B'D)]$
$= (C'+D)[C+(D'+B')(D'+D)]$
$= (C'+D)(C+D'+B')$

(b) $A'C'D'+ABD'+A'CD+B'D$
$= D'(A'C'+AB)+D(A'C+B')$
$= D'[(A'+B)(A+C')]+D[(B'+A)(B'+C)]$
$= [D+(A'+B)(A+C')][D'+(B'+A)(B'+C)]$
$= (D+A'+B)(D+A+C')(D'+B'+A')(D'+B'+C)$

3・3

$F = AB\oplus[(A\equiv D)+D]$
$= AB\oplus(AD+A'D'+D)$
$= AB\oplus(A'D'+D)$
$= AB\oplus(A'+D)$
$= (AB)'(A'+D)+AB(A'+D)'$
$= (A'+B')(A'+D)+AB(AD')$
$= A'+B'D+ABD'$
$= A'+BD'+B'D$

3・4 妥当でない．$A=1$, $B=1$, $C=0$ または $A=1$, $B=0$, $C=1$ のとき成立しない．

3・5

(a) $(X+W)(Y\oplus Z)+XW' = (X+W)(YZ'+Y'Z)+XW'$
$= XYZ'+XY'Z+WYZ'+WY'Z+XW'$
$= WYZ'+WY'Z+XW'$

(b) $(A\oplus BC)+BD+ACD = A'BC+A(BC)'+BD+ACD$
$= A'BC+A(B'+C')+BD+ACD$
$= A'BC+AB'+AC'+BD+ACD$
$= A'BC+AB'+AC'+AD+BD+ACD$
$= A'BC+AB'+AC'+BD$

(c) $(A'+C'+D')(A'+B+C')(A+B+D)(A+C+D)$
$= (A'+C'+D')(B+C'+D)(A'+B+C')(A+B+D)(A+C+D)$
$= (A'+B+C')(A+B+D)$
$= (A'+C'+D')(B+C'+D)(A+C+D)$

3・6

$(A+B'+C+E')(A+B'+D'+E)(B'+C'+D'+E')$
$= [A+B'+(C+E')(D'+E)](B'+C'+D'+E')$
$= (A+B'+D'E+CE)(B'+C'+D'+E')$
$= B'+(A+D'E+CE)(C'+D'+E')$
$= B'+AC'+AD'+AE'+C'D'E+D'E'+D'E'+CD'E$
$= B'+AC'+AD'+AE'+CD'+CD'E+D'E'$
$= B'+AC'+AE'+CD'+D'E'$

3・7

$A'CD'E+A'B'D'+ABCE+ABD$
$= A'CD'E+BCD'E+A'B'D'+ABCE+ABD$
$= A'B'D'+ABD+BCD'E$

3・8

(a) $KLMN'+K'L'MN+MN' = K'L'MN+MN'$
$= M(K'L'N+N')$
$= M(N'+K'L')$
$= MN'+K'L'M$

(b) $KL'M'+MN'+LM'N' = KL'M'+N'(M+LM')$
$= KL'M'+N'(M+L)$
$= KL'M'+MN'+LN'$

(c) $(K+L')(K'+L'+N)(L'+M+N')$
$= L'+K(K'+N)(M+N')$
$= L'+KN(M+N')$
$= L'+KMN$

(d) $(K'+L+M'+N)(K'+M'+N+R)(K'+M'+N+R')KM$
$= [K'+M'+(L+N)(N+R)(N+R')]KM$
$= [K'+M'+(L+N)N]KM$
$= [K'+M'+N]KM$
$= KMN$

3・9

(a) $K'L'M+KM'N+KLM+LM'N'$
$= M'(KN+LN')+M(K'L'+KL)$
$= M'[(K+N')(L+N)]+M[(K'+L)(K+L')]$
$= [M+(K+N')(L+N)][M'+(K'+L)(K+L')]$
$= (M+K+N')(M+L+N)(M'+K'+L)(M'+K+L')$

(b) $KL+K'L'+L'M'N'+LMN'$
$= L'(K'+M'N')+L(K+MN')$
$= (L+K'+M'N')(L'+K+MN')$
$= (L+K'+M')(L+K'+N')(L'+K+M)(L'+K+N')$

(c) $KL+K'L'M+L'M'N+LM'N'$
$= L'[K'M+M'N]+L[K+M'N']$
$= L'[(M+N)(M'+K')]+L[(K+M')(K+N')]$
$= [L+(M+N)(M'+K')][L'+(K+M')(K+N')]$
$= (L+M+N)(L+M'+K')(L'+K+M')(L'+K+N')$

(d) $K'M'N+KL'N'+K'MN+LN$
$= N(K'M'+L)+N'(KL'+K'M)$
$= N(L+K')(L+M')+N'(L'+K)(K+M)$
$= [N'+(L+K')(L+M')][N+(L'+K)(K+M)]$
$= (N'+L+K')(N'+L+M')(N+L'+K)(N+K+M)$

(e) $WXY+WX'Y+WYZ+XYZ' = WY(X+X'+Z)+XYZ'$
$= WY+XYZ'$
$= Y(W+XZ')$
$= Y(W+X)(W+Z')$

第4章

4・1 (a) 金庫の開錠を U, ジョーンズ氏の在室を J, エバンス氏の在室を E, 勤務時間中を B, 警備員の在室を S で表すと, $U=(J+E)BS$.
(b) オーバーシューズを履くことを O, 屋外を A, 雨天を R, 新しいスエードの靴を履くを S, 母親が指示を M とすると, $O=ARS+M$.
(b) ジョークに笑うを L, 面白いを F, 品があるを G, 他人を傷つけるを O, 教員が言うを P とすると, $L=FGO'+PO'$.
(d) エレベータの扉が開くを D, エレベータが停止するを S, 床の高さ F, タイマーが切れるを T, ボタンが押されるを B とすると, $D=SFT'+SFB$.

4・2
(a) $Y=A'B'C'D'E'+AB'C'D'E'+ABC'D'E'$ または $Y=C'$
(b) $Z=ABC'D'E'+ABCD'E'+ABCDE'$ または $Z=BE'$

4・3 $F_1+F_2=\Sigma m(0,3,4,5,6,7)$

4・4 (a) 16
(b)

x y	Z_0	Z_1	Z_2	Z_3	Z_4	Z_5	Z_6	Z_7	Z_8	Z_9	Z_{10}	Z_{11}	Z_{12}	Z_{13}	Z_{14}	Z_{15}
0　0	0	1	0	1	0	1	0	1	0	1	0	1	0	1	0	1
0　1	0	0	1	1	0	0	1	1	0	0	1	1	0	0	1	1
1　0	0	0	0	0	1	1	1	1	0	0	0	0	1	1	1	1
1　1	0	0	0	0	0	0	0	0	1	1	1	1	1	1	1	1
	0	$x'y'$	$x'y$	x'	xy'	y'	$x'y+xy'$	$x'+y'$	xy	$x'y'+xy$	y	$x'+y$	x	$x+y'$	$x+y$	1

4・5 回路図より $Z=DE+F$. Z の値を変化させずに真理値表中の D,E,F を可能な限り多くドント・ケアに変更すると下表のようになる.

A	B	C	D	E	F	
0	0	0	1	1	×	
0	0	1	×	×	1	
0	1	0	×	×	×	
0	1	1	×	×	1	または 1　1　×
1	0	0	×	0	0	
1	0	1	×	×	1	
1	1	0	×	×	×	
1	1	1	×	0	0	または 0　×　0

4・6 (a) $F=A'B'+AB$, したがって $A'B'C=1$, $AB'C=0$.
(b) $G=C$, したがって $A'BC'=ABC'=0$.

4・7 (a) $F=\Sigma m(1,2,4)$　　(b) $F=\Pi M(0,3,5,6,7)$

4・8
(a) $F=A'B'C'D'+A'B'C'D+A'B'CD'+A'B'CD+A'BC'D'$
$\quad\quad +A'BC'D+A'BCD'+AB'C'D'+AB'C'D+ABC'D'$
$\quad F=\Sigma m$ $(0,1,2,3,4,5,6,8,9,12)$
(b) $F=(A+B'+C'+D')(A'+B+C'+D)(A'+B+C'+D')$
$\quad\quad (A'+B'+C+D')(A'+B'+C'+D)(A'+B'+C'+D')$
$\quad F=\Pi M(7,10,11,13,14,15)$

4・9 (a) $F=\Sigma m(0,1,4,5,6)$
(b) $F=\Pi M(2,3,7)$
(c) $F'=\Sigma m(2,3,7)$
(d) $F'=\Pi M(0,1,4,5,6)$

4・10 (a) $F=\Sigma m(1,4,5,6,7,10,11)$
(b) $F=\Pi M(0,2,3,8,9,12,13,14,15)$
(c) $F'=\Sigma m(0,2,3,8,9,12,13,14,15)$
(d) $F'=\Pi M(1,4,5,6,7,10,11)$

第5章

5・1

(a) $f_1 = a'c'+ab'c+bc'$

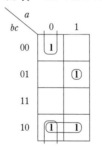

(b) $f_2 = d'e'+d'f'+e'f'$

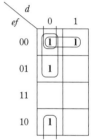

(c) $f_3 = r'+t'$

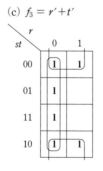

(d) $f_4 = x'z+y+xz'$

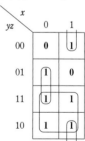

5・2
(a)

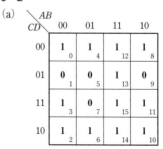

(b) $F = D' + B'C + AB$

(c) $F = (A+B'+D')(B+C+D')$

5・3 (a)

C_1	C_2	X_1	X_2	Z
0	0	0	0	0
0	0	0	1	1
0	0	1	0	1
0	0	1	1	1
0	1	0	0	0
0	1	0	1	1
0	1	1	0	1
0	1	1	1	0
1	0	0	0	0
1	0	0	1	0
1	0	1	0	0
1	0	1	1	1
1	1	0	0	1
1	1	0	1	0
1	1	1	0	0
1	1	1	1	1

(b) $Z = C_1'X_1'X_2 + C_1'X_1X_2' + C_1X_1X_2 + C_1C_2X_1'X_2'$
$\qquad + \{C_1'C_2'X_2 \text{ または } C_1'C_2X_1 \text{ または } C_2'X_1X_2\}$

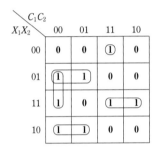

5・4

(a) $f = \underline{a'd} + \underline{a'b'c'} + \underline{b'cd} + \underline{abd'} + \{a'bc \text{ または } bcd'\}$

$a'd \to m_5; \quad a'b'c' \to m_0; \quad b'cd \to m_{11}; \quad abd' \to m_{12}$

(b) $f = \underline{bd} + \underline{a'c} + \underline{b'd'} + \{a'b \text{ または } a'd\}$

$bd \to m_{13},\ m_{15}; \quad a'c \to m_3; \quad b'd' \to m_8,\ m_{10}$

(c) $f = \underline{c'd'} + \underline{a'd'} + \underline{b'}$

$c'd' \to m_{12}; \quad a'd' \to m_6; \quad b' \to m_{10},\ m_{11}$

5・5

(a) $f = a'bc' + ac'd + b'cd'$;
$\qquad f = (b'+c')(c'+d')(a+b+c)(a'+c+d)$

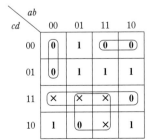

$f = (b'+c')(c'+d')(a+b+c)(a'+c+d)$

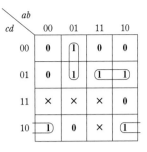

$f = a'bc' + ac'd + b'cd'$

(b) $f = a'b'd + bc'd' + cd$;
$\qquad f = (b+d)(b'+d')(a'+c)\{(b'+c') \text{ または } (c'+d)\}$

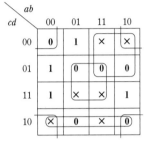

$\qquad\quad f = (b+d)(b'+d')(a'+c)(b'+c')$
または　$f = (b+d)(b'+d')(a'+c)(c'+d)$

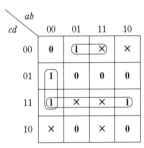

$f = a'b'd + bc'd' + cd$

5・6　カルノー図より,

(a) $F = (A'+B'+C+E)(A'+B+C'+D')(A+B'+C'+E)$
$\quad (B'+D+E)(A+C'+D)(A'+C+D+E')(A'+B'+C'+E')$
$F = A'C'E + A'C'D + A'DE + AB'CD' + C'DE + ABCDE'$
$\qquad\qquad\qquad\qquad\qquad\qquad + B'C'E' + A'B'D$

または

$F = A'C'E + A'C'D + A'DE + AB'CD' + C'DE + ABCDE'$
$\qquad\qquad\qquad\qquad\qquad\qquad + B'C'E' + A'B'E'$

(b) $F = (A'+B'+E)(A'+C'+D+E)(C+D'+E')$
$\qquad\qquad (A+B+D'+E)(A+B+C)(B'+D+E')$
$F = A'CD' + A'BE' + CDE + AB'C'D + AB'DE' + B'CE$

または

$F = A'CD' + A'BE' + CDE + AB'C'E' + AB'CD + B'D'E$

または

$F = A'CD' + A'BE' + CDE + AB'C'D' + AB'DE' + B'D'E$

または

$F = A'CD' + A'BE' + CDE + AB'C'E' + AB'DE' + B'D'E$

5・7 (a) $C'D'E' \to m_{16}, m_{24}$

$A'CE' \to m_{14}$

$ACE \to m_{31}$

$A'B'DE \to m_3$

(b) $A'B'DE$, $A'D'E'$, $CD'E$,

$A'CE'$, ACE, $A'B'C$,

$B'CE$, $C'D'E'$, $A'CD'$

5・8

$f = (a+b+c+d)(a+b'+e')(a'+d'+e)(a'+b+c')(a+c+e')$
$\qquad (c+d+e')\{(a'+b'+c+d)$ または $(a'+b'+c+e)\}$

5・9

(a) $F = \Pi M(0, 1, 9, 12, 13, 14)$

$F = (A+B+C+D)(A+B+C+D')(A'+B+C+D)$
$\qquad (A'+B+C+D')(A'+B+C'+D)(A'+B+C+D')$

(b) $F' = A'B'C' + ABD' + AC'D$

(c) $F = (A+B+C)(A+B'+D)(A'+C+D')$

5・10 $F = A'C' + B'C + ACD' + BC'D$

最小項 m_0, m_1, m_2, m_3, m_4, m_5, m_7, m_8, m_{10}, m_{11} を
ドント・ケア項に変更しても F は変わらない.

第6章

6・1

(a) 主項: $a'c'd$ $(1, 5)$

$\quad b'c'd$ $(1, 9)$

$\quad a'bd$ $(5, 7)$

$\quad ab'd$ $(9, 11)$

$\quad abd'$ $(12, 14)$

$\quad bcd$ $(7, 15)$

$\quad acd$ $(11, 15)$

$\quad abc$ $(14, 15)$

1	0001	✓	1, 5	0-01	$a'c'd$
5	0101	✓	1, 9	-001	$b'c'd$
9	1001	✓	5, 7	01-1	$a'bd$
12	1100	✓	9, 11	10-1	$ab'd$
7	0111	✓	12, 14	11-0	abd'
11	1011	✓	7, 15	-111	bcd
14	1110	✓	11, 15	1-11	acd
15	1111	✓	14, 15	111-	abc

(b) 主項: $a'b'c'$ $(0, 1)$

$\quad b'c'd'$ $(0, 8)$

$\quad ab'd'$ $(8, 10)$

$\quad acd'$ $(10, 14)$

$\quad a'd$ $(1, 3, 5, 7)$

$\quad bc$ $(6, 7, 14, 15)$

6・2 (a) $f = a'c'd + ab'd + abd' + bcd$ または,

$\qquad f = b'c'd + a'bd + abd' + acd$

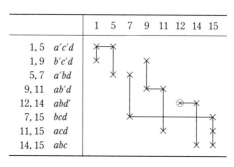

(b) $f = a'd + bc + \begin{cases} a'b'c' + ab'd' \\ \text{または} \\ b'c'd' + acd' \\ \text{または} \\ b'c'd' + ab'd' \end{cases}$

6・3 主項: $b'cd'$, $a'd$, $c'd$, $a'c$, $a'b$, bc', bd

6・4 主項: ab, $c'd$, ac', bc', ad, bd

$F = ab + c'd$ または, $F = ab + ac'$ または, $F = ab + ad$ または,

$F = ac' + ad$ または, $F = ac' + bd$ または, $F = ad + bc'$

$f = bc' + b'c'd + a'd + a'b$ または,

$f = bc' + b'c'd + c'd + a'c$ または,

$f = bc' + b'c'd + a'c + a'd$

1	0001	✓	1, 5	0-01	✓	1, 5, 9, 13	--01	$c'd$
4	0100	✓	1, 9	-001	✓	1, 9, 5, 13	--01	
8	1000	✓	4, 5	010-	✓	4, 5, 12, 13	-10-	bc'
5	0101	✓	4, 12	-100	✓	4, 12, 5, 13	-10-	
9	1001	✓	8, 9	100-	✓	5, 7, 13, 15	-1-1	bd
12	1100	✓	8, 12	1-00	✓	5, 13, 7, 15	-1-1	
7	0111	✓	5, 7	01-1	✓	8, 9, 12, 13	1-0-	ac'
11	1011	✓	5, 13	-101	✓	8, 12, 9, 13	1-0-	
13	1101	✓	9, 11	10-1	✓	9, 11, 13, 15	1--1	ad
14	1110	✓	9, 13	1-01	✓	9, 13, 11, 15	1--1	
15	1111	✓	12, 13	110-	✓	12, 13, 14, 15	11--	ab
			12, 14	11-0	✓	12, 14, 13, 15	11--	
			7, 15	-111	✓			
			11, 15	1-11	✓			
			13, 15	11-1	✓			
			14, 15	111-	✓			

6・5 (a) $F = A'B + A'C'D + AB'D + A'C'E + BCDE$

CD\AB	00	01	11	10
00	1	1		
01	E	1		1
11		1	E	×
10		×		

$F = MS_0 + EMS_1$
$\quad = A'B + A'C'D + AB'D + E(A'C' + ACD)$ または, $E(A'C' + BCD)$

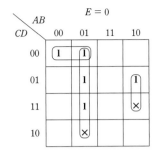

$E = 0$

$$MS_0 = A'C'D' + A'B + AB'D$$

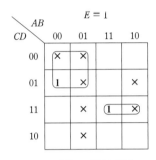

$E = 1$

$$MS_1 = A'C' + ACD$$
$$MS_1 = A'C' + BCD$$

(b) $Z = A'B' + ABD + EB'C' + EA'C + FAB + GBD$
(ほかにもいくつかの解がある)

6・6 (a) 主項: $a'c'd'$, $a'bc'$, $a'cd$, $b'cd$, $a'bd$, $bc'd$, $ab'd$, $ac'd$
(b) 主項: ad, bc', $a'cd$, $b'cd$, $a'bd$, $ab'c$

6・7
(a) $f = a'c'd' + a'cd + ab'd + bc'd$,
　　$f = a'c'd' + ac'd + a'bd + b'cd$
(b) $f = bc' + ad + a'cd' + b'cd'$
　　$f = bc' + ad + a'cd' + ab'c$
　　$f = bc' + ad + a'bd' + b'cd'$

6・8

		荷 物						
		1	2	3	4	5	6	7
カ	1	×		×	×			
	2		×			×	×	
ー	3	×	×			×	×	×
ト	4			×			×	×
	5		×		×			

ペトリック法を用いて,
$(C1+C3)(C2+C3+C5)(C1+C4)(C1+C5)$
$\qquad\qquad (C2+C3)(C2+C3+C4)(C3+C4)$
$= (C1C2+C1C5+C3)(C1+C4C5)(C2C4+C3)$
$= (C1C2+C1C5+C1C3+C3C4C5)(C2C4+C3)$
$= C1C2C4+C1C3+C3C4C5$
各積項は, 荷物の配送に使用できるカートの非冗長な組合わせを指定する. カート C1 と C3 を用いた最小のコストは6

ドルとなる. しかし, C1, C2, C4 の三つのカートを使用する場合はわずか5ドルなので, これが倉庫管理者が求めている最小コストの解である.

6・9 $(105) = (1101001) = ABC'DE'F'G$
$\qquad (39, 47) = (010\text{-}111) = A'BC'EFG$
$\qquad (24, 28, 88, 92) = (\text{-}011\text{-}00) = B'CDF'G'$
$\qquad (70, 86, 102, 118) = (1\text{--}0110) = AD'EFG'$

6・10
(a) $r = \Pi M(1, 2, 3, 12) = (w+x+y+z')(w+x+y'+z)$
$\qquad\qquad\qquad\qquad\qquad (w+x+y'+z')(w'+x'+y+z)$
(b) 主項 A: $(0, 4) = w'y'z'$
　　主項 C: $(6, 7, 14, 15) = xy$
　　主項 D: $(8, 9, 10, 11) = wx'$
(c) ペトリック法を用いて,
$(A+G)(A+H)(B+H)(C+H)(B+C+H)(D+G)(D+F)$
$(D+E)(D+E+F)(B+F)(C+E)(B+C+E+F)$
$= (A+G)(ABC+H)(D+EFG)(B+F)(C+E)$
$= (ABC+AH+GH)(BD+DF+EFG)(C+E)$
$= (ABC+AH+GH)(BCD+CDF+BDE+DEF+EFG)$
$= (ABCD+EFGH+四つ以上のリテラルによる複数の積項)$

第7章

7・1 (a) $Z = (C'+E')(AD+B)+A'D'E'$ (4段, 6ゲート, 13 ゲート入力)
(b) $Z = (B(C+D)+A)(E+FG)$ (4段, 6ゲート, 12 ゲート入力)

7・2 AND–OR: $F = a'bd + ac'd$
　　OR–AND: $F = d(a'+c')(a+b)$

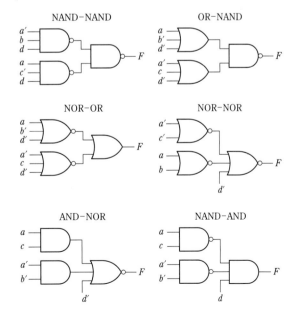

7・3

$F=BC'(A+D)+AB'C$ （3段, 4 ゲート, 10 ゲート入力）

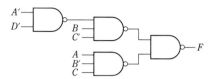

7・4

$Z=(A+C+D)(A'+B'C'D')$

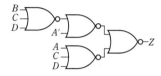

7・5

$Z=A(BC+D)+C'D$

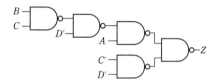

7・6

$Z=E(A+B(D+E))$

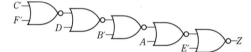

7・7

(a)

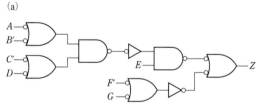

(b)

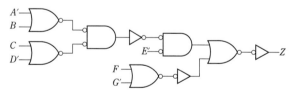

7・8 (a)

$F=(a+b+c)(c+d)(a'+c')$ （4 ゲート, 10 ゲート入力）

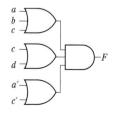

(b)

$F=(b'+c)(a+c'+d)$ （3 ゲート, 7 ゲート入力）

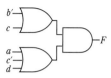

(c)

$F=(a+c)(a'+d)(a+b+d')$ （4 ゲート, 10 ゲート入力）

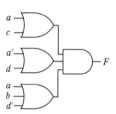

(d)

$F=a'b+ac+bd'$ （4 ゲート, 9 ゲート入力）

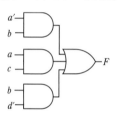

7・9

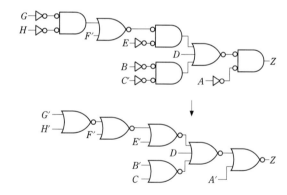

7・10

(a) 和積表現を得るためのカルノー図の 0 のループから

$f_1=(a'+b+d)(b'+c'+d')(b'+d)$ （6 ゲート）

$f_2=(a'+b+d)(b'+c'+d')(b+d')$

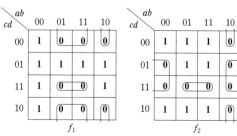

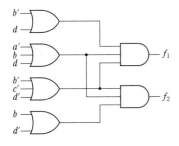

(b) 積和表現を得るためのカルノー図の 1 のループから，

$f_1 = a'b'd' + bc'd + b'd$ （6 ゲート）

$f_2 = a'b'd' + bc'd + bd'$

これらから直接 NAND ゲートへ変換する.

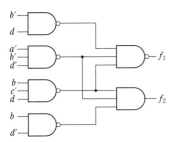

f_1　　　　　　　　f_2

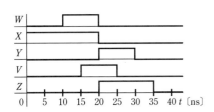

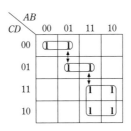

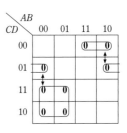

(b)　$F^t = A'C'D' + BC'D + AC + \underline{A'BC'} + \underline{ABD}$

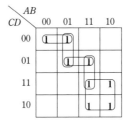

(c)　$F^t = (A'+C+D)(B+C+D')(A+C')$

$(A'+B+C)(A+B+D')$

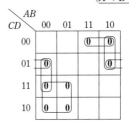

8・3

(a)

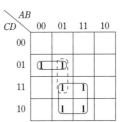

グリッチ
（静的 1 ハザード）

第 8 章

8・1

(b) ハザードを避けるために変更した回路:

$G = A'C'D + BC + A'BD$

8・2

(a)　$F = A'C'D' + BC'D + AC$

（静的 1 ハザード: 1101 ↔ 1111 および 0100 ↔ 0101）

または

$F = (A'+C+D)(B+C+D')(A+C')$

（静的 0 ハザード: 0001 ↔ 0011 および 1000 ↔ 1001）

8・4　$A = 1$　　　　　　　$E = X' = X$

$B = Z$　　　　　　　$F = 1' = 0$

$C = 1 \cdot Z = X$　　　$G = X \cdot 0 = 0$

$D = 1 + Z = 1$　　　$H = X + 0 = X$

8・5

(a)

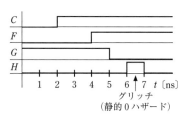

回路は三つの静的0ハザードをもつ：0001 ↔ 0011, 1001 ↔ 1011 と 1000 ↔ 1010. ハザードを除去するには二つの和項が必要となる：$(A'+B)(B+D')$.

(b)

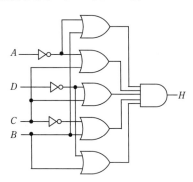

8・6

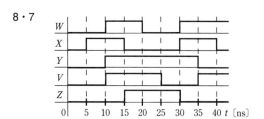

8・7

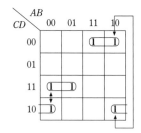

8・8

(a) $Z = A'CD + AC'D' + B'CD'$

CD \ AB	00	01	11	10
00				1
01				
11	1		1	
10	1			1

(b) 1000 ↔ 1010 と 0010 ↔ 0011 の間の静的1ハザード.

(c) $Z^t = AC'D' + A'CD + B'CD' + A'B'C + AB'D'$

8・9 $A = Z$ $E = Z$
    $B = 0$ $F = 0 + 0 + X = X$
    $C = Z' = X$ $G = (0 \cdot Z)' = 0' = 1$
    $D = Z \cdot 0 = 0$ $H = (X + 1)' = 1' = 0$

8・10 $A = B = C = 1$ なので,
    $F = (A + B' + C')(A' + B + C')(A' + B' + C) = 1$

　しかし図でゲート4のNORゲートは$F=0$を出力しているため, 何かが間違っている. このNORゲートはすべての入力が0のときに限って$F=1$となる. ところがゲート1は1を出力している. したがって, ゲート4は正しく動作しており, ゲート1の配線が間違っているか故障していることになる.

第9章

9・1

(a)   (c)

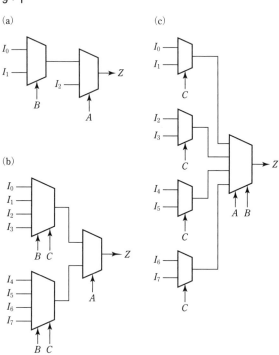

(b)

9・2

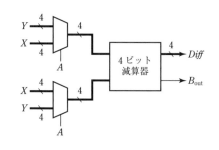

9・3

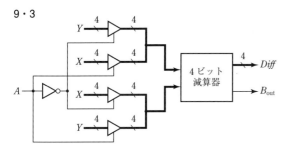

9・4

(a)

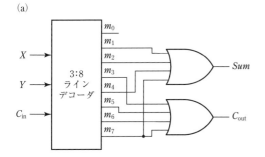

(b)

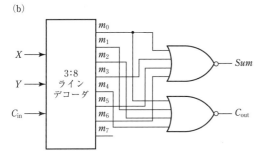

9・5

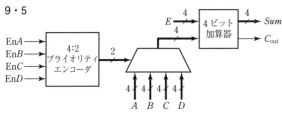

9・6

(a) $R = ab'h' + bch' + eg'h + fgh$

$= (ab' + bc)h' + (eg' + fg)h$

$= [(a)b' + (c)b]h' + [(e)g' + (f)g]h$

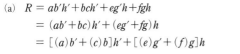

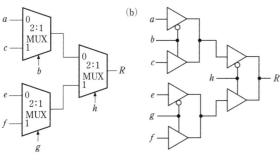

9・7

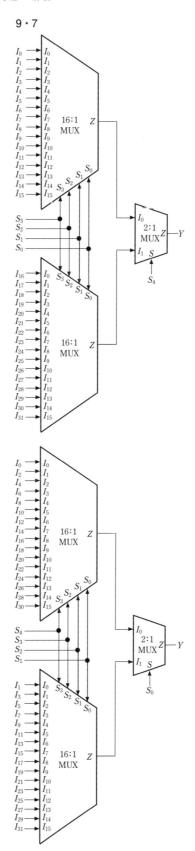

9・8

(a)

x	y	c_{in}	Sum	C_{out}
0	0	0	0	0
0	0	1	1	0
0	1	0	1	0
0	1	1	0	1
1	0	0	1	0
1	0	1	0	1
1	1	0	0	1
1	1	1	1	1

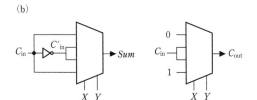

(b)

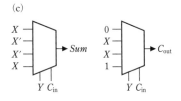

(c)

9・9

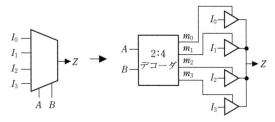

9・10

(a)

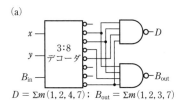

$D = \Sigma m(1, 2, 4, 7)$; $B_{out} = \Sigma m(1, 2, 3, 7)$

(b)

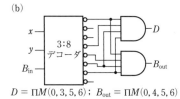

$D = \Pi M(0, 3, 5, 6)$; $B_{out} = \Pi M(0, 4, 5, 6)$

10・1

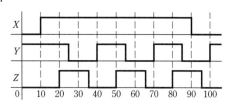

10・2

(a)　$R=1$ と $H=0$ は同時に起こらない.

(b)

R	H	Q	Q^+	$Q^+ = R + HQ$
0	0	0	0	
0	0	1	0	
0	1	0	0	
0	1	1	1	
1	0	0	X	
1	0	1	X	
1	1	0	1	
1	1	1	1	

(c)

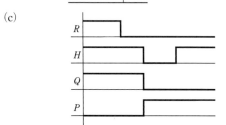

10・3

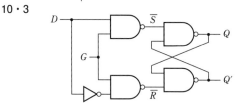

10・4

(a)　$Q^+ = SR' + R'Q$

(b)

10・5

(a)

(b)

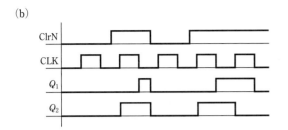

10・6　(a)

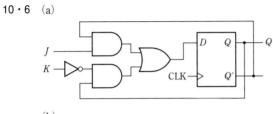

(b)

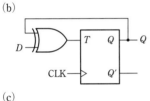

(c)

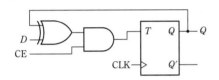

10・7

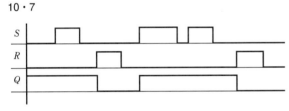

10・8
(a)

現状態 (Q)	次状態 (Q^+)			
	AB 00	AB 01	AB 11	AB 10
0	0	0	1	0
1	0	1	1	1

$Q^+ = AB + QA + QB$

(b)

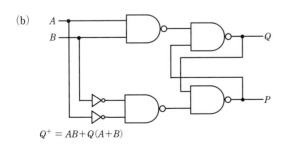

$Q^+ = AB + Q(A+B)$

(c)　$AB=01$ と 10 間の変化は，インバータ遅延によっては Q に変化を生じさせる可能性がある.

(d)　すべての安定状態において $P = Q' + A'B'$ は Q' となる.

(e)

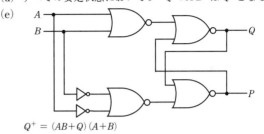

$Q^+ = (AB+Q)(A+B)$

(f)　$AB=01$ と 10 間の変化は，インバータ遅延によっては Q に変化を生じさせる可能性がある.

すべての安定状態において $P = Q'(A'+B')$ は Q' となる.

10・9

(a)　$Q^+ = R'(S+Q)$　　　$(SR=0)$

(b)　$Q^+ = (G+Q)(G'+D)$

(c)　$Q^+ = D$

(d)　$Q^+ = (Q+CE)(CE'+D)$

(e)　$Q^+ = (J+Q)(K'+Q')$

(f)　$Q^+ = (T+Q)(T'+Q')$

10・10　(a)　(b)

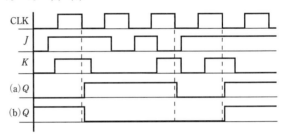

第 11 章

11・1　Y を三つ足し合わせて $3 \times Y = Y + Y + Y$ を求めることを考える. クロックエッジの最初の立ち上がりの前にアキュムレータをクリアして，X レジスタ（アキュムレータ）を 000000 とする. Ad パルスをクロックエッジの立ち上がりに同期して 3 回 1 とし，3 回加算する数 $(y_5y_4y_3y_2y_1y_0)$ を Y レジスタに代入する. タイミング図を下記に示す. 注：ClrN はクロックエッジの最初の立ち上がりの前に 0 となり，1 に戻る必要がある. Ad は同じクロックエッジの前に 1 とする必要がある. ただし，Ad を 1 とするのは ClrN が 1 に戻る前あるいは 0 になる前でもよく，その順序には依存しない.

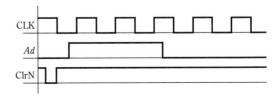

11・2　左シフトのために D_0 に接続されたシリアル入力.

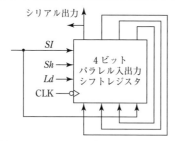

　　　$Sh = 0$, $Ld = 1$　で左シフト.
　　　$Sh = 1$, $Ld = 1$ または 0　で右シフト.

11・3　ページ下部の図のとおり.

11・4

(a)

現状態	次状態	フリップフロップ入力
($D\,C\,B\,A$)	($D^+C^+B^+A^+$)	($T_D T_C T_B T_A$)
0 0 0 0	0 0 0 1	0 0 0 1
0 0 0 1	0 0 1 0	0 0 1 1
0 0 1 0	0 0 1 1	0 0 0 1
0 0 1 1	0 1 0 0	0 1 1 1
0 1 0 0	0 1 0 1	0 0 0 1
0 1 0 1	0 1 1 0	0 0 1 1
0 1 1 0	0 1 1 1	0 0 0 1
0 1 1 1	1 0 0 0	1 1 1 1
1 0 0 0	1 0 0 1	0 0 0 1
1 0 0 1	1 0 1 0	0 0 1 1
1 0 1 0	1 0 1 1	0 0 0 1
1 0 1 1	1 1 0 0	0 1 1 1
1 1 0 0	1 1 0 1	0 0 0 1
1 1 0 1	1 1 1 0	0 0 1 1
1 1 1 0	1 1 1 1	0 0 0 1
1 1 1 1	0 0 0 0	1 1 1 1

§11・3 で説明したように, A はクロックの立ち上がりエッジごとに変化することがわかる: $T_A = 1$.

B は $A=1$ のときのみ変化する: $T_B = A$.

C は $A=B=1$ のときのみ変化する: $T_C = AB$.

D は $A=B=C=1$ のときのみ変化する: $T_D = ABC$.

(b) D フリップフロップを用いたバイナリカウンタは, 各 T フリップフロップに XOR ゲートを追加して D フリップフロップに変換することで得られる.

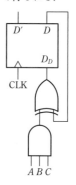

11・5

(a) $DC = CA + BA'D$　$DB = C' + BA'$
　　$DA = B'A' + CB + C'B'$
　　CBA=000 では, 次状態は 011.

(b) $TC = B'A' + C'A'$　$TB = C'B' + CBA$
　　$TA = CB' + CA' + C'BA$
　　CBA=000 では, 次状態は 110.

11・6　(a) $ShLd$=00 のとき, フリップフロップ i の MUX は Q_i を選択してその状態を保持する (p.199 の下部の図参照).

　　$ShLd$=01 のとき, フリップフロップ i の MUX はロードする D_i を選択する.

　　$ShLd$=10 または 11 のとき, フリップフロップ i の MUX は Q_{i-1} を選択して左シフトする.

(b) $Q_3^+ = Ld'Sh'Q_3 + LdSh'D_3 + ShQ_2$
　　$Q_2^+ = Ld'Sh'Q_2 + LdSh'D_2 + ShQ_1$
　　$Q_1^+ = Ld'Sh'Q_1 + LdSh'D_1 + ShQ_0$
　　$Q_0^+ = Ld'Sh'Q_0 + LdSh'D_0 + ShSI$

解答 11・3 の図

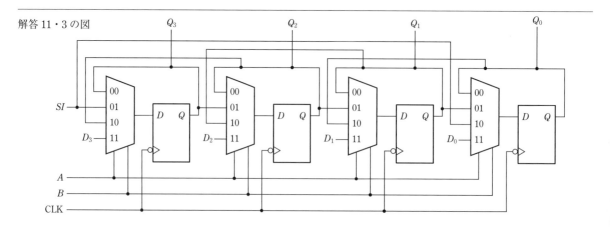

11・7　$Sh=Ld=1$ のとき，Sh は Ld に優先することに注意.

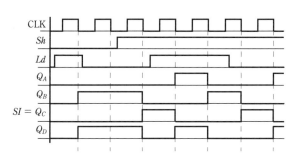

11・8

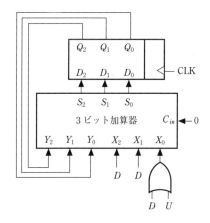

　$U=1$, $D=0$ のとき，001 を加算.$U=0$, $D=1$ のとき，1 を減算（111 を加算）.$U=0$, $D=0$ のとき，変化なし（000 を加算）.

　$U=1$, $D=1$ は発生しない.

　したがって，レジスタの内容を $X_2X_1X_0$ に加算する.ここで，$X_2=X_1=D$ および $X_0=D+U$ である.（注：OR ゲートを省略するには，$X_0=D$ および $C_{in}=U$ とする）

11・9　(a) カウントが 1011 のとき，次のクロックエッジでカウンタをクリアする必要があるため，$ClrN=(Q_3Q_1Q_0)'$ となる.
(b) カウントが 1100 に達したときにカウンタをクリアする必要があるため，$ClrN=(Q_3Q_2)'$ となる.

11・10

(a)

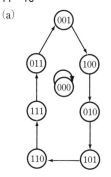

(b) 二つの解がある：$S_{in}=Q_2\oplus Q_3$ または $S_{in}=Q_0\oplus Q_3$.
(c) 状態 0000 は，状態 0001 と 1000 の間でのみ発生する.$S_{in}=Q_2\oplus Q_3$ のときのカルノー図は以下の通りである.

Q_2Q_3\\Q_0Q_1	00	01	11	10
00	1	0	0	0
01	0	1	1	1
11	0	0	0	0
10	1	1	1	1

$$S_{in} = Q_2Q_3' + Q_0Q_2'Q_3 + Q_1Q_2'Q_3 + Q_0'Q_1'Q_3'$$

$S_{in}=Q_0\oplus Q_3$ に回路が変更された場合は，

$$S_{in} = Q_0Q_3' + Q_0'Q_1Q_3 + Q_0'Q_2Q_3 + Q_1'Q_2'Q_3'$$

第12章

12・1　この回路はシフトレジスタである点に注意する.クロックの各立ち下がりエッジにおいて，Q_3 はクロックエッジの直前に Q_2 が保持していた値となり，Q_2 はクロックエッジの直前に Q_1 が保持していた値となり，Q_1 はクロックエッジの直前に X が保持していた値となる.たとえば，初期状態が 000 で入力系列が $X=1100$ の場合，状態の系列は 100, 110, 011, 001 となり，出力系列は $Z=(0)0011$ となる.Z は常に Q_3 と一致し，X の現在の値には依存しない.そのた

解答 11・6(a)の図

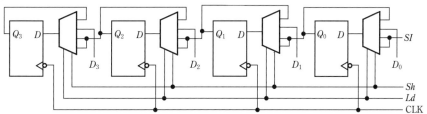

め，これはムーア型回路である．状態図は下記の通り．

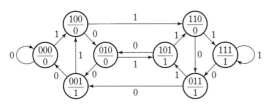

12・2 (a) 出力 Z が現状態だけでなく入力 X にも依存する
ためミーリー型回路である．

(b)

現状態 (ABC)	次状態 $(A^+B^+C^+)$		現在の出力 (Z)	
	$X=0$	$X=1$	$X=0$	$X=1$
000	011	010	1	0
001	000	100	1	0
010	100	100	0	1
011	010	000	0	1
100	100	001	1	0

(c)

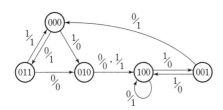

(d)

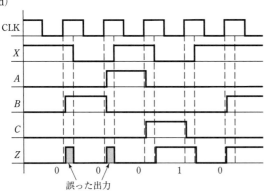

誤った出力

正しい出力系列：00010

12・3

(a) $Q_1^+ = J_1Q_1' + K_1'Q_1 = XQ_1' + XQ_2'Q_1$

$Q_2^+ = J_2Q_2' + K_2'Q_2 = XQ_2' + XQ_1Q_2$

$Z = X'Q_2' + XQ_2$

状態	現状態 (Q_1Q_2)	次状態 $(Q_1^+Q_2^+)$		現在の出力 (Z)	
		$X=0$	$X=1$	$X=0$	$X=1$
S_0	00	00	11	1	0
S_1	01	00	10	0	1
S_3	11	00	01	0	1
S_2	10	00	11	1	0

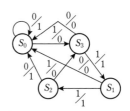

(b)

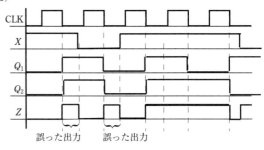

誤った出力　誤った出力

(c) $Z=00011$

12・4 (a) Z は入力 X に依存するため，これはミーリー型
回路である点に注意せよ．

$$Q_1^+ = J_1Q_1' + K_1'Q_1 = XQ_1'Q_2 + X'Q_1$$
$$Q_2^+ = J_2Q_2' + K_2'Q_2 = XQ_1'Q_2' + X'Q_2$$
$$Z = Q_2 \oplus X = XQ_2' + X'Q_2$$

状態	現状態 (Q_1Q_2)	次状態 $(Q_1^+Q_2^+)$		現在の出力 (Z)	
		$X=0$	$X=1$	$X=0$	$X=1$
S_0	00	00	01	0	1
S_1	01	01	10	1	0
S_2	11	11	00	1	0
S_3	10	10	00	0	1

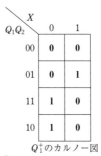

Q_1^+ のカルノー図

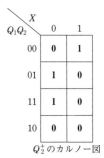

Q_2^+ のカルノー図

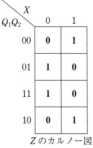

Z のカルノー図

別解：状態 S_2 と S_3 を交換せよ.

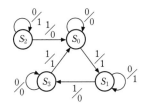

（b）

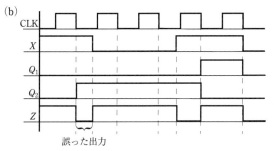

誤った出力

正しい出力：$Z=11101$

12・5

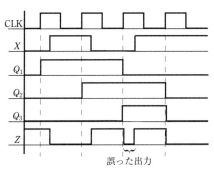

誤った出力

正しい出力：$Z=1011$

12・6

（a）$D_1 = Q_1' + Q_2,\ D_2 = x,\ z = Q_1 + Q_2'$

（b）

現状態 (Q_1Q_2)	次状態 $(Q_1^+Q_2^+)$		現在の出力 (z)
	$x=0$	$x=1$	
00	10	11	1
01	10	11	0
10	00	01	1
11	10	11	1

（c）

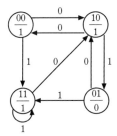

（d）奇数個（1, 3, 5 個など）の 0 の後に 1 が一つ続く系列で終わる任意の入力系列.

クロックサイクル	集めた情報†
1	$Q_1Q_2=00,\ X=0 \Rightarrow Z=1,\ Q_1^+Q_2^+=01$
2	$Q_1Q_2=01,\ X=0 \Rightarrow Z=0\ ;\ X=1$ $\Rightarrow Z=1,\ Q_1^+Q_2^+=11$
3	$Q_1Q_2=11,\ X=1 \Rightarrow Z=1\ ;\ X=0$ $\Rightarrow Z=0,\ Q_1^+Q_2^+=10$
4	$Q_1Q_2=10,\ X=0 \Rightarrow Z=1\ ;\ X=1$ $\Rightarrow Z=0,\ Q_1^+Q_2^+=00$
5	$Q_1Q_2=00,\ X=1 \Rightarrow Z=0,\ Q_1^+Q_2^+=10$
6	$Q_1Q_2=10,\ X=1 \Rightarrow (Z=0)\ ;\ X=0$ $\Rightarrow (Z=1),\ Q_1^+Q_2^+=11$
7	$Q_1Q_2=11,\ X=0 \Rightarrow (Z=0)\ ;\ X=1$ $\Rightarrow (Z=1),\ Q_1^+Q_2^+=01$
8	$Q_1Q_2=01,\ X=1 \Rightarrow (Z=1)\ ;\ X=0$ $\Rightarrow (Z=0),\ Q_1^+Q_2^+=00$
9	$Q_1Q_2=00,\ X=0 \Rightarrow (Z=1)$

† 括弧内の情報は前のクロックサイクルですでに得た.

現状態 (Q_1Q_2)	次状態 $(Q_1^+Q_2^+)$		現在の出力 (Z)	
	$X=0$	$X=1$	$X=0$	$X=1$
00	01	10	1	0
01	00	11	0	1
10	11	00	1	0
11	10	01	0	1

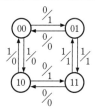

12・7 単純な 2 進状態割り当てを用いた場合の遷移表

状態	現状態 $(Q_1Q_2Q_3)$	次状態 $(Q_1^+Q_2^+Q_3^+)$		現在の出力 (Z)	
		$X=0$	$X=1$	$X=0$	$X=1$
S_0	000	001	011	0	0
S_1	001	010	011	0	0
S_2	010	001	011	0	1
S_3	011	100	000	0	0
S_4	100	011	000	0	1

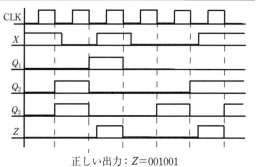

正しい出力：$Z=001001$

第 13 章

13・1 典型的な入力系列と出力系列：

$X = 0\,1\,0\,0\,0\,0\,0\,1\,0\,1\,0\,1\,1\ldots$
$Z = (0)\,0\,0\,0\,0\,0\,0\,0\,1\,1\,1\ldots$（出力は 1 が続く）
$X = 1\,1\,1\,1\,1\,0\,1\,1\,1\,1\,1\,0\,0\,0\,1\,0\,1\ldots$
$Z = (0)\,0\,0\,0\,0\,0\,0\,0\,0\,0\,0\,0\,1\,1\,1\,1\,1\,1\ldots$（出力は 1 が続く）
$X = 0\,1\,0\,1\,0\,1\ldots$
$Z = (0)\,0\,0\,0\,1\,1\,1\ldots$（出力は 1 が続く）

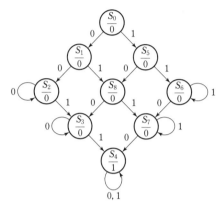

状態の意味を以下の表に示す．

状態	意 味
S_0	リセット
S_1	0 が 1 個，かつ，1 が 0 個
S_2	0 が 2 個以上，かつ，1 が 0 個
S_3	0 が 2 個以上，かつ，1 が 1 個
S_4	0 が 2 個以上，かつ，1 が 2 個以上
S_5	1 が 1 個以上，かつ，0 が 0 個
S_6	1 が 2 個以上，かつ，0 が 0 個
S_7	1 が 2 個以上，かつ，0 が 1 個
S_8	0 が 1 個，かつ，1 が 1 個

13・2 典型的な入力系列と出力系列：

$X = 0\,0\,1\,0\,1\,0\,1\,1\,0\,0\,1\,0\,1\,0\,0\ldots$
$Z_1 = 0\,0\,0\,1\,0\,1\,0\,0\,0\,0\,0\,0\,0\,0\,0\ldots$
（100 を受け取った後は出力に 0 が続く）
$Z_2 = 0\,0\,0\,0\,0\,0\,0\,0\,0\,1\,0\,0\,0\,0\,1\ldots$
（この時点で系列 01 が発生したため，以降は $Z_1 = 0$ となる）

　状態図は二つのまったく異なる部分からなる．一つ目は 010 と 100 を検査する部分である．100 が入力されると，図の二つ目の部分に進む．二つの部分は 1 方向の矢印によって接続されているため，二つ目の部分にいったん遷移すると一つ目の部分に戻るのは不可能である．

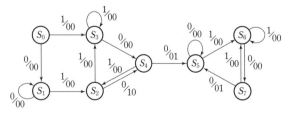

状態	次状態		現在の出力 $(Z_1 Z_2)$	
	$X=0$	$X=1$	$X=0$	$X=1$
S_0	S_1	S_3	00	00
S_1	S_1	S_2	00	00
S_2	S_4	S_3	10	00
S_3	S_4	S_3	00	00
S_4	S_5	S_2	01	00
S_5	S_5	S_6	00	00
S_6	S_7	S_6	00	00
S_7	S_5	S_6	01	00

13・3

(a)

状態	意 味
S_0	前の出力ビットが 0
S_1	前の出力ビットが 1

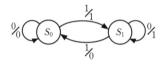

状態表は下記の通り．

状態	次状態		現在の出力	
	$X=0$	$X=1$	$X=0$	$X=1$
S_0	S_0	S_1	0	1
S_1	S_1	S_0	1	0

(b)

状態	意 味
S_0	出力ビットが 0
S_1	出力ビットが 1

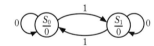

状態表は下記の通り．

状態	次状態		現在の出力
	$X=0$	$X=1$	
S_0	S_0	S_1	0
S_1	S_1	S_0	1

(c) (d)

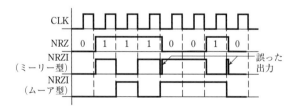

13・4

(a)

状態	次状態		現在の出力 (z)		状態の意味
	$x=0$	$x=1$	$x=0$	$x=1$	
1	2	3	0	0	初期状態
2	4	4	0	0	最初のビットが0
3	5	6	0	0	最初のビットが1
4	7	7	0	0	最初の2ビットが0-
5	7	8	0	0	最初の2ビットが10
6	8	8	0	0	最初の2ビットが11
7	1	1	0	0	最初の3ビットが0-- または-00
8	1	1	1	1	最初の3ビットが1-1 または11-

(b)

状態	次状態		現在の出力 (z)	状態の意味
	$x=0$	$x=1$		
1	2	3	0	初期状態, 有効なBCD数
2	4	4	0	最初のビットが0
3	5	6	0	最初のビットが1
4	7	7	0	最初の2ビットが0-
5	7	8	0	最初の2ビットが10
6	8	8	0	最初の2ビットが11
7	1	1	0	最初の3ビットが0--または-00
8	9	9	0	最初の3ビットが1-1または11-
9	2	3	1	不正なBCD数

(c) (a)のミーリー型回路がそのようなムーア型回路である. 出力が4番目の(最下位)ビットに依存しないため, これは可能である.

13・5 0の数を水平方向に, 組の数を垂直方向に描く (ページ下部の図参照).

組	0の数	現状態	次状態 (X_1X_2)				現在の出力 (Z_1Z_2)			
			00	01	10	11	00	01	10	11
0	0	S_0	S_3	S_2	S_2	S_1	0	0	0	0
1	0	S_1	S_6	S_5	S_5	S_4	0	0	0	0
1	1	S_2	S_7	S_6	S_6	S_5	0	0	0	0
1	2	S_3	S_8	S_7	S_7	S_6	0	0	0	0
2	0	S_4	S_6	S_5	S_5	S_4	0	0	0	0
2	1	S_5	S_7	S_6	S_6	S_5	0	0	0	0
2	2	S_6	S_0	S_7	S_7	S_6	1	0	0	0
2	3	S_7	S_0	S_0	S_0	S_7	1	1	1	0
2	4	S_8	S_0	S_0	S_0	S_0	1	1	1	1

* 7状態の解がある.

13・6 この問題は単純な加算である. あらゆる入金合計額 (すなわち, 0から45セントまで5セントごと) を表すために状態が必要である.

正しい合計金額の状態へ遷移する. 25セントの状態は製品を出力 ($R=1$) してリセットする. これより投入金額が多い状態 ($S_9 \sim S_6$) は, おつりとして5セントを出力しながら $S_9 \to S_6$ の向きにつぎつぎと状態を遷移する.

\$	現状態	次状態 NDQ				RC
		000	100	010	001	
.00	S_0	S_0	S_1	S_2	S_5	00
.05	S_1	S_1	S_2	S_3	S_6	00
.10	S_2	S_2	S_3	S_4	S_7	00
.15	S_3	S_3	S_4	S_5	S_8	00
.20	S_4	S_4	S_5	S_6	S_9	00
.25	S_5	S_0	–	–	–	10
.30	S_6	S_5	–	–	–	01
.35	S_7	S_6	–	–	–	01
.40	S_8	S_7	–	–	–	01
.45	S_9	S_8	–	–	–	01

解答13・5の図

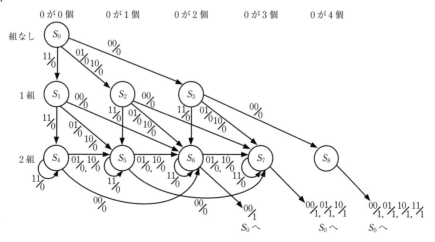

13・7

状　態	意　味
S_0	リセット
S_1	電話が1回鳴り，2回目を待っている（または応答する）
S_3, S_4, S_5	電話がそれぞれ1,2,3回鳴り，4回目を待っている（または応答する）
S_2	応答機が作動し，応答を待っている

＊ 5状態のみの別解がある．電話が最初になった後まで S の検査を延期すれば，状態 S_1 と S_3 を結合できる．

［別解］

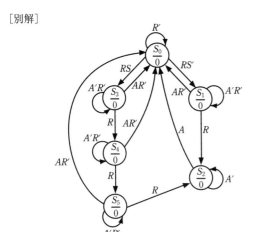

13・8 6個の不正な系列のみをパリティによって区別する必要がある点に注意すると，以下の表が得られる．

状　態	現状態	次状態		現在の出力(Z)	
		$X=0$	$X=1$	$X=0$	$X=1$
0	S_0	S_1	S_2	0	0
1	S_1	S_3	S_4	0	0
00	S_2	S_5	S_6	0	0
10	S_3	S_7	S_8	0	0
01	S_4	S_8	S_9	0	0
11	S_5	S_{10}	S_9	0	0
000	S_6	S_9	S_8	0	0
100, 010, 111	S_7	S_0	S_0	1	0
110, 101, 011	S_8	S_0	--	0	--
001	S_9	S_0	--	1	--
	S_{10}	S_0	S_0	0	1

　この表は第14章の方法を用いて削減できる．別の方法として，長さ2と長さ3のすべての系列のみをパリティによって区別する必要があることに注意して，表を削減できる．

状　態	現状態	次状態		現在の出力(Z)	
		$X=0$	$X=1$	$X=0$	$X=1$
0	S_0	S_1	S_2	0	0
1	S_1	S_3	S_4	0	0
00, 11	S_2	S_4	S_3	0	0
10, 01	S_3	S_5	S_6	0	0
000, 110, 101, 011	S_4	S_6	S_5	0	0
001, 100, 010, 111	S_5	S_0	S_0	1	0
	S_6	S_0	S_0	0	1

13・9 正常な系列と不正な系列を区別すると以下の表が得られる．

状　態	現状態	次状態		現在の出力（Z）	
		$X=0$	$X=1$	$X=0$	$X=1$
0	S_0	S_1	S_2	--	--
1	S_1	S_3	S_4	--	--
00	S_2	S_5	S_6	--	--
01	S_3	S_0	S_0	1	0
10	S_4	S_0	--	0	--
11	S_5	S_0	S_0	0	1
	S_6	S_0	--	1	--

　この表は第14章の方法を用いて削減できる．別の方法として，長さ2の同じパリティをもつ系列を結合することによって，表を削減できる．

状　態	現状態	次状態		現在の出力（Z）	
		$X=0$	$X=1$	$X=0$	$X=1$
0	S_0	S_1	S_2	--	--
1	S_1	S_3	S_4	--	--
00, 11	S_2	S_4	S_3	--	--
00, 11	S_3	S_0	S_0	1	0
01, 10	S_4	S_0	S_0	0	1

第14章

14・1

$a \equiv b$
$c \equiv e$
$h \equiv f$
$d \equiv g \equiv i$

b	$c-e$							
c	╳	╳						
d	$c-h$ $e-a$	$c-h$ $e-a$	╳					
e	╳	╳	$h-f$	╳				
f	╳	╳	$i-e$ $h-g$	$i-e$ $f-g$	╳			
g	$c-h$ $e-b$	$c-h$ $e-b$	$a-b$	╳	╳	╳		
h	╳	╳	$c-i$ $d-h$	$c-i$ $f-d$	$c-e$ $g-d$	╳	╳	
i	$e-f$ $e-b$	$c-f$ $b-e$	$h-f$ $a-b$	╳	╳	$h-f$	╳	╳
	a	b	c	d	e	f	g	h

現状態	次状態		現在の出力 (Z)
	X=0	X=1	
a	c	c	1
c	d	f	0
d	f	a	1
f	c	d	0

14·2

(a)

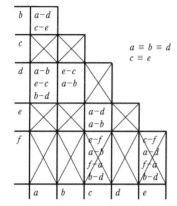

$a \equiv b \equiv d$
$c \equiv e$

現状態	次状態				現在の出力 (Z)
	00	01	11	10	
a	a	c	c	a	0
c	c	a	f	a	1
f	f	a	a	a	1

(b)

$b \equiv d$
$g \equiv h$
$c \equiv f$

現状態	次状態		現在の出力 (Z)	
	X=0	X=1	X=0	X=1
a	b	c	1	0
b	e	b	1	0
c	g	b	1	1
e	c	g	1	0
g	g	i	0	1
i	a	a	0	1

14·3 (a) N のあらゆる状態はそれと等価な M の状態が存在し，また，その逆も成り立つため，N と M は等価である．

			E-S_3	E-S_3	B-S_3	B-S_3
S_0			D-S_1	C-S_1	D-S_1	C-S_1
S_1			E-S_0	E-S_0	B-S_0	B-S_0
			D-S_1	C-S_1	D-S_1	C-S_1
S_2	E-S_0	F-S_0				
	A-S_2	B-S_2				
S_3	E-S_0	F-S_0				
	A-S_3	B-S_3				
	A	B	C	D	E	F

(b)

	M				N		
	X=0	1			X=0	1	
S_0	S_2	S_1	0	A	E	A	1
S_1	S_0	S_1	0	C	E	C	0
S_2	S_0	S_2	1	E	A	C	0

$S_2 \equiv S_3$　　　　　　$E \equiv F,\ C \equiv D,\ A \equiv B$

注：$S_2 \equiv A$,　　　$S_1 \equiv C$,　　　$S_0 \equiv E$

14·4

(a) 1. $(A, H)\ (B, G)\ (A, D)\ (E, G)$

2. $(D, G)\ (E, H)\ (B, F)\ (F, G)\ (C, A)\ (H, C)\ (E, A)\ (D, B)$

3. $(A, C, E, G)\ (B, D, F, H)$

手引き 3 のみを考慮せよ．

Q_2Q_3 \ Q_1	0	1
00	B	A
01	D	C
11	F	E
10	H	G

Q_2Q_3 \ Q_1	0	1
00	0	1
01	0	1
11	0	1
10	0	1

$Z = Q_1$

(b) 手引き 1 と 2 を考慮せよ．

$A=000,\ B=111,\ C=110,\ D=001,\ E=010,\ F=101,$
$G=011,\ H=100$

Q_2Q_3 \ Q_1	0	1
00	A	H
01	D	F
11	G	B
10	E	C

Q_2Q_3 \ XQ_1	00	01	11	10
00	0	0	1	0
01	1	1	1	0
11	0	0	1	0
10	1	0	1	0

$D_1 = X'Q_2'Q_3 + X'Q_2Q_3' + XQ_1$

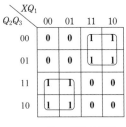

$$D_2 = X'Q_2 + XQ_2'$$

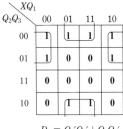

$$D_3 = Q_1Q_2' + Q_1Q_3'$$

14・5

(a) ワンホット状態割り当ての式：

$$D_A = X(A+B+D+E)$$
$$D_B = X'(A+D)$$
$$D_C = X'B$$
$$D_D = XC$$
$$D_E = X'(C+E)$$
$$z = D$$

(b) 手引き：

1. $(A,D)x_2$ (C,E) (A,B,D,E)
2. $(A,B)x_2$ (A,C) (D,E) (A,E)

以下の割り当ては $(A,E), (A,C), (B,D)$ 以外のすべての隣接条件を満たす.

	Q_1	
Q_2Q_3	0	1
00	A	–
01	B	–
11	E	C
10	D	–

現状態	次状態 $(Q_1^+Q_2^+Q_3^+)$		現在の出力
$(Q_1Q_2Q_3)$	$X=0$	$X=1$	(z)
000	001	000	0
010	111	000	0
011	011	000	0
010	001	000	1
110	– – –	– – –	–
111	011	010	0
101	– – –	– – –	–
100	– – –	– – –	–

$$D_1 = X'Q_2'Q_3, \ D_2 = X'Q_3 + Q_1, \ D_3 = X', \ z = Q_2Q_3'$$

14・6 (a) 入力矢印を調べることで，以下が得られる.

$$D_A = Q_A^+ = X$$
$$D_B = Q_B^+ = X'Q_A$$
$$D_C = Q_C^+ = X'Q_B$$
$$D_D = Q_D^+ = X'(Q_C + Q_D)$$
$$Z = XQ_CQ_1Q_0$$

(b)

現状態	次状態 $(Q_1^+Q_0^+)$		現在の出力 (Z)	
(Q_1Q_0)	$X=0$	1	$X=0$	$X=1$
00	01	00	0	0
01	11	00	0	0
11	10	00	0	1
10	10	00	0	0

$$D_1 = X'(Q_1 + Q_0), \ D_0 = X'Q_1', \ Z = XQ_1Q_0$$

(c) このカウンタに対するよりよい割り当ては $A=00$, $B=01$, $C=10$, $D=11$ である.

現状態	次状態 (s_1s_0)		現在の出力 (Z)	
(Q_1Q_0)	$X=0$	1	$X=0$	$X=1$
00	01	11	0	0
01	01	11	0	0
11	00	11	0	0
10	01	11	0	1

$s_1 = X$, $s_0 = X + Q_1' + Q_0'$, $Z = XQ_1Q_0'$, $P_3 = -$, $P_2 = -$, $P_1 = -$, $P_0 = -$

(d) このシフトレジスタに対する状態割り当て $A=0000$, $B=1000$, $C=1100$, $D=1110$ はシフト機能を利用する.

現状態	次状態 (s_1s_0)		現在の出力 (Z)	
$(Q_3Q_2Q_1Q_0)$	$X=0$	1	$X=0$	$X=1$
0000	01	11	0	0
1000	01	11	0	0
1100	01	11	0	1
1110	00	11	0	0

$s_1 = X$, $s_0 = X + Q_1'$, $Z = XQ_2Q_1'$, $S_{in} = 1$, $P_3 = -$, $P_2 = -$, $P_1 = -$, $P_0 = -$

14・7

(a)

$$Q_1^+ = XQ_1 + XQ_2 = XQ_1 + XQ_2(Q_1 + Q_1')$$
$$= XQ_1 + XQ_2Q_1'$$
$$= (X + Q_1')(X' + Q_2' + Q_1)Q_1 + (X'Q_1 + XQ_2Q_1')Q_1'$$
$$= (X'Q_1 + XQ_2Q_1')'Q_1 + (X'Q_1 + XQ_2Q_1')Q_1'$$

したがって，

$$T_1 = (X'Q_1 + XQ_2Q_1')$$
$$Q_2^+ = XQ_1 + XQ_2' = XQ_1(Q_2 + Q_2') + XQ_2'$$
$$= XQ_1Q_2 + XQ_2'$$

したがって，

$$T_2 = (XQ_1)'Q_2 + XQ_2' = X'Q_2 + Q_1'Q_2 + XQ_2'$$

(b)

現状態	次状態 $(Q_1^+Q_2^+)$		現状態	次状態 (T_1T_2)	
(Q_1Q_2)	$X=0$	$X=1$	(Q_1Q_2)	$X=0$	$X=1$
00	00	01	00	00	01
01	00	10	01	00	10
11	00	11	11	00	11
10	00	11	10	00	11

T_1 と T_2 の式は(a)と同じである.

(c) $Q_1^+ = XQ_1 + XQ_2 = XQ_1 + XQ_2(Q_1 + Q_1')$

$\qquad = XQ_1 + XQ_2Q_1'$

したがって,

$\qquad J_1 = XQ_2,\ K_1 = X'$

$\qquad Q_2^+ = XQ_1 + XQ_2' = XQ_1(Q_2 + Q_2') + XQ_2'$

$\qquad = XQ_1Q_2 + XQ_2'$

したがって,

$\qquad J_2 = X,\ K_2 = (XQ_1)' = X' + Q_1'$

(d)

現状態 (Q_1Q_2)	次状態 ($J_1K_1,\ J_2K_2$)	
	$X=0$	$X=1$
00	0−, 0−	0−, 1−
01	0−, −1	1−, −1
11	−1, 0−	−0, 1−
10	−1, −1	−0, −0

J_1, K_1, J_2, K_2 の式は (c) と同じである.

14・8

(a) $Q_1^+ = J_1Q_1' + K_1'Q_1$

$\qquad = Q_2Q_1' + Q_1'Q_1$

$\qquad = Q_2Q_1'$

したがって,

$\qquad T_1 = Q_1 + Q_2Q_1'$

$\qquad = Q_1 + Q_2$

$\qquad Q_2^+ = J_2Q_2' + K_2'Q_2$

$\qquad = (X + Q_1')Q_2' + (1)'Q_2$

$\qquad = (X + Q_1')Q_2'$

したがって,

$\qquad T_2 = Q_2 + (X + Q_1')Q_2' = Q_2 + X + Q_1'$

(b)

現状態 (Q_1Q_2)	次状態 ($J_1K_1,\ J_2K_2$)	
	$X=0$	$X=1$
00	00, 11	00, 11
01	10, 11	10, 11
11	11, 01	11, 11
10	01, 01	01, 11

現状態 (Q_1Q_2)	$Q_1^+Q_2^+$	
	$X=0$	$X=1$
00	01	01
01	10	10
11	00	00
10	00	01

現状態 (Q_1Q_2)	T_1T_2	
	$X=0$	$X=1$
00	01	01
01	11	11
11	11	11
10	10	11

T_1 と T_2 の式は(a)と同じである.

(c) $Q_1^+ = S_1 + R_1'Q_1$

$\qquad = Q_2Q_1' + Q_1'Q_1$

したがって,

$\qquad S_1 = Q_2Q_1'$ および $R_1 = Q_1$

$\qquad Q_2^+ = S_2 + R_2'Q_2$

$\qquad = (X + Q_1')Q_2' + (Q_2)'Q_2$

したがって,

$\qquad S_2 = (X + Q_1')Q_2'$ および $R_2 = Q_2$

(d)

現状態 (Q_1Q_2)	次状態 ($S_1R_1,\ S_2R_2$)	
	$X=0$	$X=1$
00	0−, 10	0−, 10
01	10, 01	10, 01
11	01, 01	01, 01
10	01, 0−	01, 10

S_1, R_1, S_2, R_2 の式は(c)と同じである.

14・9 $S_7 \sim S_9$ かつ $S_8 \sim S_{10}$ であるため,状態表は次のように削減される.

現状態	次状態		現在の出力 (Z)	
	$X=0$	$X=1$	$X=0$	$X=1$
S_0	S_1	S_2	0	0
S_1	S_3	S_4	0	0
S_2	S_5	S_6	0	0
S_3	S_7	S_8	0	0
S_4	S_8	S_7	0	0
S_5	S_8	S_7	0	0
S_6	S_7	S_8	0	0
S_7	S_0	S_0	1	0
S_8	S_0	S_0	0	1

ここで $S_3 \sim S_6$ かつ $S_4 \sim S_5$ であるため,状態表は次のように削減される.

現状態	次状態		現在の出力 (Z)	
	$X=0$	$X=1$	$X=0$	$X=1$
S_0	S_1	S_2	0	0
S_1	S_3	S_4	0	0
S_2	S_4	S_3	0	0
S_3	S_7	S_8	0	0
S_4	S_8	S_7	0	0
S_7	S_0	S_0	1	0
S_8	S_0	S_0	0	1

含意表により解答を検証する.

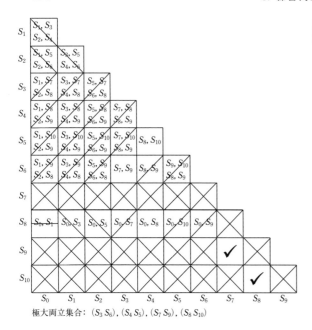

極大両立集合： $(S_3 S_6)$, $(S_4 S_5)$, $(S_7 S_9)$, $(S_8 S_{10})$

14・10

(a)

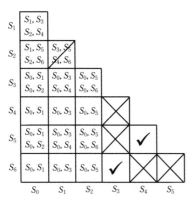

極大両立集合： $(S_0 S_1 S_3 S_6)$, $(S_0 S_1 S_4 S_5)$,
$(S_0 S_2 S_3 S_6)$, $(S_0 S_2 S_4 S_5)$

(b)

状　態	現状態	次状態		現在の出力 (Z)	
		$X=0$	$X=1$	$X=0$	$X=1$
$S_0 S_1 S_3 S_6$	A	A	B	1	0
$S_0 S_2 S_4 S_5$	B	D	C	0	1
$S_0 S_2 S_3 S_6$	C	D	C	1	0
$S_0 S_1 S_4 S_5$	D	A	B	0	1

第 15 章

15・1

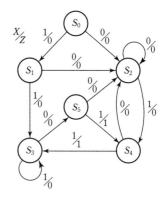

現状態	次状態		現在の出力 (Z)	
	$X=0$	$X=1$	$X=0$	$X=1$
S_0	S_2	S_1	0	0
S_1	S_2	S_3	0	0
S_2	S_2	S_4	0	0
S_3	S_5	S_3	0	0
S_4	S_2	S_3	0	1
S_5	S_2	S_4	0	1

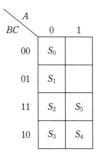

BC ＼ A	0	1
00	S_0	
01	S_1	
11	S_2	S_5
10	S_3	S_4

手引きによる割り当て：

Ⅰ.　(1, 3, 4)　(2, 5)　(0, 1, 2, 4, 5)✓

Ⅱ.　(1, 2)✓　(2, 3)₂✓　(2, 4)₂　(3, 5)✓

Ⅲ.　(0, 1, 2, 3)✓　(4, 5)✓

Q^+のカルノー図より：

$A^+ = XBC + X'A'BC'$ 　　$B^+ = X' + C + B$

$C^+ = B'C' + X'$ 　　　　$Z = XA$

テスト系列：

(a) $X = \underline{11001011010101110110 1101}$

　 $Z = 0000000101000010011011 01$

(b) $X = \underline{00110011010101101010 1101}$

　 $Z = 000100010100001010000101$

15・2

8	4	−2	−1	8	4	2	1
0	0	0	0	0	0	0	0
0	0	0	1	−	−	−	−
0	0	1	0	−	−	−	−
0	0	1	1	−	−	−	−
0	1	0	0	0	1	0	0
0	1	0	1	0	0	1	1
0	1	1	0	0	0	1	0
0	1	1	1	0	0	0	1
1	0	0	0	1	0	0	0
1	0	0	1	0	1	1	1
1	0	1	0	0	1	1	0
1	0	1	1	0	1	0	1
1	1	0	0	−	−	−	−
1	1	0	1	−	−	−	−
1	1	1	0	−	−	−	−
1	1	1	1	1	0	0	1

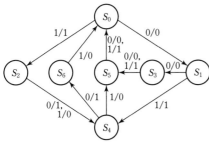

現状態	次状態		現在の出力 (Z)	
	$X=0$	$X=1$	$X=0$	$X=1$
S_0	S_1	S_2	0	1
S_1	S_3	S_4	0	1
S_2	S_4	S_4	1	0
S_3	S_5	S_5	0	1
S_4	S_6	S_5	1	0
S_5	S_0	S_0	0	1
S_6	S_0	S_0	−	0

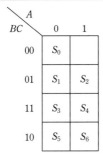

BC＼A	0	1
00	S_0	
01	S_1	S_2
11	S_3	S_4
10	S_5	S_6

手引きによる割り当て：

I．(1, 2)　(3, 4)　(5, 6)

II．(1, 2)　(3, 4)　(5, 6)

III．(0, 1, 3, 5)　(2, 4)

Q^+のカルノー図より：

$$A^+ = XB' + X'AC \qquad B^+ = C$$
$$C^+ = B' \qquad Z = XA' + X'A$$

テスト系列：

$X = $ 0000 0010 1010 0110 1110 0001 1001 0101 1101 1111

$Z = $ 0000 0010 1100 0100 1000 0001 1110 0110 1010 1001

15・3

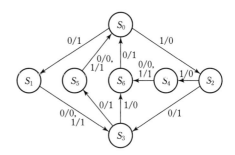

現状態	次状態		現在の出力 (Z)	
	$X=0$	$X=1$	$X=0$	$X=1$
S_0	S_1	S_2	1	0
S_1	S_3	S_3	0	1
S_2	S_3	S_4	1	0
S_3	S_5	S_6	1	0
S_4	S_6	S_6	0	1
S_5	S_0	S_0	0	1
S_6	S_0	S_0	1	−

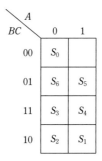

BC＼A	0	1
00	S_0	
01	S_6	S_5
11	S_3	S_4
10	S_2	S_1

手引きによる割り当て：

I．(1, 2)　(5, 6)　(3, 4)

II．(1, 2)　(3, 4)　(5, 6)

III．(0, 2, 3)　(1, 4, 5)

Q^+のカルノー図より：

$$A^+ = X'B'C' + XA'BC' + X'A'BC \qquad B^+ = C'$$
$$C^+ = B \qquad Z = XA + X'A'$$

テスト系列：

$X = $ 0000 1000 0100 1100 0010 1010 0110 1110 0001 1001 0101

$Z = $ 1010 0110 1110 0001 1001 0101 1101 0011 1011 0111 1111

15・4

	X				Z		
0	0	0	0	1	0	1	0
0	0	0	1	1	0	0	1
0	0	1	0	1	0	0	0
0	0	1	1	0	1	1	1
0	1	0	0	0	1	1	0
0	1	0	1	0	1	0	1
0	1	1	0	0	1	0	0
0	1	1	1	0	0	1	1
1	0	0	0	0	0	1	0
1	0	0	1	0	0	0	1
1	0	1	0	0	0	0	0

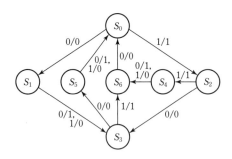

現状態	次状態		現在の出力 (Z)	
	$X=0$	$X=1$	$X=0$	$X=1$
S_0	S_1	S_2	0	1
S_1	S_3	S_3	1	0
S_2	S_3	S_4	0	1
S_3	S_5	S_6	0	1
S_4	S_6	S_6	1	0
S_5	S_0	S_0	1	0
S_6	S_0	S_0	0	–

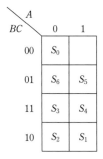

手引きによる割り当て:

$$\text{I. } \overset{\checkmark}{(1,\ 2)}\quad \overset{\checkmark}{(5,\ 6)}\quad \overset{\checkmark}{(3,\ 4)}$$

$$\text{II. } \overset{\checkmark}{(1,\ 2)}\quad \overset{\checkmark}{(3,\ 4)}\quad \overset{\checkmark}{(5,\ 6)}$$

$$\text{III. } \overset{\checkmark}{(0,\ 2,\ 3)}\quad \overset{\checkmark}{(1,\ 4,\ 5)}$$

Q^+のカルノー図より:

$$A^+ = X'B'C' + XA'BC' + X'A'BC \qquad B^+ = C'$$
$$C^+ = B \qquad\qquad\qquad\qquad Z = X'A + XA'$$

テスト系列:

$X = \underline{0000\ 1000\ 0100\ 1100\ 0010\ 1010\ 0110\ 1110\ 0001\ 1001\ 0101}$

$Z = 0101\ 1001\ 0001\ 1110\ 0110\ 1010\ 0010\ 1100\ 0100\ 1000\ 0000$

15・5 (a)
$$N_i = Q_i^+ = (Q_i + FB_i + CALL_i)R_i'$$
$$= Q_iR_i' + FB_iR_i' + CALL_iR_i'$$

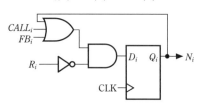

(b)

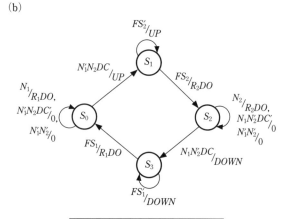

状態名	意 味
S_0	1 階に待機中
S_1	1 階から 2 階へ移動中
S_2	2 階に待機中
S_3	2 階から 1 階へ移動中

(c) 状態割り当て $S_0=00$, $S_1=01$, $S_2=10$, $S_3=11$ を用いると以下が得られる.

$$D_1 = FS_2Q_1'Q_2 + FS_1'Q_1 + Q_1Q_2'$$
$$D_2 = FS_2'Q_1'Q_2 + FS_1'Q_1Q_2 + N_1'N_2DCQ_1'Q_2' + N_1N_2'DCQ_1Q_2'$$
$$R_1 = FS_1Q_1Q_2 + N_1Q_1'Q_2'$$
$$R_2 = FS_2Q_1'Q_2 + N_2Q_1Q_2'$$
$$UP = FS_2'Q_1'Q_2 + N_1'N_2DCQ_1'Q_2'$$
$$DOWN = FS_1'Q_1Q_2 + N_1N_2'DCQ_1Q_2'$$
$$DO = FS_2Q_1'Q_2 + FS_1Q_1Q_2 + N_1Q_1'Q_2' + N_2Q_1Q_2'$$

15・6

(a) p.211 の図参照.

(b) まず, $LC=Q_1$, $LB=Q_2$, $LA=Q_3$, $RA=Q_4$, $RB=Q_5$, $RC=Q_6$ とする. したがって, $S_0=000000$, $S_1=001000$, $S_2=011000$, … となる.

　この状態機械はカルノー図を使用するには状態変数が多す

ぎる. 代わりに, 状態図を精査することにより各フリップフロップの式を書き下す.

まず Q_1 について考える. 状態 S_3 または S_7 においてのみ $Q_1=1$ となる.

- $H=1$ のときはいつでも S_7 に至る. すなわち, $H(Q_1Q_2Q_3Q_4Q_5Q_6)'$ である. 一方, S_7 は $Q_3=1$ かつ $Q_4=1$ となる唯一の状態であるため, 常に有効な状態であることを想定すると, $H(Q_3Q_4)'=HQ_3'+HQ_4'$ とすることができる (注: 左のランプの一つと右のランプの一つの任意の組合わせ, すなわち, $HQ_1'+HQ_5'$ でもよい).

- $H=0$ の間は, 状態 S_2 で $L=1$ が入力されるといつでも S_7 に至る. すなわち, $LH'Q_1'Q_2Q_3Q_4'Q_5'Q_6'$ である. 一方, $Q_2=1$ のときはいつでも $Q_3=1$ であり, $Q_1=0$ のときはいつでも $Q_4=Q_5=Q_6=0$ である. そのため, $LH'Q_1'Q_2$ とすることができる.

- 以上より, $D_1=LH'Q_1'Q_2+HQ_3'+HQ_4'=LQ_1'Q_2+HQ_3'+HQ_4'$ となる ($X+X'Y=X+Y$ を使用). 同様に, 状態 S_3, S_2, S_7 でのみ $Q_2=1$ となる.

- $H=0$ の間は, S_2 または S_1 で $L=1$ が入力されるといつでも S_3 と S_2 に至る. すなわち, $LH'Q_1'Q_2Q_3Q_4'Q_5'Q_6'+LH'Q_1'Q_2'Q_3Q_4'Q_5'Q_6'=LH'Q_1'Q_3Q_4'Q_5'Q_6'$ である. 一方, $Q_1=0$ のときはいつでも $Q_4=Q_5=Q_6=0$ であるため, $D_2=LQ_1'Q_3+HQ_3'+HQ_4'$ となる. 以下, 精査を続けると次の式が得られる.

$$D_3 = LQ_1'Q_4'+HQ_3'+HQ_4'$$
$$D_4 = RQ_3'Q_6'+HQ_3'+HQ_4'$$
$$D_5 = RQ_4Q_6'+HQ_3'+HQ_4'$$
$$D_6 = RQ_5Q_6'+HQ_3'+HQ_4'$$

(c) ページ下部の図参照.

I. $(S_0, S_1, S_2, S_3, S_4, S_5, S_6)$ は $LRH=001$, 011, 101 のときに S_7 に遷移する.

$(S_1, S_2, S_3, S_6, S_7)$ は $LRH=010$ のときに S_0 に遷移する.

$(S_3, S_4, S_5, S_6, S_7)$ は $LRH=100$ のときに S_0 に遷移する.

II. あらゆる状態は S_0 と S_7 にマッチする. 一方, S_0 と S_7 は最適なマッチングであるため, $(S_0, S_7)\times(多数)$ である.

III. (S_1, S_2, S_3, S_7) (S_4, S_5, S_6, S_7) など.

解答 15・6(a) の図

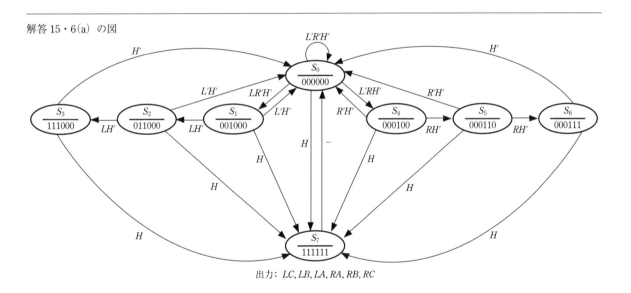

出力: LC, LB, LA, RA, RB, RC

解答 15・6(c) の図

状態	$LRH=000$	001	010	011	100	101	110	111	LC	LB	LA	RA	RB	RC
S_0	S_0	S_7	S_4	S_7	S_1	S_7	$-$	$-$	0	0	0	0	0	0
S_1	S_0	S_7	S_0	S_7	S_2	S_7	$-$	$-$	0	0	1	0	0	0
S_2	S_0	S_7	S_0	S_7	S_3	S_7	$-$	$-$	0	1	1	0	0	0
S_3	S_0	S_7	S_0	S_7	S_0	S_7	$-$	$-$	1	1	1	0	0	0
S_4	S_0	S_7	S_5	S_7	S_0	S_7	$-$	$-$	0	0	0	1	0	0
S_5	S_0	S_7	S_6	S_7	S_0	S_7	$-$	$-$	0	0	0	1	1	0
S_6	S_0	S_7	S_0	S_7	S_0	S_7	$-$	$-$	0	0	0	1	1	1
S_7	S_0	S_0	S_0	S_0	S_0	S_0	$-$	$-$	1	1	1	1	1	1

Q_2Q_3 \ Q_1	0	1
00	S_0	S_7
01	S_2	S_3
11	S_6	S_5
10	S_1	S_4

15・7 (a)

	0000	0000	0000
1	0000	0000	0001
1	0000	0000	0011
0	0000	0000	0110
1	0000	0001	0011
1	0000	0010	0111
0	0000	0101	0100
1	0001	0000	1001
1	0010	0001	1001
1	0100	0011	1001

[別解]

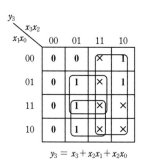

$$y_3 = x_3 + x_2x_1 + x_2x_0$$

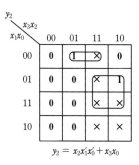

$$y_2 = x_2x_1'x_0' + x_3x_0$$

(b) $999_{10} = 3E7_{16} = 11\,1110\,0111_2$

(c) BCD 数に 2 を乗じる回路の組合わせの表は次のとおり.

$x_3x_2x_1x_0$	$y_3y_2y_1y_0$	$x_3x_2x_1x_0$	$y_3y_2y_1y_0$
0000	0000	1000	1011
0001	0001	1001	1100
0010	0010	1010	----
0011	0011	1011	----
0100	0100	1100	----
0101	1000	1101	----
0110	1001	1110	----
0111	1010	1111	----

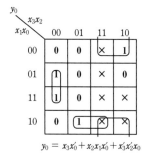

$$y_1 = x_3x_0' + x_1x_0 + x_2'x_1$$

$$y_0 = x_3x_0' + x_2x_1x_0' + x_3'x_2x_0$$

参 考 文 献

1. R. Brayton *et al.*, "Logic Minimization Algorithms for VLSI Synthesis", Secaucus, NJ, Springer (1984).

2. D. D. Givone, "Digital Principles and Design", New York, McGraw-Hill (2003).

3. R. H. Katz, G. Borriello, "Contemporary Logic Design", 2nd ed., Upper Saddle River, NJ, Prentice Hall (2004).

4. M. M. Mano and M. D. Ciletti, "Digital Design", 5th ed., Upper Saddle River, NJ, Prentice Hall (2012).

5. M. M. Mano and C. R. Kime. "Logic and Computer Design Fundamentals", 4th ed., Old Tappan, NJ, Pearson Prentice Hall (2008).

6. A. B. Marcovitz, "Introduction to Logic Design", 3rd ed., New York, McGraw-Hill (2009).

7. E. J. McCluskey, "Logic Design Principles", Upper Saddle River, NJ, Prentice Hall (1986).

8. A. Miczo, "Digital Logic Testing and Simulation", 2nd ed., New York, John Wiley & Sons, Ltd, West Sussex, England (2003).

9. Y. N. Patt and S. J. Patel, "Introduction to Computing Systems: From Bits and Gates to C and Beyond", 3rd ed., New York, McGraw-Hill (2013).

10. J. F. Wakerly, "Digital Design Principles & Practices", 4th ed., Upper Saddle River, NJ, Prentice Hall (2006).

索　　　引

佐 藤 　 証
1964 年 神奈川県に生まれる
1987 年 早稲田大学理工学部 卒
1989 年 早稲田大学大学院理工学研究科修士課程 修了
現 電気通信大学大学院情報理工学研究科 教授
専門 電子回路
博士(工学)

三 輪 　 忍
1977 年 静岡県に生まれる
2000 年 京都大学工学部 卒
2002 年 京都大学大学院情報学研究科修士課程 修了
現 電気通信大学大学院情報理工学研究科 准教授
専門 コンピュータアーキテクチャ, ハイパフォーマンスコンピューティング
博士(情報学)

吉 永 　 努
1963 年 埼玉県に生まれる
1986 年 宇都宮大学工学部 卒
1988 年 宇都宮大学大学院工学研究科修士課程 修了
現 電気通信大学大学院情報システム学研究科 教授
専門 コンピュータ/ネットワークシステム
博士(工学)

第1版第1刷 2021 年 5 月 20 日 発行

ロス・キニー 論 理 回 路
（原著 7 版増補版）

Ⓒ 2021

訳　者　　　佐　藤　　証
　　　　　　三　輪　　忍
　　　　　　吉　永　　努

発 行 者　　住　田　六　連

発 　 行　　株式会社 東京化学同人
東京都文京区千石 3 丁目 36-7（〒112-0011）
電 話 03-3946-5311 ・ FAX 03-3946-5317
URL: http://www.tkd-pbl.com/

印刷・製本　　株式会社アイワード

ISBN978-4-8079-2004-4
Printed in Japan